南海科学考察历史资料整编丛书

南海浮游动物多样性及其生态学

李开枝　谭烨辉　黄良民　柯志新 等　著

科 学 出 版 社
北 京

内 容 简 介

本书以 1958 年全国海洋综合调查南海海域数据为起点，梳理了历年来在南海进行的综合航次调查中有关浮游动物的历史资料，并对数据进行了整理、标准化和电子化。在此基础上回顾了南海浮游动物调查历史，系统分析了我国南海的河口、海湾、陆架、海盆及其附属岛礁等不同生态区浮游动物物种组成、优势种、数量分布及群落结构特征等，并结合环境因素综合探讨了南海浮游动物多样性的分布规律和调控机制。本书对促进我国海洋浮游动物生物地理学和生态学的发展，推动我国乃至全球海洋生物多样性的监测、保护和信息化具有重要的科学意义。

本书可供从事海洋生物多样性和生态学的研究者，以及相关领域的海洋科研工作者及高校师生参考使用。

审图号：GS 京（2024）2395 号

图书在版编目（CIP）数据

南海浮游动物多样性及其生态学 / 李开枝等著. -- 北京 : 科学出版社, 2024.11

（南海科学考察历史资料整编丛书）

ISBN 978-7-03-073581-2

Ⅰ. ①南…　Ⅱ. ①李…　Ⅲ. ①南海－海洋浮游动物－生物多样性－研究　Ⅳ. ① Q958.8

中国版本图书馆 CIP 数据核字 (2022) 第 195802 号

责任编辑：朱　瑾　白　雪/责任校对：郑金红
责任印制：肖　兴/封面设计：无极书装

科学出版社 出版
北京东黄城根北街 16 号
邮政编码：100717
http://www.sciencep.com
北京中科印刷有限公司印刷
科学出版社发行　各地新华书店经销
*
2024 年 11 月第　一　版　开本：787×1092　1/16
2024 年 11 月第一次印刷　印张：19 1/4
字数：456 000

定价：228.00 元

（如有印装质量问题，我社负责调换）

“南海科学考察历史资料整编丛书”
专家顾问委员会

《南海浮游动物多样性及其生态学》著者名单

主要著者 李开枝 谭烨辉 黄良民 柯志新

其他著者（按姓氏笔画排序）

丁 翔 尹健强 任玉正 连喜平

柳 原 郭 笳 黄皓晨 黄嘉南

梁竣策 赖艳娇

丛 书 序

南海及其岛礁构造复杂，环境独特，海洋现象丰富，是全球研究区域海洋学的天然实验室。南海是半封闭边缘海，既有宽阔的陆架海域，又有大尺度的深海盆，还有类大洋的动力环境和生态过程特征，形成了独特的低纬度热带海洋、深海特性和“准大洋”动力特征。南海及其邻近的西太平洋和印度洋“暖池”是影响我国气候系统的关键海域。南海地质构造复杂，岛礁众多，南海的形成与演变、沉积与古环境、岛礁的形成演变等是国际研究热点和难点问题。南海地处热带、亚热带海域，生态环境复杂多样，是世界上海洋生物多样性最高的海区之一。南海珊瑚礁、红树林、海草床等典型生态系统复杂的环境特性，以及长时间序列的季风环流驱动力与深海沉积记录等鲜明的区域特点和独特的演化规律，彰显了南海海洋科学研究的复杂性、特殊性及其全球意义，使得南海海洋学研究更有挑战性。因此，南海是地球动力学、全球变化等重大前沿科学研究的热点。

南海自然资源十分丰富，是巨大的资源宝库。南海拥有丰富的石油、天然气、可燃冰，以及铁、锰、铜、镍、钴、铅、锌、钛、锡等数十种金属和沸石、珊瑚贝壳灰岩等非金属矿产，是全球少有的海上油气富集区之一；南海还蕴藏着丰富的生物资源，有海洋生物 2850 多种，其中海洋鱼类 1500 多种，是全球海洋生物多样性最丰富的区域之一，同时也是我国海洋水产种类最多、面积最大的热带渔场。南海具有巨大的资源开发潜力，是中华民族可持续发展的重要疆域。

南海与南海诸岛地理位置特殊，战略地位十分重要。南海扼守西太平洋至印度洋海上交通要冲，是通往非洲和欧洲的咽喉要道，世界上一半以上的超级油轮经过该海域，我国约 60% 的外贸、88% 的能源进口运输、60% 的国际航班从南海经过，因此，南海是我国南部安全的重要屏障、战略防卫的要地，也是确保能源及贸易安全、航行安全的生命线。

南海及其岛礁具有重要的经济价值、战略价值和科学研究价值。系统掌握南海及其岛礁的环境、资源状况的精确资料，可提升海上长期立足和掌控管理的能力，有效维护国家权益，开发利用海洋资源，拓展海洋经济发展新空间。自 20 世纪 50 年代以来，我国先后组织了数十次大规模的调查区域各异的南海及其岛礁海洋科学综合考察，如西沙群岛、中沙群岛及其附近海域综合调查，南海中部海域综合调查，南海东北部综合调查研究，南沙群岛及其邻近海域综合调查等，得到了海量的重要原始数据、图集、报告、样品等多种形式的科学考察史料。由于当时许多调查资料没有电子化，归档标准不一，对获得的资料缺乏系统完整的整编与管理，加上历史久远、人员更替或离世等原因，这些历史资料显得弥足珍贵。

“南海科学考察历史资料整编丛书”是在对自 20 世纪 50 年代以来南海科考史料进行收集、抢救、系统梳理和整编的基础上完成的，涵盖 400 个以上大小规模的南海科考航次的数据，涉及生物生态、渔业、地质、化学、水文气象等学科专业的科学数据、图集、研究报告及老专家访谈录等专业内容。通过近 60 年科考资料的比对、分析和研究，全面系统揭示了南海及其岛礁的资源、环境及变动状况，有望推进南海热带海洋环境演变、生物多样性与生态环境特征演替、边缘海地质演化过程等重要海洋科学前沿问题的解决，以及南海资源开发利用关键技术的深入研究和突破，促进热带海洋科学和区域海洋科学的创新跨越发展，促进南海资源开发和海洋经济的发展。早期的科学考察宝贵资料记录了我国对南海的管控和研究开发的历史，为国家在新时期、新形势下在南海维护权益、开发资源、防灾减灾、外交谈判、保障海上安全和国防安全等提供了科学的基础支撑，具有非常重要的学术参考价值和实际应用价值。

陈宜瑜

中国科学院院士

2021 年 12 月 26 日

丛书前言

海洋是巨大的资源宝库，是强国建设的战略空间，海兴则国强民富。我国是一个海洋大国，党的十八大提出建设海洋强国的战略目标，党的十九大进一步提出“坚持陆海统筹，加快建设海洋强国”的战略部署，党的二十大再次强调“发展海洋经济，保护海洋生态环境，加快建设海洋强国”，建设海洋强国是中国特色社会主义事业的重要组成部分。

南海兼具深海和准大洋特征，是连接太平洋与印度洋的战略交通要道和全球海洋生物多样性最为丰富的区域之一；南海海域面积约 350 万 km^2，我国管辖面积约 210 万 km^2，其间镶嵌着众多美丽岛礁，是我国宝贵的蓝色国土。进一步认识南海、开发南海、利用南海，是我国经略南海、维护海洋权益、发展海洋经济的重要基础。

自 20 世纪 50 年代起，为掌握南海及其诸岛的国土资源状况，提升海洋科技和开发利用水平，我国先后组织了数十次大规模的调查区域各异的南海及其岛礁海洋科学综合考察，对国土、资源、生态、环境、权益等领域开展调查研究。例如，“南海中、西沙群岛及附近海域海洋综合调查”（1973～1977 年）共进行了 11 个航次的综合考察，足迹遍及西沙群岛各岛礁，多次穿越中沙群岛，一再登上黄岩岛，并穿过南沙群岛北侧，调查项目包括海洋地质、海底地貌、海洋沉积、海洋气象、海洋水文、海水化学、海洋生物和岛礁地貌等。又如，“南沙群岛及其邻近海域综合调查”国家专项（1984～2009 年），由国务院批准、中国科学院组织、南海海洋研究所牵头，联合国内十多个部委 43 个科研单位共同实施，持续 20 多年，共组织了 32 个航次，全国累计 400 多名科技人员参加过南沙科学考察和研究工作，取得了大批包括海洋地质地貌、地理、测绘、地球物理、地球化学、生物、生态、化学、物理、水文、气象等学科领域的实测数据和样品，获得了海量的第一手资料和重要原始数据，产出了丰硕的成果。这些是以中国科学院南海海洋研究所为代表的一批又一批科研人员，从一条小舢板起步，想国家之所想、急国家之所急，努力做到“为国求知”，在极端艰苦的环境中奋勇拼搏，劈波斩浪，数十年探海巡礁的智慧结晶。这些数据和成果极大地丰富了对我国南海海洋资源与环境状况的认知，提升了我国海洋科学研究的实力，直接服务于国家政治、外交、军事、环境保护、资源开发及生产建设，支撑国家和政府决策，对我国开展南海海洋权益维护特别是南海岛礁建设发挥了关键性作用。

在开启中华民族伟大复兴第二个百年奋斗目标新征程、加快建设海洋强国之际，“南海科学考察历史资料整编丛书”如期付梓，我们感到非常欣慰。丛书在 2017 年度国家科技基础资源调查专项“南海及其附属岛礁海洋科学考察历史资料系统整编”项目的资助下，汇集了南海科学考察和研究历史悠久的 10 家科研院所及高校在海洋生物生态、渔业资源、地质、化学、物理及信息地理等专业领域的科研骨干共同合作的研究成果，并聘请离退休老一辈科考人员协助指导，并做了“记忆恢复”访谈，保障丛书数据的权威性、丰富性、可靠性、真实性和准确性。

丛书还收录了自20世纪50年代起我国海洋科技工作者前赴后继，为祖国海洋科研事业奋斗终身的一个个感人的故事，以访谈的形式真实生动地再现于读者面前，催人奋进。这些老一辈科考人员中很多人已经是80多岁，甚至90多岁高龄，讲述的大多是大事件背后鲜为人知的平凡故事，如果他们自己不说，恐怕没有几个人会知道。这些平凡却伟大的事迹，折射出了老一辈科学家求真务实、报国为民、无私奉献的爱国情怀和高尚品格，弘扬了“锐意进取、攻坚克难、精诚团结、科学创新”的南海精神。是他们把论文写在碧波滚滚的南海上，将海洋科研事业拓展到深海大洋中，他们的经历或许不可复制，但精神却值得传承和发扬。

希望广大科技工作者从“南海科学考察历史资料整编丛书”中感受到我国海洋科技事业发展中老一辈科学家筚路蓝缕奋斗的精神，自觉担负起建设创新型国家和世界科技强国的光荣使命，勇挑时代重担，勇做创新先锋，在建设世界科技强国的征程中实现人生理想和价值。

谨以此书向参与南海科学考察的所有科技工作者、科考船员致以崇高的敬意！向所有关心、支持和帮助南海科学考察事业的各级领导和专家表示衷心的感谢！

龙丽娟

“南海科学考察历史资料整编丛书”主编

2021年12月8日

前 言

“南海及其附属岛礁海洋科学考察历史资料系统整编”项目于2017年在科技部科技基础资源调查专项的资助下启动，其中第四课题“南海海洋生物多样性与生态学科学考察历史资料整编”对南海及其附属岛礁海洋生物生态的历史数据资料进行了系统收集、整理、标准化、规范化和数字化。本书通过对浮游动物历史数据的梳理和分析，结合研究团队近年来在南海浮游动物研究方面的部分成果，系统地介绍了南海北部、南海中部、南沙群岛及其邻近海区，以及南海珊瑚礁区浮游动物多样性，阐明其时空分布特征，并结合环境因素综合探讨南海浮游动物多样性的分布规律、调控机制和潜在的生态功能。

中国科学院南海海洋研究所自20世纪50年代成立以来，在南海开展了长期系统的科学考察，积累了丰富的历史资料和数据。本书依托“全国海洋综合调查南海区（1959～1960）”“南海中、西沙群岛及附近海域海洋综合调查（1973～1977）”“南海中部海区综合调查（1977～1978）”“南海东北部海区综合调查研究（1979～1982）”“南沙群岛及其邻近海区综合科学考察（1984～1999）”“‘十五’至‘十二五’南沙群岛及其邻近海区资源环境调查”的相关文献、资料和数据的收集，以及在近年来“我国近海海洋综合调查与评价专项（2006～2007）南海区块”“广东省近海海洋综合调查与评价专项（2006～2007）”“南海海洋断面科学考察（2009～2012）”“南海海洋研究所南海北部开放航次和国家自然科学基金委员会共享航次（2004～2016）”“中国科学院战略性先导科技专项南海东北部调查（2013～2016）”结果及研究团队在珠江口、大亚湾和三亚湾等海域多个调查项目和生态监测航次的基础上，对浮游动物样品采集、处理、数据分析和研究结果进行整编。中国科学院南海海洋研究所对南海浮游动物的调查研究经历了60多年时间，进行了百余航次不同规模的调查，积累了一批历史资料和大量生物样品。早期获得的相关数据多为纸质版，分析结果多以论文集或专著形式呈现，并未被广泛传播和引证，甚至一些资料因年久损坏而失真。因此，很有必要对南海及其辖内岛礁区开展的历次海洋调查所获取的基础数据资料进行系统收集、整理和电子化处理，建立综合数据库。

本书根据南海海域分区及其浮游动物多样性和习性特点被分为六章：第一章在整理历史资料的基础上，主要对南海一些大型综合航次调查进行了回顾，并对浮游动物样品采集、处理和数据整理进行了介绍。第二章以南海北部典型生态区大亚湾、珠江口、陆架及外海为主要海域，从种群、群落角度详尽地阐释了南海北部浮游动物的不同时间尺度和空间尺度变化特征。第三章概述了南海中部浮游动物多样性和季节变化。第四章阐述了南沙群岛及其邻近海区浮游动物多样性、丰度、生物量、优势种的季节和年际变化。第五章对20世纪80年代以来曾母暗沙、渚碧礁及西沙群岛、中沙群岛部分岛礁的浮游动物调查结果进行了综述，并论述了南海岛礁及其毗邻海域的浮游动物分布特征。第六章介绍了南海浮游动物垂直分布和昼夜变化的相关研究成果。

正因为老一辈科学家不畏艰辛，在南海科考中耕海踏浪，才有了丰富翔实的历史资料的积累；而正因为年轻一代科研人员前仆后继、求索进取，才有了南海科考历史数据的重现。本书特别致敬以陈清潮先生为负责人的“中国科学院南沙综合科学考察队”在南海科学考察中的贡献，前辈们的精神力量鼓舞激励着下一代继续前行，向海图强。本书中的研究工作得到许多老师、同事和同学的大力支持与帮助：感谢研究团队近年来在南海科考航次样品采集和数据共享中的互帮互助，感谢张翠和李心知在前期资料收集与数据录入方面的辛苦付出，感谢连喜平、任玉正、丁翔、郭箈、黄嘉南在数据处理和制图方面所做的工作，感谢黄皓晨对浮游动物种类图片的整理，感谢梁竣策和柳原后期对文献的编排和校对，特别感谢赖艳娇在南沙群岛及其邻近海区浮游动物历史数据的分析和撰写中付出的大量时间与精力。

本书得到科技部科技基础资源调查专项（2017FY201404）的资助和国家自然科学基金项目（31971432、41976112、32171548）及国家动物标本资源库的支持，以及“南海科学考察历史资料整编丛书”编委会的大力支持，在此一并致以衷心的感谢。

由于本书著者学识有限，书中不足之处在所难免，敬请读者指正，在此深表谢意。

著　者

2024 年 1 月

目　　录

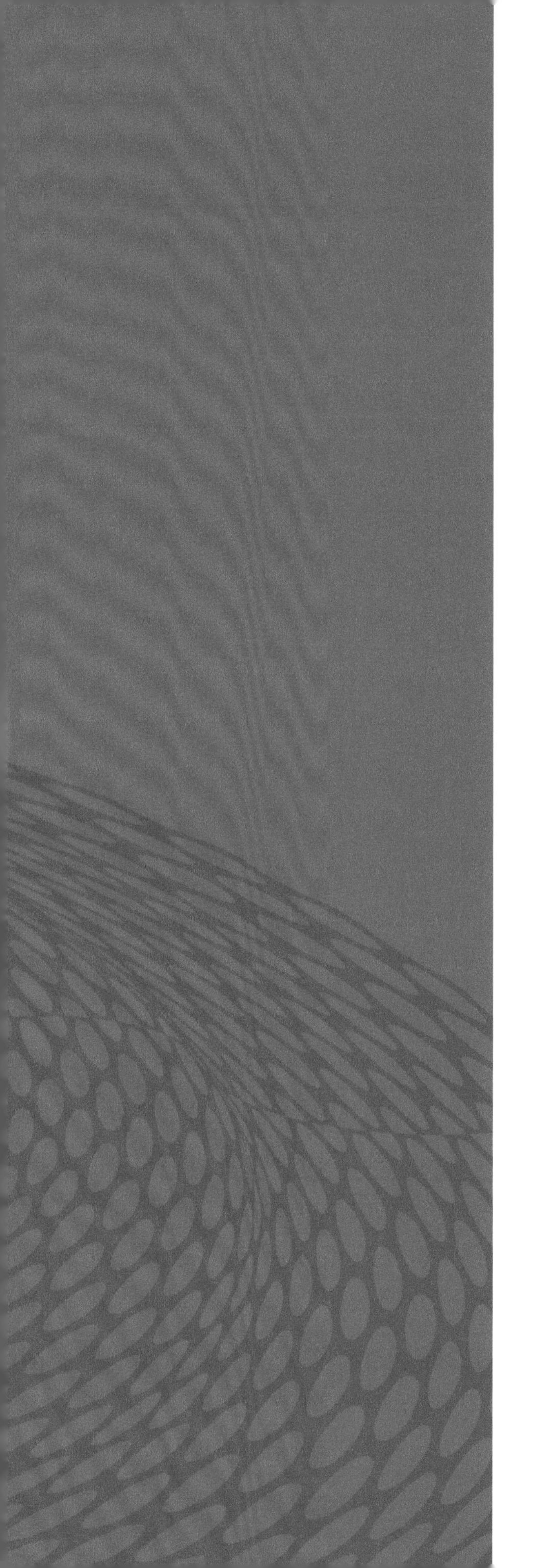

第一章　南海浮游动物调查与分析

南海生态环境和资源的规模调查始于1958年开展的“全国海洋综合调查”，而后中国科学院、国家海洋局[①]和中国水产科学研究院等单位相继在南海进行了一系列的海洋综合考察，这为了解南海浮游动物的物种多样性及生物地理学和相关生态学研究揭开了序幕。本章主要对南海一些综合航次（调查内容包括浮游动物）进行回顾，并对浮游动物样品采集、处理和数据分析进行介绍，为其他章节提供研究背景和材料方法，也为南海浮游动物多样性和生态学及生物海洋学等方面的深入研究奠定坚实基础。

第一节　浮游动物调查历史回顾

南海是西太平洋的一个最大边缘海，也是一个半封闭的深水海盆，资源十分丰富。其跨度为北纬3°10′～23°37′、东经99°～121°，面积约达350万km^2，平均水深逾1212m，最深达5559m。它通过台湾海峡、吕宋海峡、巴拉巴克海峡、卡里马塔海峡、马六甲海峡分别与中国东海、西太平洋、苏禄海、爪哇海及印度洋相连；海区岛屿众多，海底地形复杂多样，既有宽广的大陆架，又有险峻的大陆坡和辽阔的深海盆地。南海地处东亚季风区，稳定强大的季风是南海环流的主要驱动力，使其表现复杂的流系特征（杨海军和刘秦玉，1998）。南海中、上层环流的基本流型随季风的改变而变化：冬季东北季风期间南海表层流场基本上呈现气旋型环流，而在夏季西南季风期间主要为反气旋环流所控制（黄企洲等，1992）。南海还存在着许多活跃的中尺度涡，南海环流场的多涡结构分布具有很强的季节变化（管秉贤和袁耀初，2006）。另外，在南海海水的强混合作用下，南海发育了活跃的中深层动力系统，这一方面促进了南海与大洋之间的水体交换；另一方面调控上层风生环流，使得南海环流显著区别于其他热带与副热带海盆。南海活跃的中深层环流所具有的物质搬运能力又显著影响着南海的地质沉积、生物地球化学循环等过程（王东晓等，2019）。南海上层海洋次中尺度过程存在空间差异和季节变化：南海北部海域受冬季风和黑潮入侵影响，冬季次中尺度的混合层不稳定性较强；中部海域同样表现为“冬强夏弱”；西部海域受夏季风影响显著，夏季次中尺度过程更为活跃；而南部海域受岛屿地形影响较大，容易产生地形尾涡，季节性特征不明显（杨潇霄等，2021）。

海洋浮游动物（zooplankton）是指生活在自由水域，自主游动能力较弱或完全没有运动能力，被动地漂浮在水层中的小型动物。它们种类繁多、数量大、分布广泛，是海洋生态系统中不可缺少的组成部分，是海洋生产力的基础，也是海洋生态系统能量流动和物质循环的最主要环节（郑重等，1984）。1845年生物学家J. Muller最早在德国北海岸的黑尔戈兰岛（Helgoland）用浮游生物网采集浮游动物，并对浮游动物进行了分类研究。之后，德国生物学家V. Hensen于1887年正式提出了“浮游生物”（plankton）一词。迄今对浮游动物的研究已有一百多年的历史。浮游动物是海洋环境或者气候变化的极好指示者。大部分浮游动物的生活周期很短，该特性使浮游动物与环境变化之间有了非常紧密的联系。与其他海洋生物，如鱼类和许多潮间带生物不同的是，几乎没有或者只有极少数的浮游动物能被用作商业开发，因此，浮游动物的长期变化大多可归因于海洋环境和气候变化。此外，浮游动物许多种类的分布与海流、水团密切相关，其分布范围的扩大或者缩小能轻易地反映出该海域温度和海流等的变化，同时其对环境变化敏感

① 2018年3月国务院机构改革，组建中华人民共和国自然资源部，对外保留国家海洋局牌子

（Hays et al.，2005；Hooff and Peterson，2006）。国际上常常将浮游动物作为反映海洋环境变化的理想研究对象。浮游动物也是初级生产者浮游植物固定的太阳能向鱼类传递的纽带，在食物网中起承上启下的作用。浮游动物种群动态变化和生产力的高低对于整个海洋生态系统的结构与功能、生态容纳量及生物资源补充量都有着十分重要的影响。浮游动物在生物海洋学研究中是非常重要的研究对象，如有学者指出，受厄尔尼诺的影响，洪堡洋流流经海域的经济鱼类大大减少（Alheit and Niquen，2004）。这是因为厄尔尼诺现象使沿岸上升流减弱，底层营养物质无法到达表层，表层缺失的营养物质无法得到及时补充，导致浮游生物丰度降低，进而影响了该海域的经济鱼类。

对浮游动物长期变化的分析，能为深入研究海洋生物多样性对全球变暖的响应、理解海洋生态系统结构和功能的转变机制及海洋生物资源的可持续利用等提供科学依据。南海浮游动物调查自 1958 年始，历经 60 多年的时间，进行了百余航次不同规模的调查，调查站次上千个，积累了一批历史资料和大量生物样品。获得的相关数据多为纸质版，分析结果多以论文集或专著形式呈现，并未广泛传播和引证，甚至一些资料因年久损坏失真。本章在大量收集历史资料、文献和专著的基础上，针对调查内容包括浮游动物的航次进行介绍，并对历史样品采集、数据分析等进行统一规范，以便分析不同海区之间浮游动物的群落结构。

一、浮游动物数据积累的重要性

大量证据证实生态系统对气候变化产生了响应，其中海洋浮游生态系统对全球变暖尤为敏感（Edwards and Richardson，2004）；近海或海湾生态系统受人类活动干扰较为严重，而陆架外主要受气候变化影响（Edwards and Richardson，2004；孙松等，2011）。在气候变化和人类活动的双重压力下，海洋生态灾害频发，海洋生物资源锐减。多项国际研究计划如全球海洋通量联合研究计划（JGOFS）、全球海洋生态系动力学研究计划（GLOBEC）、海洋生物地球化学与生态系统综合研究计划（IMBER）和国际海洋生物普查计划（CoML）都涉及了某些海洋生物类群的作用与贡献。浮游动物是海洋浮游生态系统中非常重要的一个类群，其种类组成和数量变化能够通过食物网的上行控制导致鱼类等捕食者的波动，又可通过海洋生物泵的作用引起碳等生源要素生物地球化学循环的变化（黄邦钦和柳欣，2015）。浮游动物世代周期短、随波逐流及对环境变化敏感等特点使其分布格局和数量变动主要受环境因素的影响。当下海洋环境一直处于变化之中，如海水表层温度（SST）升高、表层海水淡化、海流和水团改变及海洋酸化等。在全球气候变化的背景下，研究海洋浮游动物的长期变化势在必行。

随着对全球变暖问题的重视，人们逐渐认识到海洋浮游动物对生物地球化学循环、海气相互作用和气候变化研究的重要性，并且随着海洋监测数据的积累，有关海洋浮游动物长期变化研究的论文数量稳步上升，已有研究多数针对全球气候变化（SST 升高）对海洋上层浮游动物群落的影响，主要包括生物量、物种多样性、分布格局和浮游动物重组等，研究区域主要聚焦在北大西洋海域、加州中南部海域、日本海域、秘鲁-智利上升流区及南大洋等，研究思路从关键种、种群、群落到生态系统能量传递角度递进深入，研究手段从单一数据分析到模型模拟预测区域海洋生态系统的演变趋势（Roemmich and McGowan，1995；Hays et al.，2005；Wiafe et al.，2008）。

海洋浮游动物生物量的长期变化受海水变暖的影响。在沿岸上升流区，如南加州附近和几内亚湾的上升流区，浮游动物生物量呈下降趋势，这主要是因为海水表层温度上升，层化增加，上升流及其相关的温跃层减弱，致使向上层输送的无机营养供给减少，加之上层捕食者的下行控制，导致浮游动物生物量降低（Roemmich and McGowan，1995；Wiafe et al.，2008）。而在白令海大陆架和我国胶州湾，浮游动物生物量呈现明显的上升趋势，这被认为是人为干扰海洋环境引起胶质类浮游动物特别是水母增加贡献的（Brodeur et al.，1999；孙松等，2011）。由此可见，浮游动物数量的长期变化与其生态环境和种类更替有关。海洋浮游动物的种类组成和多样性也受 SST 升高及海流改变的影响。温度升高引起一些浮游动物种类出现极向移动，如北大西洋海域桡足类的暖水种向北迁移，冷水种分布区则缩小，海温上升促使浮游动物暖水种的存在和分布空间范围更大，尤其是在热带以外的海域（Beaugrand et al.，2002）。尽管海洋酸化会对钙化浮游生物造成严重威胁（Beaugrand et al.，2002；Rombouts et al.，2009），但温度是钙质类浮游动物如翼足类（pteropods）数量变动的主要影响因子。在全球变暖的影响下，海洋暖流流量和强度增加，冷水种优势将会被暖水性种类取代，最终导致浮游动物种类组成和多样性分布格局发生改变，群落结构出现重组（Atkinson et al.，2004；Rombouts et al.，2009）。

海洋浮游动物群落结构重组后会引起整个生态系统发生改变，因为浮游动物不同种类对温度升高的耐热性和适应能力的差异会引起其丰度或丰度峰值发生变化，从而影响渔业资源补充。北海鳕鱼资源量的下降除了因过度捕捞外，同时也受浮游动物上行控制，原因是鳕鱼幼鱼的补充取决于饵料浮游动物的数量和丰度峰值时间（Beaugrand et al.，2003）。温度升高引起浮游动物丰度峰值提前，如北大西洋飞马哲水蚤（*Calanus finmarchicus*）春季丰度峰值出现时间提前 11 天（Edwards and Richardson，2004），太平洋亚北极海域桡足类羽新哲水蚤（*Neocalanus plumchrus*）季节丰度峰值提前近 2 个月（Hays et al.，2005），中华哲水蚤（*Calanus sinicus*）在东海的丰度峰值发生和下降时间都提前了约 1 个月（Xu et al.，2011），并且该种在黄海北部丰度呈长期增加趋势（Yang et al.，2018），这样浮游动物丰度峰值的季节时序改变影响渔业资源产量。增温导致浮游动物生物量、多样性和时空格局发生显著变化，进而对上、下营养水平和生物地球化学循环产生影响（Edwards and Richardson，2004；洪华生等，2005；Xu et al.，2011；Yang et al.，2018）。

自 1958 年全国海洋综合调查以来，中国海域浮游动物的监测数据和历史资料不断积累，近几年陆续有浮游动物长期变化研究的论文发表。综合分析表明，我国从北至南海域的研究中浮游动物生物量均呈增加趋势，这主要是由胶质类浮游动物水母和浮游被囊类种类及数量的增加贡献的（杜飞雁等，2006；孙松等，2011；杨璐等，2018）；东海和黄海的浮游动物群落结构受暖流势力消长的影响，黄海受黄海暖流增强的影响，小型桡足类和暖水性种数量增加（左涛和王荣，2003；Xu et al.，2011）。南海北部浮游动物在 2007～2008 年受异常低温的影响，浮游动物种类组成差异显著（Lian et al.，2017）。中华哲水蚤作为中国近海浮游桡足类的重要种，其丰度在黄海北部、黄海南部、东海和台湾海峡显著增加（Guo et al.，2011；Xu et al.，2011；尹洁慧等，2017；Yang et al.，2018），夏季黄海冷水团和南海北部沿岸上升流区为该种提供度夏场所，并且该种的年际变化与温度等环境因子相关（陈峻峰等，2013；尹健强等，2013；Li et al.，2016b；时永强等，2016；Yang et al.，2018；杨位迪等，2018）。

但是，与国外相比，我国海洋浮游动物研究起步比较晚，长期数据积累仍显薄弱，除在胶州湾、大亚湾和三亚湾等典型海湾进行定点定期调查采样外，陆架及外海区的数据多数依托项目或航次的季节性调查获取，采样站位分布比较零散，并且对数据分析和挖掘的力度不够。海洋生物多样性及海洋生态系统如何响应全球气候变化，是当前海洋生态关注的重要问题之一。鉴于浮游动物本身所具有的特性及其在生态系统中所起的作用，解析全球气候变化背景下海洋生态系统的结构与功能变化，离不开浮游动物这一关键环节。

二、南海浮游动物调查概述

南海是我国最大的边缘深海，海域宽广深邃，自然环境复杂多变，资源丰富且地理位置极为重要。一百多年前，国外的许多海洋机构对南海进行了多次调查，最早可追溯到 1842 年美国的“文森斯”号（Vincennes）、1872 年英国的“挑战者”号（Challenger）和 1908 年美国的“信天翁”号（Albatross）进行的探索性考察。20 世纪 20 年代开始，日本、英国和苏联等进行以编制航海图和水路志为主要目的南海调查。尤其是 1965～1975 年，作为“国际黑潮联合调查”的一部分，日本、美国、苏联、泰国、马来西亚、印度尼西亚等国和中国香港地区对南海进行了多航次调查。此外，美国和泰国也在南海进行了“纳加”（Naga）调查。尽管早在 1935 年我国已进行海域零星调查，但与国外相比研究起步晚，调查力度仍相对薄弱。自 20 世纪 40 年代以来，我国在海洋生态方面对中国沿海浮游动物的群落组成、数量分布、区系特征、数量变动规律等已逐步开展了研究。1958～1960 年开展了全国海洋综合调查，包括南海北部近岸海域。此后，中国台湾的“阳明”号和“九连”号也在南海进行过调查。从 20 世纪 70 年代起，国内更多涉及海洋事业的部门和单位，在南海从事综合性或者专业性的调查，其调查范围也逐步由陆架区向深海延伸，如中国科学院南海海洋研究所、国家海洋局南海分局、中国水产科学研究院南海水产研究所及石油化工和地质矿产部门在南海做了许多有价值的调查研究。

我国海洋浮游动物研究起源于厦门大学，新中国成立前我国的浮游动物研究仅有零星记载（金德祥，1935）。国内海洋浮游动物研究发展起步于 1958～1960 年的全国海洋综合调查，老一辈科学家的辛勤工作为我国浮游动物分类学奠定了坚实基础。例如，郑重（1965，1982）和陈清潮等（陈清潮和章淑珍，1965，1974；陈清潮等，1974；陈清潮和沈嘉瑞，1974）对中国沿海浮游桡足类分类的研究，张福绥（1964）对东海浮游软体动物的分类研究，以及蔡秉及和郑重（1965）对东南沿海莹虾类的分类研究等。分类学和形态学是这一时期的主要研究内容，这一主流的影响一直延伸到 20 世纪 70 年代后期至 80 年代初期。80 年代初，我国还相继开展了局部海域生物海洋学调查研究。例如，中国科学院南海海洋研究所于 1979～1982 年对南海东北部的海洋综合调查，该调查记录了南海东北部桡足类 300 余种、磷虾类 30 余种、端足类近 100 种、毛颚类 34 种、介形类 60 种、浮游贝类 50 种、水螅水母类 70 种等。同时采用分层拖网对浮游动物在各水层的分布和昼夜垂直移动进行了研究（中国科学院南海海洋研究所，1985）。1980～1981 年在闽南-台湾海峡浅滩渔场上升流区的生态系统调查研究（洪华生等，1987）发现了花水母类 12 个新种、软水母类 2 个新种，此外还报道 5 种我国首次记录的水母。同时，该研究调查了浮游动物分布与上升流和水团及环境的关系。这些研究成果为今后浮游动物多样性和生态学研究提供了非常宝贵的资料和数据积累。这些研究已经不再局限于种类的描述，同时包含了海流与浮游动物关系，如指示种分析、上升流与浮游动物群落结构和生物量的关系等内容。值得一提的是，老一辈科学家的努力带动了我国浮游动物系统分类学的研究，促进了我国海洋浮游生物研究的发展（徐兆礼，2006，2011）。

20 世纪 80 年代以后，一系列海洋学综合调查相继展开，如 1998～2001 年进行的我国专属经济区和大陆架勘测专项“海洋生物资源补充调查及资源评价”项目。李纯厚等（2004）基于该项目在南海北部大陆架海域浮游动物的调查资料，对南海大陆架海域浮游动物各大类的多样性进行了分门别类的研究，指出南海北部大陆架海区浮游动物优势种多、优势度低，优势种类有明显的季节变化和空间分布等特征。南海北部饵料浮游动物生物量冬季最高，夏季次之。2003 年 9 月国务院批准立项，并于 2004 年启动的“我国近海海洋综合调查与评价”专项（908 专项）。该调查基本查清了我国近海海域的海洋浮游动物的时空分布特征及其变化规律、生态现状及其变化趋势，为我国全面更新海洋基础资料、海洋经济发展和海洋生物资源的保护利用及环境管理等提供了科学依据。以上这些调查获得了大量精确、翔实的材料，为了解我国近海浮游动物的种类组成和群落结构奠定了基础。

我国目前已经开展了比较全面的沿海主要浮游动物类群的分类学研究，包括原生动物、水母类、浮游多毛类、浮游软体动物、枝角类、介形类、桡足类、端足类、糠虾类、磷虾类、樱虾类和毛颚类等。近年来，随着刘瑞玉院士主编的《中国海洋生物名录》的出版，我国的浮游动物形态分类和生态学研究得到了很大的发展（刘瑞玉，2008）。进入 21 世纪，随着海洋生态学的发展，人们不再仅仅满足于对浮游动物分布和生态特征的描述，国际上浮游动物学科的研究从浮游动物分布和生态学特征的描述向因果分析转变，这一趋势也推动了我国海洋浮游动物生态学研究向新的方向发展。除此之外，浮游动物摄食习性、次级生产力、粒径谱、生物量谱、微型浮游动物及微食物网研究等也是南海浮游动物的重要研究内容（周林滨，2012；黄邦钦和柳欣，2015）。

南海浮游动物作为海洋生物资源调查的一部分，多个海洋综合调查航次都有涉及。20 世纪 50 年代起在南海有多个大型海洋综合航次进行了浮游动物采样，包括 1958～1960 年全国海洋综合调查，1974～1976 年西沙群岛、中沙群岛及其邻近海域调查，1979～1982 年南海东北部海域调查，1983～1985 年南海中部海域环境资源综合调查，1984～1999 年在南沙群岛及其邻近海域进行的比较系统连续的综合调查，2004～2013 年南海北部开放航次调查，2006～2007 年我国近海海洋综合调查与评价，以及 2014 年在南海北部、西部和中部执行的国家自然科学基金委员会共享航次等，调查范围从南海北部到南沙群岛及其邻近海域，浮游动物采取垂直或者连续分层采样。20 世纪 80 年代之前航次的调查结果多以调查报告或者论文集形式呈现，不利于研究成果的传播。

本书研究内容主要基于对 20 世纪大型综合调查航次的历史资料和数据的扫描、电子化及规范化，这些航次涉及的浮游动物采集站次上千个，共获取元数据 85 184 条，对这些数据进行分析，同时与后续新获得的数据进行对比。这些历史调查资料记录了我国南海浮游动物的物种组成与分布、数量组成与分布及优势种、群落结构与多样性特征等重要数据，是研究我国南海浮游动物的重要资料。这些连续的历史资料对于研究气候变化和人类活动对我国南海浮游动物的影响具有十分重要的参考价值，也对今后进行生物多样性保护和开发及相关科学研究具有重要的指导意义。

南海可分为近海及陆架、南海中部和南沙岛礁三个基本单元。在陆架海域，浮游动物受陆源的影响大。20 世纪 70 年代始，中国科学院南海海洋研究所先后组织并参与了华南海岸带、南海北部大陆架、西沙群岛海区、南海东北部海区和南海中部海区及南沙群岛及其邻近海区的综合科学考察（中国科学院南海海洋研究所，1978，1982，1983，1985；中国科学院南沙综合科学考察队，1989a，1989b）。本章根据海区划分来介绍南海北部海区、南海中部海区和南沙群岛及其邻近海区的调查航次及其河口、海湾和岛礁等南海典型生态区调查航次的具体情况。

（一）南海北部海区

1. 南海北部海区环境特征

南海北部由于其宽阔的陆架及陡峭狭长的陆坡，在季风及黑潮入侵等动力因子的影响下，表现出复杂多变的环流形式（苏纪兰，2005）。南海北部海盆常年被气旋式环流所控制，冬季为显著的海盆尺度气旋式环流，而该环流在夏季则会减弱，但是南海北部仍然表现为气旋式环流特征。南海北部存在一支西南向陆坡流，在陆坡与陆架之间是一支东北向的南海暖流，近岸有一支冬夏季反向的沿岸流。南海北部陆坡流（南海西边界流上游支）、南海暖流、广东沿岸流、夏季南海北部上升流、冬季下降流等构成了南海北部典型的环流特征（舒业强等，2018）。南海处于东亚季风影响之下，夏季西南季风一般于 5 月中旬爆发，最早在南海南部及中部形成，并在 6 月迅速扩展至整个南海，但在南海北部风向较偏南。9 月时东北季风开始出现在南海北部，10 月扩展至南海中部，至 11 月遍及南海，到翌年 4 月冬季季风逐渐消失。南海环流主要受控于东亚季风与邻近海域环境的相互作用和水交换，后者以南海最为重要。太平洋北赤道流在北纬 13° 附近菲律宾近岸处分叉，其北支形成太平洋副热带环流的西边界流，即黑潮。黑潮在北上途中，流经吕宋海峡，与南海进行复杂的水交换。南海北部沿岸流主要是广东沿岸流。广东沿岸流主要位于南海陆架近岸海域，其路径和流向主要受到季风及珠江口径流的影响。以珠江口为界线，可以将广东沿岸流分为粤东沿岸流和粤西沿岸流。冬季，南海盛行东北季风，广东沿岸流由东北流向西南，且东北沿岸流与南下的闽浙沿岸流交接，向西南流至雷州半岛时分为两支：一支向西途经琼州海峡进入北部湾，另一支绕海南岛向南流。夏季，南海盛行西南季风，粤西一带的沿岸流仍为西南流向，主要是因为珠江口处于洪水期，径流剧增（黄企洲等，1992）。

南海北部海区海流的另一个特点就是季节性沿岸上升流分布范围广泛，强度也较大。夏季，在珠江口以东粤东海域都是南海上升流比较明显的区域。此外，在海南岛东部沿岸夏季也有上升流的存在。这些上升流具有低温、高盐的基本特征。西南季风被广泛认为是影响夏季南海北部上升流强度的重要原因（Jing et al.，2009，2015；Su and Pohlmann，2009；许金电等，2014）。就强度而言，琼东上升流强于粤西沿岸上升流，此外，琼东和粤西沿岸上升流区域并非独立存在，而是 10m 水层以下都连在一起（蔡尚湛等，2013）。在东北季风和西南季风期间，南海整体上是被气旋式和反气旋式涡旋所控制的（黄企洲等，1992）。南海还存在着一支受季风和地形驱动的南海暖流，沿等深线走向，终年为东北流向（管秉贤，1978，1998；Guan and Fang，2006；Wang et al.，2010）。

南海暖流的流向与粤西沿岸流相反，因此在雷州半岛东部湛江湾海域形成一个气旋式涡旋，即冷涡，该冷涡终年存在，但强弱存在季节变化，夏季强冬季较弱（管秉贤和袁耀初，2006）。黑潮起源于北赤道流，作为西太平洋边界流，流经我国近海，是连接热带西太平洋与我国近海、控制我国近海环流、传递大洋对我国近海环境影响的重要纽带。黑潮主流穿过我国台湾东部海域，经过东海海域，沿着日本往东北向流，与南下的亲潮相遇后汇入东向流的北太平洋暖流（Kwon et al.，2010）。

南海北部具有独特的生态环境，包括珠江冲淡水区、沿岸上升流区、冷涡、黑潮入侵影响区及深海海盆等（Su，2004；舒业强等，2018），曾是中国南海区重要的渔场之一，也是中层鱼类资源的密集区之一。南海陆坡区蕴藏着丰富的中层鱼类资源，密度为世界平均值的 10 倍以上（袁梦等，2018）。南海北部在季风及黑潮入侵等动力因子的影响下表现出复杂多变的环流形式，另外也受台风、中尺度涡旋及内波等物理扰动的影响（舒业强等，2018）。南海北部沿岸上升流的强度、珠江冲淡水在南海北部的扩展及黑潮入侵的路径和强度均存在明显的季节内、季节间和年际、年代际的变化。这些物理过程的变动已经影响了该海域的营养盐、初级生产力和浮游生物的时空分布（于君和邱永松，2016；Huang et al.，2017）。南海西北部上升流和冷涡的存在，导致底层富营养的海水上涌，使叶绿素 *a* 浓度提高（Song et al.，2012），这种情况主要集中在湛江湾冷涡及其附近海域和海南岛东部沿岸，进而使浮游动物优势种的丰度提高，但与此同时浮游动物多样性降低，如度夏的中华哲水蚤丰度及海鞘、海樽和管水母丰度明显增加，但种数明显减少（Zhang et al.，2009；Li et al.，2010；Li et al.，2011a；Yin et al.，2011；Li et al.，2013）。相较于冷涡而言，南海北部暖涡的存在会导致浮游动物生物量、丰度的下降，涡边缘比涡内有 1.4 倍总生物量的增加和 1.5 倍总丰度的增加，同时涡旋外个体较小的浮游动物丰度也大量增加（Liu et al.，2020）。沿岸流可以携带非本地种如中华哲水蚤等进入研究海域，进而增加海域物种多样性（Yin et al.，2011）。浮游动物对于气候异常现象也会有显著的响应。2008 年初南海持续存在极冷现象，相较于正常年份，桡足类优势种的丰度急剧下降，水母的丰度则大量增加（Lian et al.，2017）。

黑潮支流会以流套、脱落及越过等不同的方式通过三巴海峡（即巴士海峡、巴林塘海峡及巴布延海峡）入侵南海，对南海的水文环境造成一定的影响（Nan et al.，2015），进而影响浮游动物的群落结构。例如，黑潮影响区浮游动物种类繁多，东海北部黑潮区在 1989 年共记录浮游动物 386 种，其中桡足类多达 159 种，群落结构也较复杂，生物量和丰度却较低；未受黑潮水影响的近岸区浮游动物种类组成单一，群落结构简单，生物量和丰度却较高（洪旭光等，2001；Hsieh et al.，2004）。Tseng 等（2008a）在东海南部对比 4 个水团影响区后发现位于黑潮水的浮游桡足类丰度最低。1987～1990 年的调查结果显示，台湾北部黑潮锋内侧的桡足类丰度一般高于黑潮锋外侧，较高丰度区的分布具有夏季向外海、冬季靠近岸、其他两个季节居中的趋势（杨关铭等，2000）。此外，国内有关黑潮对浮游动物影响的研究多集中于台湾东部及东海北部，而南海则相对较少，因此在南海东北部开展黑潮入侵对浮游动物的影响研究是相当重要的。

2. 南海北部浮游动物调查

南海北部海域指北纬 18° 以北至台湾海峡以南的区域，自 1958 年全国海洋综合调查开始，该海域经历了多个不同规模的综合科学考察和调查研究。中国科学院南海海洋研究所20世纪70年代起对珠江口、广东沿岸、南海东北部、中沙群岛、西沙群岛等海域进行了大量的调查。2004～2013年中国科学院南海海洋研究所组织南海北部开放航次，每年8～9月在南海北部进行多个断面的调查（Zeng et al., 2015）。2014年至今国家自然科学基金委员会在南海陆续组织的南海东北部、南海西部、南海中部等共享航次都有在南海北部布设站位。调查时间跨度达60年，多集中在春季、夏季和秋季进行，涉及30多个航次的采样信息（表1.1），积累了大量浮游动物样品和数据。在全球气候变化和人类活动的影响下，南海北部浮游动物种类组成和数量的长期变化特征如何，以及该海域复杂多变的生态环境如何影响其生物多样性和时空分布格局的季节与年际变化，都是亟待解决的科学问题。

表1.1 南海北部海洋综合考察航次汇总

调查年份	项目/航次名称	海区
1958～1960	全国海洋综合调查	南海北部近岸和陆架
1976～1978	西沙、中沙群岛海域综合调查	西沙群岛和中沙群岛海域
1979～1982	南海东北部海区综合调查研究	南海东北部
1982～1983	广东省海岸带和海涂资源综合调查	广东省沿岸
1984～1985	上升流生态调查	粤东近岸海域
1987～1990	闽南-台湾浅滩渔场上升流生态系研究	台湾海峡南部海域
1990～1991	广东省海岛资源综合调查	广东省近岸海域
1996～1997	香港策略性污水排放计划环境影响评价研究	珠江口邻近海域
1997～1999	生物资源栖息环境调查与研究	南海北部大陆架
2006～2007	我国近海海洋综合调查与评价专项	南海北部（ST08区块）
2006～2007	广东省近海海洋综合调查与评价专项	广东省近岸海域
2011～2012	南海北部海典型海域海气界面碳通量及生物固碳速率研究	珠江口邻近海域
2013～2015	黑潮入侵对南海东北部生态系统影响	南海东北部（包括陆架、陆坡和海盆）
2014～2015	南海渔业资源增养殖养护及渔场判别关键技术研究与示范	南海北部沿岸
2004～2013	南海北部开放航次及国家自然科学基金委员会共享航次	南海北部（包括陆架、陆坡和海盆）
2014年至今	国家自然科学基金委员会共享航次	南海西部、南海东北部、南海中部等

从1958～1960年的“全国海洋综合调查”到现在，科技工作者对南海北部进行了多次调查。其中，全国海洋综合调查南海区首次报道了南海北部浮游动物的生物量、丰度、种类组成和分布等。该调查指出，南海北部浮游动物的总生物量远较其他海区低，这符合热带浮游动物总生物量较高纬度海区低的一般规律。南海北部浮游动物的总生物量很少超过250mg/m^3，高生物量区的分布一般局限于近岸水域，粤东水域浮游动物的生物量比粤西等水域高；离岸较远的水域，终年受外海水的控制，总生物量很低。该调查同时记录了桡足类220种、磷虾类22种、樱虾类8种、枝角类3种、毛颚类19种、水母类67种、被囊类19种及软体动物60种。在这之后，科研人员于南海东北部海域（1979～1982）、闽南-台湾海峡浅滩渔场（1980～1981）及近海海域（2006～2007）进行了数次调查。通过这些调查获得了大量精确、翔实的材料，为了解南海北部近海浮游动物的种类组成和群落结构奠定了基础。基于系列海洋学综合调查的资料，一些以浮游动物为整体研究对象的研究文献得以形成。李纯厚等（2004）对南海北部浮游动物多样

性做了研究，指出南海北部大陆架区域出现浮游动物8门709种。浮游动物优势种为：异尾宽水蚤、普通波水蚤、微刺哲水蚤、叉胸刺水蚤、亚强次真哲水蚤、精致真刺水蚤、肥胖箭虫和中型莹虾，但是该研究的调查站位大多数位于大陆架附近，几乎没有对南海北部靠近外海的水域，如北纬18°断面和吕宋海峡附近海域浮游动物种类组成和群落结构的研究。张武昌等对南海北部桡足类的群落结构进行了研究，指出南海北部浮游动物被分为近岸和远岸两个群落，近岸浮游动物群落主要受近岸水的影响，生物量较高，但物种多样性较低；而远岸浮游动物主要受大洋寡营养盐高盐水的影响，生物量较低，但物种多样性很高（Zhang et al.，2009；张武昌等，2010a）；但其仅仅对桡足类的群落结构做了分析，而没有针对南海北部浮游动物全部类群的分析。2007～2011年，连喜平（2012）通过对南海北部不同区域浮游动物5个航次的调查采样，分析了夏季南海北部浮游动物的种类组成及分布、丰度和生物量的时空变化、优势种演替、浮游动物群落结构，研究了浮游动物的中长期变化，并探讨了其变化的影响机制。

夏季由于西南季风的影响，南海黑潮入侵强度最弱，在吕宋海峡中东部会形成相较于受南海水影响的西部而言低丰度、低生物量的浮游动物群落，但同时一些热带大洋高温高盐类群（黑潮指示种），如达氏筛哲水蚤等浮游桡足类随黑潮进入吕宋海峡，增加海域物种多样性（连喜平等，2013b）。冬季东北季风盛行，南海黑潮入侵强度最大。与连喜平等（2013b）的研究结果类似，Hwang等（2007）指出桡足类丰度和物种丰富度在南海北部比受黑潮水影响的海域更高。而Tseng等（2008b）指出夏季南海北部浮游桡足类的高多样性主要是由黑潮入侵和西南季风造成的，Lo等（2014）也认为黑潮水浮游桡足类具有更高的物种多样性。黑潮的入侵会导致在台湾浅滩出现上升流，在秋季和冬季会有较高的叶绿素*a*浓度，进而会增加浮游动物丰度，为鱼类浮游生物提供充足的饵料；黑潮的入侵也促进物种的迁移，将西太平洋的鱼类浮游生物如柔身纤钻光鱼的鱼卵和仔稚鱼携带至南海北部，导致南海北部鱼类浮游生物物种重组（Huang et al.，2017），从而影响渔业资源产量。

3. 南海北部浮游动物研究存在的问题

（1）缺乏长期的监测数据

浮游动物的长期变化对海洋环境和气候变化有指示作用，全球范围内很多重要的气候变化监测项目都将浮游动物作为"哨兵"去监控未来的海洋气候变化。浮游动物的长期变化要求数据具有连续性。浮游动物季节变化和长期变化等数据的积累，可以在气候异常事件的指示方面发挥巨大的作用。从近阶段南海北部浮游动物调查研究来看，一般对南海北部浮游动物的调查周期为一年中的某个季节或者月份，尚缺少连续的跟踪调查。而且每次调查的范围和区域都有所不同。同时大尺度的气候变化对浮游动物的种类组成和数量的影响不是在短时间内就能体现出来的。因此要阐明南海北部浮游动物生态学的基本规律，较长时间的资料累积是必不可少的。将南海浮游动物的长期变化和物理环境与生物过程良好地结合起来可以对南海北部的气候变化起到很好的监测和预报作用。

（2）忽略浮游动物在南海北部海洋环境监测中的作用

生物与环境之间经过相互作用达到和谐统一，生物的个体、种群或群落的变化，可以客观地反映出水质的变化规律，浮游动物监测是评估全球海洋生态环境变化的一个重要指标（Ratnarajah et al.，2023）。近年来广东沿海夜光藻赤潮的频繁发生，大亚湾2020

年 7 月尖笔帽螺的暴发和水母对海湾西北部区域核电站的堵塞（齐占会等，2021；刘岱等，2021）。在过去的几十年，黑海的富营养化导致了该海域浮游动物群落发生了明显的变化，浮游动物种类变成适宜于富营养水域生活的种类如汤氏纺锤水蚤，其他种类浮游动物的丰度则大幅减少。一些胶质类生物的数量增加（Kideys et al.，2000）。因此，通过对南海北部浮游动物种类组成、时空分布、生物量及群落结构变化等生态学特征进行分析，并结合有关理化指标，可以更好地对海洋环境和气候进行监测。尤其是某些敏感种，可以作为环境和气候变化的指示种。

（3）采样网目不一致导致对整体生物量估计不准确

在我国近海调查中，浮游动物的采集一般使用大型和中型浮游生物网：大型浮游生物网（水深小于 30m 时采用浅水 I 型网），网孔大小为 505μm，用于采集较大的浮游动物，如水母、箭虫、大型和中型桡足类、磷虾等；中型浮游生物网（水深小于 30m 时采用浅水 II 型网），网孔大小为 160μm，主要用于采集中等大小的浮游动物，如小型桡足类、枝角类等（国家技术监督局，1991）。浮游动物的生物量和丰度采用水平拖网与垂直分层拖网的方式进行采集研究，其中垂直分层拖网可用于研究浮游动物在水体中的垂直分布。影响浮游动物采样的因素有：筛绢孔径大小、拖网速度、动物逃逸。不同的采样方法有可能导致浮游动物数据分析偏差的出现，并且可能影响浮游动物与环境之间关系的分析。因此探讨不同网具的采集是否影响南海北部浮游动物的群落结构特征很重要。

浮游动物作为海洋浮游动物中的重要类群、海洋生态系统物质循环和能量流动的关键环节、海洋生态系统的次级生产者，其时空变化受初级生产的影响，同时又是中层和底层渔业资源的主要饵料来源，其在南海北部随季节的变化和区域分布是一个值得长期研究的课题。

（二）南海中部海区

1. 南海中部海区环境特征

南海中部海区一般指南海海盆南部和西北部大陆坡，大部分水深大于 3000m，西部较浅，约 1000m，是中国外海渔业的主要作业渔场。南海中部海区地形较为复杂，海底地貌以深海盆地为主，其北部有西沙、中沙两个礁区，南部是广阔的南沙礁区。中国科学院南海海洋研究所于 1977～1978 年对南海中部海域进行了 5 个航次的综合调查，历时 260 多天，航程两万多海里[①]，其足迹遍及西沙群岛各岛礁，多次穿越中沙群岛，登上黄岩岛，并穿过南沙群岛北侧。调查项目包括海洋地质、海底地貌、海洋沉积、海洋气象、海洋水文、海水化学、海洋物理、海洋生物及岛礁地貌等。经过整理、鉴定、分析和研究，研究人员陆续编写出有关调查研究报告和论文 80 多篇，为科研和生产提供有价值的基本科学资料和数据，并为研究南海区域海洋学积累了资料（中国科学院南海海洋研究所，1982）。1983 年 9 月至 1985 年 1 月，国家海洋局在南海中部范围即北纬 12°～20°、东经 111°～118°，面积为 64 万 km^2 的水域进行了气象、水文、化学、生物、底质、重力、磁力、水深、声速和环境质量等 10 个项目的多学科、多层次的综合调查。先后由“向阳红 05”号和“向阳红 14”调查船执行了 4 个航次的调查任务，总航程 35 090 海里，历时 181 天，

① 1 海里 =1852m

首次获得大面积、周年系统的完整资料，为南海中部海域的开发利用、科学研究、环境保护、航海保证、执法管理、国防建设和海洋自然环境图集的编绘提供了可靠的科学依据（国家海洋局，1988）。2014 年 3 月至 2015 年 2 月中国水产科学研究院南海水产研究所对南海中部海区范围北纬 12°～15°、东经 111°～117° 进行了 4 次渔业资源声学和生态环境调查（李斌等，2016；Wang et al.，2020）。

南海中部海区属东亚季风区，自海面至 100m 水层，海流受季风影响很大。南海中部的水团分布具有西太平洋水团分布的一般特征（Wyrtki，1961）。只是在南海自身的环境条件下，自巴士海峡进入南海的西太平洋水团产生了不同程度的变性。其中最显著的变化是次表水及表层水的盐度值均明显降低；而中层水的盐度值则由北而南逐步升高，如南海中部比巴士海峡入口处增加了 0.2‰以上（徐锡祯，1982）。研究人员通过 1977 年 10 月和 1978 年 6～7 月在南海中部海区的两个航次的调查发现，南海中部海盆区的海水有着稳定的成层结构，自海面至海底的 5 个水团（南海表层水团、南海次表层水团、南海中层水团、南海深层水团和南海海盆水团）分布状况比较匀称。下文对 1977～1978 年和 1983～1985 年两次大型综合航次的水团分析结果进行综述。

南海中部海区水团在垂直尺度上表现明显差异。南海表层水团是海面至 75m 的水层，包括两部分水体，即海面之下的均匀层和跃层的上半部分。该水团直接受气象条件的影响，这使得其温度和盐度具有明显的季节变化特征。

南海次表层水团位于 75～300m 的水层上，主要由一个较为深厚的跃层所构成。该水团上界的温度为 20～22℃，下界的温度降到 12℃左右，整个水层的温度垂直梯度接近于 0.05℃/m，盐度为 34.50‰～34.86‰。由于受到温盐跃层的屏蔽作用，次表层水团的温度终年无明显变化。盐度的季节变化较为显著，主要反映在高盐核心层盐度的差异，该水团的主要特征是在 150～200m 出现一个盐度极大值。

南海中层水团位于次表层水团的下界到 800～900m，温度为 5～12℃，盐度在 34.40‰～34.50‰。在 500m 左右处水团出现一个低盐层，盐度在 34.42‰左右，水团的温度和盐度特征没有明显的季节变化，并在 700m 左右形成一个氧含量的最小值。中层水团的下界时空变化不明显，而其上界的变化与表层水团下界的变化一致。

南海深层水团是位于 1000～2700m 的巨大水体，这一深厚水体的温度值是由上界的 4℃极缓慢地降低到底界的 2.36℃，盐度则由 34.50‰缓慢增加到 34.60‰。另外该水团的氧含量也由 1.6mL/L 逐渐升高到 2.5mL/L。深层水团是一个几乎没有季节变化的水体（中国科学院南海海洋研究所，1982）。国家海洋局（1988）的调查结果将南海深层水团分为上深层水和下深层底盆水。上深层水在 800～900m 到 2500～3000m，其温度在 2.35～5.00℃，盐度为 34.50‰～34.62‰，其温度和盐度基本无季节性变化。下深层底盆水位于 2500～3000m 及以下的底盆水中，从 2500m 到 4000m，温度升高 0.06℃左右，而盐度基本保持不变，在 34.62‰左右（徐锡祯，1982）。

南海海盆水团是由西太平洋深层水通过巴士海峡 2700m 深的海槛进入南海后沉降而成的。在 2700m 以深的海盆水团，温度随深度的增加而微微降低，如在 3000m 处温度为 2.43℃（1977 年 10 月调查）、4000m 处温度为 2.37℃（1978 年 6～7 月调查）。而海盆水的盐度值则不随深度的增加发生变化，一般保持在 34.62‰左右。南海海盆水团的另一个重要特点是其溶解氧的含量依然较高，在 1.80～22.54mL/L，南海海盆水的氧含量大于

2.2mL/L，从溶解氧的丰度上可以推断，南海中部深层水与西北太平洋深层水以一定的速度进行着交换（徐锡祯，1982；国家海洋局，1988）。研究表明，南海中部浮游动物的分布受水团变化的影响（林茂，1992；陈瑞祥和林景宏，1993；林景宏和陈瑞祥，1994；戴燕玉，1995，1996）。

2. 南海中部浮游动物调查

中国科学院南海海洋研究所于1975～1979年连续对南海中部海区（包括西沙群岛、中沙群岛）进行了调查，其中1978年6～7月（夏季）、1978年10～12月（秋季）、1979年10～11月（秋季）的调查主要集中在北纬12°～15°。南海中部浮游动物总生物量在夏、秋两个季节中，100m上层的数量变化不显著，这符合热带低纬度的一般规律。其出现的数量级，要比南海北部陆架区低。100～200m层生物量低于0～100m层，为0～100m层的1/4。但在夏季，两水层的生物量相近。构成浮游动物总生物量的主要类群是桡足类、毛颚类，部分站位还有较大数量的浮游翼足类、细螯虾、磷虾等，主要类群的季节变化不显著。生活在表层水和次表层水的浮游动物属于高温高盐种类，虽然在表层降雨或其他原因致使盐度降低，但从浮游动物类群角度分析，盐度的降低并不改变热带大洋上层的特性。南海中部海区浮游动物群落具有热带大洋性质。从群落的组成来看，南海中部海区的浮游动物种类远超过我国北方诸海区。在浮游动物各个类群中，桡足类占38.5%、磷虾占6.3%、端足类10.5%、莹虾占0.7%、浮游介形类占3.8%、枝角类占0.1%、翼足类和异足类占6.7%、浮游头足类占2.6%、毛颚类占5.7%、水母类占1.9%、管水母类占10.5%、栉水母占0.7%、浮游被囊类占4.0%。南海中部海域浮游动物群落结构不像黄海和东海浮游动物那样仅由少数2～3种占主要数量的优势种构成，一般由10～12种优势种构成。该特点与太平洋、印度洋热带区的情况基本相似。南海中部海域浮游动物群落主要有桡足类和毛颚类，优势种有普通波水蚤、狭额次真哲水蚤、肥胖箭虫、太平洋箭虫、海洋真刺水蚤等。这些种类大多数生活在200m上层，因此它们是影响上层生物量的主要种类。在个别岛礁或浅滩，虽然也可见到一些临时性营浮游生活的种类，如短尾类、长尾类幼体，但它们的种数和数量不如南海北部陆架区丰富。尽管南海中部海域浮游植物细胞总个体数远不如南海北部陆架区，但南海中部海域浮游植物与浮游动物数量比例较为平衡。南海中部浮游动物总生物量保持较低的现象，这也是热带浮游动物群落的特点之一。浮游动物高生物量区与浮游植物的数量密集区距离相近，但在时间和空间上并不完全重叠（陈清潮，1982）。南海中部海域高生物量分布区的形成是由多种因素如季风漂流、岛礁地理条件及浮游动物繁殖、发育所决定的。高生物量分布区往往与良好渔场的位置相符。

1983～1985年南海中部海域浮游动物的调查采用大型浮游生物标准网（网口直径80cm，由GG36筛绢制成），在0～200m处垂直拖网。同时在各断面还分设18个垂直分层采样站位，并采用大型浮游生物标准网附加闭锁装置，分别在200～500m、100～200m和0～100m等3个层次各垂直拖网一次。此外在若干站加采1000（或3000）～4000m和500～1000m的分层样品。在南海中部调查中所出现的浮游动物种数远远超过中太平洋西部海域，尤其是桡足类和水螅水母类都有大幅增加（国家海洋局第三海洋研究所，1984）。此外，与南海东北部海域相比，二者出现的种数大体相当，南海中部略有增加，其中水母类、浮游介形类和浮游软体类的种数有不同程度的增加，但其他浮游动物的种数却略有减少（中国科学院南海海洋研究所，1985）。南海中部海域浮游动物总种数的周年变化幅度不大，具大洋水团相对稳定的特性。其中，春、夏、秋三个季节的浮游动物种数差别不大，分别为528种、526种和508种，而冬季随着海区温度、盐度的显著下降，浮游动物的种数也明显降至434种。此外，在各主要浮游动物类群中，周年可见的种类（即4个航次的共有种所占比重相当大）为358种，在不同的季节中种类重现比率较高，从而保证了周年种数的相对稳定（国家海洋局，1988）。

在两个不同时期的综合航次中，研究人员对南海中部浮游动物进行200m以上水层拖网采样的同时，也在其中一些调查站进行了浮游动物昼夜垂直移动的研究。其中，1975年3月23～24日在西沙群岛中的珊瑚岛南面浅滩（深度25m）、4月14～15日在中沙群岛中的西门暗沙（深度40m）及1978年7月3～4日在中沙大环礁东面的宪法暗沙北侧（深312m）这三个测站，进行了锚定昼夜连续垂直分层采样。结果表明，在珊瑚岛南面浅滩，浮游动物总丰度移动较有规律，从中午到傍晚密集中心均出现在表层，傍晚以后直到次日凌晨3时，浮游动物都密集于底层，上午浮游动物移动到中层，中午又重复出现于表层，即浮游动物在表层表现为白天上升、夜晚下降。在西门暗沙，浮游动物白天密集于中下层，傍晚略有上升，夜间仍停留在中层，午夜到清晨密集于表层，上午则移动到中层，这比较符合浮游动物在表层白天下降、黎明前上升的规律。上述两个浅水测站呈现不同的现象，可能主要是由浮游动物种类组成的差异引起的。前者以管水母、被囊类等较占优势，后者以浮游甲壳类为主。该移动现象的差异，除种类这个内在因素外，海况条件也是个重要的外因。在宪法暗沙，浮游动物在较深水柱的移动变化较上述两个测站更有节律。将近黄昏时，浮游动物最大丰度虽然出现在50～100m层，但已陆续向50m上层移动，到午夜浮游动物最大丰度已由50～100m层移至50m上层。过午夜后，在50m上层仍维持最大丰度，但有一部分种类已向50m下层移动，到黎明后，重复在50～100m出现最大丰度，整个白天一直保持这一状态。在中沙群岛的暗沙，浮游动物昼夜移动节律较显著，即符合浮游动物总丰度在表层傍晚上升、白天下降的规律，但是移动范围较小，仅在100m上层，至于100～200m水层，浮游动物昼夜垂直移动较不明显，这一水层丰度保持较低且相对稳定的状态（陈清潮，1982）。

南海中部海域浮游动物总生物量和种数的垂直分布一般呈由上层往深层逐渐减少的趋势，但总生物量在局部水域也有例外，而总种数在200～500m层又有所回升。浮游动物对环境的适应性也体现在种群的垂直结构上，这种垂直结构导致不同层次的水体中各种生态类群的浮游动物之间配比关系的改变。浮游动物可被划分为4个不同的生态类群，即高温高盐类群、近海暖水类群、暖温性类群和低温高盐类群。高温高盐类群的种类最多，个体数量最大，出现率最高，是优势生态类群。西北太平洋的高温高盐表层水与爪哇海、巽他陆架的低纬低盐水是影响南海中部海区的两个主要水系，它们的运动和消长导致南海中部海域温、盐值和分布模式的变化，并最终导致本海区浮游动物数量的变动。此外，太阳辐射的强弱、降雨量的多寡及季风的转换和飓风等因素也影响浮游动物的空间分布（陈清潮，1982；国家海洋局，1988）。

（三）南沙群岛及其邻近海区

1. 南沙群岛及其邻近海区环境特征

南沙群岛位于南海的南部，北起雄南礁，南至曾母暗沙，东起海马滩，西至万安滩，是我国南海诸岛中最南的群岛。南沙群岛海区水域面积约 82.3 万 km^2，是我国最具典型的热带海区，周围连接苏禄海、爪哇海、泰国湾和我国南海北部及中部，海流多变，水团结构和生态环境复杂。南沙群岛及其邻近海区（简称南沙群岛海区或南沙海区）既有星罗棋布的珊瑚礁群，又有大陆架浅海区、大洋性深海区和海槽，海底地形起伏不平，自然环境多样化。按生态环境特征，南沙群岛海区可被分为珊瑚礁生态系统、大陆架生态系统、大洋性深海区生态系统等，其海洋生物资源丰富，种类繁多，且具有生长速度快、资源更新能力强等特点，在生物地理学上属于印度洋-西太平洋热带生物区系的起源和生物多样性分布中心。特殊的地理位置和复杂的自然环境，使其成为热带海洋生态过程研究的独特海区，受到世界海洋科学家的广泛关注（黄良民等，2020）。

南沙群岛海区位于世界著名的东南亚季风气候区，常年主要受热带天气系统的影响：辐射强烈，热量充裕，终年高温高湿，受季风影响时间较长。夏季风在 5 月下旬至 9 月中旬，冬季风在 10 月下旬至翌年 4 月上旬，冬-夏过渡季节是 4 月中旬至 5 月中旬，夏-冬过渡季节是 9 月下旬至 10 月中旬。南海的表层流及上层海水的流动主要受季风控制。6～8 月，南海盛行西南风，上层水在风力的驱动下呈东北向漂流，9 月是季风转换期，南沙群岛海区以东北向流动为主，自 10 月至翌年 2 月为东北季风时期，整个南海被一个逆时针向环流所控制，在南沙群岛海域盛行西北向流动（黄企洲等，2001）。在水平方向上，南沙群岛海区水体性质可被划分为两类：沿岸水与外海水。沿岸水又可被细分为两个不同特性的水体：南海陆架水（南海赤道陆架水）和混合水。南海陆架水源于爪哇海，通过卡里马塔海峡进入本区的南部与东南部，并受到加里曼丹岛和苏门答腊岛淡水的影响，其盐度的水平梯度和垂直梯度相对较大，低盐为其主要特征。南海陆架水特征温度在 30℃左右，盐度在 33.00‰左右。混合水团可被分为两部分：一部分位于南沙群岛海区东部，为苏禄海水经巴拉巴克海峡进入本区后，与本区水混合而成的，仅占据巴拉巴克海峡西侧海域；该水体盐度均匀，较陆架水高，在 34.00‰左右。另一部分出现在中南半岛的湄公河口外，主要由湄公河冲淡水与外海水混合而成，其盐度值稍高于 33.00‰。外海水指南沙群岛海区表层中央水，它处在本海区中部，其性质介于上述两个混合水团之间，面积远远大于上述两个水团，其温度和盐度都比较均匀（邱章和黄企洲，1989）。

南沙群岛海区的水团在垂直方向上可被划分为 5 个主要水团：表层水团、次表层水团、中层水团、深层水团和海盆水团，水团性质与南海中部略有不同。表层水团在垂直方向上包括上均匀层与跃层上半部，其下界深度约达 75m。夏季表层水团的下界，在西南部略有抬升，在东北部稍下沉。冬季则与夏季相反，西北部略有抬升，东南部则稍下沉。该水团的特征为高温、低盐。次表层水团位于表层水团之下，由跃层下半部与部分渐变层构成，其下界深度在 300m 层左右变动。次表层水团的主体是在本海区内变性的西太平洋次表层水团，高盐为其主要特征，水温随深度的增加急剧降低，下界最低温度为 10℃。中层水团居次表层水团之下，位于渐变层中，其下界深度位于 800～1000m，与次表层水团相比，它以低盐为特征，盐度极小值在 34.41‰～34.45‰，普遍出现在

500m 水层中。本区中层水团空间分布的均匀性相当好，而在其下界 800～1000m，温度和盐度分别在 5.7～4.4℃和 34.46‰～34.50‰。处在中层水团之下的水体被称为深层水团，本区深层水团的下界深度可定为 2600m。与上述 3 个水团相比，它以低温、高盐为特征。深层水团平均盐度比次表层水团还要高，温度最低，多在 4℃以下（邱章和黄企洲，1989）。海盆水团位于深海最底层，水深 2600m 以下，厚 1000m 左右，水温很低，受海底地热的影响则微增温（赵焕庭，1996）。

2. 南沙群岛及其邻近海区浮游动物调查

南沙群岛及其邻近海区地处热带，水深变化大，海底地形复杂，地质地貌类型多样，同时具有多种水团类型，生境条件多变，因而生物种类繁多，生物类群也较多，是海洋生物多样性极高的区域。自 1984 年起，中国科学院组织南沙科考，开展多学科调查研究，各个专业都积累了数量空前的实际资料。中国科学院南海海洋研究所于 1984～1986 年开展了南沙群岛南、西、东三边的曾母暗沙、万安滩、半月礁和海马滩等海区的考察，获得了丰富的资料（中国科学院南沙综合科学考察队，1989a，1989b，1991a，1991b）。1986 年 12 月，中国科学院在广州召开了第一次全国性南沙学术研讨会。1987 年国家科学技术委员会将“南沙群岛及其邻近海区综合科学考察”项目先后列入了“七五”和“八五”国家科技攻关计划。中国科学院成立了中国科学院南沙综合科学考察队，陈清潮研究员担任队长。1987～1991 年，该科考队利用“实验 3”号和“实验 2”号等海洋科学考察船，对南沙群岛海区进行了一系列调查研究，获得了大量数据、资料和样品。1990 年 2 月在广州召开了第二次南沙学术研讨会。1991 年 12 月在广州召开了由国家科学技术委员会主持的南沙综合考察专项“七五”成果鉴定和验收会议。基于这些成果发表综合报告、论文、专著 12 册，遥感图集 3 册，地图 2 幅。在南沙群岛海区海洋生物资源和生态研究方面，通过对 28 个岛礁生物资源和生态环境的调查研究，初步鉴定了海洋动植物和微生物达 3235 种，其中发现 31 个新种和 249 个在我国海域的新记录种，较大地充实了这一领域的生物多样性研究工作（陈清潮，1992）。“八五”期间，国家继续对南沙群岛及其邻近海区进行综合科学考察，其中特批一个南沙群岛海区生物多样性的研究专题，目的是通过国家或地区层面的工作，推动海洋生物多样性研究，重视南沙群岛海区生物多样性的保护和可持续利用。基于该专题研究成果，相继有《南沙群岛及其邻近海区海洋生物多样性研究 I》《南沙群岛及其邻近海区海洋生物多样性研究 II》《南沙群岛海区生态过程研究（一）》《南沙群岛海区生态过程研究》等专著出版（中国科学院南沙综合科学考察队，1994，1996；黄良民，1997；黄良民等，2020）。1984～1994 年，有 10 个航次的综合科学考察和 1 个航次的渔业资源调查都开展了浮游动物研究，这些航次进行了 377 个大面站和 7 个昼夜连续站采样，登礁 18 座次，采集定量样品 828 号（网）、定性样品 132 号、生化测定样品 76 号、浮游动物食性分析样品 50 多号，积累了丰富的标本和资料（黄良民等，1997b）。“九五”国家科技专项南沙群岛海域综合科学考察在 1997～1999 年共进行了 7 个航次海上考察，包括综合考察 2 个航次、综合地球物理调查 2 个航次、岛礁综合考察 1 个航次和渔业资源考察 2 个航次，其中有 3 个航次开展了浮游动物调查研究（尹健强等，2006）。2009～2012 年由中国科学院南海海洋研究所承担了国家科技基础性工作专项“南海海洋断面科学考察”，在南沙群岛海域设置了站位。自

1984 年开始南沙群岛及其邻近海区综合科学考察航次开展的浮游动物采样信息如表 1.2 所示。

表 1.2 南沙群岛及其邻近海区综合考察航次汇总（仅浮游动物采样的航次）

调查日期	海区	采样站数	拖网层次（m）
1984 年 5～7 月	南沙群岛及其邻近海区	26	0～100
1985 年 5～6 月	南沙群岛及其邻近海区	37	0～100
1986 年 4～5 月	南沙群岛及其邻近海区	32	0～100
1987 年 5 月	南沙群岛及其邻近海区	20	0～100
1988 年 7～8 月	南沙群岛及其邻近海区	36	0～100
1990 年 4 月	南沙群岛及其邻近海区	31	0 至底（＜ 145m）
1993 年 5～6 月	南沙群岛及其邻近海区	13	0～200
1993 年 11～12 月	南沙群岛及其邻近海区	15	0～200
1994 年 3～4 月	南沙群岛及其邻近海区	10	0～200
1994 年 9 月	南沙群岛及其邻近海区	40	0～200
1997 年 11 月	南沙群岛及其邻近海区	25	0～100
1999 年 4 月	南沙群岛及其邻近海区	10	0～100
1999 年 7 月	南沙群岛及其邻近海区	28	0～100
2009 年 5～6 月	南海中部、南沙群岛	11	0～200
2010 年 11 月	南海中部、南沙群岛	18	0～200
2012 年 8～9 月	南海中部、南沙群岛	25	0～200

历经近 20 年的调查研究，研究人员在南沙群岛及其邻近海区浮游动物的生物多样性、数量和动物地理学方面都取得丰富的成果（中国科学院南沙综合科学考察队，1991a，1991b；黄良民等，1997b）。综合已发表的资料，南沙群岛海区春、夏期间 100m 以浅水层的浮游动物生物量变化范围为 33.5～55.9mg/m^3，平均为 46.9mg/m^3。生物量呈由沿岸向外海逐渐递减的趋势，高生物量通常出现南沙群岛海区南部、南沙海槽等沿岸水与外海水交汇的区域，以及礼乐滩附近的上升流区域。100～200m 水层的生物量在 9.0～13.5mg/m^3 范围内变化，平均为 11.0mg/m^3，明显低于上层。浮游动物中以桡足类数量较高，毛颚类次之，介形类、磷虾类的数量也常占较大比例。由浮游动物生物量分析结果可推断，南沙群岛海区属热带较高生物量区，生产潜力较大。在分类区系和动物地理方面，已经鉴定南沙群岛海区浮游动物 731 种，其中原生动物 51 种、水母类 148 种、栉水母类 3 种、软体动物 34 种、多毛类 13 种、枝角类 1 种、介形类 65 种、桡足类 191 种、端足类 88 种、等足类 1 种、糠虾类 31 种、磷虾类 33 种、十足类 5 种、毛颚类 31 种、被囊类 20 种，以及浮游幼体 16 类。其中许多种为国内或南海首次记录，研究还发现桡足类 1 新种——小突麦壳水蚤（*Macandrewella tuberculata*）。有研究人员对南沙群岛海区的水螅水母类 97 种、浮游介形类 76 种和磷虾类 48 种进行了系统描述及地理分布和区系的研究探讨，根据这些类群的种类组成、生态特性和区域分布，认为它们均属印度洋-西太平洋热带生物区系（尹健强和陈清潮，1991；张谷贤和陈清潮，1991）。大部分浮游动物属于高温高盐种，其次是广温广盐种和高温低盐种，种类的分布常与季风和海流的动态变化有关。冬季东北季风时期，南海深水区的上层水向南入侵，一些高温高盐外海种

如太平洋箭虫、厚指平头水蚤、瘦长真哲水蚤等可被风海流携带至南部浅水区；夏季西南季风时期，巽他陆架水向东北方向推移，一些沿岸的高温低盐种如蓬松椭萤、锥形宽水蚤、美丽箭虫等随海流向外海扩布，出现于深水区的表层，但深水区仍保持较多的高盐性种类。1993 年 5～6 月、11～12 月和 1994 年 3～4 月的调查对浮游动物多样性特点进行了分析研究。结果表明，这 3 个时间段浮游动物多样性阈值均较接近，平均分别为 2.6、2.8 和 2.9，即浮游动物多样性的季节差异不大，反映出南沙群岛海区春、夏和冬季的浮游动物多样性是丰富的。夏季主要优势种有纳米海萤和蓬松椭萤等，春季出现的常见种类有小哲水蚤、瘦乳点水蚤、彩额锚哲水蚤、普通波水蚤和肥胖箭虫，冬季采获的常见种类有狭额次真哲水蚤、精致真刺水蚤、海洋真刺水蚤和太平洋箭虫等。在一定地理区域内，由于流场、盐度和内波及细结构等的影响，优势种及群落结构随时空变化而改变。优势种的出现频率为 0.193～0.420，最大优势度 0.137（纳米海萤）。将优势度＞0.015 时定为热带海区浮游动物优势种，以及根据生物多样性阈值大小划分生物多样性程度等观点，为进一步研究海洋生物多样性提供了科学依据（中国科学院南沙综合科学考察队，1994，1996）。昼夜垂直移动是浮游动物的一种复杂的自然生态现象。南沙群岛海区浮游动物群落的密集规律是傍晚上升、夜间停留在表层、翌日清晨下降。浮游动物根据其移动幅度的大小可被归纳为 3 个类型：①移动不明显，不分昼夜栖息于某一水层，如普通波水蚤、半口壮丽水母等停留于表层；微箭虫、狭额次真哲水蚤等停留于中层；瘦乳点水蚤等则分布于底层。②移动较明显，限于中层上下移动，如在中层以上水层移动的有芽笔帽螺、微刺哲水蚤等；在中层以下水层移动的有小突麦壳水蚤、柔弱磷虾等。③移动明显，在整个水层随着昼夜变化而上下移动，如等刺隆剑水蚤营白天下降、夜晚上升的移动形式；阿氏住囊虫白天上升、夜晚下降；而细角新哲水蚤则一天两次上下，营双峰双谷形式移动。研究发现，温跃层对一些浮游动物的昼夜垂直移动有阻碍影响，一些表层种类不能穿越温跃层的上界进入下层，而另有一些下层种类则不能穿越温跃层的下界进入表层（中国科学院南沙综合科学考察队，1989b）。

南沙群岛海区浮游动物数量的空间分布与环流和海流的关系十分密切。据方文东等（1997）、郭忠信等（2000）、黄企洲等（2001）的研究，南沙群岛海区在西南季风和东北季风期间存在两种不同方向的环流和海流。在东北季风盛行期间，南沙群岛海区上层存在 3 个大小不同的环流南沙气旋、东南沙上层反气旋和北南沙上层反气旋，南沙气旋和东南沙上层反气旋分别位于南沙群岛海区的西部和东部，北南沙上层反气旋位于南沙群岛海区的西北部并与南沙气旋对峙而形成海洋锋。1997 年 11 月浮游动物生物量的分布趋势也是西部高于东部，并在西北部形成了高值区且梯度变化较大（尹健强等，2006）。在西南季风盛行期间，南沙群岛海区上层被一个较大的反气旋式环流所控制，其中还嵌套着几个局地性的小尺度环流——万安气旋和南沙海槽西北气旋，在西北部存在着南沙反气旋环流和南海中部气旋环流对峙而形成的海洋锋，在该区域也存在强烈的上升流。1999 年 7 月浮游动物生物量高值区也分布于南沙群岛海区的西北部，浮游植物的数量也最丰富（宋星宇等，2002），这与该区域存在的海洋锋和上升流密切相关，另外在安渡滩和万安滩也有斑块状的浮游动物生物量高值区，其位置基本与南沙海槽西北气旋和万安气旋相符（尹健强等，2006）。

南沙群岛海区属于典型的热带海区，海洋生物多样性相当丰富。我国对南沙群岛海区的海洋科学研究十分重视，自 1984 年以来在南沙群岛海区进行了一系列海洋科学综合考察，陈清潮等、章淑珍、尹健强等、张谷贤等老一辈科研工作者对南沙群岛海区浮游动物的种类、分布、生物学、分类区系、生化成分、生态学等进行了大量的调查研究，为今后深入开展南沙群岛海区浮游动物研究奠定了较扎实的基础。

（四）河口、海湾和岛礁等南海典型生态区

南海生态系统类型多种多样，不仅具有典型特色生态系统，如珊瑚礁、红树林和海草床等，还有沿岸河口、海湾和岛礁等生态系统，为海洋生物的生长繁殖提供了十分有利的自然环境。本节重点介绍南方海域典型河口珠江口、亚热带半封闭海湾大亚湾、热带开放性海湾三亚湾和南海珊瑚礁的浮游动物调查和研究概况。

1. 珠江口浮游动物调查

珠江口地处亚热带，受珠江径流、广东沿岸流和南海外海水的综合影响，存在 3 个不同性质的水团：珠江径流、外海水随潮上溯过程中与淡水相掺混后形成的咸淡水及位于河口外边界的南海内陆架水，水动力条件复杂，咸淡水交汇现象明显，还有浑浊带现象出现（田向平，1986；杨干然，1986）。珠江口水域咸淡水混合，一般为缓和型，在枯水期表现强混合型，而在丰水期呈高度成层型，有明显的盐水楔存在。珠江口流出的径流向外海扩散，存在两个轴向：一是受河口喷射惯性力的影响，垂直于海岸指向东南，夏季因受西南季风的影响向东北漂移，丰水期能扩展至远离香港百余公里处，枯水期则明显向岸收缩；二是受科里奥利效应和珠江口区盛行的偏东风的影响，平行于海岸终年沿岸指向西南，丰水期表层淡水在上，而深层的陆架海水沿着珠江口底层向内补偿（应秩甫和陈世光，1983；孙鸿烈，2005）。

20 世纪 80 年代至今，在珠江口海域的调查研究有很多（表 1.3）。80 年代有关于浮游甲壳类资源的分布、生化成分和含碳量的报道（陈清潮和张谷贤，1985；雷铭泰等，1985；刘承松等，1985）。宋盛宪（1991）和章淑珍（1993）报道了珠江口伶仃洋海域浮游动物种类和数量分布。尹健强等（1995）和 Fu 等（1995）分别报道了珠江口浮游动物的食性和分布。香港策略性污水排放计划环境影响评价研究（SSDS）和珠江口浮游生物生产力研究（PREPP）项目也对珠江口不同季节的浮游动物进行了研究（Tan et al., 2004）。2001～2004 年，广东省重大科技兴海项目“珠江口海域污染防治及生态保护技术研究”根据多参数的调查结果对珠江口环境污染提出针对性的防治措施。过去对珠江口浮游动物的研究多集中在种类组成和数量分布方面，很少从群落结构和统计学角度考虑浮游动物生态学研究、物理环境变化对浮游动物的影响及浮游动物对珠江口生态环境变化的响应。在珠江口生态环境逐步退化的情况下，浮游动物的研究应该受到重视。

表 1.3　1980 年以来涉及浮游动物调查的珠江口大型研究项目

时间	项目名称	涉及浮游动物的文献
1980～1985	全国海岸带和海涂资源综合调查	陈清潮和张谷贤，1985
1990～1991	广东海岛资源综合调查	章淑珍，1993
1991～1992	珠江及沿岸环境研究	尹健强等，1995；Fu et al.，1995
1996～1997	香港策略性污水排放计划环境影响评价研究	内部资料（SSDS 春、秋季海洋调查报告）

续表

时间	项目名称	涉及浮游动物的文献
1998～1999	珠江口浮游生物生产力研究	Chen et al.，2003；Tan et al.，2004
2002～2003	珠江口及近海生态环境演化规律与调控机制研究	Li et al.，2006
2004～2009	908 专项	黄良民等，2017
2009～2010	珠江口及其邻近海域主要生物资源的群落格局及补充机制	李开枝等，2012
2015～2016	珠江口及其毗邻海域低氧区（hypoxia zone）及其生物环境调查	Li et al.，2018
2020～2021	大湾区海洋生态系统关键过程及健康调控原理	内部资料

珠江口浮游动物群落结构呈现明显的季节和区域变化（李开枝等，2005；Li et al.，2006）。浮游动物丰度和生物量的分布高值区主要位于咸淡水混合的区域，呈明显的斑块状分布。浮游动物种数分布不均匀，从河口内往外有增加趋势。此外，优势种也存在明显的季节演替，丰水期以河口种为主，枯水期沿岸种占优势。盐度是影响浮游动物种数变化的主要因素。丰水期浮游动物丰度和生物量高值区斑块分布现象明显，主要位于咸淡水混合盐度为25‰～30‰的区域，枯水期分布相对均匀，高值区内移至伶仃洋内。对浮游动物群落聚类分析发现，其出现 3 个类群：河口类群、近岸类群和外海类群。不同区域浮游动物的群落结构可反映珠江口 3 种性质水团的分布变化。珠江口桡足类的食性可根据桡足类大颚的齿缘指数来划分，经研究，桡足类以滤食性种类为主。不同种类之间肠道色素含量差异大，草食的滤食性种类肠道色素含量高于杂食的滤食性种类。属于同一科同一食性的种类在不同站位、不同调查时间，其肠道色素含量也有明显差异。桡足类肠道色素含量高值区主要位于咸淡水交汇区，近岸者高于外海者（Tan et al.，2004；李开枝等，2013）。夏、冬季桡足类肠道色素含量与水体叶绿素 *a* 浓度呈正相关，春季不相关。草食的滤食性种类的摄食率高于杂食的滤食性种类，桡足类对浮游植物现存量和表层初级生产力的摄食压力平均值分别为 34.4% 和 15.05%，夏季＞春季＞冬季。同一调查时间不同站之间，其对浮游植物现存量和表层生产力的利用率有差异，一般咸淡水交汇区的桡足类摄食压力较大，这与叶绿素 *a* 浓度的高值区位置相吻合，说明珠江口浮游动物在生态系统能量流动和碳循环中占重要位置。

浮游动物生态研究是河口生态系统研究的一部分。从近阶段的河口调查研究看，一般对河口浮游动物的调查周期为一年或 4 个季节里具有代表性的月份，尚缺少连续的跟踪调查。人类活动导致的河口环境改变和大尺度的气候变化对浮游动物的种类组成及数量的影响不是在短时间内就能表现出来的，只有气候异常现象如厄尔尼诺出现时，河口生态系统才会出现较大的波动，浮游动物种群动态变化显著。要阐明河口区浮游动物的生态学基本规律，较长时间的资料积累是必不可少的。目前的研究过分强调环境因子的影响，很少重视浮游动物自身的生理变化，今后需要把物理过程和生物过程很好地结合起来。

2. 典型海湾浮游动物调查

海湾是陆、海相互作用及人类干扰活动的强烈承受区域，属海洋生态系统的子系统。南海北部沿岸海湾诸多，且拥有许多优良的港湾，如广东的柘林湾、红海湾、大亚湾、大鹏湾、海陵湾、湛江港、流沙湾，广西的廉州湾、钦州湾、防城港湾、珍珠港湾，海南的陵水湾、三亚湾等。海湾类型多样化，生态特征各有异同点。南海北部沿岸的海湾可根据海湾的开放程度被分成4个类型：开放型海湾、半开放型海湾、半封闭型海湾和封闭型海湾。开放型海湾在南海北部沿岸广泛分布，包括广东的海门湾、红海湾、广海湾、雷州湾，广西的廉州湾及海南的三亚湾、亚龙湾、海口湾和榆林湾等，其中，海南三亚湾是该类型海湾的典型代表。最近20多年是我国社会经济空前高速发展的时期，海湾的生态资源和生态环境发生了巨大变化。海湾生态系统结构功能、健康评价及生物资源的长期变化正受到国内外的广泛关注，并成为海洋生态学研究的热点领域之一（黄小平等，2019）。本节主要介绍南海北部两个典型的海湾即大亚湾和三亚湾。

（1）大亚湾浮游动物调查

大亚湾是南海北部一个较为典型的海湾，位于珠江口东侧，面积约600km^2。大亚湾为半封闭沉降山地溺谷型海湾，由三面山岭环抱，北枕铁炉嶂山脉，东倚平海半岛，西依大鹏半岛，西南有沱泞列岛为屏障。岸线曲折，长约150km；多为基岩海岸，海滩狭窄。大亚湾湾口朝南，口宽15km，腹宽13.5～25km，纵深26km。湾内水面平静，水域宽阔，有大小岛屿50多个，湾中区南北向分布的中央列岛（自北向南有纯州岛、喜洲岛、马鞭洲岛、小辣甲岛、大辣甲岛等）断断续续将海湾分成东西两半，东部岸线相对平直，而西部岸线曲折，汊湾深入陆地，如大鹏澳和澳头湾等。大亚湾海底宽广平坦，是浅滩堆积区。水下浅滩是大亚湾海底的主要堆积地貌类型。水深自北向南逐渐增加，以0.5‰的坡度向湾口倾斜，在北部近岸水域水深为2～4m，中部水域水深10～12m，湾口水域水深达16～17m，湾口西南的大三门岛附近水深达21～22m。其位于北回归线以南，湿热多雨，属于典型的亚热带季风气候，全年气温较高、湿度较大，夏秋季雨量充沛，降水具有历时长、强度大的特点，但由于受季风影响时空分布极不均匀（徐恭昭，1989）。

20世纪80年代后期，由于海湾周边地区开始大力进行经济开发活动，大亚湾工农渔业得到了迅速发展，网箱养殖面积持续增加，大亚湾的人类活动日益频繁，不仅旅游业得到了迅猛发展，同时西南部核电站等的建设也得以完成。1990年后，大亚湾海域工业建设处于迅速的发展态势，如1992年惠州港建设时进行的芝麻州岛大爆破等活动。1994年9月和11月马鞭洲岛中部和南部进行了大爆破工程，开展15万吨级原油码头和输油站的建设（周巧菊，2007）。1993年5月，国家将大亚湾设置为国家级经济技术开发区之后，大量人口涌入该区域，推动其经济的迅速发展，大亚湾区域工业总产值已由1992年的1.12亿元增加到2017年的1612.69亿元。尽管经济建设极大地推动了大亚湾及其周边地区的发展，然而发展过程中没有充分考虑生态系统的承载能力，过于频繁的人类活动也导致了大亚湾生态系统结构的明显变化和功能退化（王友绍等，2004）。

大亚湾环境与资源的系统性和完整性调查始于20世纪80年代。中国科学院南海海洋研究所在承担"中国科学院第82-26号文"下达的中国科学院"六五"重点课题之一"大亚湾环境、水域生产力及资源增殖研究"的过程中，在1984～1986年重点对大亚湾的环境与资源进行了系统的本底调查，撰写了《大亚湾环境与资源》专著（徐恭昭，1989）。大亚湾核电站两个核岛分别于1992年和1993年运转，国家海洋局第三海洋研究所于1986年12月至1987年12月及1988年9月至1989年8月在核电站运转前进行了两周年的海洋生态零点调查，包括水文与水生生物学、底栖生物、渔业和鱼类，撰写了《大亚湾海洋生态文集（I）》和《大亚湾海洋生态文集（II）》。大亚湾海洋生物综合实验站于1989年成为中国生态系统研究网络（CERN）首批29个实验站之一，开展长期综合观测与数据积累（王友绍，2014）。

有研究依据中国科学院南海海洋研究所大亚湾海洋生物综合实验站20多年来获得的大量现场观测数据和资料，对大亚湾生态环境和变化趋势进行了分析。其变化主要表现在：由贫营养状态发展到中等营养状态，局部海域已出现富营养化的趋势，氮磷比（N/P）平均值由20世纪80年代的0.67上升到近年的大于50，大亚湾营养盐限制因子由80年代的N限制过渡到目前的P限制；生物群落组成明显小型化，生物多样性降低，生物资源衰退。在大亚湾的澳头湾港口附近水域有多次赤潮发生（王友绍等，2004）。这些研究结果表明，大亚湾生态系统正在经历快速的退化过程。大亚湾海域生态环境的改变已经对浮游动物产生了巨大的影响，主要表现在浮游动物湿重生物量的季节变化由原来的双峰型变为单峰型，生物量高峰出现时间有明显的推移；季节变化的幅度日趋加剧；生物量密集中心有向湾外逐渐推移的趋势（杜飞雁等，2006）。

由于受到季风、环流和人类活动等的影响，大亚湾浮游动物有一定的分布特征，在大亚湾核电站及澳头养殖区附近桡足类和枝角类偏少，水母类丰度增加（连喜平等，2011）。大亚湾浮游动物种类组成的季节变化明显，种类更替频繁。优势种组成简单，季节变化明显，单一种的优势地位显著。与过去相比，大亚湾海域浮游动物群落的组成基本稳定，但种类和优势种的更替率均呈现逐步增大的趋势，浮游动物优势种组成趋于简单，单一种优势地位明显提高。大亚湾生态环境随季节的变幅增强，群落的稳定性明显下降。海水温度的升高，改变了大亚湾暖水性浮游动物种类的生活周期；而且营养水平的提高也促使赤潮种类夜光藻（*Noctiluca scintillans*）数量的增加（杜飞雁等，2013）。李纯厚等（2015）根据1982～2007年共26年的海洋生态调查数据，研究了大亚湾海洋生态环境与生物资源的演变趋势，并利用基于地理信息系统（GIS）的海湾生态系统健康评价法，对大亚湾海洋生态系统健康状况进行了评价与诊断。结果表明，2007年海水总无机氮（TIN）比1985年增长了338.1%，而活性磷酸盐和硅酸盐分别比1985年降低了88.6%和71.2%，N/P则从1.38升高至大于50，营养盐限制因子已由N限制转变为P限制，处于中等营养水平。浮游动物生物量总体呈增长趋势，其中湿重生物量2007年比1982年增长87.3%，常见种1998～2007年比1982～1994年减少了15种，球型侧腕水母、夜光藻等取代部分桡足类在部分区域成为优势种（李纯厚等，2015）。对不同季节理化环境对大亚湾浮游动物群落结构影响的研究表明（Xiang et al.，2021），在大亚湾富营养化、高叶绿素*a*含量的低盐河口区域浮游动物丰度和群落多样性低，种类以小型桡足类和胶质类浮游动物为主，如纺锤水蚤、小拟哲水蚤和住囊虫类；夏季近岸水温达到32℃，受其影响，河口区域枝角类优势种由历史记录的鸟喙尖头溞转变为肥胖三角溞。肥胖三角溞与鸟喙尖头溞相比生态位相似但具有更广的温盐适应性。而高盐湾口区域优势种浮游动物丰度高且种类多样性高，高盐外海优势种在冬季能够分布至海湾内部，如精致真刺水蚤和亚强次真哲水蚤，这暗示与人类活动相关的陆源输入是导致海湾浮游动物优势种演替的主要因素（Xiang et al.，2021）。Li等（2021）通过对大亚湾浮游动物多样性30年间的比较发现，物种多样性在下降，但胶质类浮游动物丰度占浮游动物丰度的比例增加。

（2）三亚湾浮游动物调查

三亚湾位于海南省三亚市南部沿海，面积120km^2，是我国热带海域的重要海湾之一，为一大型开阔港湾，其湾口及东部有西瑁洲岛、东瑁洲岛和鹿回头半岛。三亚湾是一片绵延22km的海滩旅游胜地，还具有珊瑚、珍珠贝、红树林、热带雨林、鱼类及其他动植物等丰富的热带海洋生物资源。由于近年来旅游业的发展，人类的频繁活动对该海域产生了或多或少的影响。三亚湾受海洋性气候影响较大，属于热带海洋性季风气候，年平均温度25.5℃。有关三亚湾浮游动物的研究不多。中国科学院南海海洋研究所在1984～1985年承担海南岸段海岸带资源调查项目时在三亚湾布设了3个测站，进行了4个季度的浮游动物调查；1998～1999年布设12个大面站和2个昼夜连续站，进行了4个季度航次的采样与分析，对三亚湾浮游动物的分布和昼夜垂直移动进行了研究。中国科学院南海海洋研究所于1998～1999年对三亚湾进行了系统性综合调查，撰写了《三亚湾生态环境与生物资源》专著（黄良民等，2007）。中国科学院海南热带海洋生物实验站2002年加入了中国生态系统研究网络（CERN），每年在三亚湾进行4次综合调查。

三亚湾的浮游动物已被鉴定出126种，包括终生性浮游动物115种和阶段性浮游幼体11个类群，其中水母类18种、栉水母类2种、多毛类2种、软体动物1种、枝角类2种、介形类5种、桡足类55种、端足类1种、糠虾类1种、磷虾类1种、十足类3种、毛颚类17种、浮游被囊类7种（尹健强等，2004b；时翔等，2007）。浮游动物种数的季节变化不甚显著。调查区的浮游动物群落可被划分为4个生态类群：河口内湾类群、暖温带沿岸类群、暖水沿岸类群、暖水外海类群，并以后两者的种类占绝大多数。浮游动物优势种的季节变化既有交叉也有演替，主要优势种类有肥胖箭虫、亚强次真哲水蚤、长尾类幼体、中型莹虾等。浮游动物生物量和个体数量的季节变化显著，均呈单周期型，生物量的高峰期在秋季，个体数量的高峰期在冬季，低谷期均在春季，两者的差异主要由种类组成所造成。浮游动物年均生物量为129mg/m^3，年均个体数量为121.38个/m^3，两者的平面分布都比较均匀，均以湾口西部水域的数量稍低。浮游动物生物量与浮游植物密度的季节变化趋势一致。三亚湾水域浮游动物总个体数量的昼夜垂直分布依季节的不同而存在一定的差异，各有其特点。但它们的变化形式均由主要类群所决定，它们是桡足类、毛颚类、幼体类、有尾类和莹虾类。尤其是以桡足类的数量最多，所占比例最大；其次是毛颚类和幼体类，它们常出现较多数量，占一定的比例；其余两个类群有时也有一定数量出现，起次要作用。这些类群的季节变化和昼夜垂直移动规律不尽相同，存在一定差异，反映出热带开放型港湾浮游动物时空变化的多样性（尹健强等，2004a）。三亚湾桡足类物种数量由近岸向远海增加，而丰度由近岸向远海减少，近岸丰度较高，优势种丰度可占桡足类总丰度的90%左右。强额孔雀水蚤是桡足类最常见和最丰富的种类。在冬季，桡足类的总丰度与温度呈负相关，与叶绿素*a*浓度呈正相关。春季、夏季、秋季三者间无显著相关。桡足类的高丰度主要集中在三亚河河口附近。三亚湾桡足类群落结构的时空变化可能是受由季风引起的温度和叶绿素*a*浓度变化的影响（Li et al.，2016a）。三亚湾属于生产力偏低的海湾，对三亚湾桡足类摄食的研究表明，对初级生产力的摄食压力以中型浮游动物针刺拟哲水蚤、锯缘拟哲水蚤、红纺锤水蚤、微驼背隆哲水蚤和驼背隆哲水蚤为主，小型浮游动物的摄食压力也占一定比例。桡足类在秋季对浮游植物的摄食压力为每日22.31%±18.92%（谭烨辉等，2004）。近几年有学者应用分子生物学技术对浮游动物部分种类进行了现场摄食的研究，为解析海湾生态系统物质能量的传递路径提供了新视角（Hu et al.，2015；王峻力等，2020）。

3. 南海珊瑚礁浮游动物调查

珊瑚礁是具有极高生物生产力和生物多样性的海洋生态系统之一，由于受到自然因素（如气候变化、海平面上升和海洋酸化等）及人类活动因素（如过度捕捞、沉积物积累、污染物积累和区域发展等）的影响，珊瑚礁生态系统近年来不断处于退化之中。南海是西太平洋最大的边缘海，珊瑚礁是中国南海独具特色的生态系统，由西沙群岛、中沙群岛、东沙群岛和南沙群岛构成，拥有数百座环礁、少数台礁构成的岛屿，具有丰富的生物多样性和较高的生产力，是我国生物多样性保护的“热点”区域（陈清潮，2011）。南海珊瑚礁星罗棋布，从近赤道的曾母暗沙，一直到南海北部雷州半岛、涠洲岛及台湾岛南岸恒春半岛都有分布，包括环礁、岛礁和岸礁等多种类型；根据分布区域的不同，南海珊瑚礁可大体被分为我国的南沙群岛、西沙群岛、中沙群岛、东沙群岛、海南岛、台湾岛、华南大陆沿岸及越南沿岸和菲律宾沿岸九大区域。许红等（2021）将南海珊瑚礁分为南海周缘区珊瑚-珊瑚礁，既包括中国大陆沿岸如深圳湾、涠洲岛、香港岛、海南岛及台湾岛近海珊瑚-珊瑚礁，也包括南海周缘其他各国如印度尼西亚、菲律宾、马来西亚的珊瑚-珊瑚礁；以及南海中央区珊瑚-珊瑚礁，即南海四大群岛珊瑚-珊瑚礁，分布有 280 多个岛、礁、滩、沙，绝大多数属于深海台地型珊瑚-珊瑚礁。

南海珊瑚礁的特点是：①南海珊瑚礁属于印度洋-西太平洋区系，但在广东沿岸受水文条件影响，多数不成礁，仅在雷州半岛西岸和海南岛南岸呈现不典型的“岸礁”，在东沙群岛、中沙群岛、西沙群岛和南沙群岛均有大量典型的环礁和少数的台礁。沉没型珊瑚礁分布广、规模小，也是南海诸岛珊瑚礁地貌的一个特点。②南海的南北部由于水文动力条件差异，北部的西沙群岛和东沙群岛海区的风暴次数和强度远大于南部的南沙群岛，导致北部岛礁露出面积大于南部。③海南岛沿岸的“近岸礁”具有宽广的礁坪，相对处于低潮带，有利于沉积泥质物，为红树林的生长提供了适宜环境，如新村港部分海岸、新盈海岸、冯家海岸均生长着红树林。而在南沙群岛的环礁都没有红树林滩的存在。④西沙群岛环礁的礁坪外缘的藻脊发育不好，而南沙群岛环礁的藻脊更加不明显。⑤西沙群岛的石岛是由更新世至全新世初期的珊瑚沙沉积（风积）后胶结成岩的灰岩岛，由钙质生物屑沙丘组成，并受强烈的海蚀作用。而在南沙群岛却未发现这种灰岩岛。⑥目前东沙群岛、西沙群岛和南沙群岛的礁体上发展了众多人工地貌（陈清潮，2012）。

南海诸岛拥有最大珊瑚礁群，为珊瑚礁生态系统物流和能流的研究提供了很好的条件。中国科学院南海海洋研究所于 1973～1975 年先后对西沙群岛、中沙群岛及其邻近海域进行了多次海洋综合调查工作，并撰写了《我国西沙、中沙群岛海域海洋生物调查研究报告集》（中国科学院南海海洋研究所，1978）。1984～1985 年，中国科学院南海海洋研究所使用“实验 3”号海洋科学调查船对我国南海南沙群岛最南部的曾母暗沙进行了调查，对该处的海流、海面气象、水化学、浮游生物、鱼类、底栖生物等进行了多学科综合性描述，并撰写了《曾母暗沙：中国南疆综合调查研究报告》（中国科学院南海海洋研究所，1987）。有研究者还在南沙群岛及其邻近海区综合调查中，对珊瑚礁生态系统进行了调查和分析。《南沙群岛海区生态过程研究（一）》（黄良民，1997）和《南沙群岛海区生态过程研究》（黄良民等，2020）提出了“珊瑚礁营养生态泵”的概念并对其进行了理论阐释，探讨了珊瑚礁生态系统营养物质循环利用与环境调控机制。Zhou 等（2023）

近期系统阐释了“珊瑚礁营养生态泵”这一概念，包括珊瑚礁生态系统聚集吸收外部营养、保持并循环利用内部营养、高效输出有机碳的生态功能等内容，为研究认识珊瑚礁生态系统功能、碳源 / 汇能力及其维持机制提供了新的理论框架。

针对南沙群岛珊瑚礁浮游动物的研究相对丰富。章淑珍和李纯厚（1997）报道了南沙群岛多个环礁潟湖的浮游动物，发现潟湖浮游动物具有种类少而优势种突出的特征；尹健强等（2003，2011）深入分析了渚碧礁的浮游动物多样性和垂直移动等，发现潟湖区和礁坪区具有不同的群落特征，并比较得出珊瑚礁浮游动物主要由中小型种类组成，适合采用网目孔径较小的浮游生物网取样以便充分理解珊瑚礁海域浮游动物的多样性。美济礁因不同生物地貌带的空间异质性和水动力条件的影响，浮游动物群落区域差异明显，向海坡区浮游动物物种多样性比潟湖区和礁坪区高（杜飞雁等，2015）。西沙群岛位于南海中北部，主体部分处于北纬 15°40′～17°10′、东经 111°～113°，由宣德群岛、永乐群岛和其他岛礁共计 30 多个岛礁组成，年平均气温为 26.4℃，是热带海区典型的珊瑚礁岛群之一（赵焕庭，1996）。自 20 世纪 70 年代开始我国学者相继开展了西沙群岛和中沙群岛周围海域的浮游动物调查研究，分析了其平面和垂直分布及昼夜垂直移动（陈清潮等，1978a，1978b，1978c；李亚芳等，2016；陈畅等，2018），报道了西沙群岛、中沙群岛海域及西沙永乐龙洞的浮游动物群落特征。李开枝等（2022）报道了西沙群岛 8 个岛礁（七连屿、永兴岛和东岛 3 个岛屿及浪花礁、盘石屿、玉琢礁、华光礁和北礁 5 个环礁）浮游动物特征。

珊瑚礁是我国南海岛礁工程的重要依托。但在气候变暖、海平面上升、珊瑚礁严重退化的背景下，南海珊瑚礁及其形成的灰沙岛面临被淹没的风险。南海珊瑚礁未来将继续受到气候变暖的威胁。今后随着科学技术的快速发展和现场观测手段的改善，应重视南海珊瑚礁的系统观测和研究，为维护珊瑚礁生态系统的可持续发展提供科学依据。

我国对海洋浮游生物的研究始于 20 世纪 20 年代，至今有 100 年的历史。自 50 年代以来，研究工作较多地在河口、海湾及沿岸陆架区开展。近年来，随着我国经济的发展，海洋浮游生物的研究范围越来越广，从自然生态调查研究到实验生态研究、生理和生化研究，其已成为一门综合性极强的海洋分支科学。但海洋浮游生物的自然生态调查作为最基础的工作仍对该学科发展起着至关重要的作用，它不仅能解决海洋生态中物质能量流动、海洋动力学等研究领域的一些基础性问题，而且能为海域生物资源现状评估和近海环境资源的开发利用提供科学的理论依据。如今，对于海洋浮游动物甚至浮游生物的研究，大量而连续的海洋综合调查还是必不可少的，并且需要作为国家常规性、基础性和公益性工作加以支持和开展。

第二节　浮游动物采样与分析

以往国内浮游动物研究的采样方法和分析策略基本上是按照海洋调查规范进行的（国家技术监督局，1991）。调查研究项目都有其主要目的，侧重点不同，也就有相宜的采样策略。浮游动物采样和分析方法因研究目的不同，那么采样网具类型、网目孔径选择的统计指标也各异。

一、采样方法

（一）浮游动物采样方法

在遵循海洋调查规范的基础上，浮游动物采样一般也根据研究目的的不同选择拖网方式或网目大小进行。网目大小的选择与浮游生物粒级大小有关。关于浮游生物的大小分级，早在100多年前开展浮游生物定量研究时就开始了（Lenz，2000），该研究将浮游动物分为小型、中型和大型三类。郑重等（1984）根据我国采样网具网目孔径的大小又将中型浮游动物分为小的中型浮游动物（用200μm筛绢网采集的动物）和大的中型浮游动物（用1mm筛绢网采集的动物）。目前，Sieburth等（1978）修改后的浮游生物大小的划分方法已被广泛接受（表1.4）。尽管按大小来划分浮游生物是人为的，但实际上有重要的生物学意义。因为摄食浮游生物的动物有特殊的摄食机制和方法，只摄取一定大小范围的食物。因此在研究食物链能流时，按大小来划分浮游动物具有重要意义（郑重等，1984；张培军，2004）。近年来，海洋生态系统研究中的粒径理论和微食物环结构有了新的发展，并且粒径谱发展为生物量谱和能量谱，这能更准确地反映海洋生态系统各营养级间的关系，有利于不同海域生态系统之间的比较（沈国英和施并章，2002；Zhou et al.，2013）。

表1.4 浮游生物大小的划分

名称	大小范围	主要类群
超微微型浮游生物（femtoplankton）	0.02～0.2μm	浮游病毒
微微型浮游生物（picoplankton）	0.2～2μm	浮游细菌、浮游植物
微型浮游生物（nanoplankton）	2～20μm	浮游真菌、浮游植物、浮游原生动物
小型浮游生物（microplankton）	20～200μm	浮游植物、浮游原生动物
中型浮游生物（mesoplankton）	0.2～20mm	后生浮游动物
大型浮游生物（macroplankton）	2～20cm	后生浮游动物
巨型浮游生物（megaplankton）	20～200cm	后生浮游动物

资料来源：郑重等（1984）、沈国英和施并章（2002）、Lenz（2000）、张培军（2004）

以往浮游动物的采集主要以拖网为主，随着技术的进步，出现了较多浮游动物的采集方法。常见的有采水（water-bottle sampling）、泵采（pumping）和拖网（net trawling）三种方法，连续浮游生物记录器采样和微表层采样只在特定的研究中有所涉及。拖网有倾斜（obliquely）、水平（horizontally）和垂直（vertically）三种方式（Sameoto et al.，2000）。几升水中浮游动物的采集一般用采水，几十升水中的用泵采，对大面的海洋调查一般用拖网。根据调查海区的深度，浮游动物的大小、习性及研究目的的不同，常采用不同的采集方法。孙军等（2003）建议在最小化、完整化和标准化的原则下进行近海浮游植物生态系统动力学的策略分析和采样设计。

我国的海洋浮游动物调查常使用浮游动物网（浮游动物大型网、中型网）采集浮游动物。浮游动物的生物量和丰度采用水平拖网和垂直拖网的方式研究，其中垂直分层拖网用于研究浮游动物在水体中的垂直分布，这些都是大尺度的研究。另外，这些拖网方式不能同时获得环境因子如压力、温度、盐度、光和氧等数据。因此我国的浮游动物研究亟须配备相应的采集或观测工具。影响浮游动物采样的因素有：生物主动逃避（avoidance）、筛绢孔径大小（mesh size）、动物逃逸（escapement）。拖网速度对浮游动物的采样也有影响，一般拖网速度为20～40m/min，也应根据实验需要来具体确定（Sameoto et al.，2000）。到20世纪70年代，人们对大尺度的生物地理分布已经比较清楚，浮游动物的生态学研究开始着眼于物理环境对浮游动物的影响。在较短时间（1年）内，环境因子是在中、小尺度（分别为100～1000m和10～100m）对浮游动物种群（群落）产生影响的。因此研究浮游动物中、小尺度的分布同时观测物理因子成为海洋调查的重要内容之一（张武昌和王克，2001）。

传统的海洋浮游生物研究需要依靠专业分类鉴定人员在显微镜下进行分类和计数，工作量很大，且速度较慢，需要耗费大量的人力、物力和时间。近年来基于水下光学成像技术的浮游生物现场实时监测及自动识别方法得到了很大的发展。声学多普勒海流剖面仪（acoustic Doppler current profiler，ADCP）除了能测量水流速度以外，其已被广泛应用于水域中其他相关方面的研究。ADCP通过接收水中散射体的散射信号来测量流速，浮游动物就是水体中的一类很重要的散射体，所以可以通过ADCP来研究水体中浮游动物的丰度、空间分布和迁移规律等（陈洪举，2010）。Flagg和Smith（1989）在美国新英格兰大陆架海域150m深处研究发现，ADCP接收到的散射信号强度与用网采而获得的浮游动物生物量之间呈正相关。Ressler等（2002）研究表明，不同种类浮游动物在水中的散射信号不同。浮游生物光学计数器（optical plankton counter，OPC）能够在现场和实验室内对浮游动物进行数量统计，并针对浮游动物的大小进行粒径划分，从而可以快速获得浮游动物的丰度和生物量数据。其操作方便、效率较高，因此是一种广泛应用于浮游动物现场调查和室内样品分析的方法。此外，还有浮游动物影像记录仪（video plankton recorder，VPR），该仪器是一套水下显微摄像系统，可以对水下的浮游动物进行拍摄，而不会对浮游动物造成由拖网等常规采样造成的损伤（Davis et al.，1992，1996），可以水平拖曳和垂直拖曳，适合水体清澈的深海、大洋浮游动物研究。近年来，浮游动物影像记录仪已被我国的专家学者用于研究大洋浮游动物的垂直变化（Zhang et al.，2021）。

（二）浮游动物采样网具

我国近海调查所用网具已在第一节中进行叙述，在浮游动物生态研究中，采样网具的选择是确保数据质量可靠性的关键因素。不同的采样网具具有特定的孔径、网目尺寸和结构设计，这些特性直接影响其对浮游动物的捕获效率及样本的代表性。适当的采样网具不仅能优化采样过程，提高操作效率，还能在数据分析阶段提供更加牢固的基础。

研究结果表明，采用网目较大的网具捕获浮游动物会严重低估小型浮游动物尤其是小型桡足类的生物量（Hooff and Peterson，2006）。以南海北部海域为例，李纯厚等（2004）研究表明，1998年夏季南海北部大型网采集的浮游动物平均丰度为30.04个/m^3；Zhang等（2009）指出，2004年夏季南海北部大型网采集的浮游动物平均丰度为223.32个/m^3。虽然这些研究结果由于调查站位和采样时间的不同而相差较大，但其调查结果都小于同海域中型网采集的浮游动物丰度（517.25个/m^3）（连喜平等，2013b）。这说明大型网和中型网对浮游动物的捕获性能有很大差别。连喜平等（2013b）研究表明，南海北部开放水域，在中型网样品（网目孔径160μm）中，作为浮游动物主要功能群的小型桡足类有很高的丰度，而在大型网样品（网目孔径505μm）中很大部分小型桡足类被漏掉。如果仅以大型网样品资料和数据去分析浮游动物的种类组成和数量变动，尤其是浮游动物总生物量的长期变化，可能会得出不真实的结论，尤其是在浮游动物功能群发生转变之后，如浮游动物从较大型的种类占优势转变为较小型的种类占优势的情况下。对于大型网而言，其捕获的水母类、毛颚类、磷虾类和糠虾类等大型浮游动物的种类较中型网多。因此在南海北部浮游动物的研究中，大型网和中型网样品都是必不可少的。大型网采集一些较大型的浮游动物，如水母类、毛颚类、磷虾类和糠虾类等大型浮游动物的种类较中型网多，而中型网捕获的较小型的浮游动物丰度较大型网的多。如果只用大型网采样，会严重低估个体较小的浮游动物的丰度。反之，如果只用中型网采样，一些大的浮游动物如水母类、毛颚类、磷虾类和糠虾类则可能被低估。因此，两种网具是互补的，采样时可以将大型和中型两种网具综合起来，以达到全面了解南海北部浮游动物群落特征的目的。

南海北部浮游动物聚类分析结果表明，采集的浮游动物无论是通过大型网（I 型网）还是通过中型网（II 型网），都被分为近岸和远岸两个类群，且两种网具所捕获的浮游动物的群落结构相似（连喜平等，2013b）。先前的研究表明，南海北部浮游动物受到陆坡和远洋水的影响，近岸和远岸的物理环境存在差异，因此浮游动物群落的一些特征也表现出类似的梯度。张武昌等（2009，2010a）研究表明，南海北部浮游动物被分成两个类群，即近岸类群和远岸类群。然而，很多以往的研究将重点放在网目大小对浮游动物种类和丰度的影响，很少关注网目大小对浮游动物群落结构的影响。本书对两种浮游生物网的捕获性能进行了现场测试，同时依据获得的数据分析不同网具的使用是否会对该海域浮游动物群落结构产生影响。研究发现，虽然两种网具所捕获的浮游动物在丰度和优势种方面有很大差异，但两种网具所捕获的浮游动物群落结构相似。因此可以说明，虽然所使用的网具不同，南海北部浮游动物在丰度和种类组成方面差别很大，但是浮游动物群落结构的属性特征相似。

王荣和王克（2003）在东海、尹健强等（2008）在雷州半岛珊瑚礁海域分别进行了两种网目孔径大小浮游生物网的捕获性能的对比分析，结果也发现对于个体较大的种类，两种网具的结果差异不是很显著，而对于个体较小的种类则差别很大。国内早期的珊瑚礁浮游动物研究由于使用网孔较大的浅水 I 型浮游生物网进行调查，珊瑚礁浮游动物种类和数量非常稀少（陈清潮和尹健强，1982），使得浮游动物在珊瑚礁生态系统中的重要性被低估；后期改用网孔较小的浅水 II 型浮游生物网进行调查，发现珊瑚礁的浮游动物种类和数量都相当丰富（章淑珍和李纯厚，1997；尹健强等，2003，2008，2011）。因为中小型浮游动物个体的体宽多数小于 505μm，在使用浅水 I 型浮游生物网（网目孔径 505μm）拖网过程中基本上被漏掉了。夏季，在雷州半岛灯楼角珊瑚礁海区，使用两种网具采集的浮游动物总种数、总密度、多样性指数、均匀度指数和中小型优势种的密度差异相当显著，而大型优势种的密度差异不明显。用浅水 II 型网采集的浮游动物总丰度平均值为 5270 个 /m^3，是浅水 I 型网（网目孔径 505μm）的 110 倍（尹健强等，2008）。尹健强等（2011）在南沙群岛渚碧礁使用浅水 I 型和 II 型浮游生物网由底至海面垂直拖网采集对比分析，发现使用浅水 II 型网采集的浮游动物种数显著多于浅水 I 型网，除四叶小舌水母这 1 种外，用浅水 I 型网能采到的种类都能用浅水 II 型网采到。在潟湖出现的种类显著多于礁坪，用浅水 I 型网和浅水 II 型网采集的样品，在潟湖出现的种类分别为礁坪的2.25倍和2.93倍。在渚碧礁，采用两种网具采集的浮游动物总种数、总丰度、多样性指数、均匀度指数和优势种丰度的检验结果表明：浮游动物总种数、总丰度及奥氏胸刺水蚤、珍妮纺锤水蚤的丰度差异极显著或显著，而个体较大的种类如梭形住囊虫、长尾住囊虫、短尾类幼体和长尾类幼体的差异不显著（尹健强等，2011）。异体住囊虫个体并不小，大多数个体大于大网的网孔，但大网的捕获率远低于中网，差异显著。这可能是因为异体住囊虫身体柔软，容易折叠，因此很多时候决定其大小的不是体长而是体宽（尹健强等，2011；连喜平等，2013a）。

在浮游动物采样中，一般按照海洋调查规范采用一到两种网目孔径的浮游生物网进行样品采集、鉴定和分析。为了使浮游动物历史数据具有可比性，本书统一采用505μm网目孔径采集的浮游动物（无特殊说明除外）的历史数据。无论是在南海北部开放海域，还是珊瑚礁海域，使用两种不同大小网目孔径的浮游生物网具进行采样，捕获的浮游动物种类组成、多样性、丰度都有所不同。采用中型网捕获南海北部浮游动物，作为浮游动物主要功能群的小型桡足类有很高的丰度。对于大型网而言，其捕获的水母类、毛颚类、磷虾类和糠虾类等大型浮游动物的种类较中型网多，因此在南海北部浮游动物的研究中，大型网和中型网样品都是必不可少的。中小型浮游动物在渚碧礁具有十分重要的地位，不但种类多，而且数量占绝对优势。珊瑚礁浮游动物的种类组成和数量不但随时间和空间的变化而改变，而且研究结果与采样技术有关。因此，今后在进行珊瑚礁浮游动物调查研究时，也应当选用合适的采样方法。

二、数据规范化整理

本研究在收集并统计历次南海浮游动物调查资料（包括纸质及电子版文献、记录及出版物）的基础上，勘定历史资料的准确性，并将其进行计算机数据的录入，同时对图片及照片进行扫描等电子信息化处理；核实物种的信息资源，按照最新的生物分类系统对物种进行分类；进行数字标准化，确定生物地理信息的特征描述规范，确定数据库表格形式。南海浮游动物历史数据标准格式主要体现在以下几点：①字段体现数据来源的基本信息，如调查海区、采样站号、经度、纬度、数据存储介质、数据提取方法等；②字段体现数据获取的方法信息，如采样方法、采样日期、采样时间、鉴定方法和鉴定人等；③字段全面体现数据获取、提取、整理和分析的中间过程的人员信息，以便核查数据的正确性，如原始资料记录人、资料收集人、录入人和校对人等；④针对海洋生物多样性的特点，体现浮游动物的生物分类地位，增加门、纲、目、科、属和种的拉丁名及中文名字段，便于统计和核查及数据质量控制。

三、参数分析

将采集的浮游动物样品固定后运回实验室进行处理、鉴定和分析。根据不同的研究目的进行测试和实验。通常通过形态鉴定、种类计数和生物量测定等来分析浮游动物群落结构。

（一）浮游动物生物量

浮游动物生物量是单位水体内浮游动物机体所含物质的多少，是海洋生态模型的一个关键参数，也是海洋浮游动物研究的重要内容。浮游动物生物量包括沉降体积（SV）、无水体积（IV）、湿重（WM）、干重（DM）、无灰干重（AFDM）、含碳（或氮）量和有机物（蛋白质、脂类和碳水化合物）的含量（左涛和王荣，2003）。另外，一种新型的浮游动物扫描、处理和自动分辨系统——ZooSCAN 可迅速地获得样品的数量、大小和种类，根据体长、面积和体积等体形参数，建立与湿重、干重和 C、N 含量等生物量参数的回归关系，从而快速准确地获得浮游动物生物量（孙晓霞和孙松，2014；代鲁平，2016）。虽然目前已经明确浮游动物在海洋生态系统和生物地球化学循环中的重要性，但是对其生物量的分布和变化，特别是对深层海洋中的分布和变化仍然没有较好的认识。不同研究者对于“物质”有着不同的理解，使得他们使用的生物量测定方法、度量单位也各不相同（图 1.1）。这些方法各有利弊，并存在一定的局限性。

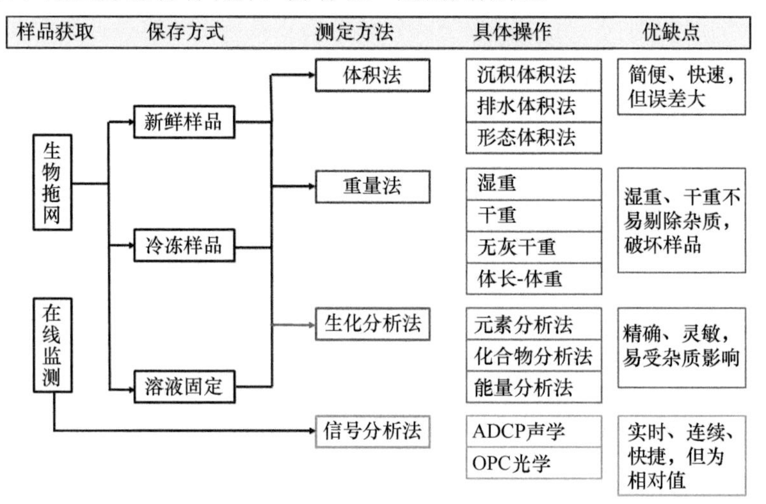

图 1.1　浮游动物生物量测定方法示意图

改自 Harris et al.，2000；左涛和王荣，2003；孙晓霞和孙松，2014；代鲁平，2016；刘明东，2022

使用重量法和生化分析法测量生物量需要破坏样品，体积法、浮游生物光学计数器（OPC）或声学多普勒海流剖面仪（ADCP）通常被认为是估计相对生物量的较合适的方法，却不能精确到浮游动物的某一功能群或具体种类。ZooSCAN 能快速推算浮游动物各类群的总生物量，但也不能精确地估算到某一种类的含碳量。从生物地球化学角度而言，浮游动物通常被作为一个“整体”来对待，事实上，浮游动物种类繁多，形态特征、生态习性、摄食和营养方式各异，这就造成其在生态系统物质循环中的功能和作用大相径庭（Steinberg and Landry，2017）。浮游动物通常以总生物量参数的形式参与到模型构建中，其在海洋碳循环作用中的复杂性被远远低估。浮游动物总生物量不能体现不同种类或不同功能群对群落总生物量的贡献，也不能呈现其在食物网过程和营养对策等方面所起的具体作用。体长是浮游动物生物个体的重要指标，也是最容易获取的参数，它与个体的生长、繁殖及体内各种组分含量都密切相关。大量实验表明，浮游动物的体长与体重具有明显的相关性（Uye，1982；Hopcroft et al.，2001）。体长不仅能与体重建立回归关系式，而且与体积法、重量法、含碳量、含氮量等均有着较强的相关性，同样也能建立相应的关系式。通过体长-体重经验公式估算生物量能避开个体太小、数量太少或样品中包含其他颗粒物质等问题，但体长-体重的关系受不同海区、不同季节、不同种类、同一种类的不同生活阶段等因素的影响（Kiørboe，2013），并且测量浮游动物样品中每个个体的体长耗时耗力。因此，需要建立并完善基于种类个体体长估算的含碳生物量数据库，以便快速探究浮游动物不同种类和功能群在构建海洋食物网和调节生物地球化学循环方面的具体作用，这也有利于监测浮游动物种群和模拟其生物量的变动趋势。

（二）浮游动物群落参数

浮游动物群落结构分析的参数一般为种类组成、物种多样性指数、均匀度指数、优势度指数、丰度和生物量等。目前国内浮游动物生物量的测定一般采用湿重法或干重法。浮游动物生物量湿重法：一般先挑出含水量高的水母类、海樽类和非动物杂质，然后吸干其余浮游动物的体表水分后称重，计算出饵料浮游动物的生物量（mg/m^3）。采用Shannon-Wiener 多样性指数（H'）、Pielou 均匀度指数（J）和 Simpson 优势度指数等统计分析浮游动物的多样性指数、均匀度指数及优势度指数（Shannon，1948；徐兆礼和陈亚瞿，1989）。

（1）Shannon-Wiener 多样性指数（H'）：$H' = -\sum_{i=1}^{s} P_i \log_2 P_i$

（2）Pielou 均匀度指数（J）：$J = \dfrac{H'}{\log_2 S}$

（3）优势度（Y）：$Y = \dfrac{n_i}{N} \cdot f_i$

式中，P_i 是第 i 种的个体数与该样方总个体数的比值；S 为样方种数；n_i 为第 i 种的个体数；f_i 为该种在各站位出现的频率；N 为每个种出现的总个体数。

（三）生物统计法的应用

海洋生态学的发展已经从定性描述的调查阶段过渡到定量分析阶段，生物统计的方法及软件被广泛应用。生物统计是数理统计的原理和方法在生物科学研究中的应用，是一门应用数学，包括试验设计和统计分析两类。生物统计学的正确应用，可以很好地解决如何合理地进行试验设计及如何科学地整理、分析所收集的具有变异性质的资料等问题，从而揭示隐藏在其内部的规律。

20 世纪 70 年代，随着计算机技术的发展，多元统计分析技术被广泛应用于群落生态学的研究。多元统计分析即多元分析法（multivariate analysis），是一套能对多元（多种）丰度-生物量数据矩阵做出图形表达和统计检验的技术方法，可分为参数（parameter）和非参数（non-parameter）两大范畴，最常用的方法有分类（classification）和标序（ordination）。多元统计分析在群落生态研究中的应用基本遵循参数和非参数两条发展路线。前者比较经典，主要应用于陆地植物生态系统；后者始于 20 世纪 80 年代初，首先在海洋软底群落的研究中得到广泛应用（周红和张志南，2003）。非参数技术的基础是对两个样品相似性的定义（Clarke and Gorley，2001）。这个定义有着生物学相关性，所采用的简单等级形式，如样品 A 与 B 的相似性高于样品 A 与样品 C 的相似性，这降低了对数据必须满足某些统计学假设的要求，应用上更简单和灵活，适用范围更广。多元统计分析是研究多个变量集合之间及具有这些变量的个体之间关系的一类统计技术，它能降低数据矩阵的复杂性，抽取重要信息，直观地表现多个变量之间的相互关系，是一类实用、灵敏的分析方法，在浮游动物群落研究中被广泛应用。

多元分析法必须借助计算机才能完成。常用的软件为PC-ORD、CANOCO、PRIMER和R语言包。PRIMER是一种基于以等级相似性为基础的非参数多元统计技术而开发的大型多元统计软件，目前已被广泛应用于海洋生物群落的结构、功能和多样性的研究，并逐渐向生态监测和环境评价的方向发展（周红和张志南，2003）。PRIMER包括的主要多元统计分析程序有：①等级聚类CLUSTER；②非度量多维尺度（non-metric multi-dimensional scaling，NMDS）；③主成分分析（principal component analysis，PCA）；④相似性分析（analysis of similarities，ANOSIM）；⑤相似性百分比分析（similarity percentag，SIMPER）；⑥生物-环境分析（biota-environment stepwise analysis，BIOENV/BVSTEP）；⑦相关性检验RELATE。有学者利用生物统计软件对我国海湾、河口、岛礁及黄海、南海等海域的浮游动物群落结构进行了分析（左涛，2003；尹健强等，2011；Li et al.，2006，2021）。

在浮游动物群落结构分析中，如果涉及的站位较多，那么生物多样性很高，数据量较大，数据之间的关系复杂。一般应用NMDS和CLUSTER分析南海北部海区特定生境下浮游动物的种类组成和丰度分布的差异，并用SIMPER和ANOSIM的分析结果来分析差异贡献最大的种类等。浮游动物丰度数据经过平方根转换后，采用Bray-Curtis相似性指数测定样本间的相似性，建立站位间的等级相似矩阵，在此基础上建立聚类分析树状图和NMDS平面图，并通过ANOSIM和SIMPER来检验不同海域矩阵间差异的显著性及对差异贡献最大的物种（Clarke and Gorley，2001）。CLUSTER分析和NMDS排序中，任意两样本的距离代表了其生物组成的相似程度，距离越近，相似程度越高。根据压力系数（Stress）来衡量NMDS分析结果的优劣：0 < Stress < 0.01，完全可信；0.01 < Stress < 0.05，可信；0.05 < Stress < 0.1，基本可信；0.1 < Stress < 0.2，仍有参考价值，具有一定意义，但某些细节不可信；0.2 < Stress < 0.3，几乎是任意的，不可信。在ANOSIM的分析中，组内所有站位的平均秩相似性与组间所有站位间的平均秩相似性之间的差异用R表示，域值为−1～1。R值通常为0～1：当R值为1时，所有站位间种类组成的相似性高于不同组间任何站位的相似性；R值接近0时的零假设成立，表示组内和组间具有相同的相似性。由于不同组间的相似性高于组内的相似性，因此不太可能出现R值小于0的情况。上述多元统计分析可采用PRIMER 6.0软件进行。

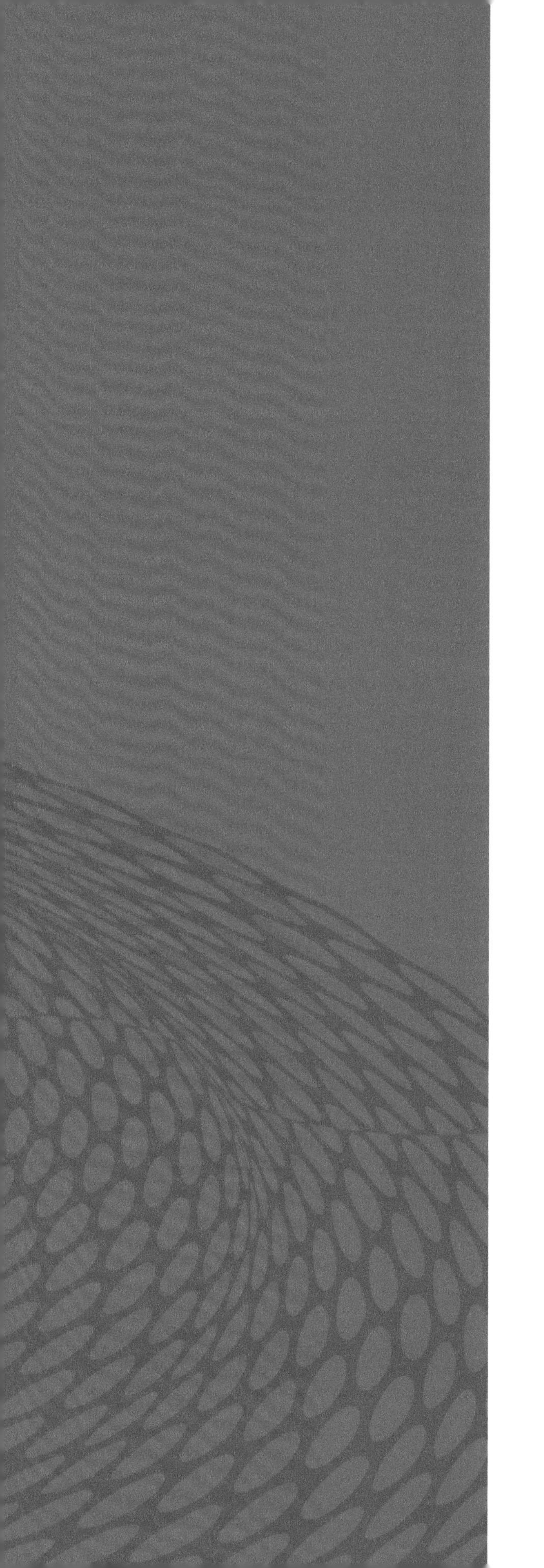

第二章　南海北部浮游动物

南海北部海区具有复杂的生态环境特征，既有珠江冲淡水和沿岸上升流，又有寡营养的开阔海区，物理过程（冲淡水、上升流和黑潮等）多变。自1958年全国海洋综合调查开始，在全球气候变化和人类活动剧烈影响的背景下，南海北部浮游动物种类组成和数量有怎样的长期变化特征，以及该海域复杂多变的生态环境如何影响其生物多样性及时空分布格局中的季节和年际变化，都是急需解决的科学问题。本章以南海北部典型生态区大亚湾、珠江口、陆架及外海为主要海域，从种群、群落角度分析南海北部浮游动物的变化特征，阐明影响其群落结构变化的环境因素，为南海北部海洋生物资源的可持续利用和管理提供科学依据。

第一节　大亚湾浮游动物

海湾承受着各种各样的人类活动压力，如生活污水、工业废物、港口、水产养殖和发电厂等。随着人类活动的增加，海湾的富营养化问题日益严重。人类活动造成的营养盐输入是影响海湾生态环境的关键因素（Jickells，1998）。在过去的几十年里，营养物输入的增加导致世界各地海湾的富营养化（Howarth et al.，2002；Boesch，2019；Ferreira et al.，2011；Cloern et al.，2020）。丰富的营养盐增加了初级生产力，改变了浮游植物群落（Oviatt et al.，1989；Spatharis et al.，2007；Wang et al.，2009）。浮游动物的组成和结构也发生了显著变化，小型浮游动物的比例在富营养化严重的海湾增加（Uye，1994；Uye et al.，1998；Park and Marshall，2000；Chang et al.，2009）。在富营养化的半封闭海湾中，某些浮游动物类群的丰度增加，浮游动物群落多样性减少（Thompson et al.，2007；Biancalana and Torres，2011）。在富营养化水域中，营养物从浮游动物到浮游食性鱼类的营养转移效率可能会降低或受阻（Schmoker et al.，2016）。海湾的另一个环境问题是核电站运行对生活在周围水域的水生生物造成的潜在热应力（Shiah et al.，2006）。浮游生物因个体较小而承受热量的增加（Jiang et al.，2009）。浮游动物作为介于初级生产者和高营养级生物之间的中间环节，其群落结构的变化将改变沿岸生态系统的食物网效率。

在过去的30年里，大亚湾营养结构主要因海水养殖和陆地废水排放而富营养化（Wang et al.，2009；Wu and Wang，2007）。大亚湾核电站（DNPP）自1994年起在大亚湾西南部运行。这些变化影响了大亚湾的生态环境。小型硅藻的生长加速，并在水产养殖区占主导地位（Wang et al.，2009）。发电厂热排放导致的温度上升有利于甲藻增多而不是硅藻（Li et al.，2011b）。自20世纪80年代以来，作为环境和资源的背景调查，研究人员对大亚湾的浮游动物进行了调查（徐恭昭，1989）。浮游动物表现出较高的物种多样性，其分布与核电站开发前的水团和水流密切相关（连光山等，1990）。浮游动物群落的季节性变化表现为大亚湾海水养殖区水母丰度和湿重生物量的增加（连喜平等，2011；杜飞雁等，2013）。近期发现大亚湾淡澳河口和澳头湾附近的浮游动物多样性低于湾口，小型食草类桡足动物（纺锤水蚤属和拟哲水蚤属）在该区域占主导地位，这表明夏季优势种由鸟喙尖头溞向纺锤水蚤属转变（Xiang et al.，2021）。随着海水溶解无机氮浓度的升高，大亚湾浮游食物网整体能量传递效率持续降低，在2006～2007年浮游生态系统变化达到临界点，营养盐组成与结构、浮游生态系统功能等出现明显变化，很可能发生了稳态转换（Zhou et al.，2024）。然而，人们对于这些人类活动对浮游动物短期和长期变化的影响知之甚少。为了解大亚湾浮游动物群落的短期、周年和长期变化，本节依据近期调查数据和整合的历史数据系统分析大亚湾浮游动物的变化及其对环境变动的响应，并评估其时空变化与自然环境因素和人类活动影响的关系，以期能够深入了解影响海湾浮游动物群落结构和功能的环境驱动因素的过程及潜在机制。

一、大亚湾浮游动物短期变化

为了解大亚湾浮游动物群落的短期变化及环境因子对其分布格局的影响，本研究假设浮游动物群落在三个区域（核电站排水口、海水网箱养殖区和邻近未污染水域）之间存在差异。为了验证这一假设，本研究在大鹏澳（位于大亚湾西南部）采用高频次采样策略，分析短期内浮游动物的种类组成和时空变化。2001 年 4 月 28 日至 6 月 1 日，对大亚湾西南部核电站排水口（DNPP）、海水网箱养殖区（MCCA）和未污染水域（UPW）的浮游动物进行采样分析，并比较其差异。环境因子和浮游动物丰度在 DNPP、MCCA 和 UPW 的站位之间存在显著差异：DNPP 的温度高，浮游动物丰度也高；MCCA 的叶绿素 *a* 浓度高，而浮游动物丰度低。统计分析结果表明，短期内海水网箱养殖活动可能会降低浮游动物的多样性和丰度。鸟喙尖头溞是海域浮游动物的主要研究种类之一，其丰度范围为 16～7267 个 /m^3；从 4 月到 6 月短期内，在 DNPP 的出水口处其丰度达到峰值。鸟喙尖头溞的暴发可能是适宜的水温、食物浓度和孤雌生殖行为共同作用的结果，说明人类活动对海湾浮游动物群落结构的变动产生了影响（Li et al.，2014）。

（一）调查站位与采样

调查站位设置在大鹏湾（图 2.1）。大鹏湾海域由于受较大的人类活动影响，1985 年以来，大鹏澳的鱼、虾、贝类养殖发展迅速，湾内以网箱养殖为主，水体富营养化程度较高。6 个采样站位均位于大鹏澳内，其中，1 号站和 2 号站（S1 站和 S2 站）分别位于 DNPP 的取水口和出水口。S6 站位于网箱养殖区，S5 站位于水质较好的大鹏澳外湾。采样站位的详细信息见表 2.1。从 4 月 28 日至 6 月 1 日，除 5 月 4～14 日外，每隔 3～4 天上午进行 10 次采样。浮游动物使用浅水 I 型浮游生物网在各站离海底 1m 处垂直拖网采集。

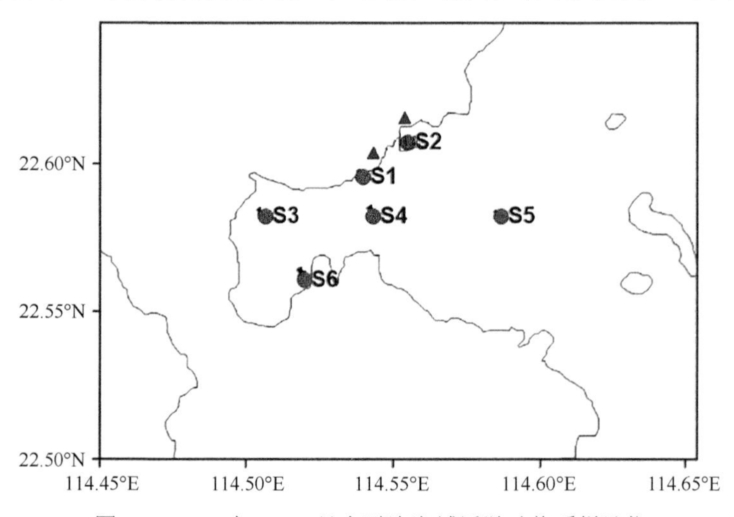

图 2.1　2001 年 4～6 月大鹏澳海域浮游动物采样站位

表 2.1　2001 年 4 月 28 日至 6 月 1 日在大鹏澳的采样站位信息

站号	纬度	经度	水深（m）	位置
S1	22°35.8′	114°32.4′	8	核电站取水口
S2	22°36.5′	114°33.3′	10	核电站出水口
S3	22°35.0′	114°30.4′	7	受污染河流的排水口
S4	22°35.0′	114°32.6′	12	大鹏湾中心区
S5	22°35.0′	114°35.2′	15	大鹏澳外湾
S6	22°33.7′	114°31.2′	5	海水网箱养殖区

（二）环境因子

4 月 28 日至 6 月 1 日期间，大鹏澳海域表层水温上升，5 月 20 日后维持在近 30℃的高温。由于调查期间频繁降雨，盐度范围为 28.78‰～32.19‰。叶绿素 *a*（Chl *a*）浓度在 3.22～25.57mg/m^3 范围内波动很大（图 2.2）。在 DNPP 的出水口（S2 站）处，表面水温显著升高，在 S4 站和 S6 站，Chl *a* 浓度显著升高（表 2.2）。S2 站、S5 站和 S6 站的盐度区域分布差异不显著（$P > 0.05$），但 S2 站的温度显著高于 S5 站和 S6 站（F=8.581，$P < 0.01$）。S6 站的 Chl *a* 浓度显著高于 S2 站和 S5 站（F=15.208，$P < 0.001$）。

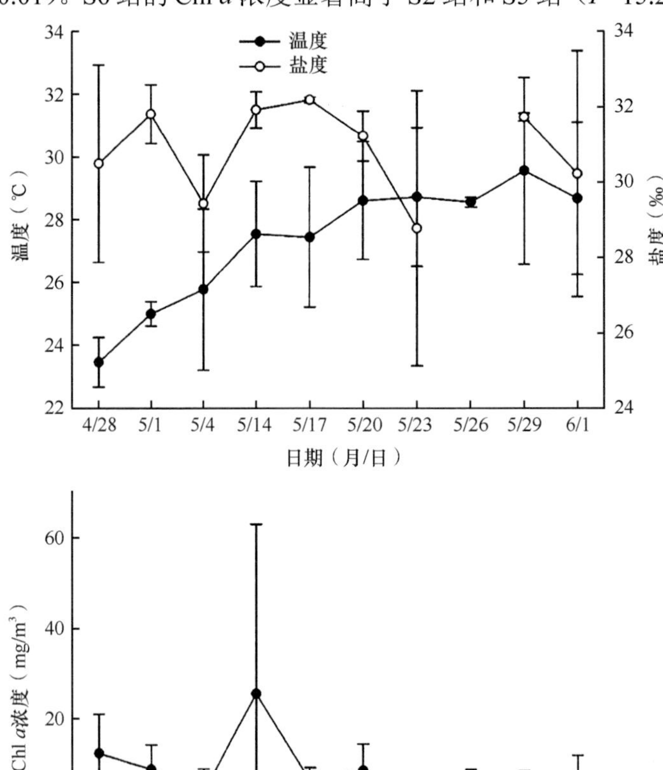

图 2.2　大鹏澳海域 2001 年 4月 28 日至 6 月 1 日温度、盐度和 Chl *a* 浓度的时间变化

表 2.2　2001 年 4 月 28 日至 6 月 1 日大鹏澳 6 个采样站位表层温度、盐度和 Chl *a* 的环境参数变化

因子	S1	S2	S3	S4	S5	S6
温度（℃）	26.56±1.82	30.91±3.67	26.62±1.78	26.49±1.85	26.76±1.94	26.55±1.80
盐度（‰）	31.58±0.75	31.53±1.71	31.48±1.12	30.75±1.65	30.24±2.61	29.49±3.50
Chl *a* 浓度（mg/m^3）	6.54±5.12	2.18±1.47	8.16±4.09	17.35±30.15	4.07±3.10	12.19±6.64

（三）浮游动物群落结构

1. 种类组成

调查期间共鉴定出浮游动物 72 种（包括 14 个浮游幼体类群）。桡足类种类最多，有 35 种，占总种数的 48.61%。浮游幼体是一个重要的类群，主要包括长尾类幼体、短尾类幼体和多毛类幼体，占所有浮游动物类群的 20% 以上。其他类群的物种种数一般小于 5 种。例如，枝角类仅出现两种，即鸟喙尖头溞和肥胖三角溞。各站出现的浮游动物种数不同，S5 站最多（55 种），S6 站最少（24 种）。采样期间 S1 站、S2 站、S3 站和 S4 站共出现浮游动物 35 种。

2. 丰度变化

大鹏澳海域调查期间浮游动物丰度呈不规则波动。采样初期和中期较低，5 月 14 日和 23 日出现两个峰值（图 2.3）。枝角类丰度的时间变化决定了浮游动物总丰度的变化（图 2.3）。枝角类占浮游动物总丰度的 41%（4 月 28 日）至 90%（5 月 14 日），平均为 74%。尽管桡足类的物种多样性最高，但其丰度低于枝角类和浮游幼体。从调查开始到结束，浮游幼体的比例总体呈下降趋势，而桡足类则有所增加（图 2.3）。浮游动物丰度在不同采样站位之间存在差异，S2 站丰度最高（3777.64 个 /m^3±2019.97 个 /m^3），S6 站丰度最低（854.94 个 /m^3±743.88 个 /m^3）。S2 站、S5 站和 S6 站浮游动物丰度存在显著差异，S2 站浮游动物丰度显著高于 S5 站和 S6 站（F=9.666，$P < 0.01$）。

表 2.3 显示，枝角类丰度的变化与总丰度的变化一致，并在每个采样站位占主导地位。Pearson 相关分析表明，调查期间大鹏澳浮游动物总丰度与温度呈正相关（r=0.399，$P < 0.01$），与盐度和 Chl *a* 浓度相关性不显著。

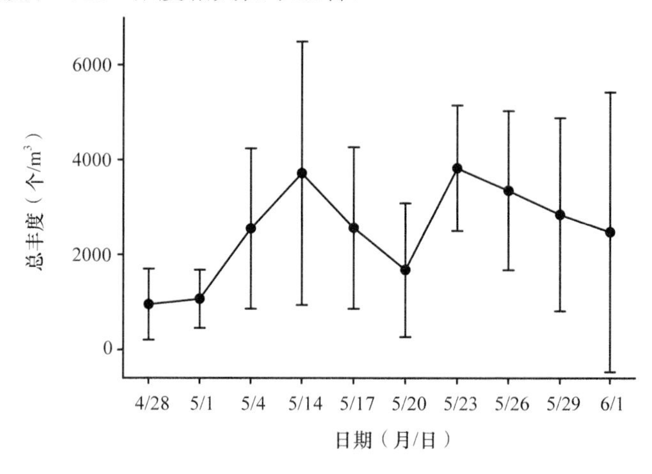

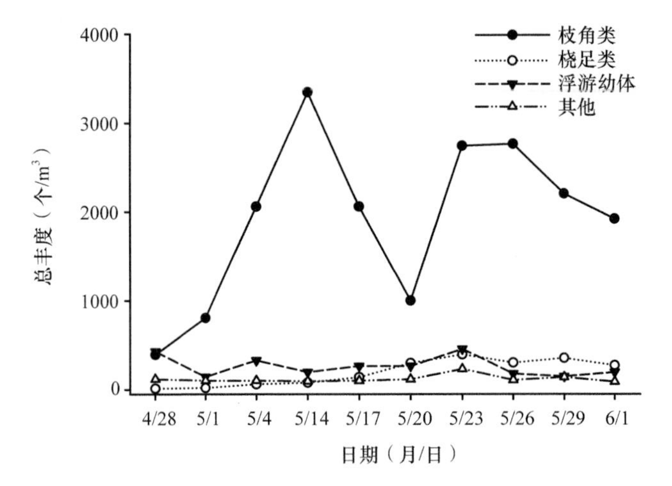

图 2.3　大鹏澳海域 2001 年 4 月 28 日至 6 月 1 日浮游动物总丰度及主要类群的时间变化

表 2.3　大鹏澳海域 2001 年 4 月 28 日至 6 月 1 日浮游动物类群丰度（平均值 ± 标准误差）

类群	S1	S2	S3	S4	S5	S6
枝角类	1708.86±1948.81	3008.99±1768.52	2371.30±1733.74	2431.80±1830.76	1483.77±1199.73	569.43±704.06
桡足类	118.22±100.48	372.60±379.70	194.04±210.49	327.19±392.71	106.70±179.97	44.9±59.90
浮游幼体	189.90±155.33	236.75±200.74	473.30±579.38	252.15±146.33	261.62±203.52	149.36±69.95
水母类	9.42±13.77	0.72±1.76	3.18±4.14	6.04±15.58	10.38±24.11	1.50±4.74
软体动物	0.00±0.00	0.42±0.83	1.79±3.57	0.00±0.00	2.62±3.40	0.00±0.00
介形类	0.00±0.00	4.39±5.57	0.00±0.00	0.00±0.00	0.54±0.25	0.00±0.00
十足目	18.15±51.84	9.09±14.25	5.66±10.78	10.20±16.82	17.71±34.57	1.39±4.17
毛颚类	57.41±56.10	133.67±150.35	55.92±27.33	108.71±85.81	58.69±47.06	27.11±42.33
被囊类	16.52±22.32	11.01±9.29	59.95±54.63	31.44±31.12	11.96±13.95	61.25±107.89

3. 优势种变化

调查期间，大鹏澳海域优势种主要为鸟喙尖头溞、红纺锤水蚤、肥胖箭虫、短尾类幼体和长尾类幼体，而肥胖三角溞、异体住囊虫、蔓足类幼体和鱼卵零星占优势。鸟喙尖头溞作为优势种决定了浮游动物总丰度的变化。在每个调查时期，它都出现在每个丰度较高的站点（图 2.4）。各站位鸟喙尖头溞丰度高峰期不一致，如 6 月 1 日 S2 站达 7267 个 /m^3，S6 站仅为 38 个 /m^3。S2 站鸟喙尖头溞的丰度显著高于 S5 站和 S6 站（F=11.897，$P<0.001$）。

优势种红纺锤水蚤的丰度在 5 月 17 日前低于 100 个 /m^3，调查期结束时增加到约 300 个 /m^3（图 2.4）。红纺锤水蚤丰度在 S2 站显著高于 S5 站和 S6 站（F=6.169，$P<0.01$），而在 S5 站和 S6 站之间差异不显著（$P>0.05$）。相比之下，短尾类幼体和长尾类幼体的丰度在调查初期较高，在调查结束时降低。短尾类幼体丰度在 S5 站显著高于 S6 站（$P<0.05$），长尾类幼体丰度在 S2 站显著高于 S6 站（$P<0.05$）。虽然肥胖箭虫在调查海域普遍存在，但其丰度往往低于 50 个 /m^3。S2 站肥胖箭虫丰度显著高于 S5 站和 S6 站（$P<0.05$）。三个优势种鸟喙尖头溞（r=0.347，$p<0.01$）、红纺锤水蚤（r=0.479，

$P < 0.01$）和肥胖箭虫（r=0.382，$P < 0.01$）的丰度与温度呈显著正相关。

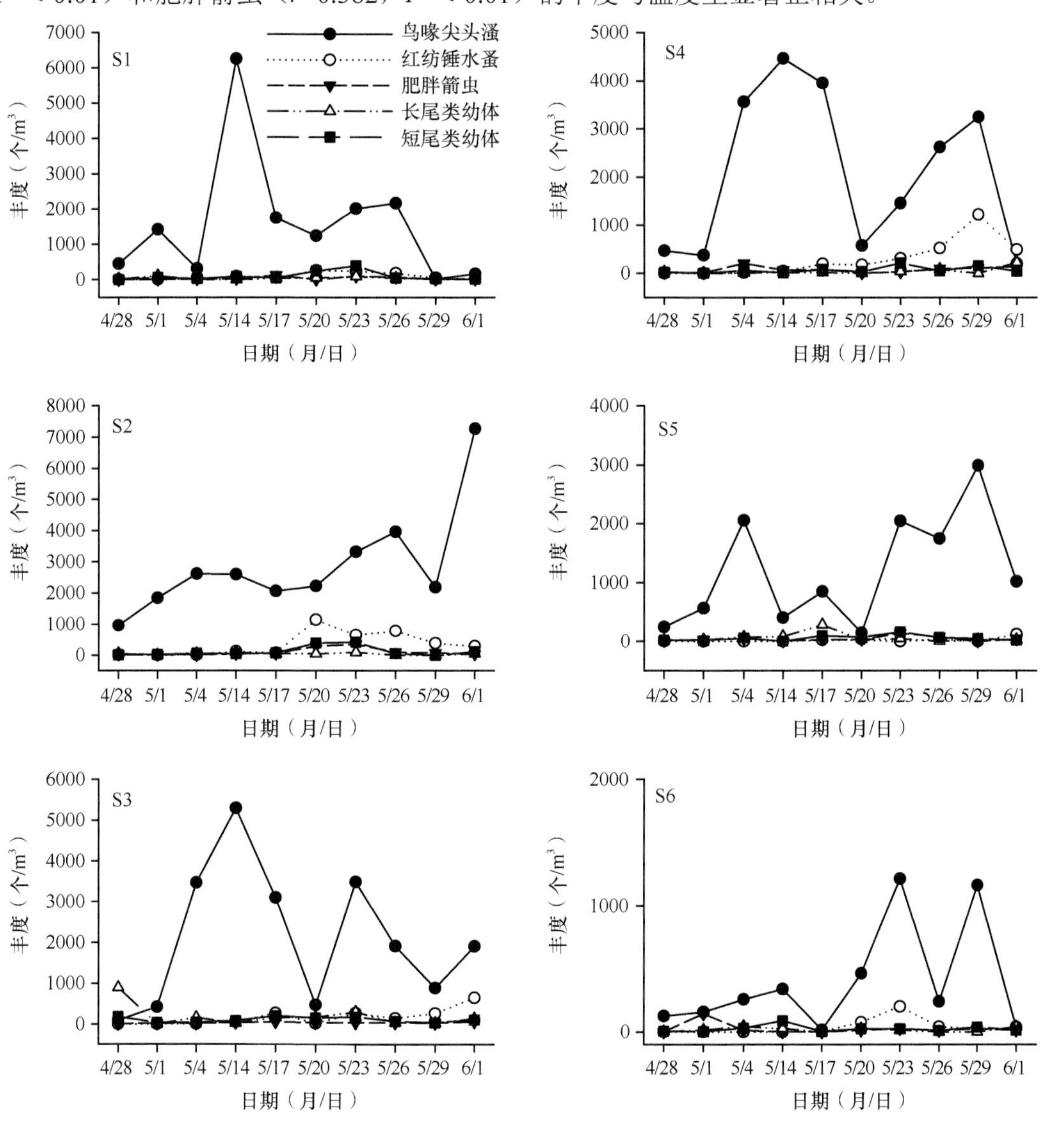

图 2.4　大鹏澳海域 2001 年 4 月 28 日至 6 月 1 日调查站位浮游动物优势种丰度的时间变化

4. 聚类分析

在大鹏澳海域调查期间，对不同调查日期的浮游动物种类和丰度进行聚类分析，结果发现调查初期 4 月 28 日和 5 月 1 日与调查的其余日期不同（图 2.5a、b）。不同调查站位的浮游动物群落结构等级聚类分析结果在 80% 的相似性水平上被划分为两组，S6 站与其他站位分开（图 2.5c、d），S6 站浮游动物群落结构与其他 5 个调查站位差异显著。

（四）大亚湾浮游动物短期变化的影响因素

1. 大鹏澳海域浮游动物群落特征

调查期间，在大鹏澳海域共鉴定到浮游动物 72 种，低于以往在该研究区域的分析结果。沈寿彭等（1999）根据为期 12 个月的调查采样报道大鹏澳出现的浮游动物有 145

种。自 1982 年以来，大亚湾共记录浮游动物 265 种。这些物种可被分为 4 种生态类型：河口种（estuarine species）、内湾种（inncr-bay species）、沿岸种（coastal species）和远洋种（pelagic species）（连光山等，1990；Wang et al.，2012）。在本次大鹏澳海域短期调查中，河口种和内湾种占据了大部分种类，这与调查地区和调查时期有关。大鹏澳位于大亚湾西南海域，与沿岸和远洋水域的水交换较少。大亚湾的气候受东亚季风控制，10 月至翌年 4 月为东北季风，5 月至 9 月为西南季风（徐恭昭，1989）。调查期间处于从东北季风到西南季风的过渡期（4 月 28 日至 6 月 1 日），一些温带沿岸种和热带大洋种类还没有进入调查海域，前者由东北季风输送，后者由西南季风输送（连光山等，1990；Yin et al.，2011；Li et al.，2016a）。

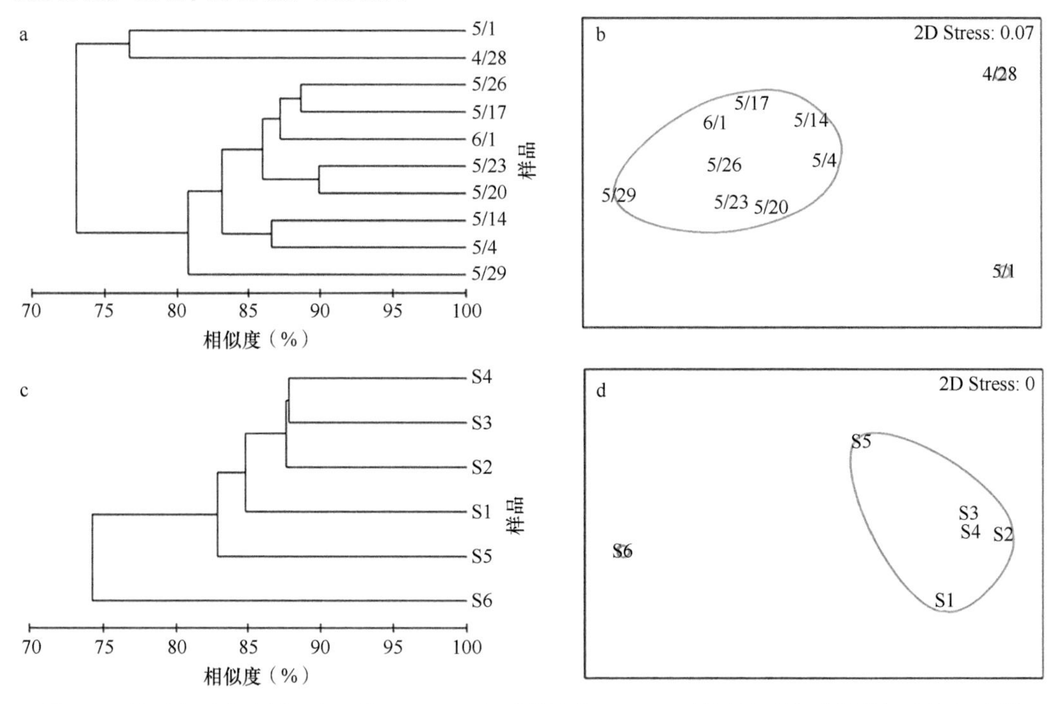

图 2.5　基于大鹏澳海域调查日期（a、b）和采样站位（c、d）的浮游动物群落结构的等级聚类（CLUSTER）和 NMDS 分析结果

本次大鹏澳海域调查中浮游动物的平均丰度高于之前在大鹏湾使用相同浮游生物网（网目孔径 505μm）进行采样的研究结果（沈寿彭等，1999）。同时调查了浮游动物丰度的季节性变化，秋季和夏季的丰度较高，分别为 795 个 /m^3 和 685 个 /m^3；冬季和春季较低，分别为 390 个 /m^3 和 123 个 /m^3。前人对浮游动物丰度分布的调查结果显示，核电站排水口（DNPP）的丰度低于大鹏湾网箱养殖区（MCCA）的丰度（沈寿彭等，1999）。本次调查结果表明，浮游动物的分布格局与之前的结果是相反的，即 DNPP 的浮游动物丰度显著高于 MCCA。枝角类占浮游动物总丰度的平均百分比为 74%，高于 20 世纪 90 年代春季（4.1%）和夏季（21.2%）的结果。相反，桡足类、毛颚类和被囊类动物的丰度百分比低于早期（沈寿彭等，1999）。蔡秉及（1990）报道鸟喙尖头溞的丰度高峰值出现在 10 月，为 1000 个 /m^3，而在 4～6 月该种丰度不到 50 个 /m^3。相比之下，本次研究在 6 月 1 日调查期间鸟喙尖头溞的丰度在 S2 站可达 7267 个 /m^3（图 2.4）。上述结果表明，与历史资料相比，大鹏澳浮游动物丰度峰值时期发生了变化。

众所周知，人类活动会对海湾的水质和生物资源产生重大影响（Cornel and Whoriskey，1993；Wang et al.，2009；Wu and Wang，2007，Wu et al.，2010）。海水养殖范围的快速扩张被认为是大鹏湾营养物增加的最重要来源（黄洪辉等，2005）。大亚湾的平均 N/P 比从 1985 年的 1.38 增加到 2004 年的 49.09（Wang et al.，2008）。这些营养物被浮游植物吸收，因此，富营养化对浮游植物的主要影响是增加初级生产力（Spatharis et al. 2007）。丰富的营养环境促进了小型硅藻的生长，并促进了优势种从大型硅藻根管藻（*Rhizosolenia* spp.）向小型硅藻种类转变（Wang et al.，2009）。随着日本东京湾和大阪湾的富营养化，已经出现了小型浮游动物和胶质类浮游动物比例增加的现象（Uye，1994）。另外，在美国切萨皮克湾也出现了类似的生态现象（Park and Marshall，2000）。本次研究中，聚类分析结果表明，MCCA 的浮游动物群落结构与其他的采样站位显著不同（图 2.5）。此外，大型桡足类，如精致真刺水蚤、亚强次真哲水蚤和瘦尾胸刺水蚤在浮游动物群落中并不占主导地位，而是个体相对较小的鸟喙尖头溞决定了浮游动物的丰度（图 2.3、图 2.4）。与 20 世纪 90 年代的浮游动物调查数据相比，MCCA 中的浮游动物丰度更高，这可能表明富营养化网箱养殖区丰富的初级生产量可能没有有效地转移到更高的营养级。

大鹏澳海域水温 1～3℃的升高与其 DNPP 的冷却水排放有关（Tang et al.，2003）。在 S2 站的表层，微型浮游植物对总浮游植物丰度的贡献低于 S6 站（Song et al.，2004）。大亚湾核电站热排放导致的温度上升对浮游植物群落产生了强烈影响，更利于甲藻生长（Li et al.，2011b）。本研究发现，鸟喙尖头溞的丰度随着温度的升高而显著增加，甚至在 S2 站达到最高丰度（图 2.4）。DNPP 的浮游动物丰度与 MCCA 有显著差异。S2 站特点是温度高，浮游动物丰度高，而 S6 站的 Chl *a* 浓度高，浮游动物丰度低（表 2.2、表 2.3）。统计分析表明，温度是决定浮游动物丰度时间变化的主要环境因子，这与其他研究结果一致（Wang et al.，2012）。鸟喙尖头溞高峰值出现的区域和时间是取决于较高的温度还是取决于有利的食物，需要进一步研究。

2. 大鹏澳海域鸟喙尖头溞短期暴发的原因

枝角类鸟喙尖头溞是热带和亚热带近岸水域中丰度较高、分布较广的浮游甲壳动物之一（Rose et al.，2004）。有学者在瓜纳巴拉湾（Guanabara Bay）观察到鸟喙尖头溞周期性种群突然增长出现高丰度的现象（Marazzo and Valentin，2001，2004）。鸟喙尖头溞在微食物环中起着重要作用（Grahame，1976；Kim et al.，1989；Lipej et al.，1997；Katechakis and Stibor，2004）。调查期间，大鹏澳浮游动物群落的特征是以鸟喙尖头溞占优势（图 2.3、图 2.4），鸟喙尖头溞的数量优势可能是由于它比其他类似大小的浮游动物具有更强的竞争能力，因为它可以过滤更小的颗粒来获取所需食物（Gore，1980；Rose et al.，2004）。鸟喙尖头溞的数量急剧增加与异常温暖的海洋表面温度相吻合，北海水温较高的环境促成了鸟喙尖头溞休眠卵的萌发和数量的增加（Johns et al.，2005）。大鹏澳海域鸟喙尖头溞的丰度与温度呈正相关，这可以成为解释本研究中该种数量增加的原因。对鸟喙尖头溞的摄食研究表明，该种肠道色素含量与 Chl *a* 浓度显著相关（Lipej et al. 1997；Wong et al.，1992），而在本研究中，该种的丰度并没有随着 Chl *a* 浓度的增加而增加。鸟喙尖头溞以各种大小的颗粒为食，主要是微型浮游生物（2～20μm），也捕食较大的种类，如小型硅藻、甲藻和纤毛虫（Kim et al.，1989；Marazzo and Valentin，2001；Katechakis and Stibor，2004；Atienza et al.，2006）。微型浮游植物在浮游植物生物量中占主导地位，S6 站微型浮游植物占比为 85.7%，S2 站为 37.6%（Song et al.，2004）。本研究中，S2 站和 S6 站之间浮游植物大小结构的差异可能是导致 S2 站鸟喙尖头溞数量较高的一个原因（图 2.4）。

枝角类有两种生殖方式：孤雌生殖（parthenogenesis）和配子发生（gametogenesis），其丰度的快速增加是孤雌生殖世代高繁殖潜力的结果（Rose et al.，2004；Miyashita et al.，2010）。快速的胚胎发育与孤雌生殖相结合，在 23～30℃的温度范围内迅速增加出现了高丰度（Marazzo and Valentin，2004）。由于适宜温度和孤雌生殖的影响，鸟喙尖头溞在 S2 站迅速达到较高的丰度。与大亚湾其他浮游甲壳动物的研究相比，海洋枝角类的研究很少。鉴于鸟喙尖头溞的高丰度和重要的营养动力学作用，其在大亚湾的研究重要性被低估了。

不同网目尺寸的浮游生物网可能会影响浮游动物的个体大小频率分布。一般来说，较小的中型浮游动物可以通过网目孔径较小的生物网大量采集（Tseng et al.，2011；连喜平等，2013b）。在本研究中，使用 505μm 网目的浮游生物网来采集浮游动物，会导致一些较小的浮游动物逃逸，从而不能正确估计浮游动物群落。例如，一些体长＜ 0.2μm 的物种被忽略，如孔雀水蚤属（*Parvocalanus*）、长腹剑水蚤属（*Oithona*）和大眼水蚤属（*Corycaeus*）的种类，其实它们在所采集的浮游动物中也有很高的丰度（连光山等，1990）。虽然取样方法存在一些缺陷，但枝角类的平均丰度仍可达 1360 个 /m^3，占核电站运行前浮游动物总丰度的 21.8%（蔡秉及，1990）。大鹏澳海域是否存在偶然或短期的鸟喙尖头溞优势种群，将在今后长期监测的基础上进行探讨。

二、大亚湾浮游动物周年变化

在气候变化和人类活动的共同影响下，大亚湾浮游动物对生态环境的响应从季节尺度到年际尺度都不明确。本节根据 2013～2014 年逐月的调查和历史数据，分析大亚湾浮游动物群落的周年变化，评估其时空变化与自然环境变量和人为因素干扰的关系，并假设浮游动物群落在过去 30 年中由于环境的变化而发生了变化。为了验证这一假设，将本研究中得到的物种多样性和丰度与 1986～1987 年基于相同采样和分析方法的调查结果进行了比较，以期能够深入了解影响海湾浮游生物群落结构和功能的环境驱动因素的过程和潜在机制。周年调查分析发现，大亚湾浮游动物群落在时间和空间上都发生了变化。调查期间共鉴定浮游动物 134 种，桡足类在多样性和丰度方面占主导地位。桡足类和枝角类是浮游动物丰度的主要贡献者。浮游动物的群落结构在时间上可被划分为暖水期类群和冷水期类群，在空间上可被划分为海水网箱养殖区（MCCA）、核电站排水口（DNPP）和未污染水域（UPW）3 个类群。与冷水期相比，暖水期浮游动物生物量（干重）较低，多样性和丰度较高。MCCA 组浮游动物与其他两组浮游动物类群相比，表现出高丰度、低物种多样性和低生物量。浮游动物优势种的变化与温度、盐度和 Chl *a* 浓度密切相关。与 30 年前相比，大亚湾浮游动物物种多样性和干重减小，而丰度增加。浮游动物的季节变化主要受由季风控制的温度的影响，而浮游动物群落结构的空间差异可能是由 MCCA 的富营养化和 DNPP 的热排放造成的。近 30 年来，大亚湾浮游动物群落发生了较大变化，呈现出小型化、胶质化的趋势（Li et al.，2021）。

（一）调查站位与采样

1. 采样与分析

自20世纪90年代以来，中国科学院大亚湾海洋生物综合实验站的科学家每年1月、4月、7月和10月在12个调查站（图2.6中实心圆圈）进行生态监测，内容包括温度、盐度、叶绿素 *a*（Chl *a*）、营养盐、浮游植物、浮游动物和底栖生物（Wang et al.，2008）。2013年5月至2014年4月，在大亚湾设置25个调查站（图2.6中空心和实心圆圈）进行每月调查。在每个站点从离底部上方1m处垂直拖网（网口口径为30cm，网孔尺寸为160μm）至表层，进行两次浮游动物采集：一份样品用于物种鉴定，另一份样品用于干重测定。用于鉴定的样品立即保存在5%的福尔马林中。干重样品经20μm滤网过滤后保存于液氮中。用于测量浮游动物干重的样品，在60℃温度下烘干24h，用电子天平测量干重，计算生物量。浮游动物的干重可通过称重前后玻璃纤维滤纸隔膜（GF/F膜）的质量差来获得。使用YSI 6600多参数水质监测仪在现场测量温度和盐度。将200mL的水样通过0.45μm的醋酸纤维滤膜过滤，用丙酮（90% *V*/*V*）在4℃黑暗条件下提取24h，测定其表面Chl *a* 浓度。酸化前后Chl *a* 浓度（单位为mg/m^3）用Turner Designs公司的10AU荧光计测定（Parsons et al.，1984）。

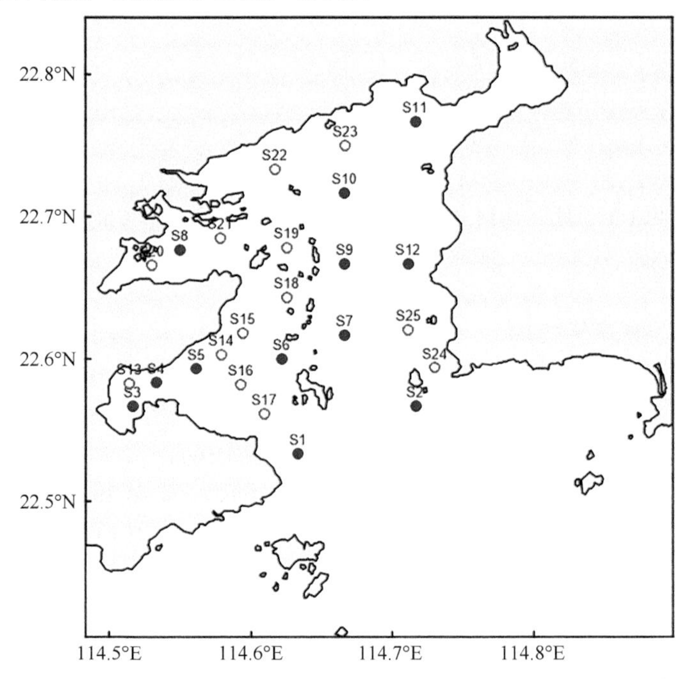

图2.6 2013年5月至2014年4月在大亚湾的调查站位（S1～S25）及大亚湾一年四次的常规生态监测站位（S1～S12）

2. 1986～1987年历史数据

1986年12月至1987年12月，国家海洋局第三海洋研究所（1990）在大亚湾核电站（DNPP）运行前进行了为期一年的综合调查，包括海洋水文、化学和生物生态背景资料。2013～2014年用于测量环境因子（温度、盐度和Chl *a*浓度）的方法及浮游动物采样网具和处理方法与1986～1987年一致。与本研究比较的历史数据来自1990年出版的《大亚湾海洋生态文集（II）》（国家海洋局第三海洋研究所，1990）。

（二）环境因子

大亚湾温度、盐度和Chl *a*浓度的月变化如图2.7所示。表层温度从2月的15.71℃上升到9月的33.65℃，而盐度在9月最低，2月最高。从10月到翌年3月，温度下降，盐度上升，而从4月到9月，变化趋势则相反。年平均Chl *a*浓度为2.05mg/m^3±2.00mg/m^3，变化范围较大，从12月的0.73mg/m^{3}到5月的4.33mg/m^3。Chl *a*浓度高峰出现在4月、5月、6月和9月（图2.7）。

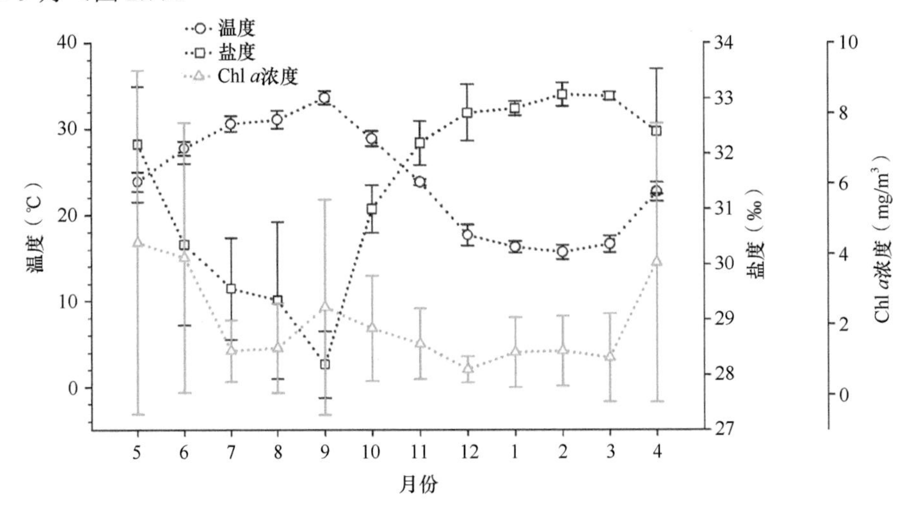

图2.7　2013年5月至2014年4月大亚湾表层水温、盐度和Chl *a*浓度的月变化

各参数为25个采样站位的平均值

（三）浮游动物群落结构

1. 丰度和生物量

大亚湾浮游动物生物量（干重）和丰度的月变化波动较大（图2.8）。浮游动物年平均生物量为41.1mg/m^3±30.9mg/m^3，最高值出现在4月，为86.3mg/m^3，最低值出现在3月，为8.2mg/m^3。8月、1月和2月生物量可超过60mg/m^3，其他月份浮游动物生物量均低于40mg/m^3。浮游动物丰度在628.4（3月）～34 911.7个/m^3（8月）范围内波动。浮游动物丰度在8月至翌年3月呈下降趋势。11月至翌年3月浮游动物丰度均低于10 000个/m^3。在研究期间，浮游动物生物量呈现出与丰度不相关（$P>0.05$）的现象，因为浮游动物的干重生物量在一定程度上取决于种类组成及其含水量大小。

2. 种类组成

调查期间共鉴定浮游动物134种（包括14类浮游幼体），主要为桡足类、水螅水母类、有尾类和管水母类，分别占总种数的47.01%、12.69%、5.97%和5.22%。浮游动物其他类群的种数不到7种（表2.4）。浮游动物种数每月都有变化，8月最多，4月最多。

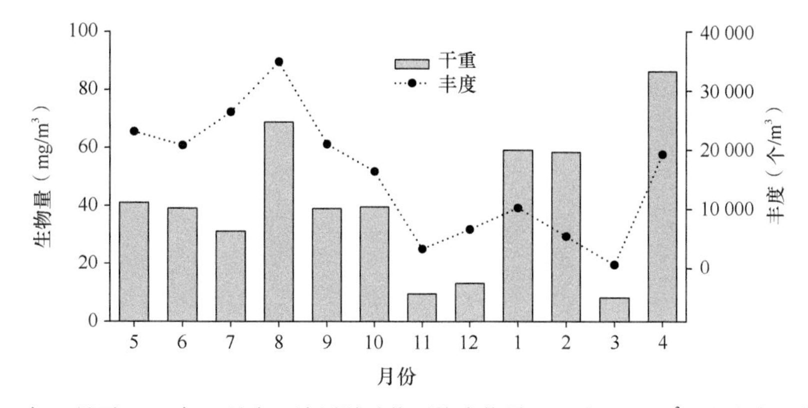

图 2.8　2013 年 5 月至 2014 年 4 月大亚湾浮游动物平均生物量（干重，mg/m³）和丰度（个 /m³）变化

表 2.4　2013 年 5 月至 2014 年 4 月大亚湾浮游动物种数、丰度及其所占百分比

类群	种数	百分比（%）	丰度（个 /m³）	百分比（%）
水螅水母类	17	12.69	8.35±10.25	0.05
管水母类	7	5.22	1.33±1.43	0.01
栉水母类	1	0.75	2.54±3.16	0.02
翼足类	2	1.49	89.46±261.99	0.57
枝角类	3	2.24	3 918.84±5 449.66	25.03
介形类	2	1.49	3.57±4.86	0.02
桡足类	63	47.01	10 523.90±7 400.00	67.21
糠虾类	4	2.99	0.03±0.11	0.00
端足类	1	0.75	0.30±0.59	0.00
磷虾类	1	0.75	0.77±1.19	0.00
十足类	2	1.49	38.13±86.04	0.24
毛颚类	6	4.48	197.29±187.06	1.26
有尾类	8	5.97	519.49±983.80	3.32
海樽类	3	2.24	24.18±57.02	0.15
浮游幼体	14	10.45	331.04±299.19	2.11

浮游动物桡足类在物种丰富度和丰度方面都是最主要的类群，占全年浮游动物丰度的 67.21%，其次是枝角类（表 2.4）。在 2013～2014 年，虽然只观察到 3 种枝角类，但其平均丰度达到 3918.8 个 /m³±5449.7 个 /m³，占全年浮游动物丰度的 25.03%。桡足类和枝角类共占中型浮游动物丰度的 80%～98%。2014 年 4 月枝角类丰度占浮游动物总丰度的 86.66%，远远超过桡足类在浮游动物中的总丰度占比（11.71%）。枝角类在 5～9月也很丰富。有尾类、浮游幼体和毛颚类也是中型浮游动物丰度的重要贡献者。

3. 聚类分析

等级聚类分析的结果显示，在 60% 的相似性水平上，两个聚群组在采样月份中存在季节性模式：冷水期（12 月至翌年 4 月枯水期）和暖水期（2D Stress=0.09 丰水期）的浮游动物群落差异显著（图 2.9）。与冷水期相比，暖水期的环境因子表现为较高的温度和 Chl *a* 浓度及较低的盐度，浮游动物在暖水期比冷水期有更高的物种多样性，暖水期浮游动物丰度较高，但生物量低于冷水期（表 2.5）。

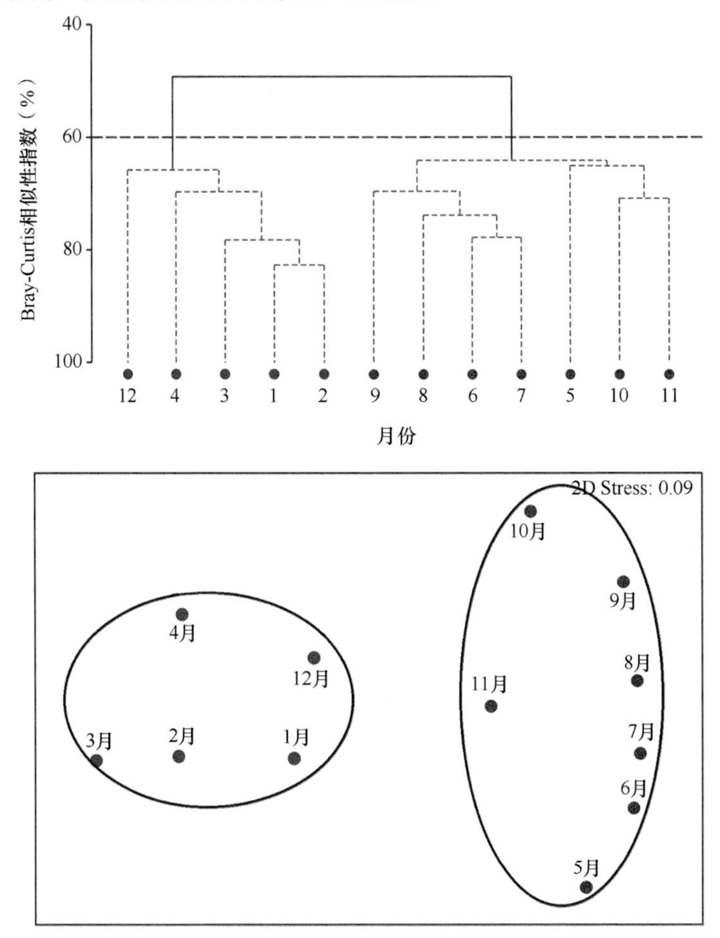

图 2.9　2013 年 5 月至 2014 年 4 月每月调查期间大亚湾浮游动物群落的聚类和多维尺度分析结果
虚线连接统计上不同组的月份（$P < 0.05$）；实线连接的样本在统计学上差异显著（$P > 0.05$）

表 2.5　基于季节或区域分析的组群之间环境因子和浮游动物的比较

参数	季节		区域		
	暖水期	冷水期	MCCA	DNPP	UPW
温度（℃）	28.54±3.69	17.81±2.83	24.06±0.38	24.94±0.66	23.91±0.24
盐度（‰）	30.40±1.49	32.82±0.27	30.89±0.22	31.75±0.18	31.41±0.33
Chl *a* 浓度（mg/m^3）	2.38±1.26	1.60±1.22	3.11±1.04	1.01±0.30	2.38±1.13
丰度（个 /m^3）	20 837±9 682	8 423±6 958	18 541±8 235	13 178±2 949	15 273±5 455
生物量（mg/m^3）	38.31±17.43	44.99±33.36	37.47±10.03	38.85±6.41	49.94±22.48
多样性指数	2.15±0.53	1.92±0.78	1.98±0.21	2.19±0.11	2.06±0.19
均匀度指数	0.45±0.19	0.53±0.20	0.49±0.04	0.49±0.03	0.48±0.05

调查站位的多元分析法揭示了大亚湾浮游动物的空间模式，其中有三个显著聚类群组，Bray-Curtis 相似性指数为 80%～85%（图 2.10a）。NMDS 空间二维排序证实了这些

群组的适当性（2D Stress=0.14）。在空间上，存在以下主要组群：① DNPP 组群，位于核电站的出口附近；② MCCA 组群，主要位于大亚湾北部海域的海水网箱养殖区和沿海水域；③ UPW 组群，位于大亚湾东南海域未受污染的水域（图 2.10b、c）。在 DNPP 组、MCCA 组和 UWP 组，环境因子和浮游动物丰度在各站位之间存在差异：MCCA 组的 Chl *a* 浓度和浮游动物丰度较高；DNPP 组的温度较高，丰度较低；UPW 组的平均浮游动物生物量高于 DNPP 组和 MCCA 组（表 2.5）。

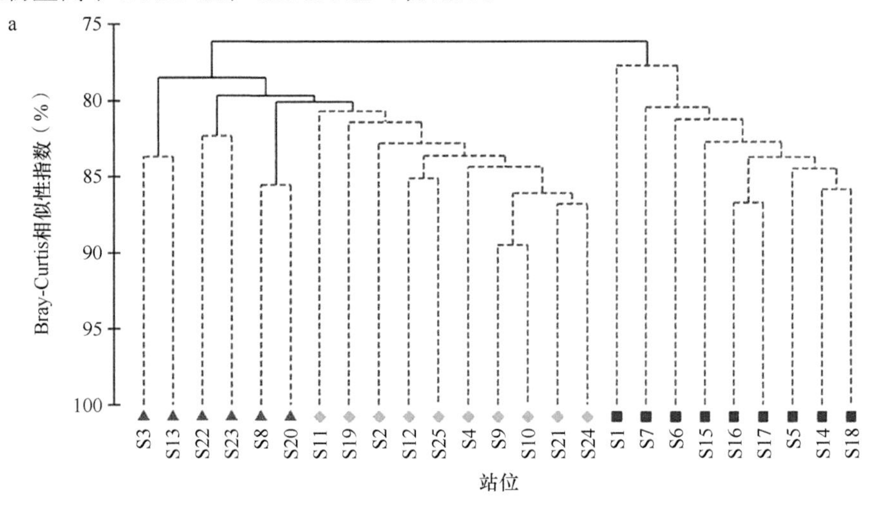

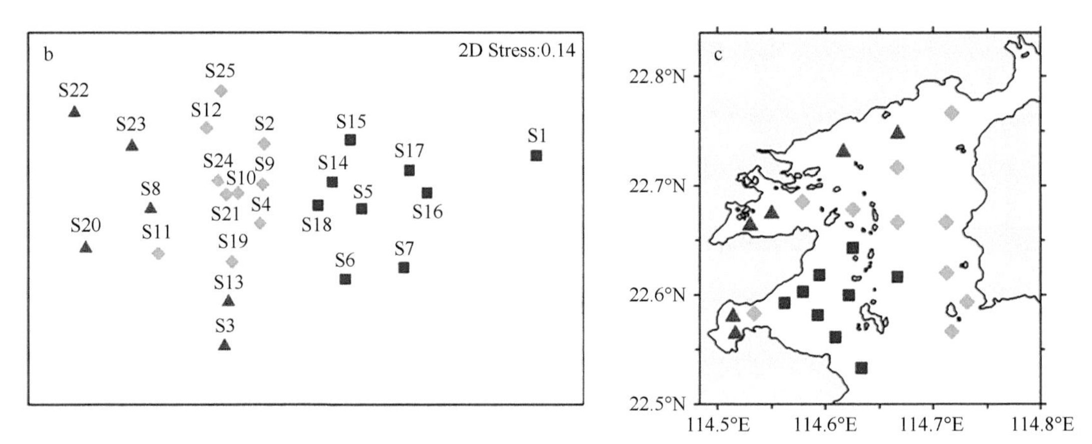

图 2.10　2013 年 5 月至 2014 年 4 月大亚湾不同站位浮游动物丰度等级聚类的相似性（a）、浮游动物群落丰度的多维尺度（b）及大亚湾浮游动物组群的空间分布（c）

图 a 中虚线连接的样本在统计学上差异不显著（$P > 0.05$）；图 c 中■代表 DNPP 组群，▲代表 MCCA 组群，◆代表 UPW 组群

4. 优势种

浮游动物的丰度主要是由枝角类、桡足类、毛颚类、有尾类、海樽类和浮游幼体贡献的。大亚湾浮游动物优势种主要由 12 种组成，包括鸟喙尖头溞、肥胖三角溞、红纺锤水蚤、强额孔雀水蚤、小拟哲水蚤和红住囊虫等。这 12 个优势种的丰度占浮游动物总丰度的 92%。

优势种的分布变化具有明显的季节性和区域性。鸟喙尖头溞、红纺锤水蚤、强额孔雀水蚤、柔弱箭虫、红住囊虫和小齿海樽的季节分布在暖水期比冷水期高。然而，中华哲水蚤和小拟哲水蚤的丰度在冷水期高于暖水期。调查期间肥胖箭虫分布广泛，丰度主要集中在核电站温排水口附近和污染较轻的大亚湾西南段水域。另一种锥形宽水蚤的区域分布规律与肥胖箭虫相同，在 DNPP 组群和 UPW 组群中丰度较高。然而，在海洋水产养殖区域观察到蔓足类幼体出现高丰度。肥胖三角溞的丰度在 4 月达到峰值，其分布模式与其他物种不同。

浮游动物群落特征在时空变化上主要由优势种决定。优势种丰度的变化与温度、盐度和 Chl *a* 浓度密切相关（表 2.6）。暖水期出现的鸟喙尖头溞、红纺锤水蚤和柔弱箭虫丰度与温度和 Chl *a* 浓度呈正相关，与盐度呈负相关。中华哲水蚤和小拟哲水蚤的丰度与温度呈负相关，与盐度呈正相关（表 2.6），在冷水期丰度较高。

表 2.6　2013 年 5 月至 2014 年 4 月大亚湾 12 个优势种丰度与环境因子的相关系数

优势种	温度	盐度	Chl *a* 浓度
鸟喙尖头溞	0.602**	–0.534**	0.184**
肥胖三角溞	0.578**	–0.513**	0.193**
红纺锤水蚤	0.645**	–0.617**	0.131*
红住囊虫	0.398**	–0.216**	0.152**
柔弱箭虫	0.450**	–0.347**	0.161**
强额孔雀水蚤	0.537**	–0.523**	ns
锥形宽水蚤	0.565**	–0.501**	ns
中华哲水蚤	–0.558**	0.042**	–0.157**
小拟哲水蚤	–0.402**	0.287**	ns
蔓足类无节幼体	–0.169**	ns	0.212**
小齿海樽	0.160**	ns	ns
肥胖箭虫	ns	0.147*	ns

注：ns 表示 $P > 0.05$；* 表示 $P < 0.05$；** 表示 $P < 0.01$

5. 2013～2014 年与 1986～1987 年环境因子和浮游动物的比较

在这两个时期，大亚湾海域 Chl *a* 浓度增加。2013～2014 年的 Chl *a* 浓度是 1986～1987 年的 1.2 倍（表 2.7）。温度和盐度变化不显著。2013～2014 年，浮游动物的种数和干重减少了近 50%，但浮游动物丰度在 30 年后增加了 1.5 倍（基于相同型号的调查网具，网目孔径均为 160μm）。桡足类和枝角类动物的丰度也相应增加。

表 2.7　大亚湾 2013 ~ 2014 年与 1986 ~ 1987 年环境因子和浮游动物参数的比较

变量	2013～2014	1986～1987
温度（℃）	24.57	24.39
盐度（‰）	31.41	31.72
Chl *a* 浓度（mg/m^3）	2.05	1.7
种数	134	256
干重（mg/m^3）	41.1	74.9
丰度（个 /m^3）	15659	6233

续表

变量	2013～2014	1986～1987
多样性指数	1.98	2.97
均匀度指数	0.48	0.57
桡足类丰度百分比（%）	67.2	64.3
枝角类丰度百分比（%）	25.0	21.8
有尾类丰度百分比（%）	3.3	无数据

（四）大亚湾浮游动物周年变化的影响因素

1. 浮游动物优势种的时空变化

海洋浮游动物的采集主要采用浮游生物拖网，不同网目大小的使用会影响浮游动物的种类组成和丰度。例如，大型浮游生物网所采集样品中的中小型浮游动物在生态系统中的重要性通常会被忽略。大亚湾的浮游动物调查始于 20 世纪 80 年代（徐恭昭，1989），但许多浮游动物的采集常使用的是网目孔径为 500μm 的网。因此，优势种多为大型和中型浮游动物，包括亚强次真哲水蚤、微刺哲水蚤、红纺锤水蚤、中华哲水蚤、双生水母、肥胖箭虫和小齿海樽（连喜平等，2011；杜飞雁等，2013）。在 2013～2014 年的调查研究中，使用网目孔径尺寸为 160μm 的浮游生物网进行浮游动物采样。本研究结果突出了大亚湾中小型浮游动物的主导地位，如强额孔雀水蚤、小拟哲水蚤、锥形宽水蚤、鸟喙尖头溞、肥胖三角溞和红住囊虫。此外，使用网目孔径为 500μm 或 160μm 浮游生物网采集的浮游动物优势种有明显的季节性变化，这与以往的研究一致（连喜平等，2011；杜飞雁等，2013）。

大亚湾浮游动物群落结构具有明显的时空变化，这主要是由优势种的时空变化决定的。这些优势种对浮游动物总丰度的贡献很大，其时空变化可能受当地环境因素或自身生态特征的影响。强额孔雀水蚤是小型桡足类，在热带和亚热带沿海水域中大量存在，其体型比其他哲水蚤小。在大亚湾海域，该种的年平均丰度为 5702 个 /m^3±6352 个 /m^3，占浮游动物总丰度的 36% 以上。然而，在大亚湾以往的浮游动物研究中，对强额孔雀水蚤的研究很少，该种仅在连喜平等（2011）的研究中被报道为浮游动物的优势种之一。强额孔雀水蚤主要出现在暖水期，其在暖水期的丰度约是冷水期的 10 倍。从区域来看，强额孔雀水蚤高丰度主要发生在 MCCA 区域，其次是受人类活动影响较小的 UPW 区域和受核电站热水排放影响的 DNPP 区域。强额孔雀水蚤最适生长温度为 26℃，盐度范围较宽（Alajmi et al.，2015），并且该种喜食微藻（Alajmi and Zeng，2015）。大亚湾西南部的大鹏澳和澳头湾海域海水养殖业的迅速发展被认为是养分增加的最重要来源（黄洪辉等，2005）。原位调查和室内实验表明，大亚湾小型浮游植物（＜ 20μm）的比例正在增加，这主要是由营养富集引起的（谢福武等，2019）。由此可见，大亚湾暖水期强额孔雀水蚤丰度远高于冷水期，这可能是由于平均水温较高（28℃）有利于其生长繁殖。MCCA 区域强额孔雀水蚤的丰度也较其他两个区域高，这可能与 MCCA 区域有丰富的食物来源有关。由于强额孔雀水蚤个体小、世代繁殖较快，是鱼类早期生活阶段的理想食物，已被大力推广为水产养殖的活食（Alajmi and Zeng，2015）。西南季风气候条件下，适宜的温度、MCCA 区域丰富的食物来源及小个体桡足类较短的世代周期，共同促进了强额孔雀水蚤成为大亚湾浮游动物的优势种。

在大亚湾之前的浮游动物研究中，红住囊虫是一个被忽视的物种，迄今没有关于该种的报道或数据（徐恭昭，1989；连光山等，1990；连喜平等，2011；杜飞雁等，2013；Li et al.，2014）。有尾类是数量最多的泛全球“胶状”浮游动物之一，并产生滤食性“住屋”，它们发挥着重要的营养作用，因为它们能够以小至0.2mm的颗粒为食（Flood and Deibel，1998），将能量从纳米颗粒直接传递给较大的捕食者是海洋食物网中的一条捷径（Flood and Deibel，1998；Purcell，2005）。先前的研究发现，有尾类丰度与温度和营养水平呈正相关（Troedsson et al.，2013）。大亚湾红住囊虫丰度的周年变化表明，该种在暖水期的丰度是冷水期的20倍。MCCA区域红住囊虫的平均丰度为8625个/m^3，远高于UPW和DNPP区域。红住囊虫丰度与温度和叶绿素*a*浓度呈显著正相关（表2.6）。这些结果表明，大亚湾典型的亚热带气候特征和MCCA区域丰富的食物来源可能共同促进了红住囊虫丰度的增长，使其成为优势种之一。目前对住囊虫的生态学研究主要集中在异体住囊虫这个物种，因为其分布广泛，易于室内培养。相比之下，个体较小、数量较高的红住囊虫主要分布于热带和亚热带沿岸水域，其种群动态及其在海洋生态系统中的作用需要更多的关注和深入研究。

大亚湾优势种强额孔雀水蚤和红住囊虫的时空变化主要受温度和食物供应的影响。在该海湾，温度主要受东亚季风的控制，由于MCCA区域的富营养化，浮游植物，特别是小型浮游植物能够在养殖区大量繁殖。此外，考虑到这两个物种的特定摄食模式和食物选择，它们在西南季风期间的丰度高于东北季风期间，并且在网箱养殖区的丰度也高于其他两个区域。另外两个优势种中华哲水蚤和小齿海樽的数量变化主要受不同季风下海流的影响。中华哲水蚤主要发生在1～4月，其丰度与温度呈负相关，与盐度呈正相关。中华哲水蚤是暖温带种类，分布和繁殖主要在黄海和东海沿岸。中华哲水蚤的种群补充主要是东北季风期间闽浙沿海洋流的结果（Yin et al.，2011）。中华哲水蚤能够在大亚湾1～4月的低温条件下生长繁殖（Li et al.，2016b）。当5月温度升高时，该种不能在高于27℃的温度下生存（Uye，1988）。大亚湾中华哲水蚤的季节变化主要是由季风驱动的北方沿岸流引起的。1～4月，大亚湾中华哲水蚤也表现出显著的空间变异，这可能是由海流和湾水的交换循环造成的（Li et al.，2016b）。林茂（1990）研究表明，大亚湾海域海樽类的优势种为小齿海樽，主要出现在夏、秋两个气温较高的季节。大亚湾小齿海樽的分布和聚集主要与西南季风引起的南海暖流有关。与这一发现一致的是，我们的周年研究表明，小齿海樽主要出现在5～8月，在MCCA区域中很少检测到。

2. 浮游动物主要类群的时空变化

大亚湾浮游动物种类丰富，桡足类和枝角类是数量最多的类群。这两个类群占浮游动物总丰度的92%以上。此外，无论是物种多样性还是丰度，桡足类都是最丰富的类群。在浮游动物中，桡足类在大亚湾的主导地位自20世纪80年代以来一直没有改变（徐恭昭，1989；连光山等，1990；连喜平等，2011；杜飞雁等，2013）。然而，与30年前收集的数据相比，桡足类的丰度增加是大亚湾浮游动物丰度增加的原因。在富营养化的海湾，浮游动物趋于小型化（Wang et al.，2008；Uye，1994）。浮游动物的群落组成和结构也有显著差异，受富营养化严重影响的海湾中小型浮游动物的比例增加（Uye，1994）。中小型物种如小拟哲水蚤、强额孔雀水蚤和红纺锤水蚤等在桡足类甚至浮游动物中都表现出丰度上的优势，这一方面是浅水 II 型网采集的结果，另一方面表明大亚湾小型浮游动物的丰度确实在增加。此外，该海域自然条件和人类活动导致的叶绿素 *a* 浓度升高，为这些物种提供了充足的食物来源。

大亚湾枝角类虽然只有 3 种，但鸟喙尖头溞和肥胖三角溞占浮游动物总丰度的 28% 以上。鸟喙尖头溞主要出现在暖水期，而肥胖三角溞的丰度在 4 月突然增加。此外，DNPP 区域的鸟喙尖头溞丰度显著高于其他两个区域。在大亚湾，鸟喙尖头溞暖水期和冷水期的平均丰度分别为 3437 个 /m^3 和 0.59 个 /m^3。枝角类的季节变化与水温和食物浓度呈显著正相关（表 2.6）。水温变化会改变枝角类的繁殖模式（Johns et al.，2005）。在温度急剧升高和饵料充足的条件下，枝角类以孤雌生殖方式繁殖，产卵量大，繁殖率高，从而使丰度急剧增加。在低温下，鸟喙尖头溞通过进行有性繁殖，物种丰度下降，种群甚至可能消失（郑重等，1984）。大亚湾暖水期平均气温高于冷水期。枝角类在水温突然增加时，通过孤雌生殖促进大量繁殖。温暖的环境可促进鸟喙尖头溞在沿海水域的成功繁殖，这有利于它们的休眠卵的萌发和协助定居（Johns et al.，2005；Miyashita et al.，2010）。由于温度和孤雌生殖的影响，枝角类在大亚湾能够迅速达到高丰度。

虽然枝角类的种类组成没有变化，但本研究中枝角类的丰度和比例数据均高于 30 年前收集的数据（蔡秉及，1990）。根据 1986～1987 年进行的调查，枝角类的高峰出现在 8 月。相比之下，本研究中这些枝角类丰度峰值出现的时间更早，在 4～6 月。对大亚湾枝角类的短期研究也表明，在核电站附近海域，枝角类丰度变化范围较大，从 4～6 月为 16～7267 个 /m^3，在 DNPP 区域达到峰值（Li et al.，2014）。在月尺度和年尺度上，枝角类在核电站附近海域大量繁殖。在长期变化水平上，枝角类丰度峰值出现的季节性时间序列提前了（蔡秉及，1990；Li et al.，2014）。水温 1～3℃的升高与大鹏湾海洋保护区的冷却水排放有关（Tang et al.，2003）。电厂热排放导致的温度上升对浮游植物群落产生了强烈影响，有利于甲藻而不是硅藻的繁殖（Li et al.，2011b）。大亚湾浮游生物对核电站温排水表现出一定的生态响应。对枝角类而言，核电站温排水不仅能增加物种丰度，而且能促进丰度峰值的提前。

近 20 年来，非胶质类浮游动物仍是大亚湾浮游动物的优势类群，平均丰度占比为 83.24%。胶质类浮游动物平均丰度占比为 16.74%，仍以非凝胶性浮游动物为主，但胶质类浮游动物在浮游动物丰度中所占百分比呈上升趋势。1994～2014 年，非胶质类浮游动物的丰度从 87.19% 下降到 75.86%，而胶质类浮游动物的丰度从 12.81% 上升到 24.14%（图 2.11）。胶质类浮游动物丰度增加的原因有很多，包括气候变化、富营养化、过度捕捞、水产养殖、水利工程建设和生物入侵（Purcell，2005；Purcell et al.，2007；Richardson et al.，2009）。虽然大亚湾胶质类浮游动物的丰度有所增加，但胶质类浮游动物多样性和丰度的增加不如胶州湾报道的显著（孙松等，2011）。

3. 浮游动物群落的时空变化

在东亚季风的控制下，大亚湾海水温度呈现出明显的季节变化。但近年来，受人类活动的影响，如大鹏澳、澳头湾的网箱养殖、核电站运行等，生态环境发生了变化（Wang et al.，2008；Wu et al.，2010，2017）。从周年调查数据看，大亚湾浮游动物的群落结构也表现出明显的时间和区域变化，如西南季风期间浮游动物物种的多样性和丰度高于东北季风期间。从区域上看，浮游动物群落明显分为 MCCA、DNPP 和 UPW 三个组群。

MCCA 组群浮游动物主要受网箱养殖的影响。西南季风期间，小型浮游植物的大量出现导致了强额孔雀水蚤、锥形宽水蚤、红纺锤水蚤和其他物种的大量出现。在网箱养殖区还出现高丰度的浮游幼体。DNPP 组群浮游动物受到核电站温排水的影响，温度较高，枝角类物种如鸟喙尖头溞数量丰富（Li et al.，2014）。在受人类活动影响较小的 UPW 组群中，浮游动物群落组成复杂，主要以小拟哲水蚤、肥胖箭虫和小齿海樽等广布种和外来种为主。总体而言，大亚湾浮游动物的种类组成和变化不仅受到季风、海流等气候因素的影响，也受到人类活动引起的生态环境变化的影响。

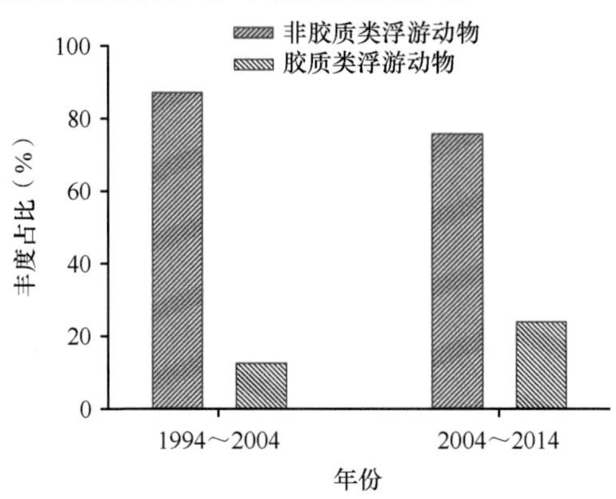

图 2.11　1994～2014 年大亚湾胶质类浮游动物与非胶质类浮游动物在两个不同时期的丰度百分比
浮游动物的采集采用网目孔径为 500μm 的浮游生物网。1994～2004 年的数据来源于中国科学院大亚湾海洋生物综合实验站生态网络调查；2004～2014 年的数据来源于国家海洋局大亚湾生态监控区

与 30 年前收集的数据相比，大亚湾的整体温度略有升高，核电站热排放口附近的海水温度显著升高（Tang et al.，2003）。此外，叶绿素 *a* 浓度也高于 30 年前的数据（Wu et al.，2017）。近 30 年来，大亚湾浮游动物最显著的变化是物种多样性的减少和丰度的增加（表 2.7）。尽管之前的研究表明，大亚湾的浮游动物生物量（湿重）有所增加（杜飞雁等，2013），但浮游动物生物量的干重有所下降，这表明身体含水量较高的浮游动物可能增加了，或者浮游动物的个体可能变小了（即小型化）。大亚湾浮游动物的种类组成明显低于 1986～1987 年的调查结果。桡足类和水母的种数显著减少，但两者的丰度都显著增加，这主要是由某些区域优势种单一导致（连光山等，1990），如网箱养殖区的球型侧腕水母大量增加（连喜平等，2011）。与中华哲水蚤相比，强额孔雀水蚤是一种典型的小型桡足类（Alajmi et al.，2015）。红住囊虫体积较小，但含水量较高（Flood and Deibel，1998）。因此，小型桡足类或胶质类种类的增加，可能使大亚湾 30 年前后浮游动物丰度增加而其干重生物量减少，大亚湾浮游动物周年变化中，有尾类占浮游动物总丰度的 3% 以上。核电站的热排放使周围海域的温度升高，改变了枝角类的繁殖模式，缩短了小型物种的生长周期。此外，网箱养殖区的富营养化提高了叶绿素 *a* 浓度，为浮游动物的生长提供了充足的食物来源。总体而言，气候引起的东亚季风、洋流和人类活动如海水养殖和温排水等导致了大亚湾小型浮游动物和胶质类浮游动物数量的增加。

三、大亚湾浮游动物长期变化

（一）数据来源

自 20 世纪 80 年代开始，研究人员对大亚湾进行了浮游植物和浮游动物调查，包括1982～1986年大亚湾环境调查、1985～1989年大亚湾生态零点调查（18个站）、1991～1995年大亚湾西部生态调查（12个站）和1998年以后大亚湾海洋生物综合实验站生态网络调查（12个站）。浮游动物的调查数据和资料在1998年以后比较系统连贯，浮游动物的调查数据则在2001年后较全。大多数的调查以4月、7月、10月和1月（跨年度）分别代表春、夏、秋、冬四个季节。浮游动物采样由原来的浅水I型浮游生物网（网长145cm、网口面积0.2m^2、筛绢孔径0.505mm）变更为浅水II型浮游生物网（网长140cm、网口面积0.08m^2、筛绢孔径0.169mm）。自2004年起，国家海洋局在全国沿海选取典型海区作为重点监控对象，大亚湾也位列其中，于每年7～8月进行生态监测，浮游动物采用浅水I型浮游生物网进行采样。大亚湾生态网络监测站位共12个，其中6个站分别位于大鹏澳网箱养殖附近（2个）、核电站排水口附近（2个）、澳头养殖区（1个）和范和港附近海域（1个），另外6个站分别位于大亚湾湾口（2个）、中央海域（2个）和湾东部海域（2个）。在不同年份数据可比较的基础上，浮游动物数据均为每年7～8月使用浅水I型浮游生物网所采集样品的结果，其中1994～2003年的数据来源于大亚湾海洋生物综合实验站生态网络调查（1995年、1996年、1997年、1999年和2000年的数据缺失），2004～2017年的数据来源于国家海洋局大亚湾生态监控区。本节分析1994来以来大亚湾浮游动物群落结构（种类、数量、类群）的年际变化。

（二）浮游动物群落

1. 种数

大亚湾海域浮游动物种类多，既有营浮游生活的水母类、桡足类、枝角类、毛颚类、被囊类和樱虾类等终生性浮游动物，也出现多种浮游幼体种类。桡足类种类最多，其次是水母类、毛颚类和浮游幼体等。大亚湾浮游动物群落的组成基本稳定，未出现明显的变动。1994～2017年，夏季大亚湾浮游动物种数和分布变化都较大，2004年之前的种数较低，其后较高（图2.12）。种数的变化一方面受自然因素的影响，也不排除人为鉴定种类和计数结果不同的因素。

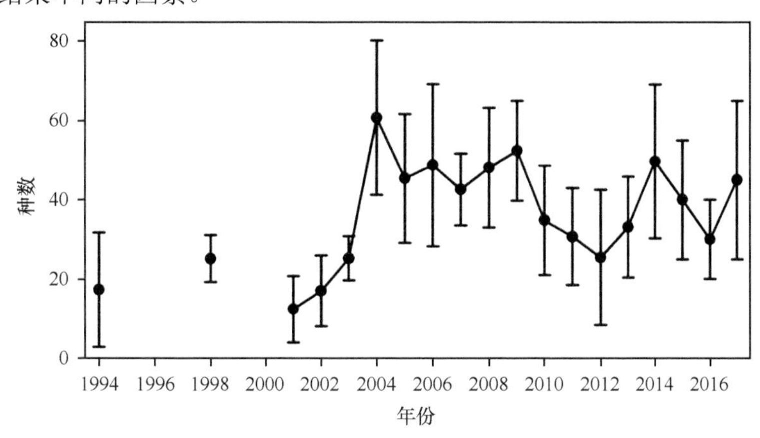

图2.12 1994～2017年夏季大亚湾浮游动物种数的年际变化

2. 生物量和丰度

1994～2017年，夏季大亚湾浮游动物生物量（湿重）和丰度呈现上升（2005年之前）—下降（2005～2007年）—上升（2008～2009年）—波动下降的状态，二者的年际变化趋势相吻合，2005年、2009年、2011年和2013年浮游动物湿重生物量均超过200mg/m³（图2.13a），2005年和2009年浮游动物平均丰度均超过1000个/m³（图2.13b），一般高生物量的年份也出现浮游动物的高丰度（r=0.58，P＜0.05）。2009年浮游动物的生物量和丰度最高，分别达318mg/m³±259mg/m³和1880个/m³±1559个/m³。

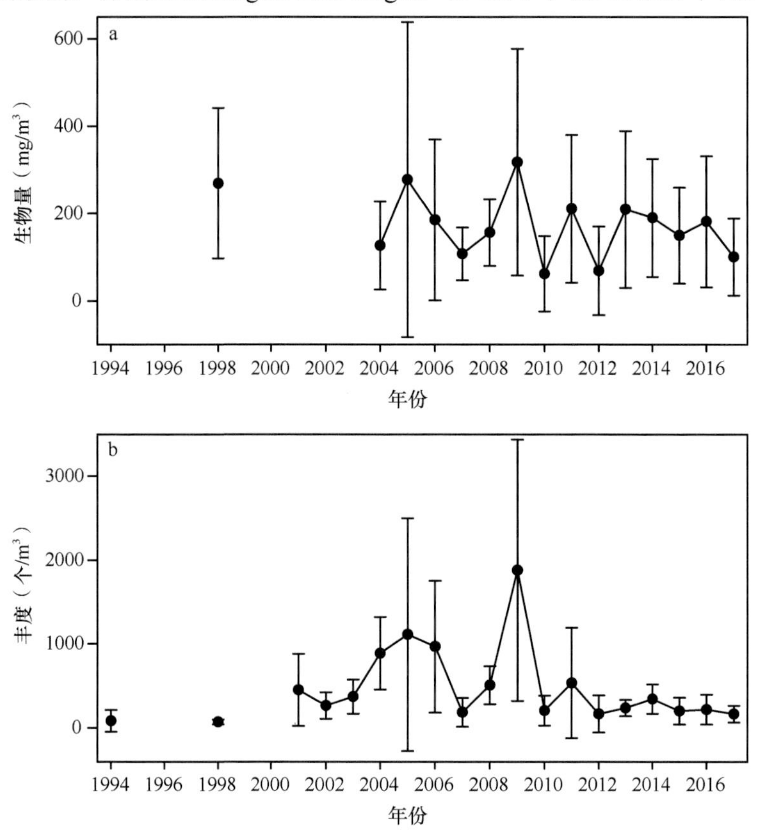

图2.13 1994～2017年夏季浮游动物生物量（湿重）和丰度的年际变化

浮游动物常根据体内含水量的多少或是否为高营养层次生物的主要食物来源被分为饵料组和非饵料组，非饵料组主要是由水母类和浮游被囊类组成，体内含水量多，被划定为胶质类浮游动物。水母生长速度快、天敌少，蔓延十分迅速。它们会大量猎杀和摄食浮游动物及鱼类的卵和幼体，一旦暴发，会使得水域中浮游生物的数量短时间内大量减少。由于水母和许多鱼类及其仔鱼存在摄食竞争，因此当水母大量增加时，食物链中原本该流向鱼类的那部分能量被水母消耗，导致鱼类仔鱼和稚鱼无法正常生长发育，使得渔业资源得不到及时补充，影响海洋渔业资源的形成。胶质类浮游动物中的海樽类在足够的饵料和合适的温盐条件下进行无性繁殖，大量暴发，可能对鱼类洄游产生阻碍作用，并严重堵塞网目，使渔获量显著减少。近20年大亚湾浮游动物丰度还是以非胶质类浮游动物类群占优势，平均值为83.24%，胶质类浮游动物占浮游动物总丰度的平均值为16.74%，说明大亚湾浮游动物主要还是以饵料浮游动物为主（图2.14），但出现波动状态。在2005年和2010年，胶质类浮游动物占总浮游动物丰度比例高达43.77%和62.69%。

如前文所述，在1994～2014年虽然胶质类浮游动物的比例上升，但其绝对丰度在下降。1994～2017年水母类和浮游被囊类的丰度呈现波动状态，后者在2005年和2010年出现显著的高峰值。

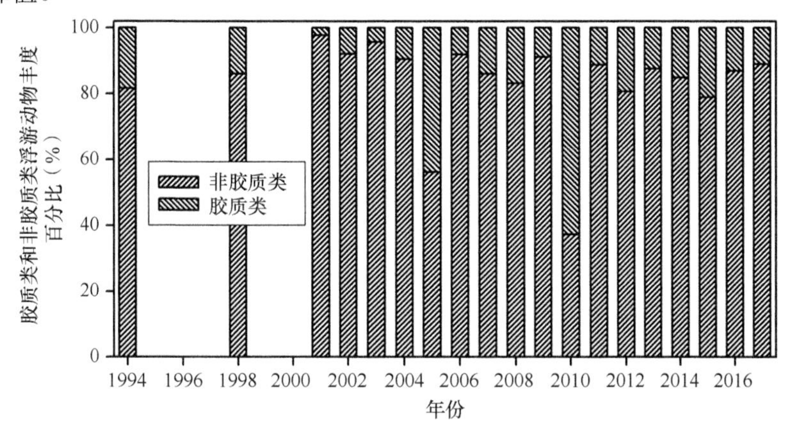

图2.14 大亚湾胶质类浮游动物和非胶质类浮游动物丰度占总浮游动物总丰度比例的变化

桡足类和枝角类是饵料浮游动物的主要贡献者。桡足类是大亚湾浮游动物种类最多的类群，其丰度占浮游动物总丰度的百分比为2.66%～35.04%，1994～2017年的平均百分比为16.33%。枝角类在调查期间共出现两种：鸟喙尖头溞和肥胖三角溞，丰度也比较高，占浮游动物总丰度的平均百分比为34.69%，其中2001年、2006年和2011年的百分比均高达60%以上，出现了枝角类暴发的现象。桡足类和枝角类是大亚湾浮游动物数量的主要贡献者，尽管在1994～2017年的波动较大，但占浮游动物总百分比达51.02%。

3. 优势种

大亚湾浮游动物优势种组成简单，季节变化明显，单一种的优势地位显著。桡足类的红纺锤水蚤和枝角类的鸟喙尖头溞是主要的优势种。红纺锤水蚤是大亚湾浮游动物中出现频率较高和分布较广泛的种类，鸟喙尖头溞主要出现在大鹏澳和澳头湾附近水域，以及核电站排水口附近，二者丰度的年际变化趋势相似，高值年份均出现在2009年，并且数量分布变化大（图2.15）。1994～2017年，夏季浮游动物优势种鸟喙尖头溞和红纺锤水蚤的总生物量、丰度高值均出现在2009年。

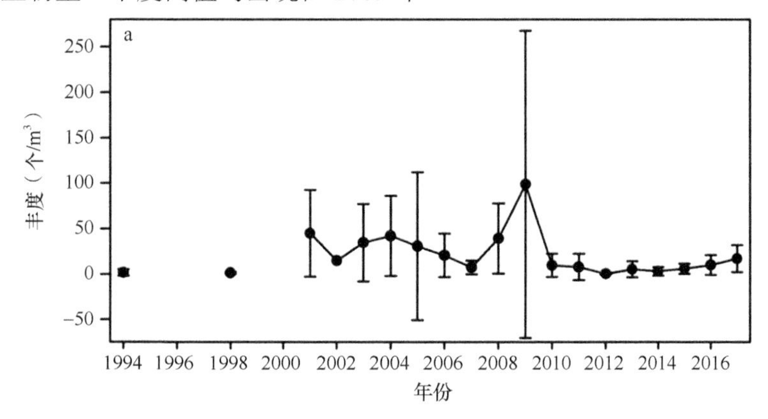

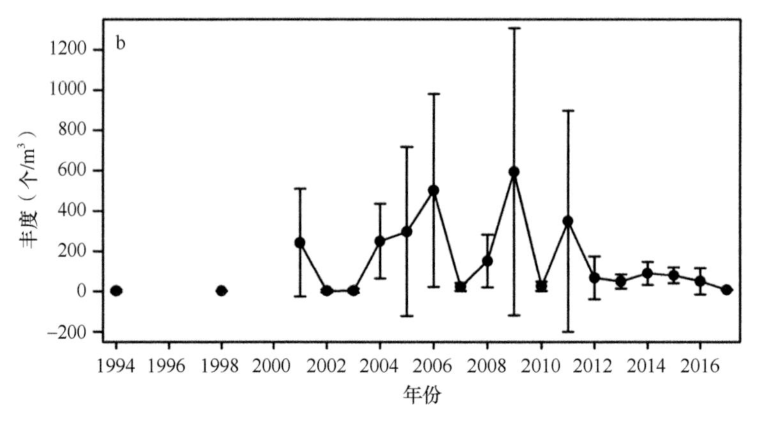

图 2.15 1994～2017 年夏季大亚湾红纺锤水蚤（a）和鸟喙尖头溞（b）丰度的年际变化

（三）大亚湾浮游动物长期变化的影响因素

大亚湾浮游生物群落结构年际变化受人类活动和气候变化的影响。大亚湾浮游生物对低温、低盐和高营养盐环境的响应规律是，暖温带种增多并且存活时间长，浮游植物数量异常增加，浮游动物的数量增加稍滞后，优势种单一、突出，从而改变浮游生物群落结构。与 2007 年和 2009 年相比，2008 年大亚湾出现了明显的低温、低盐和高总氮浓度，其中湾口海域特别明显。海水中营养盐浓度的高低是浮游植物生长繁殖的主要决定因子。N、P 更是营养盐中的关键元素，它们大约以 16 ∶ 1（Redfield 比值）的原子数比例被浮游植物吸收。2008 年大亚湾湾口、湾中和湾内的 N/P、值分别为 59、105 和 42，说明湾口和湾中比湾内水体更明显地受到随沿岸流输入的低温、低盐、高营养盐的影响。浮游植物丰度高值区也主要出现在湾口和湾中海域，柔弱拟菱形藻异常增加。2008 年夏季大亚湾浮游动物种类增多，不仅有西南季风导致外海水携带的大洋种，而且存在一定数量的暖温带种。中华哲水蚤是一种广泛分布于西北太平洋大陆架海域的桡足类，在海洋生态系统物质循环和能量流动中起着重要作用。东北季风期间中华哲水蚤随闽浙沿岸流进入大亚湾，1～4 月均有出现并且丰度较高；之后随着海水温度的升高，5 月开始丰度降低，并逐渐消失。中华哲水蚤在大亚湾的分布主要受湾内潮汐流的影响，1 月从西南部进入，2 月扩散到整个海湾，3 月呈斑块状分布，4～5 月从湾口退出（Li et al.，2006）。中华哲水蚤在大亚湾的滞留时间与闽浙沿岸流的种群输送和温度有关，当温度＞ 26°C 时，因不耐高温死亡而消失。1998～2009 年的年际变化结果表明，2008 年夏季大亚湾底层水温仍比较低，为中华哲水蚤度夏提供了避难场所，因而仍然有一定数量的中华哲水蚤存在。

大亚湾核电站 1994 年建成运行，每年约排放冷却水 $2.91\times10^7m^3$，其附近海域的水温在 1994 年后明显上升，大鹏澳海区的平均水温上升约 0.4℃，大亚湾的年平均水温上升了 0.34℃，且水温的最大升幅为 2.30℃，出现在夏季（郝彦菊和唐丹玲，2010）。排水口的表层水温夏季最高达 35℃，受核电站温排水的影响，温跃层的持续时间明显延长。在大亚湾，来自核电站的高温冷却水会加剧水体层化现象和水文动力条件的变化，最重要的是水温的升高可能会对某些藻类有明显影响。例如，1994 年后，大亚湾浮游植物种类逐渐减少，群落中的暖水性种类和数量有增加的趋势，甲藻所占比重也在上升

（郝彦菊和唐丹玲，2010；Li et al.，2011a）。核电站运行后，甲藻中角藻属细胞数量有较多的增加。叉角藻（*Ceratium furca*）、梭角藻（*Ceratium fusus*）和夜光藻（*Noctiluca scintillans*）等是引起赤潮的主要种类，其数量的大幅增长预示着发生甲藻赤潮的可能性正在增大。另外，核电站运行后甲藻数量出现的高峰时间提前。以往甲藻总量出现的高峰期多在冬末春初，但近年来，甲藻数量的高峰值出现在春、夏季节，暗示春、夏季产生甲藻赤潮的可能性增加（Li et al.，2011b）。近 20 年的数据分析表明，甲藻在浮游植物中的比例也在提高。现场调查及室内模拟升温和加富培养实验结果表明，大亚湾海域水温升高和营养盐加富均可造成小粒级浮游植物（$< 20\mu m$）所占比例的提高，因此核电站附近海水升温和营养盐输入均可能导致浮游植物粒级结构呈小型化趋势，并可能对食物网能量流动与物质循环、生态系统的结构稳定性及海洋渔业的产量造成潜在影响。大亚湾浮游动物中的枝角类对核电站温排水的响应也较明显，在大多数年份调查中，枝角类占浮游动物总丰度的比例超过桡足类，特别是鸟喙尖头溞数量激增。从短期时间尺度上出现鸟喙尖头溞的暴发。每隔 3～4 天在大鹏澳核电站附近进行的调查表明，鸟喙尖头溞的数量远远高于其他优势种，如红纺锤水蚤和肥胖箭虫等。大亚湾枝角类数量的增加一方面跟种类自身的繁殖方式有关，当温度和食物适宜时，枝角类种类可以进行孤雌生殖；另一方面近年来大亚湾核电站附近水温升高，浮游植物小型化，也有利于枝角类种类进行孤雌生殖从而增加种群数量。

大亚湾大鹏澳和澳头湾网箱养殖水域浮游生物的群落结构也受到生态环境改变的影响。养殖水域营养盐增加，导致浮游植物的异常增殖及过度集中，多样性降低，且种间比例不均匀，群落结构单一；浮游动物多样性降低，桡足类和枝角类数量减少，但水母类的丰度增加。近 20 年来的数据表明，大亚湾浮游动物的长期特征已经在人类活动和气候变化共同驱动下发生了改变。

第二节 珠江口浮游动物

珠江口地处亚热带，是咸淡水交汇的典型海域，受珠江径流、广东沿岸流和外海水的综合影响，生态环境独特，生物组成多样化。珠江口是中国三大河口之一，是水产资源的重要基地，周边的珠江三角洲是重要的经济发展区。近年来在人类活动的影响下河口生态环境遭到严重破坏。浮游动物在河口生态系统结构和生源要素循环中起重要作用，其动态变化影响许多鱼类和无脊椎动物的种群生物量。关于珠江口浮游动物已经有大量的调查研究，1980～1985 年的全国海岸带和海涂资源综合调查、1990～1991 年的广东海岛资源综合调查、20 世纪 90 年代初期的珠江及沿岸环境研究和 1999～2000 年的珠江口污染调查等，都对该河口浮游动物种类组成和数量分布进行了研究。以往的调查时间一般选取春、夏、秋、冬四季有代表性的月份进行，调查区域一般包括河口中部水域和东、西部水域。2002～2003 年的调查集中在河口中部水域，几乎每月都进行。本节继续从群落生态学角度深入分析珠江口浮游动物，并且结合以往的调查研究结果，探讨生态环境变化对浮游动物群落结构和数量的影响，以期为珠江口生物资源的合理开发利用和河口环境的治理及保护提供参考。

一、珠江口伶仃洋海域浮游动物

本研究根据2002年4月至2003年6月珠江口伶仃洋海域10个航次的调查资料，分析了丰水期（4～9月）和枯水期（10月至翌年3月）浮游动物的种类组成、优势种、群落结构、丰度和生物量的季节变化等内容。经鉴定共有终生浮游动物71种和阶段性浮游幼体7个类群。刺尾纺锤水蚤是丰水期和枯水期都出现的优势种。调查区的浮游动物可被划分为河口类群、近岸类群、广布外海类群和广温广盐类群。丰水期浮游动物的平均丰度（1131个/m^3）高于枯水期（700个/m^3），枯水期浮游动物的平均生物量（382mg/m^3）高于丰水期（203mg/m^3），浮游动物的丰度和生物量呈明显的斑块状分布。盐度是影响浮游动物种类、丰度和生物量分布的主要因素。

（一）调查站位与采样

2002年4月至2003年6月对珠江口中北纬20.80°～22.70°、东经113.40°～114.80°的海域进行了海洋综合调查，本节根据珠江口内湾区10个航次6个站位的综合调查资料进行分析。调查站位见图2.16。浮游动物生物量的测量采用湿重法，挑出含水量大的水母类、海樽类和非动物杂质，然后吸干其余浮游动物的体表水分，称重并计算出饵料浮游动物的生物量。

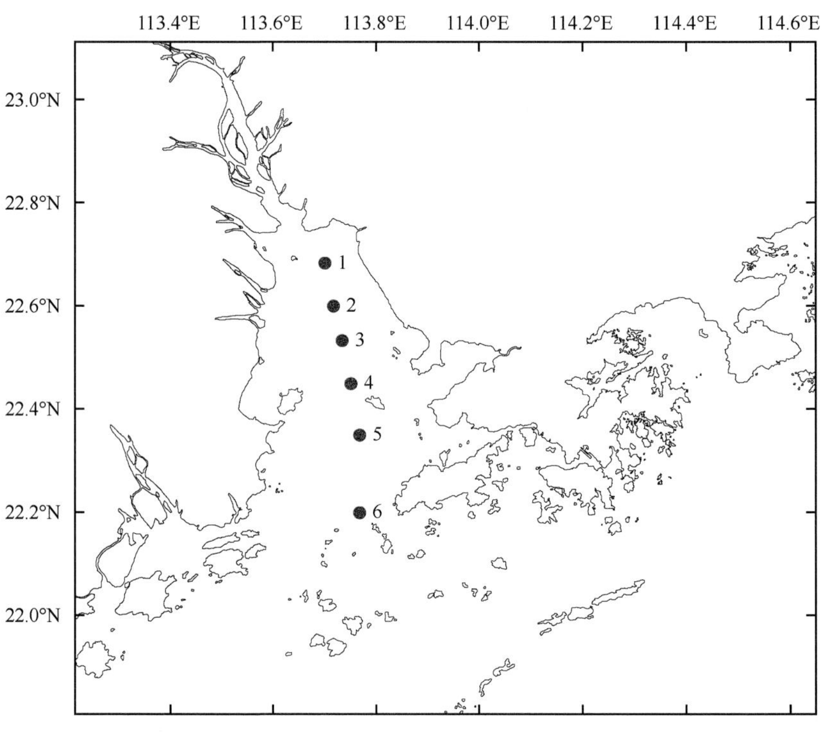

图2.16　2002～2003年珠江口伶仃洋海域浮游动物调查站位

（二）浮游动物群落

1. 种类组成和多样性

2002～2003年10个航次的调查中，丰水期进行了2002年4月、5月、6月、7月、

9月和2003年4月、6月的调查；枯水期进行了2002年10月、2003年1月和3月的调查。河口区的调查共鉴定到终生浮游动物71种和阶段性浮游幼体10个类群，甲壳动物占优势，共43种，占总种数的60.56%。所有浮游动物中，桡足类37种，占总种数的52.11%；其次是水母类16种，占总种数的22.54%；毛颚类6种，被囊类4种，樱虾类3种，栉水母类、枝角类、介形类和糠虾类各1种（表2.8）。

表2.8 珠江口伶仃洋海域丰水期浮游动物各类群的种数

类群	2002年4月		2002年5月		2002年6月		2002年7月		2002年9月		2003年4月		2003年6月	
	种数	占比（%）	种数	占比（%）	种数	占比（%）	种数	占比（%）	种数	占比（%）	种数	占比（%）	种数	占比（%）
水母类	10	20.83	6	18.75	5	16.67	2	9.09	7	22.58	–	–	2	9.52
栉水母类	1	2.08	1	3.13	1	3.33	1	4.55	1	3.23	1	3.70	–	–
枝角类	1	2.08	1	3.13	1	3.33	–	–	–	–	1	3.70	1	4.76
介形类	1	2.08	–	–	–	–	–	–	–	–	–	–	–	–
桡足类	20	41.67	9	28.13	10	33.33	6	27.27	10	32.26	11	40.74	8	38.10
糠虾类	–	–	1	3.13	1	3.33	–	–	–	–	1	3.70	–	–
樱虾类	2	4.17	2	6.25	1	3.33	2	9.09	2	6.45	–	–	1	4.76
毛颚类	2	4.17	3	9.38	3	10.00	2	9.09	3	9.68	3	11.11	2	9.52
被囊类	2	4.17	1	3.13	–	–	1	4.55	1	3.23	2	7.41	1	4.76
浮游幼体	9	18.75	8	25.00	8	26.67	8	36.36	7	22.58	8	29.63	6	28.57
合计	48	100	32	100	30	100	22	100	31	100	27	100	21	100

注："–"表示该类群在该次调查中未出现

丰水期（4～9月）浮游动物种数有49种，低于枯水期（10月至翌年3月）的68种。丰水期各月间种数差异比枯水期明显，如2002年4月有48种，7月只有22种，10月、1月和3月的种数都超过30种。径流在丰水期作用较强，盐度范围为0.5‰～25‰，低盐限制了近岸种和外海种的生存，丰水期桡足类种数相对于枯水期较少，而浮游幼体种类丰富，在7月占总种数的36.36%。相同月份不同年份里，浮游动物种数差异明显。2002年4月和2003年4月的种数分别是48和27，2002年6月和2003年6月的种数分别是30和20，均以桡足类最多。丰水期种类以河口半咸水种为主，枯水期近岸种和外海种增多（表2.9）。内河口1号站的种数为15种，4号、5号、6号站的种数相对增多。

表2.9 珠江口伶仃洋海域枯水期浮游动物各类群的种数

类群	2002年10月		2003年1月		2003年3月	
	种数	占比（%）	种数	占比（%）	种数	占比（%）
水母类	11	22.92	3	9.09	3	7.69
栉水母类	1	2.08	–	–	1	2.56
软体动物	–	–	1	3.03	–	–
枝角类	–	–	1	3.03	1	2.56
介形类	–	–	1	3.03	–	–
桡足类	21	43.75	17	51.52	19	48.72

续表

类群	2002年10月		2003年1月		2003年3月	
	种数	占比（%）	种数	占比（%）	种数	占比（%）
樱虾类	2	4.17	1	3.03	1	2.56
毛颚类	3	6.25	3	9.09	5	12.82
被囊类	2	4.17	1	3.03	3	7.69
浮游幼体	8	16.67	5	15.15	6	15.38
合计	48	100	33	100	39	100

注："–"表示该类群在该次调查中未出现

Shannon-Wiener 多样性指数（H'）是种数和种类间个体数量在分配上均匀性的综合表现，它和均匀度指数是一种反映生物群落种类组成和结构特点的数值指标，种类越多，个体间数量分布越均匀，多样性指数越大。珠江口丰水期和枯水期浮游动物多样性指数和均匀度指数的变化见表 2.10。丰水期多样性指数平均值为 2.30，稍低于枯水期的 2.43，枯水期均匀度指数值低于丰水期。

表 2.10　丰水期和枯水期浮游动物的多样性指数和均匀度指数

调查时间	多样性指数		均匀度指数	
	变化范围	平均值	变化范围	平均值
丰水期	1.65～2.74	2.30	0.48～0.73	0.64
2002年4月	1.82～3.62	2.53	0.43～0.72	0.57
2002年5月	1.72～3.22	2.62	0.48～0.89	0.67
2002年6月	1.07～2.24	1.78	0.28～0.63	0..48
2002年7月	1.55～2.87	2.11	0.50～0.83	0.62
2002年9月	1.73～3.19	2.74	0.55～0.78	0.70
2003年4月	1.05～3.44	2.64	0.37～0.87	0.73
2003年6月	1.05～2.64	1.65	0.43～0.76	0.52
枯水期	2.24～2.62	2.43	0.54～0.57	0.56
2002年10月	1.89～3.75	2.62	0.34～0.78	0.54
2003年1月	–	–	–	–
2003年3月	1.44～2.81	2.24	0.35～0.72	0.57

注："–"表示在1月调查时，因个别站位数据不全，未计算多样性指数和均匀度指数

2. 丰度和生物量

河口区浮游动物丰度有明显的时间和空间变化。丰水期的平均丰度为 1131 个 /m^3，高于枯水期的 700 个 /m^3。各月之间平均丰度的差异显著，如 2002 年 6 月的丰度最高，达 3293 个 /m^3，10 月和 4 月的丰度较高，5 月和 9 月的丰度较低，不足 500 个 /m^3，1 月

的丰度最低。丰水期各站丰度差异显著，如1号站仅476个/m³，2号站达1978个/m³，6号站为647个/m³，枯水期各站丰度差异较小。2002年、2003年的4月和6月的丰度相比，2002年的4月和6月的丰度分别高于2003年的4月和6月的，珠江口浮游动物丰度年度之间是有差异的。各类群中，桡足类的丰度最高，其次是浮游幼体。浮游动物丰度高值区呈斑块状分布，在丰水期更为明显，如2号站和5号站的中华异水蚤和刺尾纺锤水蚤的聚集使得6月的丰度最高，1月2号站日本毛虾大量出现，其他种类较少。丰水期和枯水期浮游动物平均丰度的时间和空间变化分别见图2.17和图2.18。

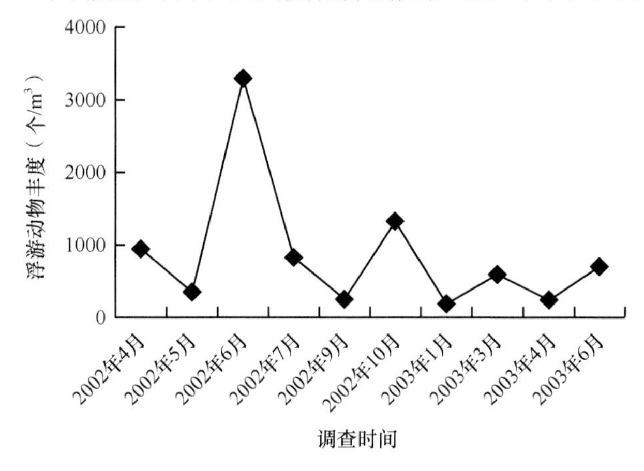

图2.17　丰水期和枯水期浮游动物平均丰度的时间变化

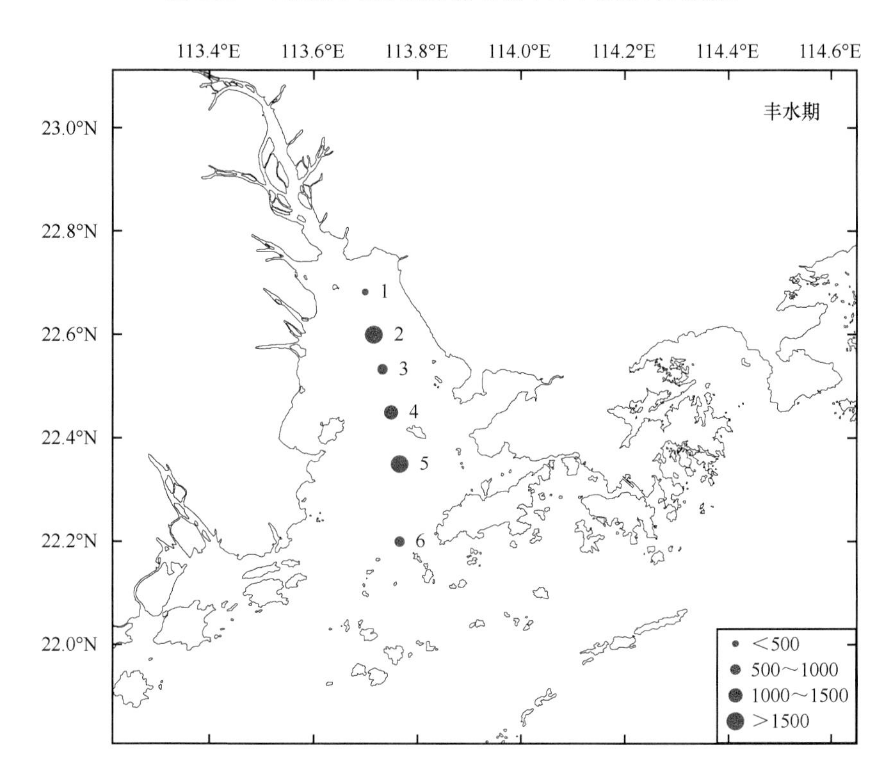

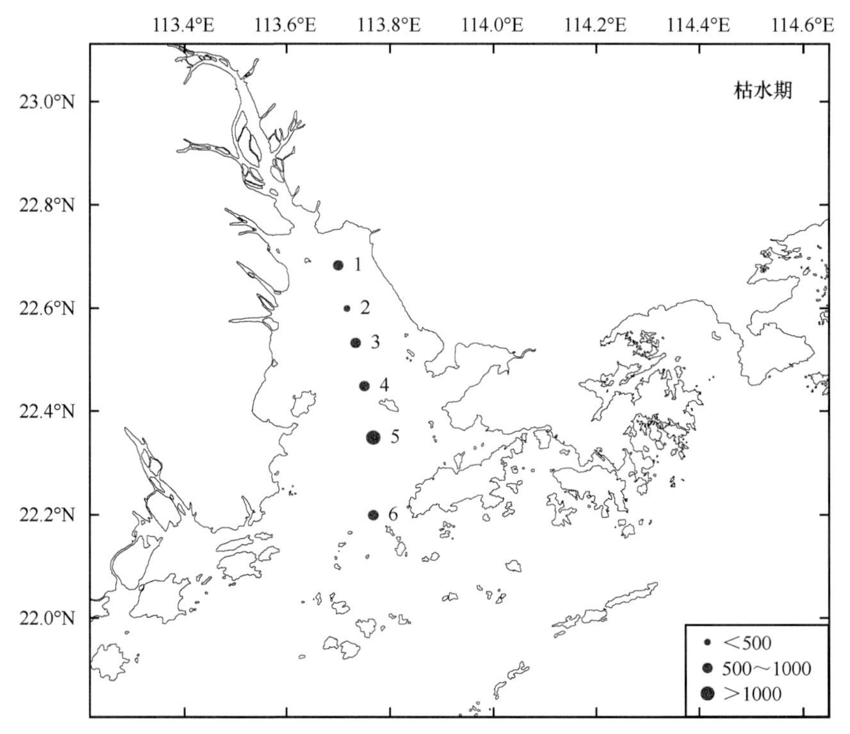

图 2.18 丰水期和枯水期浮游动物平均丰度的空间分布（个/m³）

河口区浮游动物生物量有明显的时间和空间变化。枯水期浮游动物平均生物量为382mg/m³，高于丰水期的203mg/m³。浮游动物的高丰度往往对应着高生物量，各月浮游动物的丰度有差异，生物量也不同。2002 年 6 月的生物量高于丰水期的其他月，同样 10 月和 4 月的生物量也较高。珠江口浮游动物的生物量斑块分布现象明显，如 2003 年 1 月的调查，2 号站出现大量的日本毛虾，个体大，尽管此站丰度低，但此月生物量平均值却最高。各站生物量差异较大，如丰水期的 1 号和 2 号站，生物量都不足 50mg/m³，枯水期 2 号站的生物量达 642mg/m³。枯水期浮游动物生物量高值区呈较明显的斑块状分布。浮游动物平均生物量的时间和空间变化分别见图 2.19 和图 2.20。

3. 优势种

根据各调查站位浮游动物种类出现的频率和相对丰度，可得出各个种的优势度（Y）。按照 $Y \geqslant 0.02$ 来确定优势种。本次调查首次进行了珠江口浮游动物优势种的优势度计算。刺尾纺锤水蚤是丰水期和枯水期均出现的优势种，在 3 月的优势度达 0.52，其适应的温

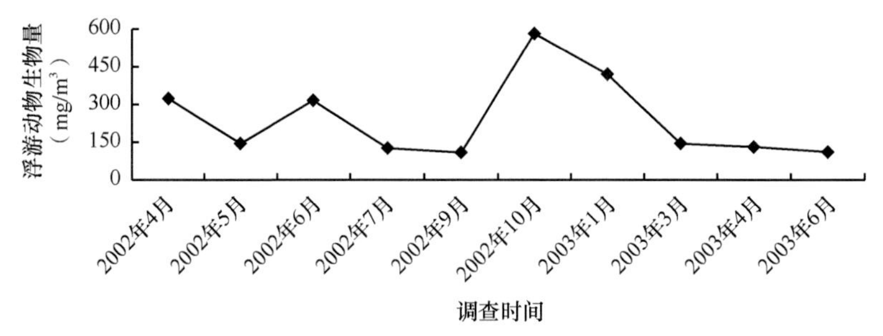

图 2.19 丰水期和枯水期浮游动物平均生物量的时间变化

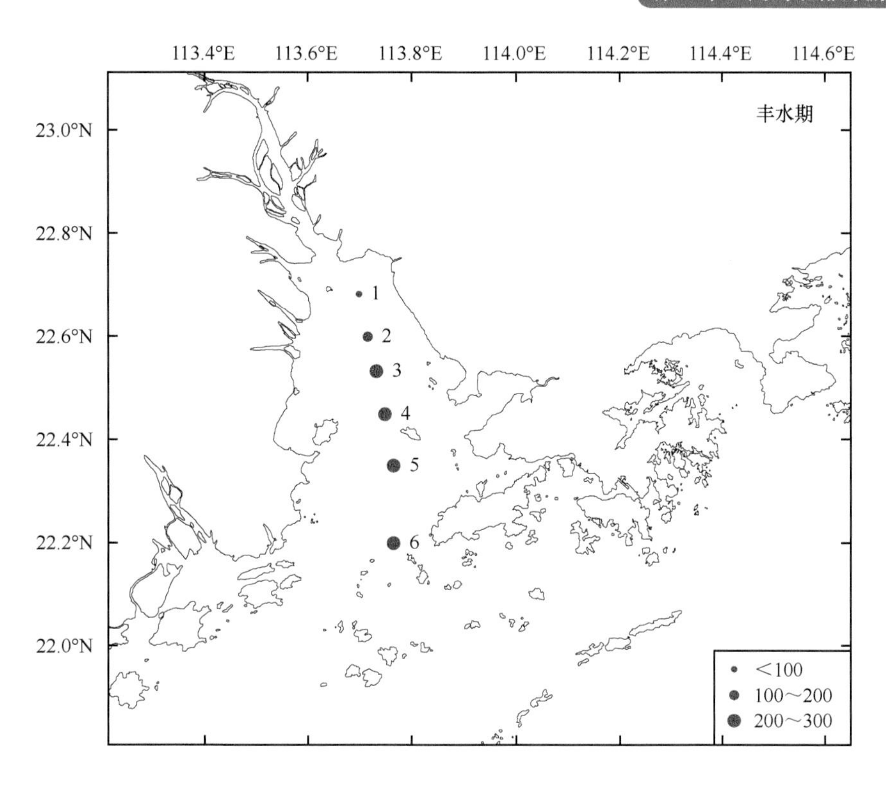

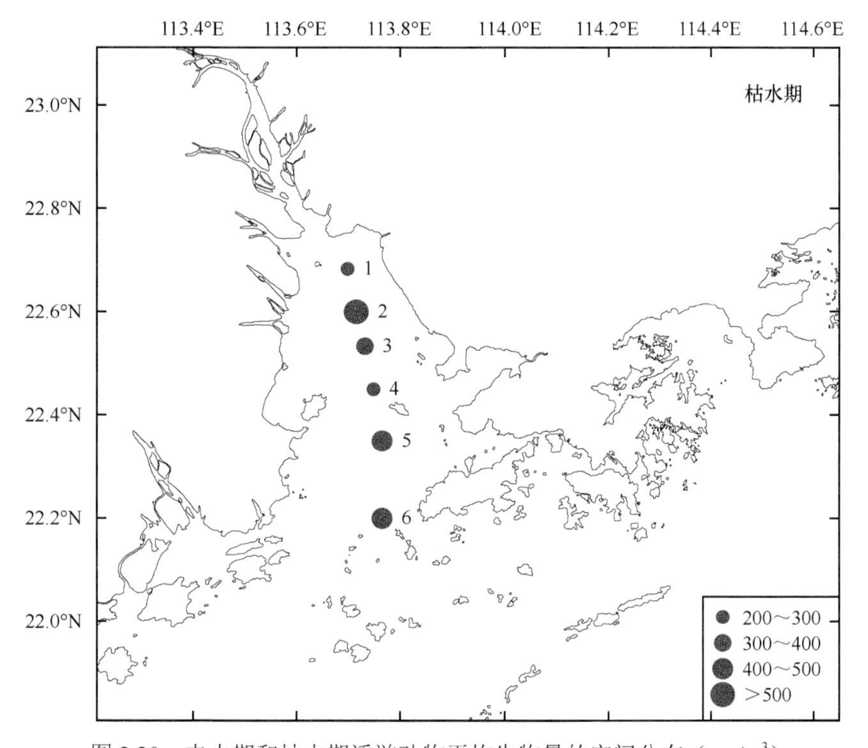

图 2.20　丰水期和枯水期浮游动物平均生物量的空间分布（mg/m^3）

度（15～29℃）和盐度（10‰～25‰）范围较广。中华异水蚤因河口丰水期＜25‰的盐度范围利于其繁殖，大量聚集，在丰水期6～7月优势度较高，枯水期未出现。长尾类幼体在丰水期出现频率较高，并且数量多。调查期各月之间优势种及其优势度有明显更替。以丰水期的7月和枯水期的1月为例：7月典型的河口半咸水种中华异水蚤、刺尾纺锤水蚤、火腿伪镖水蚤及长尾类幼体、短尾类幼体、百陶箭虫占优势；在1月，近岸种亚强次真哲水蚤、驼背隆哲水蚤和高盐种精致真刺水蚤、日本毛虾及蔓足类无节幼体演替为优势种。内因和外因造成浮游动物的大量聚集使得个别种的优势度较高。丰水期的优势种以河口半咸水种为主，枯水期的优势种除少量河口半咸水种外，还有近岸种和外海种。丰水期和枯水期各个月优势种的变化见表2.11和表2.12。

表2.11 珠江口伶仃洋海域丰水期浮游动物的优势种

种名	优势度				
	2002年4月	2002年5月	2002年6月	2002年7月	2002年9月
球型侧腕水母	–	0.02	＜0.02	＜0.02	＜0.02
中华异水蚤	＜0.02	0.09	0.51	0.47	0.05
刺尾纺锤水蚤	0.23	0.23	0.30	0.30	0.10
火腿伪镖水蚤	＜0.02	0.04	＜0.02	0.02	0.03
亚强次真哲水蚤	＜0.02	0.06	0.03	＜0.02	0.02
微刺哲水蚤	–	＜0.02	–	–	0.03
亨生莹虾	–	0.03	0.02	＜0.02	＜0.02
百陶箭虫	0.02	0.06	0.02	0.03	0.14
肥胖箭虫	0.02	＜0.02	–	＜0.02	0.04
长尾类幼体	0.02	0.07	0.02	0.03	0.10
短尾类幼体	＜0.02	0.03	＜0.02	0.02	0.02
仔鱼	–	0.03	＜0.02	0.02	0.02

注：“–”表示该种在此次调查中未出现；“＜0.02”表示该种在此次调查中出现，优势度小于0.02

表2.12 珠江口伶仃洋海域枯水期浮游动物的优势种

种名	优势度		
	2002年10月	2003年1月	2003年3月
刺尾纺锤水蚤	0.02	0.17	0.52
中华哲水蚤	＜0.02	＜0.02	0.07
精致真刺水蚤	＜0.02	0.03	＜0.02
火腿伪镖水蚤	0.07	＜0.02	＜0.02
驼背隆哲水蚤	0.05	0.58	＜0.02
小拟哲水蚤	＜0.02	–	0.04
亚强次真哲水蚤	0.27	0.02	–
日本毛虾	＜0.02	0.04	–
百陶箭虫	0.05	＜0.02	＜0.02
肥胖箭虫	＜0.02	–	0.02

续表

种名	优势度		
	2002 年 10 月	2003 年 1 月	2003 年 3 月
长尾类幼体	0.03	＜ 0.02	0.02
短尾类幼体	＜ 0.02	0.05	0.02
蔓足类无节幼体	＜ 0.02	0.05	0.11

注：“–”表示该种在此次调查中未出现；“＜ 0.02”表示该种在此次调查中出现，优势度小于 0.02

4. 生态类群

河口区既受珠江冲淡水和广东近岸低盐水的影响，又受高温高盐的南海外海水的入侵，咸淡水交汇明显，水域环境条件复杂。河口区浮游动物种类较多，群落结构较为复杂。根据浮游动物的生态习性及地理分布，珠江口区的浮游动物可被划分 4 个生态类群。

（1）河口类群

河口类群是由典型的河口低盐种类构建的。代表种有刺尾纺锤水蚤、中华异水蚤、火腿伪镖水蚤、右突歪水蚤等。这些种类主要生活在咸淡水交汇区，丰水期时在内河口区特别丰富，径流量大时，它们也能被淡水推移到河口外，生活区的盐度上限一般不超过 25‰，温度在 18～23℃范围内。

（2）近岸类群

受广东近岸流和东北季风期间南下的闽浙沿岸流的影响，珠江口近岸类群种类复杂，适应的温盐范围较广，在外河口区较丰富，枯水期受潮汐影响也能进入内河口。近岸暖水种在此类群中占很大比例，能适应高温低盐的环境。代表种有亨生莹虾、球型侧腕水母、拟细浅室水母、百陶箭虫、亚强次真哲水蚤、锥形宽水蚤、针刺真浮萤等。中华哲水蚤属于近岸暖温带种，随闽浙沿岸流仅在 10 月至翌年 4 月出现在珠江口区。

（3）广布外海类群

河口调查区的全年盐度范围为 0.5‰～32‰，外海种随着潮汐涨落进入河口区，枯水期的盐度在 20‰以上，外海种相对较多，如普通波水蚤、精致真刺水蚤、半口壮丽水母、两手筐水母等。它们一般生活在近岸低盐水与外海高盐水交汇的区域。

（4）广温广盐类群

广温广盐类群适应的温盐范围较广，河口、近岸和外海区都有分布，如肥胖箭虫、微驼隆哲水蚤和小齿海樽等。丰水期河口类群占优势，出现的种类多，数量大；枯水期近岸类群和广布外海类群的种类增多。长尾类、短尾类、蔓足类和多毛类等浮游幼体属于阶段性浮游生物，多为沿岸型浮游幼体。

（三）伶仃洋海域浮游动物群落特征及其影响因素

珠江包括东江、北江和西江，年径流量约为 $3200\times10^{8}m^{3}$，一年内径流量的变动大，有明显的季节变化，丰水期（4～9 月）的径流量约占年径流总量的 80% 以上，枯水期（10 月至翌年 3 月）不到 20%（Chen et al.，2003）。由此，丰水期径流作用强，枯水期受咸水入侵的影响，盐度和温度等环境因子在丰水期和枯水期明显不同，它们对浮游动物的影响程度也不同。枯水期温度变化范围较大，在 15～25℃，河口湾伶仃洋的温度较低；丰水期径流影响强烈，平均温度在27℃以上，从虎门入海口到外海，表层温度变化小，表底层的温差不大。通过比较发现，河口区温度影响浮游动物的种数变化。6～7月平均温度（约28℃）最高，主要是河口半咸水种和浮游幼体，如中华异水蚤、火腿伪镖水蚤等；枯水期，东北季风引起闽浙沿岸流南下进入珠江口内，该沿岸流带来一些暖温带种如中华哲水蚤等。同时，潮汐的动力大于冲淡水的作用，一些外海种也进入伶仃洋湾内，浮游动物的种数量增加。盐度是影响河口浮游动物种类、丰度和生物量水平分布的主要因素之一。全年盐度变化范围为0.5‰～32‰，从1号站到6号站，丰水期时盐度逐渐增加，盐度梯度变化比枯水期时明显。盐度从生理上影响浮游动物发育繁殖进而使其发生生态特征的改变（Mouny and Dauvin，2002；Froneman，2002）。河口浮游动物种数一般随盐度的上升而增加，反之减少，如7月的平均盐度只有6，种数是调查期间最少的。盐度影响种类的分布，内河口仅存在河口半咸水种（火腿伪镖水蚤、刺尾纺锤水蚤和中华异水蚤等）和浮游幼体，只有少数近岸种和外海种分别随沿岸流和潮汐的作用短暂出现，外河口的盐度相对较高，近岸种和外海种的大量出现丰富了浮游动物种类。通过相关分析得出，盐度在丰水期对种类出现和分布的影响比枯水期时强烈，盐度与丰水期中华异水蚤优势度有很好的相关性。盐度对浮游动物生物量的影响程度因时间而异。丰水期，盐度与生物量的相关性显著（R^2=0.9917），枯水期二者R^2仅为0.3314。这是因为丰水期适宜河口半咸水种和浮游幼体的生长繁殖，丰度增加，从而使生物量提高，这也是导致高丰度和高生物量呈斑块状分布的原因之一。

珠江口伶仃洋海域浮游动物的群落结构与以往研究的结果相似（宋盛宪，1991；黄良民等，1997a），甲壳动物占优势，桡足类种类和数量最多，丰水期浮游幼体比较丰富，枯水期的总种数多于丰水期。本次调查首次分析了优势种的优势度，优势种出现更替，浮游动物群落结构也存在明显的更替，丰水期河口类群占优势，枯水期近岸类群和广布外海类群的种类及数量增多。冲淡水是影响浮游动物群落结构变化的主要原因。丰水期，在强径流的作用下，内河口浮游动物种类极少，如在2002年7月的航次中，1～3号站仅有少量的火腿伪镖水蚤、刺尾纺锤水蚤和中华异水蚤等河口半咸水种，从内河口到外河口或由丰水期转向枯水期的过程中，冲淡水的影响逐渐减弱，近岸种和外海种相对增多。河口周边的珠江三角洲是我国南方重要的经济发展区，人口稠密，大量的工业、农业污水和生活废水排入河流，直接进入河口区从而影响生态环境的健康（马应良，1989；黄良民等，1995b）。生物与环境的统一是二者相互作用的结果，生物的活动不断地改变环境，同样环境条件的改变影响生物的个体、种群或群落的变化（郭沛涌等，2003；Ibon and Fernando，2004）。对珠江口浮游动物群落动态的分析，有助于分析河口生态环境变化，同时通过生态环境的变化可以预测浮游动物群落的动态变化趋势。

上述研究结果表明，丰水期浮游动物丰度高于枯水期，枯水期浮游动物生物量高于丰水期，存在高丰度和高生物量区的斑块分布现象。与以往的调查结果相比（黄良民等，1995a，1997a），丰水期浮游动物的丰度和生物量相对增加，枯水期浮游动物丰度和生物量有所下降。珠江口海区终年平均温度在22℃左右，陆源径流携带大量的有机和无机物质使得河口区营养物质丰富，为浮游植物的大量生长繁殖提供基础条件，饵料浓度不是影响河口内湾区浮游动物数量变动的主要原因（Huang et al.，2004）。丰水期的浮游动物丰度比枯水期高，这可能是因为河口咸淡水混合区的低盐高温环境不仅限制了某些近岸种和外海种的生存繁殖，同时又刺激了河口半咸水种的大量生长。生物量的高低不仅与浮游动物丰度有关，更与浮游动物自身个体的大小即所含有机物质的多少和生态环境的稳定程度有关。尽管丰水期浮游动物丰度高，但数量上占绝对优势的河口半咸水种如中华异水蚤和刺尾纺锤水蚤，体长仅在1.30～1.55mm，而枯水期的中华哲水蚤、亚强次真哲水蚤等大型浮游动物的体长超过2.00mm。同时，丰水期径流作用强，水流急，携带大量的泥沙增加水体的浑浊度，这种环境不利于大型海洋桡足类的生长繁殖；枯水期径流量小，河口区生态环境相对稳定，大型浮游动物种类增多，大量繁殖生长，从而提高生物量。

二、珠江口及其邻近海域浮游动物

温度和盐度是影响河口浮游动物种类组成、群落结构、时空分布的重要环境因子，浮游动物种类组成和生物量的变化主要取决于盐度和温度的相互作用，其通过改变浮游动物的生理状态来影响浮游动物的生长发育和摄食及休眠卵的孵化，进而影响浮游动物种类和数量的时空分布。河口温度有明显的季节和空间变化。温度影响浮游动物种类和数量的时空变化，促使优势种的更替（Fulton，1983）。温度还能从生理角度影响优势类群浮游桡足类的产卵量、卵的孵化率、受精卵到成体的发育时间及桡足类寿命等（郑重，1982）。塞纳河口桡足类的丰度呈现季节性差异，丰度最大值出现在春季，夏季之后降低，这可能与温度升高从而繁育率提高有关（Mouny and Dauvin，2002）。长江口和九龙江口浮游动物生物量的变化趋势与温度变化相近（黄加祺，1983；陈亚瞿等，1995）。盐度不仅影响河口浮游动物生长、发育和繁殖，而且也影响种类和数量的时空分布。盐度是决定河口浮游生物群落结构变化的关键性非生物因子（Wooldridge，1999；Abramova and Tuschling，2005）。在塞纳河口，海水种类分布在河口外，河口内存在的主要是低盐种，沿岸浅水种分布在混合区域（Mouny and Dauvin，2002）。威尔逊河口径流和潮汐变化小，河口水域盐度变化不大，主要是广盐性的浮游动物，淡水种和海水种较少，物种多样性低（Gaughan and Potter，1995）。在九龙江口和长江口，浮游动物种数随着盐度的升高而增加（黄加祺和郑重，1986；郭沛涌等，2003）。浮游动物种数随盐度升高而增加的现象在其他河口也普遍存在，环境稳定说认为河口环境不如海洋稳定，所以种数少。对此现象还应从浮游动物本身内在的因素（如生理生化状态、渗透压调节能力等）及种类的起源和进化等方面辩证地来解释（陆健健，2003；杨宇峰等，2006）。河口的非生物条件、输运过程的不同，以及生物种群结构及空间变化的很大差异，使河口区形成了特定的生态系统。

本节主要分析珠江口及其邻近海域浮游动物的时空变化，包括浮游动物种类组成、丰度和生物量的时空变化，以及环境因子（盐度、温度和叶绿素 *a*）与主要浮游动物种类分布的关系。在2002年7月（夏季）、2003年1月（冬季）和2003年4月（春季）3个航次采用大型浮游生物网（网口内径80cm、网身长280cm、网目孔径0.505mm、网口面积0.5m^2），调查珠江口海域浮游动物的种类组成、丰度和生物量的时空变化。共鉴定出154种，其中夏季117种、冬季83种、春季122种。结果表明，优势种具有明显的季节演替。夏季以亚强次真哲水蚤最多，平均丰度为78.0个/m^3，占浮游动物总丰度的17.1%；冬季以精致真刺水蚤最多，平均丰度为26.6个/m^3，占浮游动物总丰度的

14.7%；夏季、冬季、春季浮游动物 Shannon-Wiener 多样性指数（H'）分别为 3.33、3.23、3.44。在空间上，春季和夏季浮游动物丰度和生物量的高值出现在淡水与海水的混合区（盐度为 25‰～30‰），而冬季则向河口内侧移动。珠江口浮游动物生物量和丰度普遍较高。夏季、冬季和春季浮游动物丰度分别为 464 个 /m^3、181 个 /m^3、293 个 /m^3，夏季最高。冬季浮游动物生物量平均为 294mg/m^3，高于春季和夏季的 195mg/m^3 和 172mg/m^3。浮游动物群落结构的变化表明，环境因子在珠江口浮游动物群落结构变化中起着重要作用。

（一）调查站位

珠江口的形状像一个倒置的漏斗，箭颈在北，宽口向南。春夏两季盛行湿暖的西南季风，秋冬两季盛行干冷的东北季风。由于科里奥利效应，大量降雨主要向西输送。珠江口是一个微潮河口，潮差平均为 0.9～1.7m，主要来自通过吕宋海峡传播的太平洋海潮。2002 年 7 月（夏季）、2003 年 1 月（冬季）和 2003 年 4 月（春季）分别在珠江口 19 个、17 个和 15 个站位进行了 3 个航次的调查（图 2.21）。根据冲淡水扩散的主要方向，设计了 A～E 共 5 个断面。伶仃洋 B 断面水深在 5～20m，其余断面从近岸向南海方向水深逐渐变深，达到 80m。

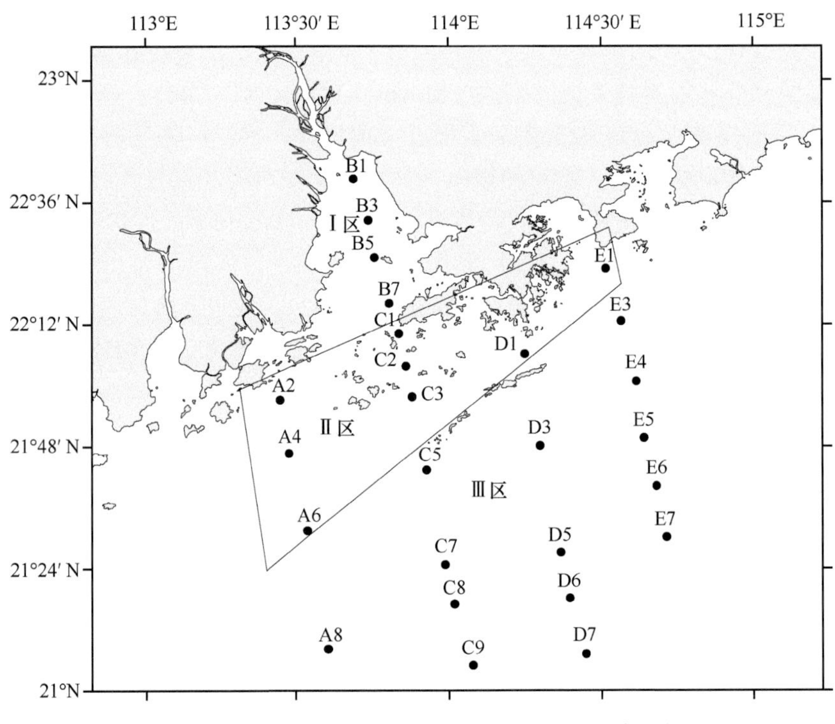

图 2.21　2002～2003 年珠江口 3 个航次的调查站位

（二）环境因子

珠江口及其邻近海域温度有明显的季节变化，丰水期温度高于枯水期，温度的平均值 25.63℃（2002 年 7 月）＞ 23.20℃（2003 年 4 月）＞ 18.23℃（2003 年 1 月）。丰水期（2002 年 7 月和 2003 年 4 月）表、底温差比枯水期（2003 年 1 月）大。在丰水期，表层温度一般高出底层 0～8℃，从河口内（B 断面）往外，表、底温差有增大趋势。在枯水期，河口内的温度比河口外的低，表、底温差小；与丰水期相反，一般底层温度高出表层 0～2℃。3 个航次的平均盐度 31.9‰（2003年 1 月）＞29.0（2003 年 4 月）＞27.6（2002 年 7 月），枯水期盐度高于丰水期。B 断面和 A 断面的调查站盐度波动大，表、底盐度相差也大。在河口外的 D 断面、E 断面，盐度一般在 30‰～35‰，表、底盐度几乎没有变化。

根据表底层盐度的变化，可将珠江口调查海域分为 3 个区域：I 区，盐度＜25‰，位于珠江口上游即内伶仃洋海域，包括 B1、B3、B5 和 B7 站；II 区，盐度在 25‰～30‰，咸淡水混合现象明显，位于河口中部，包括 A2、A4、A6、C1、C2、C3 站和香港沿岸海域的 D1 站及大亚湾湾口 E1 站；III 区，盐度＞30‰，是珠江口靠近外海的区域，包括剩余的调查站。

（三）浮游动物群落

1. 种类组成和多样性

3 个航次的调查共出现浮游动物 154 种，各个季节不同类群出现的种数见表 2.13。春、夏季种类多，差异不大，均高于冬季。桡足类是 14 个类群中种数最多的，浮游幼体也是珠江口一类很重要的浮游动物，占总种数的 10% 以上，包括蔓足类无节幼体、长尾类幼体、短尾类幼体和多毛类幼体等。

表 2.13　各类群浮游动物种数的变化

类群	夏季（2002 年 7 月）	冬季（2003 年 1 月）	春季（2003 年 4 月）
水母类	14	8	9
栉水母类	1	1	1
多毛类	2	1	1
软体动物	4	4	7
枝角类	2	1	2
介形类	5	4	4
桡足类	54	37	56
端足类	4	1	5
糠虾类	–	1	2
磷虾类	2	1	3
十足类	4	1	4
毛颚类	7	7	10
被囊类	6	5	7
浮游幼体	12	11	11
合计	117	83	122

注：“–” 表示该季节未出现

不同季节不同断面浮游动物种数有明显差异。例如，B 断面从 B1 到 B7 站，浮游动物种数逐渐增加，冬季时种数较多。近岸站位 C1、D1 和 E1 站浮游动物种数相对其他站多（图 2.22）。图 2.23 显示浮游动物种数明显受盐度影响，分析得出在 $P < 0.05$ 的情况下，夏季、冬季和春季浮游动物种数与盐度的相关系数分别为 0.886、0.715 和 0.741。

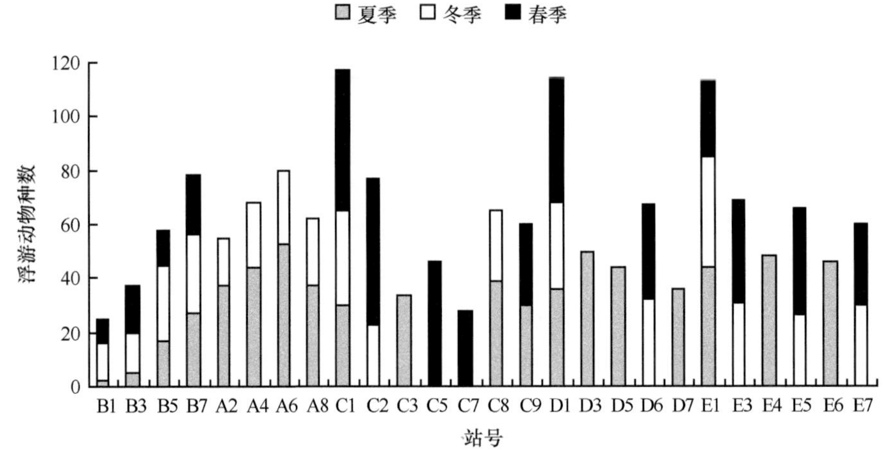

图 2.22 珠江口及其邻近海域不同站号浮游动物种数的变化

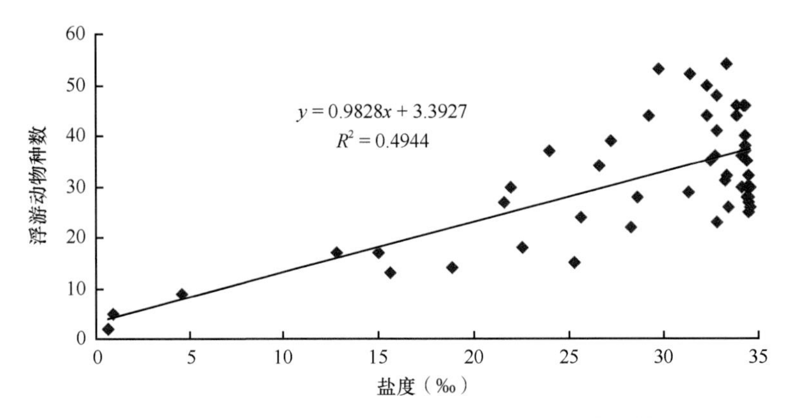

图 2.23 珠江口及其邻近海域浮游动物种数和盐度的散点图

浮游动物 Shannon-Wiener 多样性指数春季（3.44）高于夏季（3.33）和冬季（3.23）。从 B、A、C、D 和 E 这 5 个断面的多样性指数和均匀度指数来看，从河口内到河口外，多样性指数呈增加趋势。多样性指数是种类和种间个体数量在分配上的综合体现。种数从内河口到河口外逐渐增加，但是物种在咸淡水混合区域数量较高，浮游动物数量分布的聚集现象明显，导致均匀度指数不高。

2. 丰度和生物量

浮游动物平均丰度的季节变化是：夏季（464 个 /m^3）＞春季（293 个 /m^3）＞冬季（181 个 /m^3）。表 2.14 表明桡足类是夏季和冬季丰度最高的一类，而枝角类是在春季丰度最高，在夏季也不低。浮游幼体在三个季节的调查中丰度都较高。

表 2.14 浮游动物各类群丰度的变化

类群	夏季（2002 年 7 月）	冬季（2003 年 1 月）	春季（2003 年 4 月）
水母类	7	3	10
枝角类	90	0.5	79
介形类	6	9	5
桡足类	185	97	73

续表

类群	夏季（2002 年 7 月）	冬季（2003 年 1 月）	春季（2003 年 4 月）
十足类	11	2	7
毛颚类	35	11	24
被囊类	32	31	18
浮游幼体	93	24	64
其他	5	3.5	13
合计	464	181	293

由图 2.24 可以看出，春、夏季节浮游动物的高丰度出现在 A2、C1、C2 和 E1 站等混合区域，而在伶仃洋和河口下游丰度都较低。浮游动物高丰度在冬季内移至伶仃洋。丰水期（春、夏季）不同区域之间的丰度差异大，枯水期（冬季）分布较均匀。浮游动物丰度与温度、盐度和 Chl *a* 浓度的相关性研究表明，浮游动物丰度在夏季和春季随 Chl *a* 浓度的升高而增加（表 2.15）。

浮游动物平均生物量的季节变化是：冬季（294mg/m^3）＞春季（195mg/m^3）＞夏季（172mg/m^3）。由图 2.25 可以看出，春夏季节浮游动物的高生物量仍然出现在 A2、C1、C2 和 E1 站等混合 II 区域，而在伶仃洋和河口下游数量都较低。在冬季，浮游动物高生物量内移至伶仃洋内的 B 断面站。春、夏季浮游动物生物量与丰度有很好的相关性（夏季：r=0.859，$P < 0.01$；春季：r=0.737，$P < 0.01$），而冬季高生物量区域不一定出现在高丰度区（r=0.120，$P > 0.05$）。这是因为浮游动物生物量与浮游动物个体大小和所含物质的多少有关。浮游动物生物量与温度、盐度和 Chl *a* 浓度的相关性研究表明，浮游动物生物量在夏季和春季随 Chl *a* 浓度的升高而增加（表 2.15）。

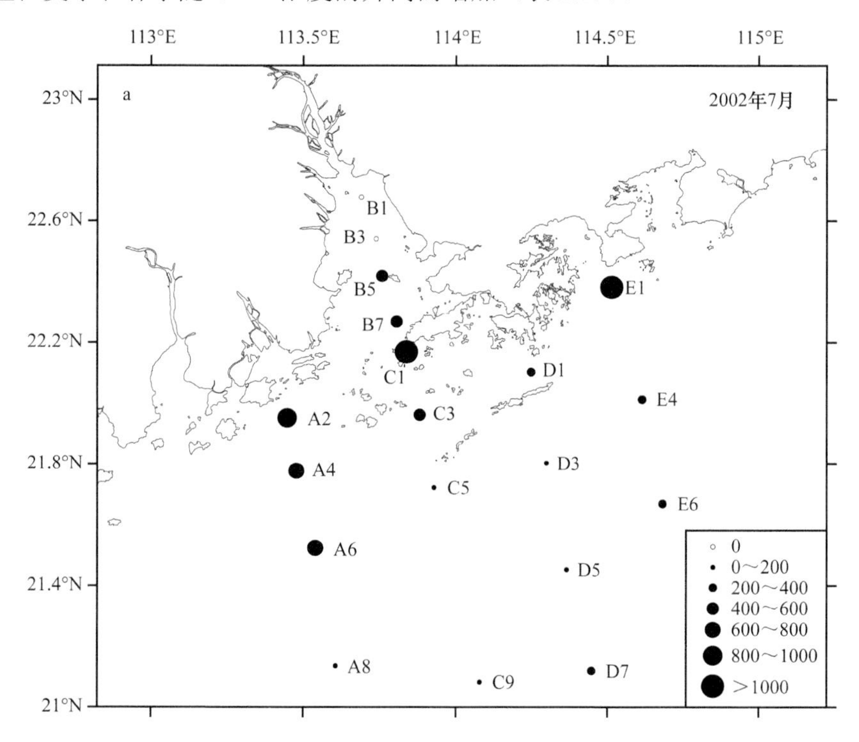

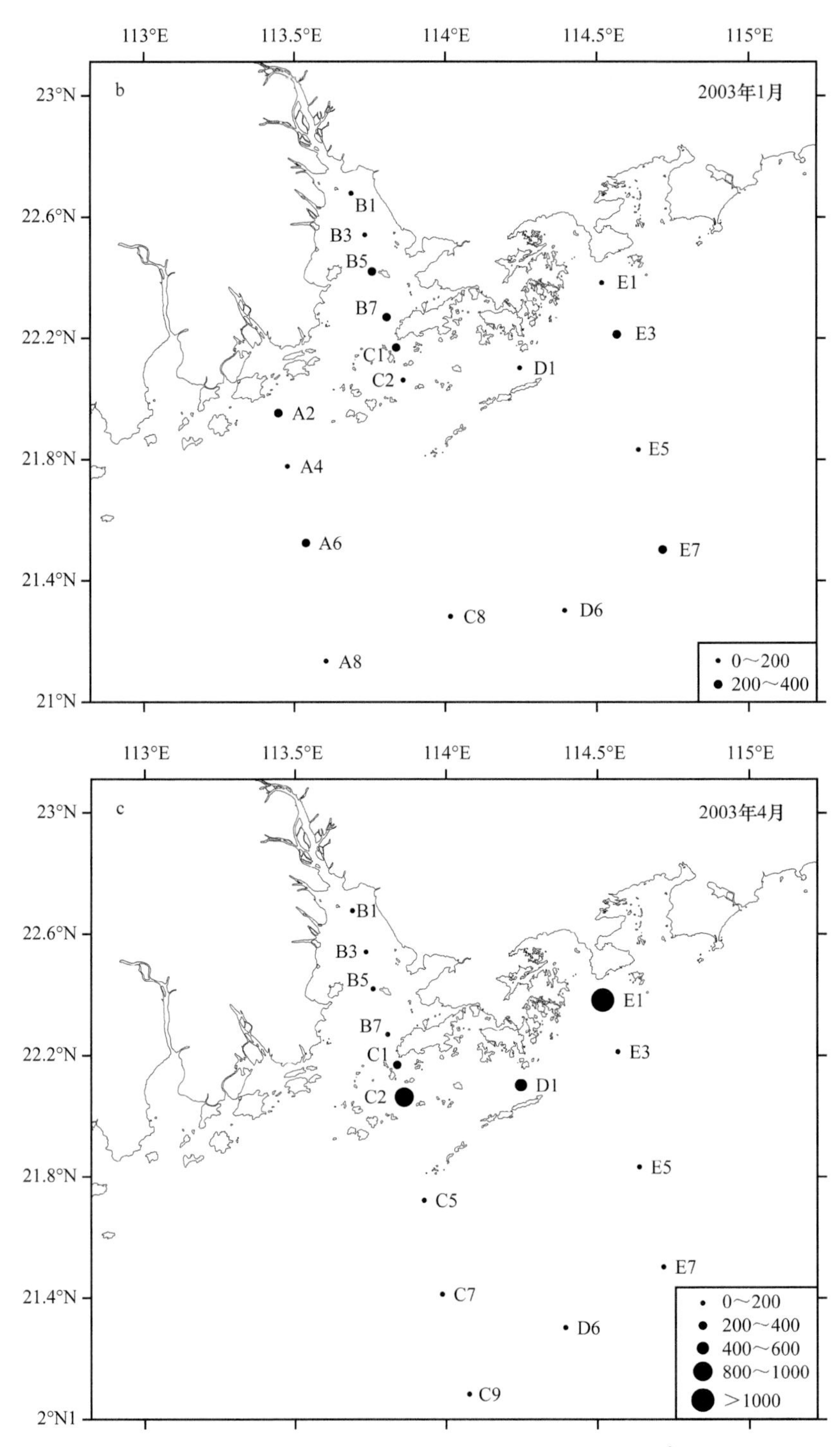

图 2.24　珠江口浮游动物丰度的时空变化（个 /m^3）

表 2.15　不同季节浮游动物丰度和生物量与环境因子的相关系数

变量	夏季		冬季		春季	
	丰度	生物量	丰度	生物量	丰度	生物量
盐度	ns	ns	ns	ns	ns	ns

续表

变量	夏季		冬季		春季	
	丰度	生物量	丰度	生物量	丰度	生物量
温度	ns	ns	ns	ns	ns	–0.502*
Chl *a*	0.745*	0.671*	ns	ns	0.648*	0.517*

注：ns 表示 $P > 0.05$；* 表示 $P < 0.05$

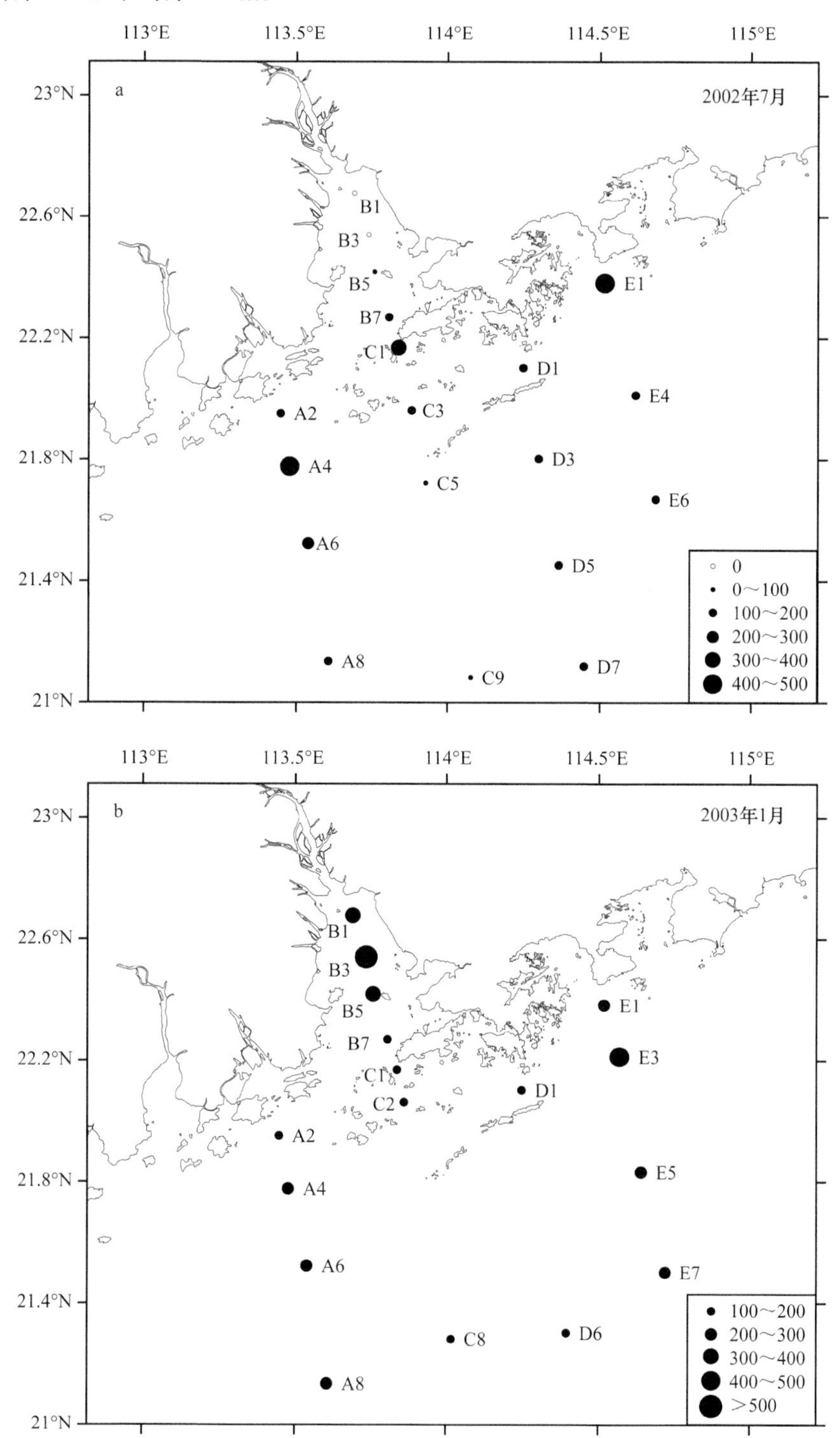

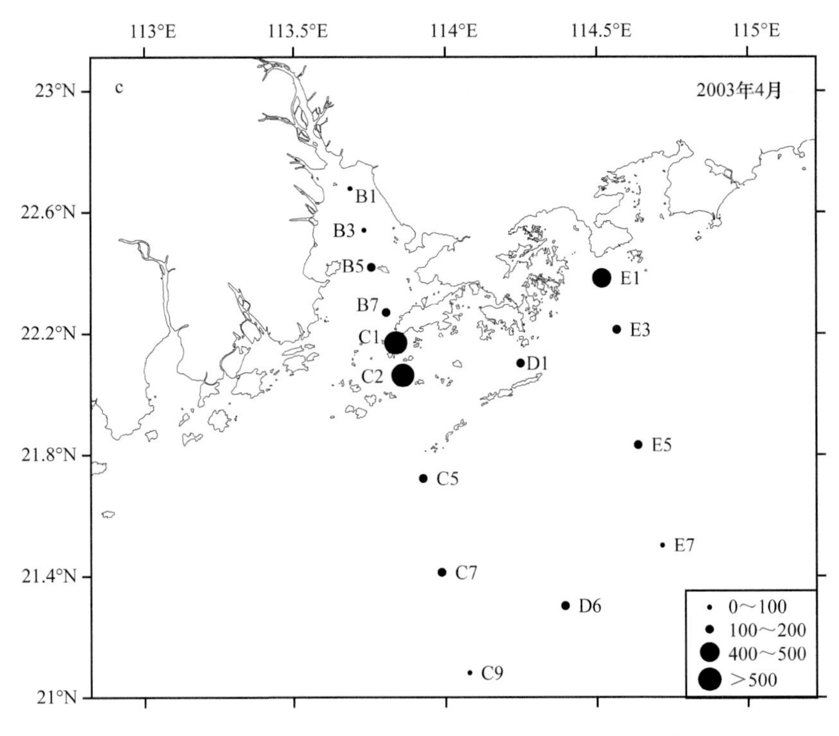

图 2.25 珠江口浮游动物生物量的时空变化（mg/m^3）

3. 优势种

由表 2.16 可以看出，珠江口浮游动物优势种有明显的季节更替和空间分布变化，并且呈斑块状分布。亚强次真哲水蚤、精致真刺水蚤和鸟喙尖头溞分别是夏季、冬季和春季的优势种。优势种的斑块状分布现象明显，虽然鸟喙尖头溞是春季的优势种，但仅仅出现在大亚湾湾口 E1 站，并大量聚集。这与大亚湾报道的鸟喙尖头溞是优势种一致。造成斑块状分布的原因与外界环境因子和浮游动物自身的生殖方式有关。优势种存在明显的季节演替和空间变化，丰水期间 I 区和 II 区以河口、沿岸种占优势，III 区以外海种为主；枯水期间三个区域均以外海种为主。此次调查的优势种以沿岸种和外海种为主，伶仃洋海域以河口种为主，但浮游幼体在二者中都较丰富。

表 2.16 三个季节浮游动物优势种丰度和优势度的变化

春季（2003 年 4 月）			夏季（2002 年 7 月）			冬季（2003 年 1 月）		
优势种	丰度	优势度	优势种	丰度	优势度	优势种	丰度	优势度
鸟喙尖头溞	78.5	0.07	亚强次真哲水蚤	78.0	0.11	精致真刺水蚤	26.6	0.11
蔓足类无节幼体	18.1	0.02	鸟喙尖头溞	78.0	0.10	驼背隆哲水蚤	18.0	0.05
肥胖箭虫	13.8	0.04	长尾类幼体	42.0	0.09	长尾住囊虫	17.8	0.07
蛇尾类长腕幼体	11.9	＜0.02	小齿海樽	22.3	0.03	小拟哲水蚤	14.7	0.05
长尾类幼体	9.6	0.03	肥胖箭虫	19.3	0.04	异体住囊虫	11.4	0.05
短尾类幼体	8.6	0.03	蛇尾类长腕幼体	18.0	＜0.02	长尾类幼体	8.7	0.05
百陶箭虫	7.5	＜0.02	刺尾纺锤水蚤	13.2	＜0.02	针刺真浮萤	8.6	0.04

续表

春季（2003年4月）			夏季（2002年7月）			冬季（2003年1月）		
优势种	丰度	优势度	优势种	丰度	优势度	优势种	丰度	优势度
长尾住囊虫	7.5	＜0.02	百陶箭虫	12.7	＜0.02	蔓足类无节幼体	7.3	0.02
中华哲水蚤	6.9	0.02	肥胖三角溞	11.9	＜0.02	肥胖箭虫	7.0	0.03
锥形宽水蚤	6.7	＜0.02	锥形宽水蚤	11.0	＜0.02	普通波水蚤	4.9	＜0.02
火腿伪镖水蚤	5.6	＜0.02	火腿伪镖水蚤	8.0	＜0.02	刺尾纺锤水蚤	3.5	＜0.02
精致真刺水蚤	5.1	＜0.02	中华异水蚤	8.0	＜0.02	亚强次真哲水蚤	3.3	＜0.02

注：“＜0.02”表示该种在此次调查中出现，优势度小于0.02

4. 生态类群

利用PRIMER软件进行系统聚类，分析夏季、冬季和春季的群落结构（图2.26），得出群落I、II和III，分别代表河口群落（estuarine group）、近岸群落（neritic group）和外海群落（pelagic group）。春季，群落I是由位于内伶仃洋站位的河口种类构成的，如刺尾纺锤水蚤、中华异水蚤、火腿伪镖水蚤、真刺唇角水蚤和右突歪水蚤等，群落II和III分别对应河口中部和下游站位，主要由近岸种和外海种组成。群落II的代表种有鸟喙尖头溞、亚强次真哲水蚤、中华哲水蚤、锥形宽水蚤、百陶箭虫、小齿海樽和长尾类住囊虫等，群落III的代表种有精致真刺水蚤、普通波水蚤和飞龙翼箭虫及一些广温广盐的种类等。夏季很难区分出群落II和III。冬季从河口内到河口外均出现外海种。不同群落代表种的分布区域不同，可以反映出珠江口不同区域水团性质的不同，与长江口相似（郭沛涌等，2003）。夏季在约40%的Bray-Curtis相似性指数条件下，浮游动物可被划分为3个群落（图2.26a），但是群落II和III的Bray-Curtis相似性指数为50%左右，NMDS图显示浮游动物在两个群落种中都有分布，并且树状图和NMDS图的吻合性非常好，压力系数只有0.01，说明这个结果能很好地描述夏季浮游动物群落的划分。冬季珠江口浮游动物明显分成3个群落（图2.26b），3个群落之间的Bray-Curtis相似性指数达60%。压力系数为0.12，表明分析的结果是可信的。冬季径流量减少，淡水舌向伶仃洋方向内移，II区的盐度增高，需要高盐度的外海种增多，B5、B7、C1、C2等站和靠外的调查站D6和E7出现相同的种类，被划在了同一群落中。

左涛等（2005）采用多元统计方法分析春秋两季黄、东海大型浮游生物中浮游动物的群落结构，得出5个群落：①黄海沿岸群落；②黄海中部群落；③黄、东海交汇水混合群落；④东海近岸混合水群落；⑤东海外陆架高温高盐群落。各群落的种类组成及地理分布存在一定的季节差异。在进行浮游动物群落结构分析的过程中，由于涉及种类多、数据量大，数据间关系复杂，仅依靠过去的人为经验划分和简单的数理统计，具有一定的主观局限性，而本书利用多元统计软件对珠江口海域浮游动物群落进行分析，降低了处理数据的烦琐程度，所得结果能较直观地表现其具体特征，且与传统的根据浮游动物生态习性的划分结果有一定的吻合性，说明该方法具有较好的优越性和客观性。

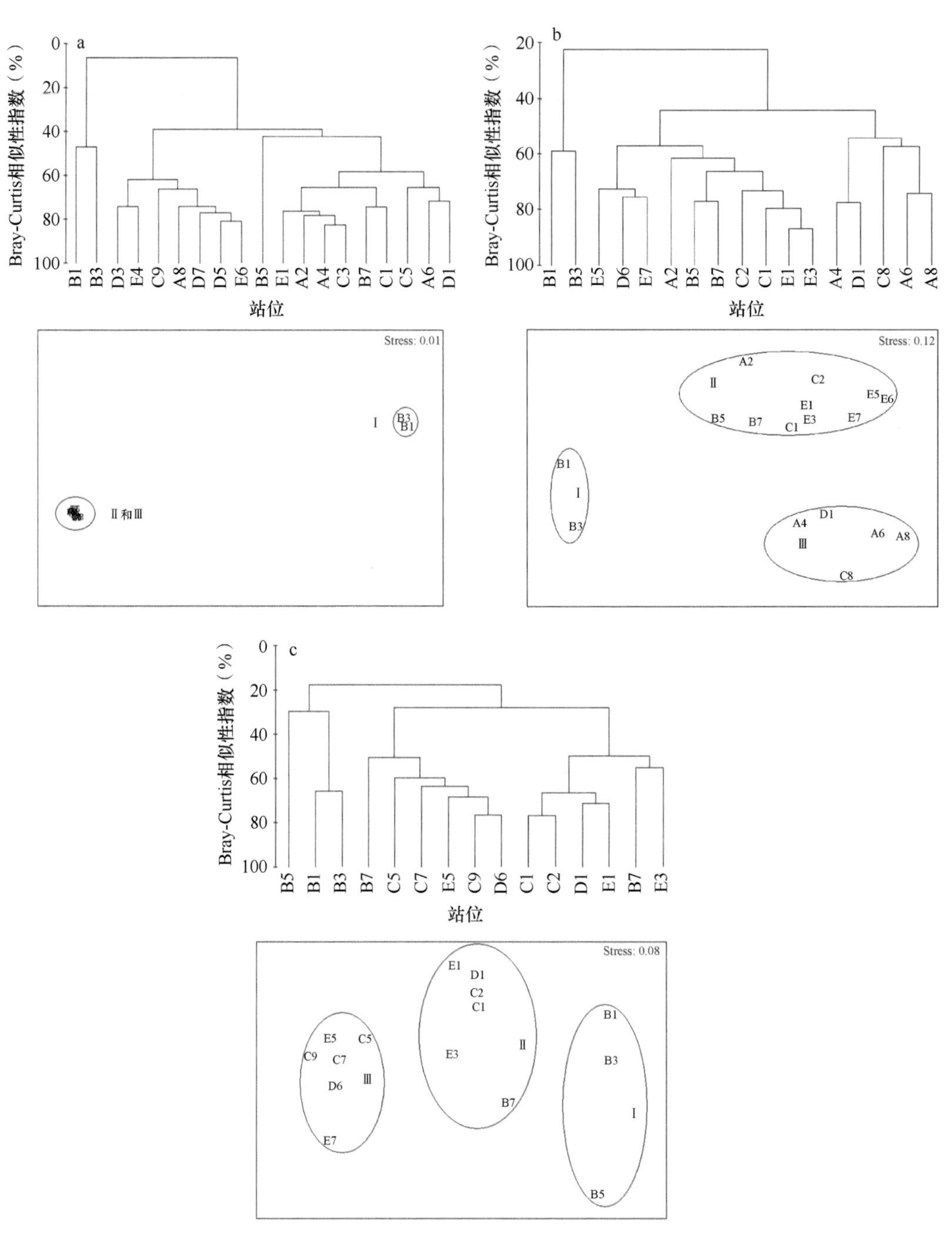

图 2.26　珠江口浮游动物的聚类分析图和 NMDS 图
a. 夏季；b. 冬季；c. 春季

（四）珠江口及其邻近海域浮游动物群落的影响因素

永久性开放式河口（permanently open estuary）与暂时性开放式河口（temporarily open estuary）的区别是前者有明显的盐度梯度变化（Mouny and Dauvin，2002；Telesh，2004）。珠江口常年有径流注入，丰水期径流作用强，河口上、中游有明显的盐度梯度和分层现象，枯水期沿岸流和潮汐的作用强，盐度高，梯度不明显。盐度是浮游动物种数分布的重要影响因子。内河口的浮游动物多样性指数低，只有少数的河口种存在。至河口外，浮游动物种数随盐度升高而增加，浮游动物的多样性指数在盐度＞25‰的区域及咸淡水混合区最高，与长江口相似（郭沛涌等，2003）。河口种的分布区域与淡水的冲刷力有关，如刺尾纺锤水蚤在夏季能出现在C9站；同时与潮汐作用带来的外海水和沿岸流也有关，如精致真刺水蚤在冬季能出现在虎门附近，中华哲水蚤在东北季风时期可出现在珠江口。

丰水期浮游动物的高丰度和高生物量区域位于河口中部咸淡水混合区，强大的径流带来丰富的营养盐，刺激浮游植物的大量生长，为浮游动物提供足够的饵料。相关分析得出丰水期浮游动物的丰度和生物量与叶绿素 *a* 浓度有很好的相关性。但是由于温度、盐度的综合作用，浮游动物丰度和生物量的斑块状分布现象明显，具体是由浮游动物自身的原因还是外界因子引起的有待进一步探讨。冬季高生物量与高丰度出现的区域不一致，这主要是由于外海水带来的高盐种如精致真刺水蚤及河口区存在的日本毛虾导致了高生物量的出现。

浮游动物种类聚类分析表明珠江口存在河口、沿岸和外海三个群落结构。三个群落的主要区别是不同生态特征的优势种所占的比例不同。浮游动物的系统聚类图和NMDS的压力系数在0.01～0.12，说明适合进行NMDS分析。特别是夏季，由于强大的径流作用，整个珠江口被淡水控制，群落之间的差异很小。珠江口不同季节浮游动物群落结构的转变受淡水冲刷、沿岸流和潮汐作用的综合影响，同时群落结构的变化也可以反映出不同区域三种性质水团的变化，I区主要受淡水控制，II区受淡水和海水的共同影响，III区主要被南海外海水控制。珠江口优势种的更替主要是由盐度变化引起的，渤海、东海等温带海域优势种的更替主要是由温度变化引起（毕洪生等，2001a，2001b；陈亚瞿等，2003a，2003b），热带海域浮游动物的优势种季节变化小（尹健强等，2006）。

珠江口以往调查主要集中在I区及其邻近的海域，由于调查范围、调查使用的网具、调查时间和分析研究的对象等不尽相同，对比分析浮游动物种数和数量（或桡足类种数和数量）的年际变化规律时，存在是否具有一定可比性的问题。珠江口是我国三大河口之一，径流量居世界第13位，无论对经济发展还是科学研究都具有重要作用。今后对珠江口进行统一、规范性调查是很有必要的。

三、珠江口浮游桡足类摄食

浮游动物作为海洋生态系统物质循环和能量流动中的重要环节，其动态变化控制着初级生产力的规模和归宿，同时控制着鱼类资源的变动，其摄食率大小将对整个生态系统的物质循环和能量流动产生影响。浮游桡足类是浮游动物中的重要类群，其食性根据获取食物的方式可被分为滤食型和捕食型，根据饵料组成可被分为草食、肉食和杂食3类。草食者大多为滤食性浮游动物，而杂食者兼具过滤食物颗粒和主动捕食的能力（郑重等，1984）。食性不同反映在附肢形态上的不同适应性（Koehl，1981）。从桡足类口器附肢的形态来看，大多数剑水蚤目（Cyclopoida）是的肉食捕食性种类。Itoh（1970）提出齿缘指数（edge index，E.I.）来区分草食、肉食和杂食性的哲水蚤类，通过齿缘指数公式可将海洋桡足类分为3组：Ⅰ组E.I. ≤ 500，包括哲水蚤科（Calanidae）、真哲水蚤科（Eucalanidae）、拟哲水蚤科（Paracalanidae）和伪哲水蚤科（Pseudocalanidae），它们大多是草食滤食性种类；Ⅱ组 500 ＜ E.I. ≤ 900，包括真刺水蚤科（Euchaetidae）、胸刺水蚤科（Centropagidae）、宽水蚤科（Temoridae）、伪镖水蚤科（Pseudodiaptomidae）、光水蚤科（Lucicutiidae）和纺锤水蚤科（Acartiidae），它们主要是杂食滤食性种类；Ⅲ组 E.I. ＞ 900，包括异肢水蚤科（Heterorhabdidae）、亮羽水蚤科（Augaptilidae）、平头水蚤科（Candaciidae）、角水蚤科（Pontellidae）和歪水蚤科（Tortanidae），它们主要是捕食性种类。

Landry 等认为微型浮游动物（＜ 200μm）是海洋初级生产的主要消耗者（Landry and Hassett，1982；Landry and Calbet，2004）。Calbet（2001）认为在高生产力的海域 [以碳计算，大于 $250mg/(m^2 \cdot d)$]，大、中型浮游动物（200～20 000μm）是碳的重要转移者，其对初级生产力的摄食压力在 6%～22.6%，每年消耗由浮游植物产生的 55 亿吨碳，占全球海洋初级生产量的 12% 左右。我国学者在渤海（Li et al.，2003）、东海（王荣和范春雷，1997）、潍河口（李超伦等，2000）、莱州湾（李超伦和王荣，2000）和南海北部（Tan et al.，2004；谭烨辉等，2004；张武昌等，2007）等海域进行了大、中型浮游桡足类的摄食研究。本节根据珠江口 2002 年 7 月（夏季）、2003 年 1 月（冬季）和 2003 年 4 月（春季）3 个航次浮游桡足类现场调查及其肠道色素实验数据，对浮游桡足类食性、肠道色素含量及其对浮游植物现存量和初级生产力的摄食压力进行研究，以期为深入研究珠江口生态系统的生物生产过程和机制及海洋生物资源的可持续利用提供依据。

根据齿缘指数对珠江口浮游桡足类食性进行分析，发现捕食性桡足类种数高于草食和杂食的滤食性种数，而其丰度低于后两者。珠江口桡足类个体肠道色素平均含量为冬季高于春季和夏季，而对浮游植物现存量和表层初级生产力的摄食压力均为夏季高于春季和冬季。夏、冬季桡足类肠道色素含量与水体叶绿素 *a* 浓度呈正相关，春季不相关。

（一）材料与方法

2002 年 7 月 27～29 日、2003 年 1 月 13～15 日和 4 月 18～20 日 3 个航次在珠江口分别进行了 14 个、16 个和 14 个调查站的浮游动物拖网采样（包括桡足类肠道色素含量测定的拖网采样）。调查站位分布见图 2.27（3 个航次调查的站位不完全一致）。使用大型浮游生物网（网口内径 80cm、网身长 280cm、网目孔径 505μm、网口面积 $0.5m^2$），由离海底约 1m 处垂直拖网至表层，样品立即用 5%的甲醛溶液固定，带回室内在体视显微镜下鉴定和计数。根据齿缘指数对鉴定的桡足类种类进行食性判定。

1. 叶绿素 *a* 和初级生产力测定

叶绿素 *a*（Chl *a*）和初级生产力的采样、测定与计算均按照海洋调查规范进行，两者与桡足类肠道色素含量采样站位并不完全一致。Chl *a* 水样经 0.45μm 孔径醋酸纤维滤膜过滤、丙酮萃取后用 Turner Designs 公司的 10AU 荧光计测定。在真光层范围内采集 1～3 层水样，进行初级生产力培养实验。水样用 200μm 筛绢滤掉浮游动物与杂质颗粒，并分装至 3 支 50mL 的 KIMAX 培养管（2 支白瓶和 1 支黑瓶）中模拟现场条件培养 3～6h，其中加入 2μCi 的 $NaH^{14}CO_3$ 示踪剂。培养时根据实测透明度估算不同水深的光衰，并使用不同光衰减系数的光衰布对相应的水样进行遮光。培养后的水样用 25mm 直径的 GF/F 膜过滤，样品采用冷冻干燥法保存，运回实验室后用 LS6500 液体闪烁计数仪测定

样品的 ^{14}C 放射性强度。

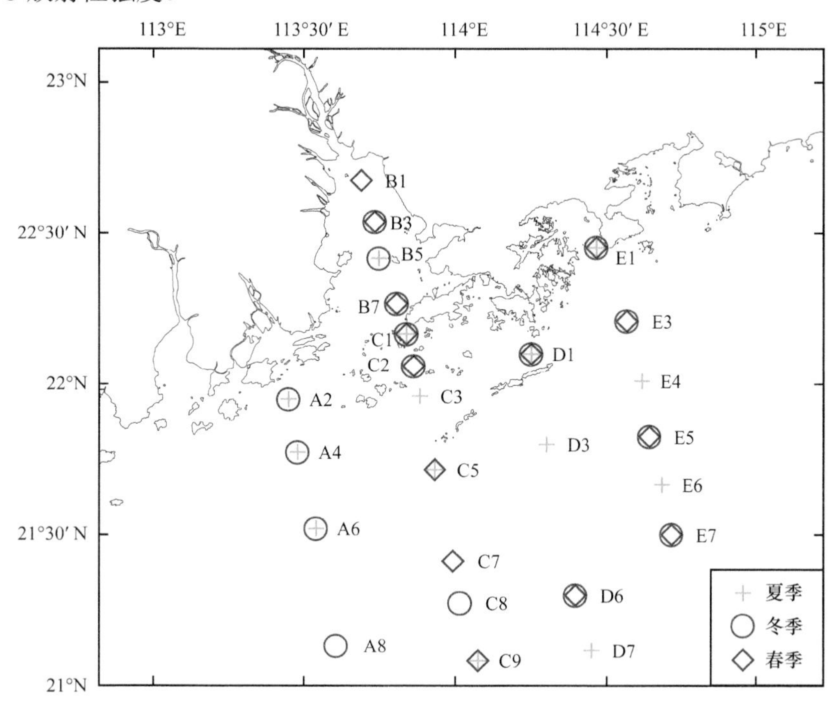

图 2.27 珠江口浮游动物和桡足类肠道色素采样站位

2. 桡足类肠道色素含量测定

在白天使用大型浮游生物网拖取用于测定肠道 Chl *a* 含量的桡足类样品，拖取一次。拖网速度较慢，拖网结束时不冲洗网具，以免浮游动物受惊吓而排便，影响肠道原始 Chl *a* 含量。取网底管中的浮游动物，倒入盛有苏打过滤海水（体积比为 1 ∶ 5）的烧杯中，使之麻醉；然后将其过滤到 505μm 的筛绢上，用过滤的海水冲洗筛绢上的样品，尽量将黏附于浮游动物体表的浮游植物冲洗干净。将样品放入液氮罐中速冻，低温保存，运回实验室。

在暗光条件下，用镊子在显微镜下挑取桡足类 20～50 个，具体数量视标本个数和个体大小而定。研磨后，用 90% 丙酮萃取 24h，然后测定其 Chl *a* 含量。

桡足类自然群体肠道色素含量按照王荣和范春雷（1997）的公式进行如下修改计算：

$$\text{Chl } a = F_{\text{d}} \times r/n\,(1-r) \times R$$

式中，Chl *a* 为每个桡足类肠道内 Chl *a* 含量（单位：ng/ 个）；F_{d} 为与所用仪器和选用的灵敏度等有关的换算因子（0.5142）；*r* 为纯 Chl *a* 的酸化比（1.92）；*R* 为荧光计读数；*n* 为样品中桡足类的个数。

3. 肠道排空率实验和摄食率计算

纺锤水蚤科、哲水蚤科和真哲水蚤科代表种的肠道排空率实验在 B7、D1 和 D6 站进行。活体浮游动物样品收集后随机分为 7 份，分别装入 2L 过滤海水的塑料烧杯中，进行避光培养。从浮游动物采集后开始计时，在 0min、5min、10min、20min、30min、45min 和 60min 时各取一份样品，用苏打过滤海水麻醉，将浮游动物冲洗、过滤、速冻、低温保存，运回实验室分析。

在无食物条件下，桡足类自然群体肠道色素的排空是以指数形式进行的：$G_t = G_0e^{-r}$，其中 G_t 为 t 时刻的肠道色素含量；G_0 为初始时的肠道色素含量；r 为肠道排空率。根据排空率实验得出不同时刻肠道色素含量，可算出肠道排空率。在环境稳定的情况下，桡足类摄食被认为处于一种平衡状态，摄食率 $I = r \times G$（G 为肠道色素含量）。桡足类群体的摄食量可根据各站桡足类丰度和单个桡足类的摄食量计算。桡足类群体对浮游植物的摄食压力可根据群体摄食量和浮游植物现存量计算。按照碳与 Chl *a* 为 50 ∶ 1 将群体摄食率的 Chl *a* 换算为碳，与初级生产力相比得出其对初级生产力的摄食压力。

（二）珠江口桡足类摄食特征

1. 珠江口桡足类食性

在珠江口共鉴定到浮游桡足类 65 种，其中大眼剑水蚤属（*Corycaeus*）、真哲水蚤属（*Eucalanus*）和胸刺水蚤属（*Centropages*）出现的种类较多。珠江口桡足类滤食性种数 40 种（草食性和杂食性各 20 种），高于捕食性种数（25 种）。珠江口草食滤食性主要代表种有亚强次真哲水蚤、微刺哲水蚤、普通波水蚤、驼背隆哲水蚤及小拟哲水蚤等；杂食滤食性主要代表种有刺尾纺锤水蚤、锥形宽水蚤、火腿伪镖水蚤和精致真刺水蚤等；肉食捕食性主要代表种有瘦歪水蚤、右突歪水蚤、伯氏平头水蚤、椭形长足水蚤和近缘大眼剑水蚤等。

2. 浮游桡足类丰度和肠道色素含量变化

2002 年 7 月桡足类丰度为 185 个 /m^3±212.6 个 /m^3，高于 2003 年 1 月（97 个 /m^3±49.8 个 /m^3）和 2003 年 4 月（73 个 /m^3±51.0 个 /m^3）。各站桡足类丰度分布不均匀（图 2.28）。夏季，高值区主要出现在 B5、B7、C1、C3 和 E1 站，C1 站桡足类丰度达 862 个 /m^3，靠近口门内的 B1 和 B3 站桡足类丰度低，分别仅为 3 个 /m^3 和 1 个 /m^3。冬季，桡足类丰度值相对较均匀，一般在 50～200 个 /m^3 范围内变动，小于 50 个 /m^3 的仅出现在 E1 站，高值区出现在 A2、B1、B3 和 B5 站。春季，桡足类丰度出现的高值区与夏季相似，只是 B1 站的值高于夏季的。

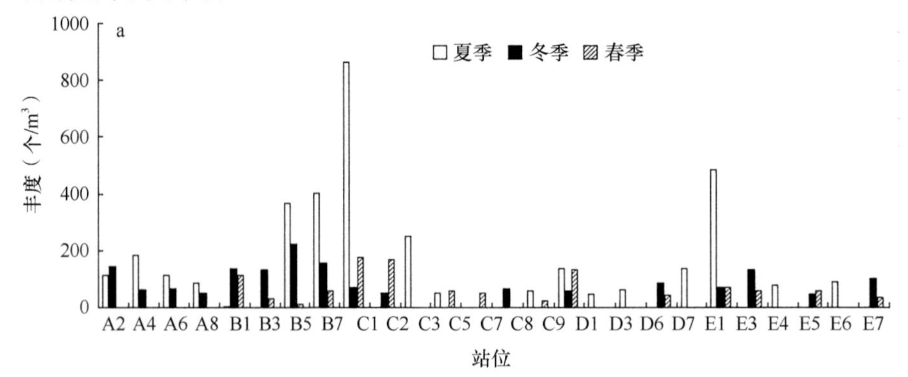

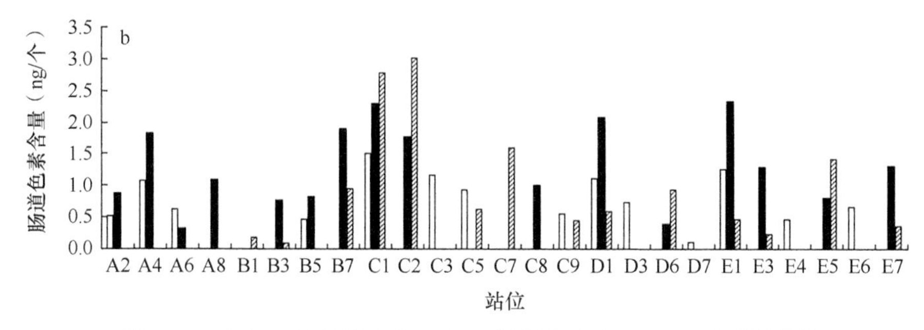

图 2.28 珠江口桡足类丰度（a）和肠道色素含量（b）的季节变化

冬季桡足类肠道色素平均含量为 1.31ng/ 个 ±0.65ng/ 个，高于春季（0.98ng/ 个 ±0.93ng/ 个）和夏季（0.80ng/ 个 ±0.39ng/ 个）的。各站桡足类肠道色素平均含量有季节性差异，如在 D1 和 E1 站，均是冬季的肠道色素含量高于夏季和春季（图 2.28）。近岸站桡足类的肠道色素含量一般高于外海调查站，如 C1、C2 和 E1 站高于 C9、E6 和 E7 等站。

3. 浮游桡足类摄食率及其对浮游植物现存量和初级生产力的摄食压力

（1）桡足类滤食性种类丰度及其摄食率

珠江口浮游桡足类中滤食性种类（Ⅰ组和Ⅱ组）的丰度比捕食性种类（ⅠⅡ组）高，其中滤食性种类丰度中草食性种类（Ⅰ组）的丰度一般比杂食性种类（Ⅱ组）高，2003 年 4 月的结果例外（图 2.29a）。3 个航次调查中，滤食性种类丰度所占总丰度的百分比均达 90% 以上（图 2.29b）。

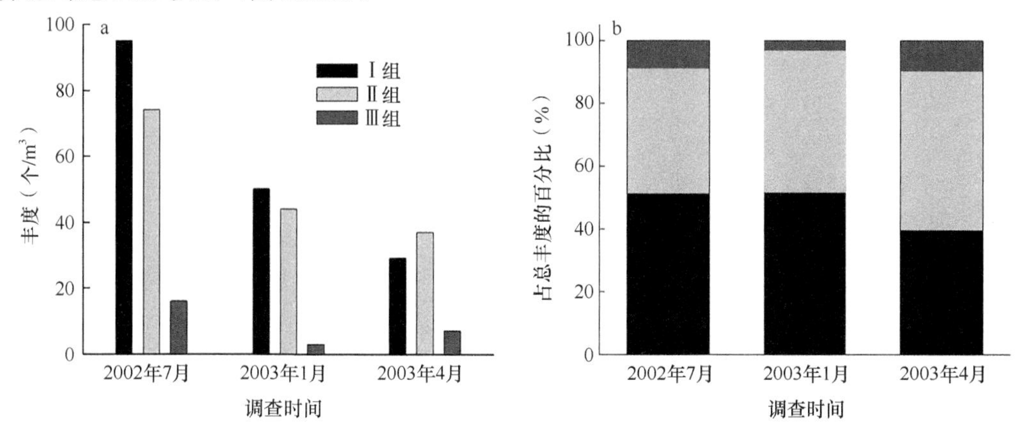

图 2.29 珠江口不同食性桡足类的丰度分布（a）及其占总丰度的百分比（b）

Ⅰ组：草食滤食性种；Ⅱ组：杂食滤食性种；Ⅲ组：捕食性种

分别以真哲水蚤科和哲水蚤科的摄食率代表Ⅰ组的摄食率、以纺锤水蚤科的摄食率代表Ⅱ组的摄食率进行群体摄食率计算，结果为Ⅰ组摄食率 15.28ng/(个 · d)、Ⅱ组摄食率 4.84ng/(个 · d)（表 2.17）。真哲水蚤科中以亚强次真哲水蚤和强真哲水蚤为主，哲水蚤科中以中华哲水蚤、微刺哲水蚤和普通波水蚤为主，纺锤水蚤科以刺尾纺锤水蚤、太平洋纺锤水蚤和中华异水蚤为主。以上种类丰度季节性变化明显。例如，真哲水蚤科平均丰度在夏季为 82.4 个 /m^3，冬季和春季仅为 5.8 个 /m^3 和 4.4 个 /m^3，夏季、冬季和春季分别占总丰度的 44.48%、5.95% 和 6.04%；纺锤水蚤科的丰度在夏季最高（16.9 个 /m^3），冬季和春季均为 5.6 个 /m^3，分别占总丰度的 9.15%、5.81% 和 7.77%；哲水蚤科在夏季、冬季和春季平均丰度为 9.1 个 /m^3、9.3 个 /m^3 和 11.8 个 /m^3，分别占总丰度的 4.92%、9.62% 和 16.25%。

表 2.17　珠江口桡足类肠道排空率

站号	科	代表种	肠道排空率（min）	摄食率 [ng/(个 · d)]
B7	纺锤水蚤科	刺尾纺锤水蚤	0.0120	4.84
D1	哲水蚤科	中华哲水蚤、普通波水蚤	0.0125	10.80
D6	真哲水蚤科	亚强次真哲水蚤、强真哲水蚤	0.0146	19.76

（2）桡足类群体对浮游植物现存量和初级生产力的摄食压力

珠江口桡足类对浮游植物现存量和初级生产力的摄食压力存在季节变化。夏季滤食性桡足类对浮游植物现存量和初级生产力的摄食压力范围分别是 5.05%～85.93% 和 1.48%～66.16%，冬季为 6.93%～55.04% 和 1.54%～24.8%，春季为 12.26%～76.26% 和 5.00%～54.30%（表 2.18）。桡足类群体对浮游植物现存量的平均摄食压力是夏季（45.17%）＞春季（33.16%）＞冬季（26.09%），对初级生产力的平均利用率是夏季（18.00%）＞春季（17.10%）＞冬季（12.52%）。

表 2.18　珠江口桡足类群体摄食量及其对浮游植物现存量和表层初级生产力的摄食压力

季节	站号	浮游植物现存量（以 Chl *a* 计算）(mg/m^3)	初级生产力（以碳计算）[$mg/(m^3 \cdot d)$]	群体摄食量		摄食压力	
				以 Chl *a* 计算 (mg/m^2)	以碳计算 [$mg/(m^3 \cdot d)$]	占浮游植物现存量百分比（%）	占初级生产力百分比（/%）
夏季	A2	—	1147.1	0.34	17	—	1.48
	A4	—	716.15	0.86	43	—	6
	B5	2.05	—	0.91	—	44.23	—
	C1	6.67	—	5.73	—	85.93	—
	C3	3.12	467.15	1.61	80.5	51.17	17.24
	C5	3.64	—	0.18	—	5.05	—
	D1	1.98	632.4	0.87	43.5	43.80	6.88
	E1	2.47	—	1.84	—	74.56	—
	E4	0.75	122	0.25	12.5	33.82	10.24
	E6	1.55	26.45	0.35	17.5	22.79	66.16
冬季	A2	3.56	1352.7	0.73	36.5	20.37	5.36
	A4	2.37	—	0.28	—	11.89	—
	B7	—	329.2	0.82	41	—	24.8
	C1	3.71	1667.8	0.26	13	6.93	1.54
	C2	1.84	—	0.24	—	12.94	—
	C8	0.42	—	0.23	—	55.04	—
	D1	0.65	117.1	0.21	10.5	31.15	17.84
	E1	1.05	306.2	0.25	12.5	23.92	8.2
	E5	0.31	80.7	0.14	7	46.47	17.36

续表

季节	站号	浮游植物现存量（以 Chl *a* 计算）（mg/m³）	初级生产力（以碳计算）[mg/(m³ · d)]	群体摄食量		摄食压力	
				以 Chl *a* 计算（mg/m³）	以碳计算 [mg/(m³ · d)]	占浮游植物现存量百分比（%）	占初级生产力百分比（/%）
春季	B3	0.88	46.9	0.14	7	16.04	15.05
	B7	0.86	164.53	0.19	9.5	22.34	5.84
	C1	0.82	–	0.39	–	47.97	–
	C2	0.72	–	0.34	–	47.06	–
	C9	0.14	17.15	0.02	1	12.26	5.00
	D6	0.19	–	0.05	–	25.84	–
	E1	0.93	153.12	0.93	46.5	17.53	5.32
	E5	0.18	12.64	0.14	7	76.26	54.30

注：“–”表示无数据。夏季以 2002 年 7 月为代表，冬季以 2003 年 1 月为代表，春季以 2003 年 4 月为代表

珠江口不同站桡足类的摄食量及其对浮游植物现存量和初级生产力的摄食压力不同（表 2.18）。2002 年 7 月、2003 年 4 月调查期间，位于河口中部的 C1、C2、C3 和 D1、E1 站桡足类占浮游植物现存量的比例较高。2003 年 1 月靠近外海的站如 C8 和 E5 站对浮游植物现存量的利用率高。尽管 2003 年 4 月航次的调查期间正逢阴雨天气，影响 Chl *a* 的浓度，但是桡足类对其摄食压力仍然比冬季高。桡足类肠道色素含量夏、冬季受水体 Chl *a* 浓度的影响，春季不相关（表 2.19）。

表 2.19　珠江口桡足类肠道色素含量与 Chl *a* 浓度、温度和盐度的相关系数

因子	2002 年 7 月（夏季）	2003 年 1 月（冬季）	2003 年 4 月（春季）
Chl *a* 浓度（mg/m³）	0.727*	0.616*	ns
盐度（‰）	ns	ns	ns
温度（℃）	ns	ns	ns

注：ns 表示 $P > 0.05$；* 表示 $P < 0.05$

（三）珠江口浮游桡足类摄食季节和区域变化的影响因素

在全球生态系统范围内，桡足类对初级生产力利用率在 12% 左右，但在高生产力的海域 [以碳计算，大于 1000mg/(m² · d)]，桡足类对其利用率较高（Landry and Hassett, 1982）。珠江口桡足类对浮游植物现存量和表层初级生产力的摄食压力平均值分别为 34.40% 和 15.05%。珠江口桡足类对初级生产力的摄食压力在全球范围值内。

桡足类个体大小、食物浓度和摄食方式等影响其肠道色素含量和摄食量。珠江口冬季桡足类肠道色素含量平均值高于夏季和春季，与其优势种个体大小有关。Li 等（2006）对浮游动物进行同步调查，结果表明，珠江口冬季精致真刺水蚤和普通波水蚤等个体较大的种类占优势，夏季亚强次真哲水蚤和刺尾纺锤水蚤占优势，并且夏季桡足类丰度高于冬季的，因此夏季桡足类群体摄食量及其对浮游植物现存量的利用率高。中华哲水蚤是草食滤食性种，体长为 2.60～3.50mm，肠道色素含量高，如在 2003 年 4 月 B7 站达 3.33ng/ 个。刺尾纺锤水蚤是杂食滤食性种，体长为 1.40～1.55mm，在 2003 年 4 月肠道色素含量值小于 0.50ng/ 个。Tan 等（2004）研究表明，珠江口桡足类肠道色素含量与

其个体大小呈正相关。本研究结果发现个体较大的中华哲水蚤和亚强次真哲水蚤等种类肠道色素含量明显高于刺尾纺锤水蚤和中华异水蚤等个体较小的种类，与前人研究结果（Tan et al.，2004）一致。

同步调查叶绿素 *a* 浓度的高值区位于盐度为 25‰～30‰的咸淡水混合区域内（B7、C1、C2 站等），并且从近岸向外海逐渐减少（Li et al.，2006），桡足类肠道色素含量高值区也位于咸淡水混合区的调查站。夏季叶绿素 *a* 浓度均高于冬季和春季，而肠道色素平均含量是冬季高于春季和夏季，春季桡足类个体肠道色素含量季节变化与水体叶绿素 *a* 浓度没有相关性（表 2.19）。黄创俭等（1991）研究发现珠江口桡足类色素含量与周围叶绿素 *a* 浓度没有相关性。Boyd 等（1980）研究发现秘鲁上升流系中的桡足类肠道色素含量与水体叶绿素 *a* 浓度的相关性差。Dagg 和 Wyman（1983）报道白令海峡海域羽新哲水蚤（*Neocalanus plumchrus*）和冠毛新哲水蚤（*Neocalanus cristatus*）肠道色素含量与周围水体叶绿素 *a* 含量之间没有相关性。与这些结果相反，Baars 和 Oosterhuis（1984）报道北海的几种哲水蚤的肠道色素水平与水体叶绿素 *a* 浓度之间呈正相关。珠江口的研究发现桡足类肠道色素含量夏、冬季受水体叶绿素 *a* 浓度的影响较大，春季二者不相关。

桡足类种类摄食方式对其摄食率有一定的影响。I 组和 II 组摄食率的差异来自桡足类种类摄食方式及其食性，珠江口浮游桡足类种类和丰度分布有季节和区域变化，优势种有明显的季节和区域演替现象，不同调查站之间种类有差异。例如，是草食滤食性种类多还是杂食滤食性种类多，影响其群体对浮游植物现存量和初级生产力的摄食压力。尹健强等（1995）研究了珠江口浮游动物的肠道色素含量和食性，发现大多数滤食性桡足类在摄食环境改变的条件下存在食性转变问题。珠江口浮游植物种类和粒级结构存在明显的区域变化，河口上游伶仃洋海域以小型浮游植物为主，向外微型、微微型浮游植物占优势（黄邦钦等，2007; Qiu et al.，2010），河口浮游桡足类食性和对初级生产力的摄食压力是否因为浮游植物粒级差异而发生改变，有待引进新的分子生物学手段进一步探讨。珠江口桡足类肠道色素含量存在昼夜变化，白天含量高于夜间（Tan et al.，2004），与黑海浮游桡足类夜间肠道色素含量高于白天的结果不一致（Besiktepe et al.，2005）。

第三节　南海北部陆架及外海浮游动物

南海北部海区具有复杂的生态环境特征，既有珠江冲淡水和沿岸上升流，又有寡营养的开阔海区，海区物理过程（冲淡水、上升流、黑潮等）多变。1958～1960 年，在国家科学技术委员会海洋组的领导下全国海洋综合调查展开，该调查在南海近岸海域设置了近 100 个调查站进行浮游动物垂直拖网采样（图 2.30），对浮游动物生物量和主要类群或种类的平面分布和季节变化进行了分析。这是首次在南海北部陆架区开展大规模系统的调查。之后 1997～2000 年中国水产科学研究院承担的国家海洋勘测专项“生物资源栖息环境调查与研究”在南海北部北纬 16°00′～23°30′、东经 107°00′～119°30′，水深 200m 的海域，每季调查设站 132 个（冬季 100 个站），共完成 4 个季度 9 个航次 510 站次浮游动物垂直拖网取样（李纯厚等，2004）。近海是海洋开发、海洋经济和国防建设的核心区域。随着我国海洋经济快速发展，开发活动日趋活跃，近海生态环境资源承受着可持续发展的巨大压力。为摸清我国近海环境和资源家底，支撑服务于国家宏观决策、海洋经济建设、海洋综合管理和海洋安全保障，2003 年 9 月国务院批准开展“我国近海海洋综合调查与评价”专项（即 908 专项），由 3 万多名海洋科技工作者历时 8 年多、航程 200 多万海里共同完成。这是新中国成立以来调查规模最大、涉及学科最全、采用技术手段最先进的国家综合性专项。依托此专项，2006～2007 年在南海北部海域设置 ST06、ST07、ST08 和 ST09 区块，于水体环境调查与研究执行过程中进行了 4 个季度 16 个航次 1144 站次（每季调查设站 286 个）的浮游动物垂直拖网采样（图 2.30）。通过对比南海北部陆架以内海域不同调查年份浮游动物种数、丰度和生物量的变化，分析浮游动物的中长期变化，以期为南海北部生态系统在今后的深入研究提供基础资料，也为南海北部海洋生物资源的可持续利用提供科学依据。

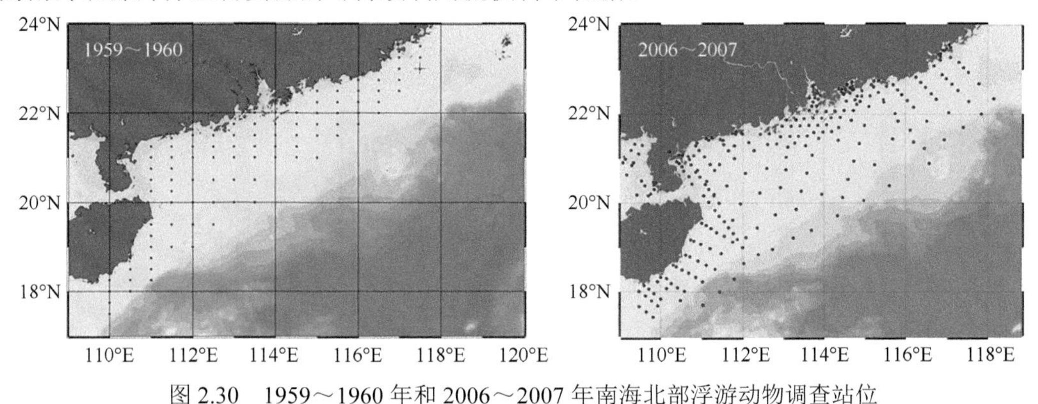

图 2.30　1959～1960 年和 2006～2007 年南海北部浮游动物调查站位

一、陆架及外海浮游动物

在 1959～1960 年、1997～1999 年和 2006～2007 年三次历史调查中，浮游动物种数呈上升趋势，南海北部浮游动物种数由 1959～1960 年调查出现的 285 种到 2006～2007 年的 784 种，原因可能与调查站位频次、采样海域范围和物种鉴定水平提高有关。南海北部浮游动物丰度和生物量在 2006～2007 年调查中均比前两次高（图 2.31）。从季节变化角度看，1959～1960 年和 2006～2007 年浮游动物丰度和生物量在春夏秋季高于冬季，1997～1999 年南海北部浮游动物丰度和生物量的季节波动不大（图 2.32）。

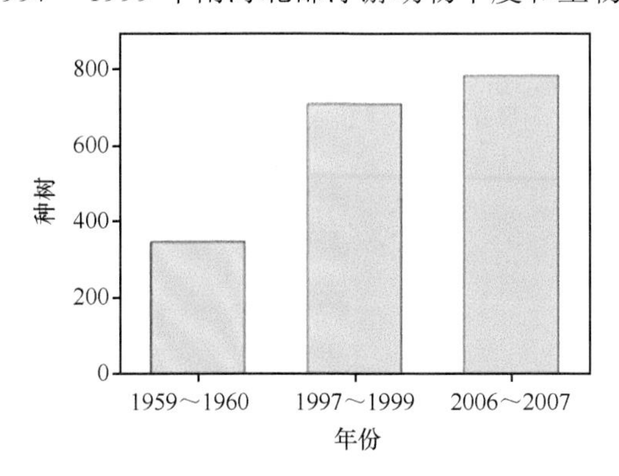

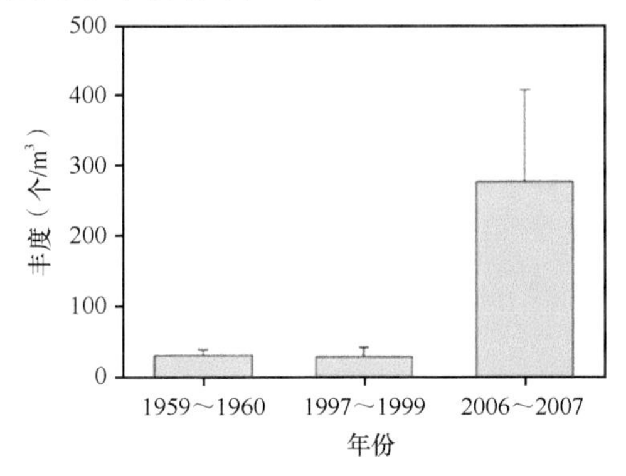

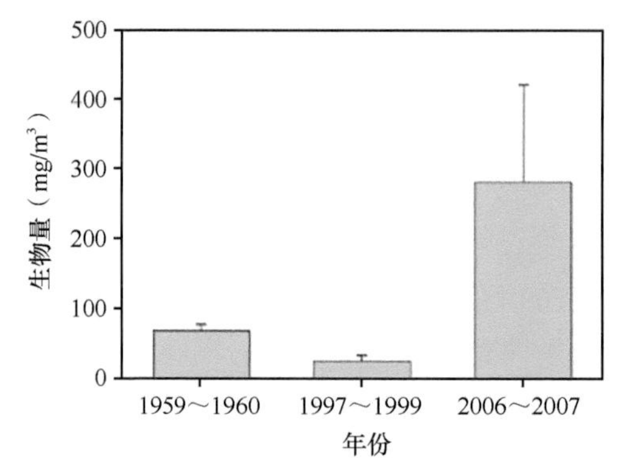

图 2.31　南海北部浮游动物种数、丰度和生物量变化

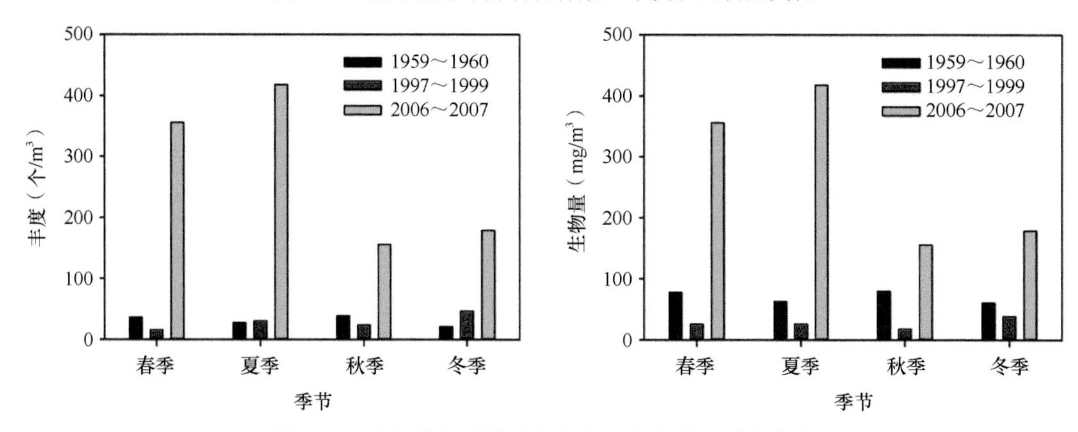

图 2.32　南海北部浮游动物丰度和生物量的季节变化

（一）调查站位

本研究于 2007～2011 年每年 8～9 月对南海北部浮游动物进行调查采样，5 年所涉及的全部调查站位见图 2.33。这些调查旨在阐明南海北部浮游动物的中长期变化及其对环境变化的响应。表 2.20 列出了每年浮游动物采样的站位和时间。

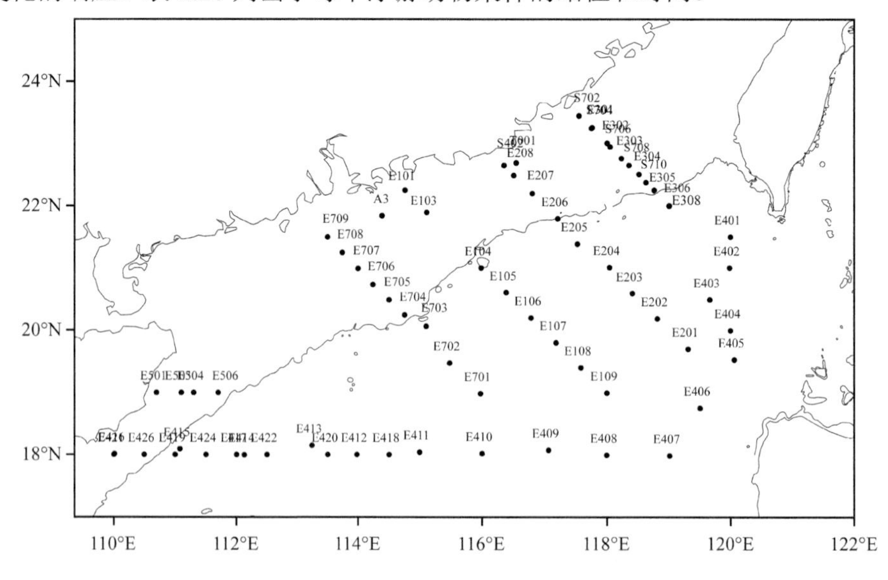

图 2.33　2007～2011 年南海北部浮游动物调查站位

表 2.20 2007～2011 年南海北部浮游动物采样站号

2007.8.10～8.30	2008.8.15～9.5	2009.9.1～9.19	2010.9.8～9.19		2011.8.27～9.10	
E101	E101	E709	E416	E204	E104	E413
E103	E103	E708	E415	E203	E105	E414
E105	E201	E707	E414	E202	E106	E415
E107	E203	E705	E413	E701	E107	E417
E205	E205	E506	E412	E702	E108	E419
E203	E401	E504	E411	E703	E109	E421
E202	E407	E503	E410	E704	E201	E701
E201	E414	E501	E409	E706	E202	E702
T001	E426	E426	E408	E707	E203	E703
A3	E424	E424	E407		E204	E704
E709	E412	E422	E406		E205	E705
E705	E416	E420	E405		E206	E706
E426	E418	E418	E404		E207	E707
E420	E420	E405	E403		E208	E708
E412	E422	E404	E402		E401	E709
E407	E705	E403	E401		E402	
E401	E709	E402	E306		E403	
E308	S402	E401	E305		E404	
E306	S702	E308	E304		E405	
E304	S704	E206	E303		E406	
E302	S706	E107	E302		E407	
	S708	E105	E301		E410	
	S710	E103	E206		E411	
		E101	E205		E412	

（二）环境因子

2007 年 9 月到 2008 年 5 月，南海表层海水温度低于近几十年来南海表层温度的平均值，最低时比平均温度低约 2℃。2010 年南海表层海水温度与 2008 年初相反，其高于南海表层平均温度，到 2011 年上半年，南海表层海水温度又呈现负异常。同时，尼诺 3.4 区海温指数表明，2007 年下半年到 2008 年初这段时期存在一个拉尼娜事件。与之相反，2009 年下半年到 2010 年上半年存在一个较强的厄尔尼诺事件，其在 2010 年下半年转化为拉尼娜事件。现场调查表明，南海北部海水表层盐度沿着近岸到外海方向越来越高，珠江口外围海域的盐度受到冲淡水的影响。2009 年和 2011 年，南海北部外海高盐水入侵程度较大，尤其是 2011 年。南海北部表层叶绿素 *a* 的平面分布从近岸到远岸逐渐降低，近岸的高值区有两个：一个是受珠江冲淡水影响的区域，另一个是受粤东上升流影响的区域。2007 年至 2011 年，南海北部表层叶绿素 *a* 浓度整体降低。2007 年夏季表层叶绿素 *a* 浓度最高，平均为 0.67mg/m^3±1.09mg/m^3。与 2007 年夏季表层叶绿素 *a* 相比，2008 年夏季南海北部表层叶绿素 *a* 浓度急剧下降至 0.27mg/m^3±0.42mg/m^3。2009 年夏季南海北部海域表层叶绿素 *a* 水平继续下降，2010 年叶绿素 *a* 水平略微升高，到 2011 年降到 5

年来最低值 0.08mg/m^3±0.03mg/m^3。

（三）浮游动物群落

1. 种数组成

2007～2011 年南海北部浮游动物种类组成情况如表 2.21 所示，共鉴定浮游动物 499 种，其中包括 32 个浮游幼体类群。其中 2008 年浮游动物种数最多，为 351 种，这是由 2008 年水母类种数增加所致；2009 年浮游动物种数最少，仅有 186 种；2010 年浮游动物种数略微上升，在 2011 年继续下降。桡足类为最主要的浮游动物类群，2007～2011 年南海北部调查共鉴定桡足类 199 种，其次为水母类、端足类、介形类和浮游幼体。与以往的调查相比，南海北部浮游动物出现明显的种数变化，这与浮游动物调查区域和调查站位的差异有关。1959～1960年，南海北部浮游动物种数约为 285 种；1978～1979 年调查时，浮游动物种数约为 765 种（中国科学院南海海洋研究所，1985）；到 1997～1999 年调查时，浮游动物种数为 709 种（李纯厚等，2004）；2007～2011 年南海北部调查浮游动物总种数为 499 种。

表 2.21　2007～2011 年夏季南海北部浮游动物种类组成的年际变化

类群	2007		2008		2009		2010		2011	
	种数	占比（%）	种数	占比（%）	种数	占比（%）	种数	占比（%）	种数	占比（%）
原生动物	7	2.55	0	0	1	0.54	2	0.84	2	0.97
水母类	43	15.64	88	25.07	24	12.90	22	9.21	23	11.17
多毛类	4	1.45	17	4.84	0	0	3	1.26	1	0.49
软体动物	14	5.09	15	4.27	6	3.23	7	2.93	9	4.37
枝角类	1	0.36	2	0.57	0	0	2	0.84	1	0.49
介形类	13	4.73	21	5.98	4	2.15	12	5.02	11	5.34
桡足类	118	42.91	121	34.47	95	51.08	130	54.39	99	48.06
糠虾类	2	0.73	2	0.57	1	0.54	1	0.42	0	0
涟虫类	1	0.36	2	0.57	0	0	0	0	0	0
等足类	2	0.73	0	0	0	0	0	0	0	0
端足类	18	6.55	21	5.98	8	4.30	8	3.35	11	5.34
磷虾类	6	2.18	3	0.85	9	4.84	11	4.60	11	5.34
十足类	1	0.36	2	0.57	3	1.61	3	1.26	3	1.46
毛颚类	18	6.55	21	5.98	14	7.53	13	5.44	12	5.83
被囊类	10	3.64	16	4.56	10	5.38	14	5.86	15	7.28
浮游幼体	17	6.18	20	5.70	11	5.91	11	4.60	8	3.88
总计	275	100	351	100	186	100	239	100	206	100

2. 浮游动物丰度

2007～2011 年夏季南海北部浮游动物丰度年际和空间变化较大（图 2.34、图 2.35）。

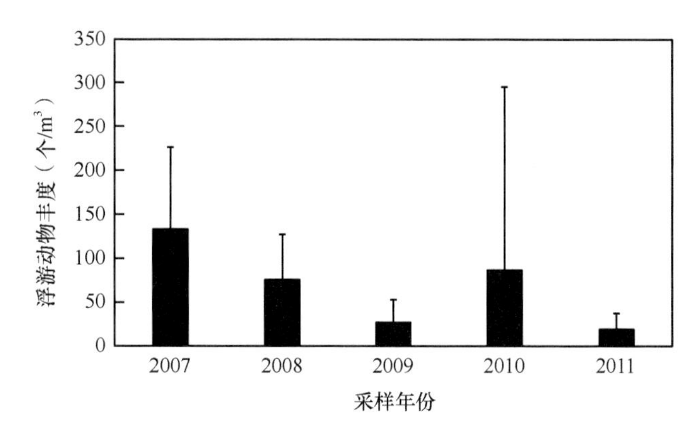

图 2.34　2007～2011 年夏季南海北部浮游动物平均丰度的年际变化

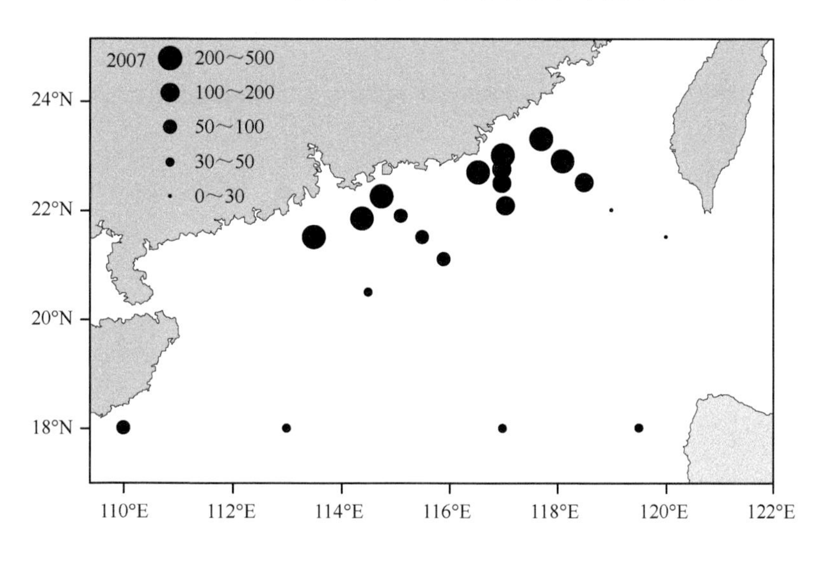

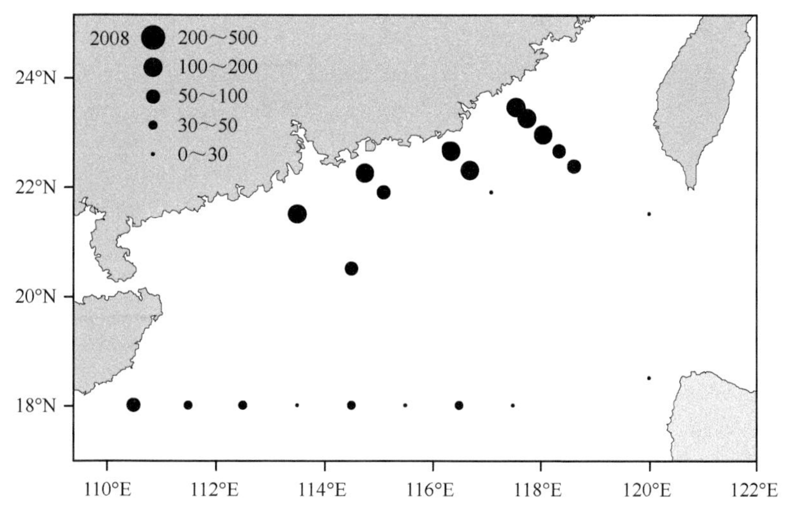

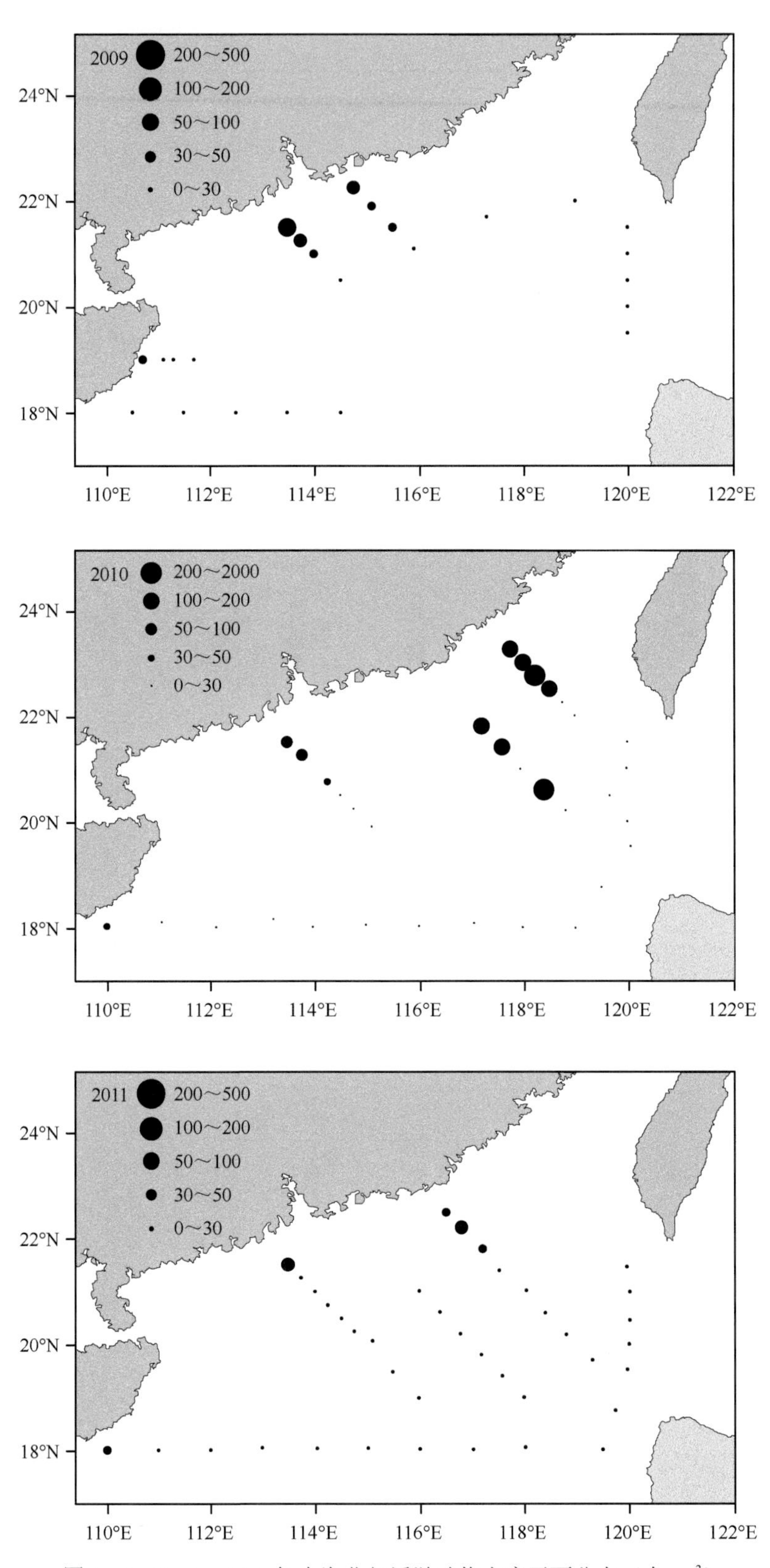

图 2.35　2007～2011 年南海北部浮游动物丰度平面分布（个 /m³）

2007～2009 年浮游动物的平均丰度整体呈现降低的趋势（图 2.34）。2007 年夏季南海北部浮游动物平均丰度最高，为 133.43 个 /m^3±93.32 个 /m^3，浮游动物丰度高值区主要分布在近岸。而 2008 年和 2009 年浮游动物丰度逐年下降，分别为 75.49 个 /m^3±52.15 个 /m^3 和 26.97 个 /m^3±25.83 个 /m^3。其中，2009 年浮游动物丰度与 1998 年夏季南海北部浮游动物丰度（30.04 个 /m^3）接近。2010 年夏季南海北部浮游动物丰度（86.34 个 /m^3±209.82 个 /m^3）较 2009 年有较大上升，这是由 2010 年浮游幼体在个别站位大量聚集导致，如 2010 年夏季调查站位 E303 站，浮游幼体的丰度非常高，为 692.40 个 /m^3，与之类似的 E203 站，浮游幼体的丰度也达到 327.70 个 /m^3。2011 年夏季南海北部浮游动物平均丰度是 5 年来最低，为 19.04 个 /m^3±18.35 个 /m^3，无论在近岸还是远岸，浮游动物丰度都有很大的下降（图 2.35）。

3. 主要类群丰度

除了种类组成发生改变以外，浮游动物优势类群也有所变化。桡足类、水母类、毛颚类、被囊类和浮游幼体是南海北部浮游动物的五大类群。这五大类群的年际变化见表 2.22。2007 年夏季水母类的丰度为 8.63 个 /m^3，而到 2008 年水母类的丰度上升至 13.99 个 /m^3。2009～2011 年夏季水母类的丰度都低于 1.00 个 /m^3，这与李纯厚等（2004）在 1998 年夏季对南海北部水母类的调查结果相似。2007～2011 年夏季南海北部桡足类的丰度变化较大，虽然在 2010 年夏季稍有上升，但桡足类丰度的整体变化为下降趋势。2007 年夏季南海北部桡足类的丰度为 69.40 个 /m^3，这与张武昌等（2010a）在夏季对南海北部桡足类丰度（70.27 个 /m^3）的调查结果相近。而 2009～2011 年夏季南海北部桡足类丰度与 1998 年夏季南海北部桡足类丰度（15.32 个 /m^3）相近。2007～2011 年毛颚类丰度逐年下降。此处值得注意的是 2010 年夏季南海北部浮游幼体的丰度急剧升高，为 42.85 个 /m^3。

表 2.22 2007～2011 年夏季南海北部浮游动物主要类群丰度的年际变化（个 /m^3）

类群	2007	2008	2009	2010	2011
水母类	8.63	13.99	0.95	0.82	0.64
桡足类	69.40	30.35	11.60	22.87	10.86
毛颚类	12.99	7.40	5.18	3.84	2.05
被囊类	4.97	10.27	0.84	7.90	1.96
浮游幼体	21.00	3.74	6.81	42.85	1.37

南海北部浮游动物主要类群在 2007～2011 年的变化规律如图 2.36 所示。首先，近岸浮游动物主要类群丰度较远岸高。其次，无论近岸还是远岸，夏季南海北部桡足类和浮游幼体的丰度变化最剧烈。2007～2011 年桡足类丰度的总体变化趋势为下降，虽然在 2010 年略有上升，但在 2011 年又继续下降。浮游幼体丰度的变化较大，在 2010 年近岸浮游幼体丰度最高，为 129.21 个 /m^3，超过桡足类成为浮游动物第一大类群。但在 2011 年夏季，浮游幼体丰度急剧下降。

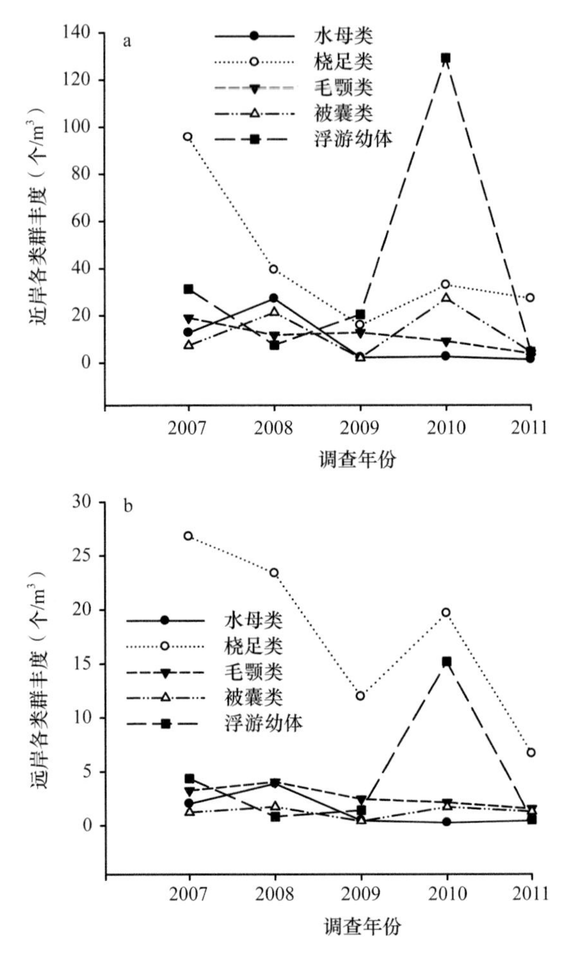

图 2.36　2007～2011 年夏季南海北部近岸（a）和远岸（b）浮游动物主要类群丰度的年际变化

4. 优势种

2007～2011 年浮游动物优势种的变化较大（表 2.23），五年都出现的优势种只有肥胖箭虫。与 2007 年相比较，2008 年夏季南海北部双生水母、小齿海樽和软拟海樽成为优势种。2010 年的优势种只有三种，这是因为 2010 年蛇尾类长腕幼体丰度急剧升高导致的。2009 和 2011 年南海北部优势种中高盐种类的桡足类占很大比例，如狭额次真哲水蚤和彩额锚哲水蚤。

表 2.23　南海北部浮游动物优势种或主要种类的变化

调查时间	优势种	数据来源
1998 年夏季	桡足类幼体、莹虾幼体、肥胖箭虫、长尾类幼体、叉胸次水蚤、微刺哲水蚤、中型莹虾、蛇尾类长腕幼体、异尾宽水蚤、普通波水蚤	李纯厚等，2004
2007 年夏季	小哲水蚤、亚强次真哲水蚤、异尾宽水蚤、锥形宽水蚤、裂颏蛮䗛、正型莹虾、肥胖箭虫、长尾类幼体、海胆长腕幼体	本调查
2008 年夏季	肥胖箭虫、亚强次真哲水蚤、锥形宽水蚤、精致真刺水蚤、双生水母、小齿海樽、软拟海樽	本调查

续表

调查时间	优势种	数据来源
2009 年夏季	肥胖箭虫、普通波水蚤、狭额次真哲水蚤、彩额锚哲水蚤、异尾宽水蚤、蛇尾类长腕幼体、长尾类幼体	本调查
2010 年夏季	肥胖箭虫、小齿海樽、蛇尾类长腕幼体	本调查
2011 年夏季	肥胖箭虫、普通波水蚤、狭额次真哲水蚤、彩额锚哲水蚤、真刺水蚤幼体、长尾类幼体	本调查

根据张武昌等对南海北部浮游动物群落结构的分析，南海北部浮游动物被分为近岸和远岸两个类群，近岸和远岸站位的分界线处水深约为 100m（Zhang et al.，2009；张武昌等，2010a）。由于历年的调查站位有所不同，为减小误差，我们将浮游动物调查站位按照水深分为近岸和远岸两个类型站位，调查站位水深小于 100m 的归为近岸站位，调查站位水深大于 100m 的归为远岸站位。

就桡足类来讲，小哲水蚤、亚强次真哲水蚤、异尾宽水蚤、锥形宽水蚤等是广布种类，遍及整个调查区域，其在近岸有很高丰度（图 2.37）。2007～2011 年这一类桡足类的丰度无论在近岸和远岸都普遍降低。而普通波水蚤、狭额次真哲水蚤、彩额锚哲水等属于较为明显的热带种，尤其是后两种。这些种类在远岸的丰度较高，而且它们在 2009～2011 年丰度有所增加。其他种类的浮游动物优势种有肥胖箭虫、双生水母、小齿

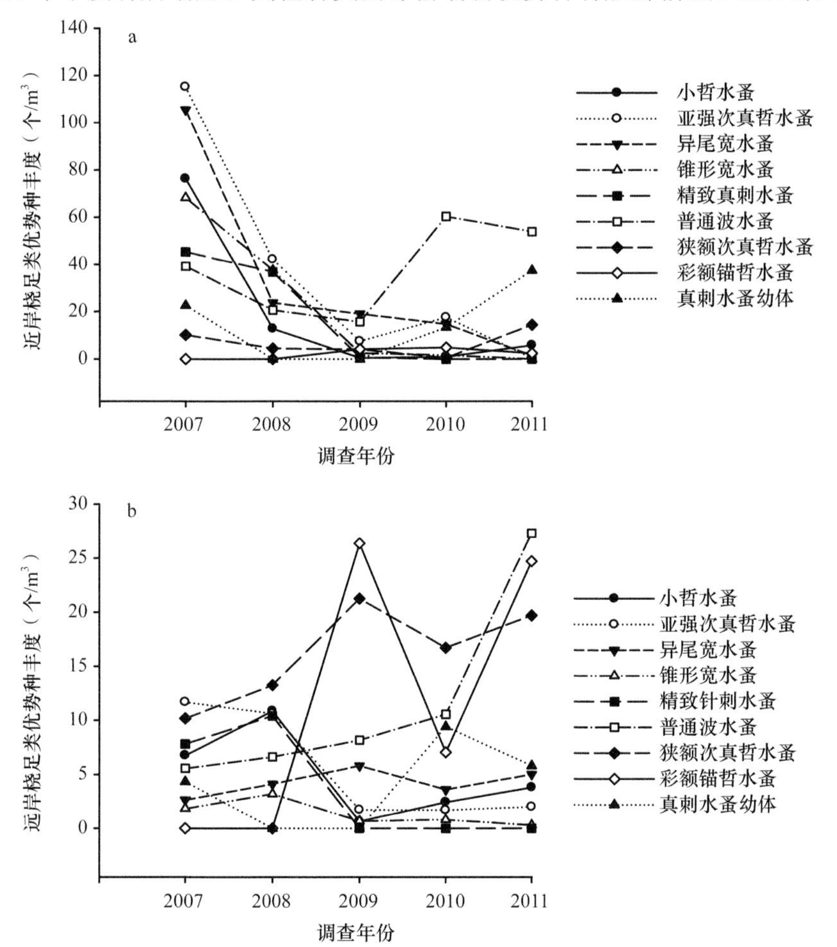

图 2.37　2007～2011 年夏季南海北部近岸（a）和远岸（b）桡足类优势种丰度的年际变化

海樽、软拟海樽、长尾类幼体、蛇尾长腕类幼体、海胆长腕幼体。浮游幼体主要在近岸分布，其丰度变化较为剧烈，2007～2008 丰度下降，2010 年蛇尾类长腕幼体在一些站位大量聚集，导致 2010 年浮游幼体的丰度急剧升高，2011 年又继续下降。此外小齿海樽在 2007～2011 年有两个高峰，分别为 2008 和 2010 年（图 2.38）。

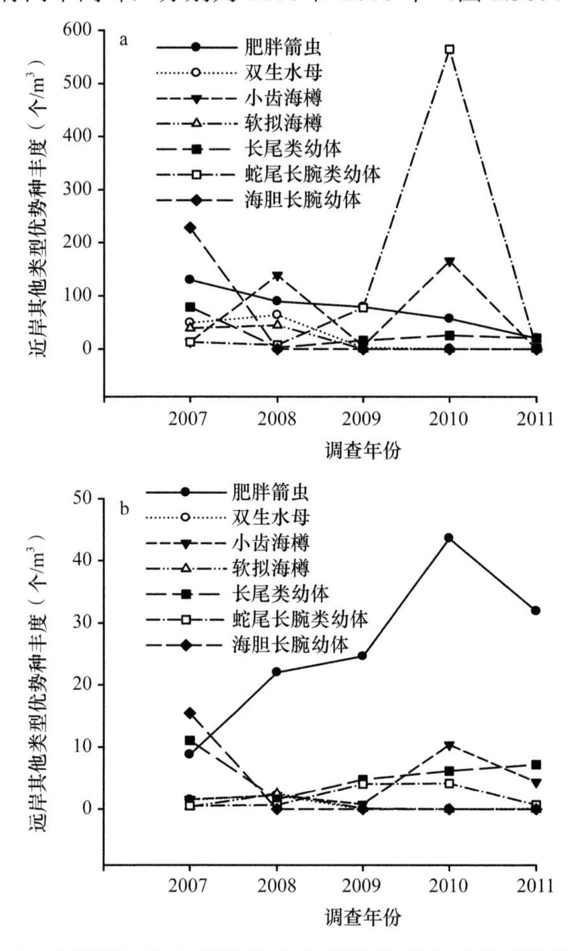

图 2.38 2007～2011 年夏季南海北部近岸（a）和远岸（b）其他优势种丰度的年际变化

（四）南海北部陆架及外海浮游动物年际变化的影响因素

关于浮游动物年际变化的研究，当前国际上发表了大量的研究成果，这些研究多数是针对全球气候变化对浮游动物群落的影响。例如，Roemmich 和 McGowan（1995）指出，从 1951～1995 年的 45 年间，加利福尼亚州南部海域大型浮游动物的生物量下降了将近 80%。Lavaniegos 和 Ohman（2003）研究了加利福尼亚海流南端的海樽类的长期变化，结果发现 1951～2002 年，海樽类在 1976～1977 年和 1998～1999 年这两个时间段有大变动。一些冷水种类如大纽鳃樽、贝环纽鳃樽和近缘纽鳃樽在 1951～1976 年出现，但是在加利福尼亚海流变暖的年份（1977～1998 年）却很少被发现。孙松等（2011）研究了胶州湾浮游动物群落结构的长期变化，结果显示 1977～2008 年的 30 多年来胶州湾浮游动物生物量呈现明显的上升趋势。同时，胶州湾浮游动物的种类组成发生改变，胶质类浮游动物的种类和数量均表现为升高的现象。Mackas 等（2001）在对不同区域浮游动物长期变化的研究进行比较，认为目前全球范围内不同区域浮游动物的变化研究存在很多问题难以解答，尤其是长时间尺度的浮游动物变化研究。综合2007～2011年南海北部浮游动物的变化及其与先前研究的对比结果，夏季南海北部浮游动物的变化特征分为三个方面，即浮游动物丰度的变化、浮游动物优势类群的变化、浮游动物优势种的变化。

首先，2007～2011年夏季南海北部浮游动物的丰度波动大，其变化趋势与表层叶绿素*a*浓度的变化趋势相同。1959年调查时夏季南海北部桡足类丰度为31.79个/m^3，1979年夏季南海北部调查中桡足类丰度为20.44个/m^3，1998年夏季南海北部桡足类丰度为15.31个/m^3，其都小于2004年和2007年夏季南海北部桡足类丰度（70.27个/m^3和69.40个/m^3）。这说明近几十年来南海北部浮游动物丰度呈现增加的趋势。与浮游动物丰度的趋势相对应，近几十年来南海北部叶绿素*a*浓度呈上升趋势（Ning et al.，2008），南海北部浮游动物的变化规律可能受人类活动的影响。南海北部海域的营养盐含量近几十年来持续升高，浮游植物丰度的增加非常明显（Ning et al.，2008），为浮游动物的生长繁殖提供了丰富的饵料基础。例如，2006年夏季珠江口浮游动物生物量为1959年的11倍之多。珠江口浮游动物生物量的增幅是中国三个河口中最大的（张达娟等，2008），类似的现象在胶州湾及黑海等海域都有发生。南海北部浮游动物由于人类活动等影响其丰度的整体变化趋势为上升。但是在2007～2011年，夏季南海北部浮游动物丰度却呈现下降趋势，只在2010年有较小的回升。2007～2011年夏季南海北部浮游动物丰度的变化可能受较大的海洋气候变化的影响。在2007年下半年到2008年初这段时期存在一个较强的拉尼娜事件。与之相反，2009年下半年到2010年上半年存在一个较强的厄尔尼诺事件，其在2010年下半年转化为拉尼娜事件。Jing等（2011）研究表明，当处于厄尔尼诺期间时，南海北部沿岸上升流的强度增加，浮游植物和叶绿素*a*浓度也增加，因此浮游动物丰度也增加。而在拉尼娜期间，这种情况相反。因此，2008年和2011年由于受较强的拉尼娜影响，沿岸上升流较弱，夏季南海北部浮游动物丰度下降，而2010年由于受到厄尔尼诺的影响，沿岸上升流变强，浮游动物丰度略有增加。

除了浮游动物丰度的变化以外，浮游动物类群也有所变化，如2008年夏季南海北部浮游动物总丰度降低而水母类和海樽类的丰度却有大幅增加，2010年海樽类的丰度也有大幅增加，1979年调查时夏季南海北部水母类丰度为1.13个/m^3，1998年夏季南海北部调查中水母类丰度为0.31个/m^3。在2007～2011年的调查中，水母类丰度在2007年和2008年夏季较高，而到2011年水母类丰度则很低，海樽类丰度的变化特征也类似。水母类和海樽类等胶质类浮游动物的丰度在2011年有大幅下降，但是暴发的频率升高。这与胶州湾等关于水母类和被囊类丰度增加的趋势有所不同（孙松等，2011）。此外，2007～2011年浮游动物优势种发生了很大变化，从2009～2011年，一些明显的外海种类浮游动物转变成优势种，这可能是由外海水对南海北部近岸的影响所致。

由于2007～2011年关于南海北部的调查每年只进行一次，而且每次调查站位不尽相同，要分析浮游动物的长期变化还需要进行更连续和系统的调查，如一年四次或者逐月一次的常规监测，这也是本研究的不足之处。在下一步工作中将逐步完善。

二、吕宋海峡浮游动物

吕宋海峡，通常是指位于我国台湾岛和菲律宾吕宋岛之间的海域，包括巴布延海峡、巴林塘海峡和巴士海峡，是南海连接西太平洋的主要通道。同时，吕宋海峡也是南海与世界大洋之间水交换的主要通道。黑潮起源于北赤道流在吕宋岛以东北纬 11°～14.5° 的北向分支，黑潮作为太平洋最强的一支西边界流在流经吕宋海峡时发生形变并作用于南海，对南海北部环流及其变异有十分重要的影响（赵伟，2007）。孙剑等（2006）研究了吕宋海峡黑潮的季节变化特征及其对南海的影响，指出夏季黑潮可以到达吕宋海峡南部，一直流到东经 120.5°～121° 附近。夏季南海水与西太平洋水的分界可以看成东经 120.5° 线，黑潮水以最小规模进入并影响南海，是对南海影响最小的季节。流经吕宋海峡的黑潮及其在吕宋海峡处的水交换对浮游动物的种类组成及群落结构有着重要的影响。目前国内关于南海浮游动物的研究主要集中于吕宋海峡以西（即东经 120° 以西）的海域（李纯厚等，2004；张武昌等，2010a），很少有关于吕宋海峡附近海域浮游动物群落结构的研究。本节比较分析了 2008 年 8～9 月吕宋海峡浮游动物群落结构和种类组成，同时结合环境因子，探讨吕宋海峡浮游动物的群落结构特征及其对不同性质水团影响的响应。本研究共鉴定浮游动物 257 种及浮游幼体 12 个类群，其中桡足类的种类最多，其次为水母类。吕宋海峡西部海域浮游动物物种数、多样性指数高于吕宋海峡中东部海域。其中，吕宋海峡西部海域浮游动物平均丰度高于吕宋海峡中东部海域。吕宋海峡浮游动物可被分为两个类群，即黑潮类群和南海类群，这两个类群的浮游动物群落结构有较大差异。通过研究热带大洋高温高盐类群（黑潮指示种）的消长扩展可以判断出黑潮水对南海的入侵程度。

（一）调查站位

本航次依托中国科学院南海海洋研究所开放航次，搭载“实验 3”号船，于 2008 年 8 月 15 日至 9 月 15 日对吕宋海峡附近海域进行了调查，共设置 14 个海洋生物调查站位。表 2.24 列出了各调查站位的水深和经纬度。断面的选择考虑了主要受南海北部海水影响的吕宋海峡西部海域和主要受黑潮影响的吕宋海峡东部海域。A1～A7 站位于吕宋海峡西部海域，B1～B3 站位于吕宋海峡中部海域，B4～B7 站位于吕宋海峡东部海域。水深、水温、盐度等指标用温盐深测量仪 CTD（Sea-Bird Electronics 公司）现场同步测定。吕宋海峡附近海域地转流图来源于亚太数据研究中心（APDRC）(http://apdrc.soest.hawaii.edu/data/data.php)。

表 2.24 吕宋海峡调查站位的水深和经纬度

调查站位	北纬（°）	东经（°）	水深（m）	调查站位	北纬（°）	东经（°）	水深（m）
A1	21.5	120	3059	B1	21.27	121.00	1636
A2	21	120	3720	B2	19.50	120.98	2685
A3	20.5	120	3417	B3	19.19	121.00	1581
A4	20	120	3625	B4	19.50	122.16	1583
A5	19.5	120	4112	B5	20.50	122.17	2747
A6	19	120	3150	B6	21.50	122.16	4600
A7	18.499	120	1914	B7	22.52	122.17	4959

（二）环境因子

本次调查中，吕宋海峡海水表层温度（SST）变化范围为 28.58～29.93℃，海水表层盐度（SSS）变化范围为32.95‰～34.17‰。虽然A断面和B断面的表层温度差别不大，但随着水深的加深，B断面比A断面水温高2～4℃，两者差异较大。当水深为200m时，A断面温度约为16℃，而B断面约为22℃。两个断面的盐度也有很大差别，B断面海水的盐度明显高于A断。由此可以得出，B断面受到高温高盐黑潮水的影响，而A断面则处于南海北部外海水的影响。值得指出的是，A7站位靠近吕宋岛以西，有明显的上升流迹象。地转流的分析表明，黑潮的路径为从菲律宾吕宋岛的东北部到我国台湾岛的西南部，黑潮水以流套方式进入南海，然后从台湾岛南部流出。在本次调查期间黑潮水对南海北部的影响较小。

（三）浮游动物群落

1. 种类组成和多样性

本次调查鉴定出的浮游动物为257种及浮游幼体12个类群，包括放射虫类1种、水母类41种、多毛类6种、软体动物10种、介形类15种、桡足类111种、糠虾类1种、端足类20种、磷虾类11种、十足类3种、毛颚类20种和被囊类18种。其中桡足类的种类最多，占浮游动物总种数（包括浮游幼体）的41%，其次为水母类，占浮游动物总种数的15%。浮游动物种数的平面分布见表2.25。由表2.25可以看出，吕宋海峡西部海域浮游动物的种数、多样性指数比吕宋海峡中东部海域高。前者的浮游动物种数变化范围为108～133种，平均为120种，后者浮游动物种数的变化范围为27～46种，平均为38种，前者平均数为后者的3.16倍。吕宋海峡西部海域和中东部海域浮游动物均匀度指数的差别不明显。

表2.25　浮游动物种数、多样性指数和均匀度指数的分布

区域	站号	种数	多样性指数	均匀度指数
吕宋海峡西部	A1	131	6.15	0.87
	A2	133	6.28	0.89
	A3	120	6.08	0.88
	A4	116	6.12	0.89
	A5	108	6.13	0.91
	A6	112	6.13	0.90
	A7	120	6.37	0.92
吕宋海峡中东部	B1	39	4.45	0.83
	B2	39	4.64	0.87
	B3	27	4.00	0.84
	B4	40	4.86	0.91
	B5	46	5.18	0.94
	B6	33	4.56	0.90
	B7	40	4.92	0.92

2. 丰度分布

吕宋海峡浮游动物丰度变化范围为5.3～47.6个/m^3，平均为16.76个/m^3±11.36

个 /m³。其中，吕宋海峡西部海域（A1～A7 调查站位）浮游动物平均丰度为 24.62 个 / m³，而吕宋海峡中东部海域（B1～B7 调查站位）浮游动物平均丰度为 8.9 个 /m³，前者是后者的 2.77 倍（图 2.39）。桡足类、毛颚类和被囊类是吕宋海峡附近海域浮游动物的三大类群，它们的丰度分别占浮游动物总丰度的 60.03%、13.82% 和 7.52%。由图 2.40 可以看出，吕宋海峡西部海域浮游动物尤其是桡足类的丰度较高，而吕宋海峡中东部的浮游动物丰度较低，其中桡足类的差别较大，而毛颚类和被囊类的差别较小。

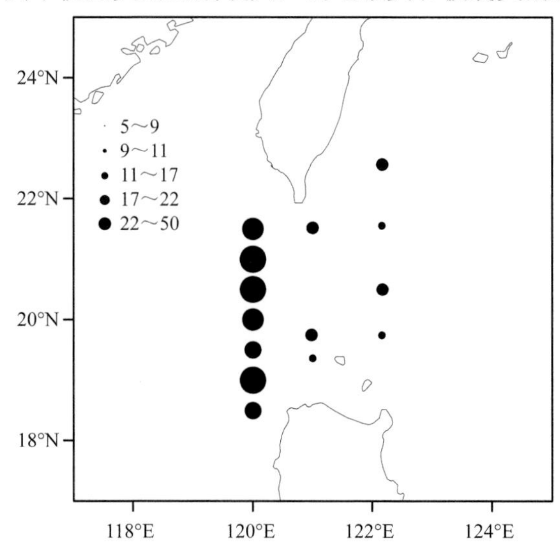

图 2.39　吕宋海峡海域浮游动物的丰度（个 /m³）

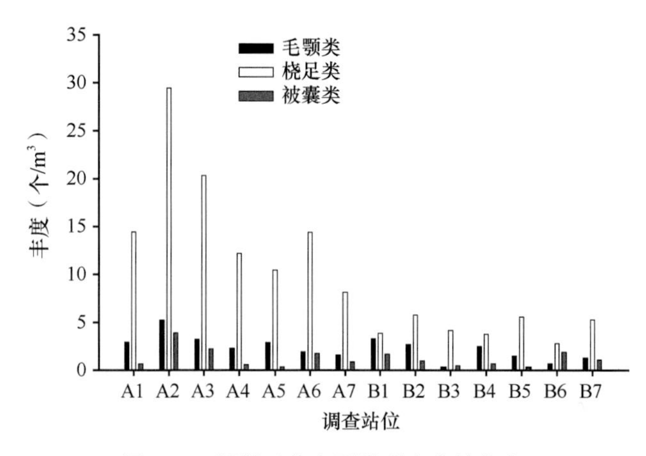

图 2.40　浮游动物主要类群丰度的分布

3. 优势种

吕宋海峡附近海域浮游动物的优势种如表 2.26 所示。吕宋海峡浮游动物的优势种依次为肥胖箭虫、角锚真哲水蚤、腹突乳点水蚤、剑乳点水蚤、长角海羽水蚤、海洋真刺水蚤、瘦乳点水蚤 6 种，这些优势种主要是暖水性种类。

表 2.26　吕宋海峡浮游动物优势种的丰度、出现频率和优势度

种类	平均丰度（个 /m³）	占总丰度的百分比（%）	出现频率	优势度
肥胖箭虫	1.07	6.38%	1.00	0.06
角锚真哲水蚤	0.89	5.30%	0.50	0.03
腹突乳点水蚤	0.60	3.60%	0.79	0.03
剑乳点水蚤	0.51	3.06%	0.79	0.02
长角海羽水蚤	0.48	2.87%	0.86	0.02
海洋真刺水蚤	0.44	2.65%	0.86	0.02
瘦乳点水蚤	0.42	2.52%	0.86	0.02

4. 群落结构分析

聚类分析结果表明，吕宋海峡附近海域浮游动物被分为两个类群（图 2.41）：一个是主要受黑潮水影响的浮游动物类群，主要位于吕宋海峡的中东部，以下简称黑潮类群；另一个是主要受南海海水影响的浮游动物类群，位于吕宋海峡的西部，以下简称南海类群。这两个类群的浮游动物群落结构有较大差异。南海类群浮游动物的相似度水平在 60% 以上，浮游动物种类丰富，多样性指数和丰度较高。黑潮类群浮游动物相似度水平较西部低，在 40% 以上，且该类群浮游动物种类较少，多样性指数和丰度较低。

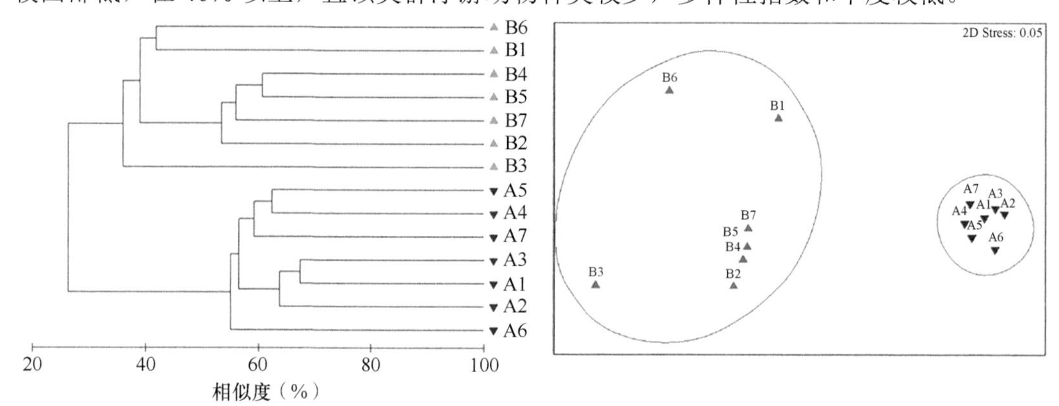

图 2.41　夏季吕宋海峡海域浮游动物丰度的聚类分析图和 NMDS 图

表 2.27 列出了两个类群中丰度最高的前 10 种浮游动物，由表可以看出，这两个类群的浮游动物优势种有很大差别。

表 2.27　吕宋海峡海域两个浮游动物类群的优势种比较（个 /m³）

南海类群		黑潮类群	
种类	丰度	种类	丰度
角锚真哲水蚤	1.78	肥胖箭虫	1.17
腹突乳点水蚤	1.02	海洋真刺水蚤	0.73
肥胖箭虫	0.97	小齿海樽	0.34
剑乳点水蚤	0.84	双尾萨利纽鳃樽	0.30
长角海羽水蚤	0.79	达氏筛哲水蚤	0.29
尖额真哲水蚤	0.73	六翼箭虫	0.26
瘦乳点水蚤	0.62	奇桨剑水蚤	0.26

续表

南海类群		黑潮类群	
种类	丰度	种类	丰度
瘦新哲水蚤	0.48	幼平头水蚤	0.24
狭额次真哲水蚤	0.47	瘦乳点水蚤	0.23
亚强次真哲水蚤	0.43	仔稚鱼	0.20

南海类群的主要优势种为角锚真哲水蚤、腹突乳点水蚤、肥胖箭虫、剑乳点水蚤、长角海羽水蚤、尖额真哲水蚤、瘦乳点水蚤、瘦新哲水蚤、狭额次真哲水蚤、亚强次真哲水蚤。而黑潮类群的主要优势种为肥胖箭虫、海洋真刺水蚤、小齿海樽、双尾萨利纽鳃樽、达氏筛哲水蚤、六翼箭虫、奇桨剑水蚤、幼平头水蚤、瘦乳点水蚤和仔稚鱼。

（四）吕宋海峡浮游动物群落特征及影响因素

吕宋海峡附近海域有两个主要水团，即南海水团和黑潮水团。Liang 等（2008）发现黑潮水通过流套方式入侵南海。吕宋海峡两侧海水的理化性质有很大差别，这与本研究调查结果一致。与吕宋海峡西部海域相比，吕宋海峡东部海域的海水温度和盐度较高。同时从该海域地转流图可以看到，本次调查期间黑潮水对吕宋海峡西部影响较小。浮游动物的聚类分析表明，吕宋海峡附近海域的浮游动物被分成两个类群，即南海类群和黑潮类群。这与 Hwang 等（2007）关于我国台湾南部桡足类群落结构和 Ling 等（2011）关于吕宋海峡表层细菌的群落结构分析结果相似。这说明，夏季黑潮水通过吕宋海峡对南海的影响较小。此处值得一提的是 B1、B2 和 B3 这三个站，虽然这三个站位于吕宋海峡的中部，但受黑潮水的影响比较大，其浮游动物群落结构与受黑潮影响区域的浮游动物群落结构类似。这与孙剑等（2006）对吕宋海峡的研究相吻合，即夏季南海与西太平洋的分界线可以看成东经 120.5° 线，这三个站位于受西太平洋黑潮影响的海域，因此其浮游动物群落结构与黑潮海域浮游动物群落结构类似。对浮游动物的研究表明，夏季吕宋海峡西部海域主要受南海水的影响，黑潮水通过吕宋海峡对南海浮游动物的影响较小。

两个类群浮游动物的优势种也有很大不同：南海类群的优势种，如角锚真哲水蚤、尖额真哲水蚤、狭额次真哲水蚤、亚强次真哲水蚤等属于暖水性外海高温偏低盐类群，该类群在南海占据相当大的优势（Zhang et al.，2009；张武昌等，2010a），但与热带大洋高温高盐类群相比，其适盐、适温性较低（杨关铭等，1999a，1999b，2000）。黑潮类群优势种，如海洋真刺水蚤、小齿海樽、双尾萨利纽鳃樽、达氏筛哲水蚤、六翼箭虫、奇桨剑水蚤等都属于热带大洋高温高盐类群，该类群由较适温适盐的高温、高盐种组成，广泛分布于受黑潮暖流影响的水域，主要分布在黑潮表层水中，密集区出现在黑潮锋附近水域。热带大洋高温高盐类群浮游动物成为优势种在一定程度上反映了黑潮水对吕宋海峡西部海域的影响。指示性种类分布的研究对不同水团的消长扩布有指示作用，因此可以通过研究黑潮指示种的分布来推断出黑潮水对南海的入侵程度。

三、南海东北部桡足类

南海东北部具有独特的生态环境，在季风及黑潮入侵等动力因子的影响下表现出复杂多变的环流形式，另外也受台风、中尺度涡旋及内波等物理扰动的影响。南海东北部沿岸上升流的强度、冷涡的消长、珠江冲淡水在南海北部的扩展及黑潮入侵的路径和强度均存在明显的季节变化（舒业强等，2018）。这些物理过程的变动已经影响了南海北部的营养盐、初级生产力和鱼卵仔稚鱼的时空分布（Huang et al.，2017；于君和邱永松，2017）。浮游桡足类作为海洋生态系统的重要次级生产者，其时空变化受初级生产力的影响，同时又是中层和底层渔业资源的主要饵料来源，其在南海东北部的季节变化和区域分布及其对沿岸流、上升流和黑潮入侵的响应是值得研究的课题。

（一）调查站位与分析

本研究依托“黑潮及其变异对南海东北部生态系统的影响”项目，搭载中国科学院南海海洋研究所“实验3”号科考船，分别于2015年8月（夏季）和2016年2～3月（冬季）对南海东北部进行调查研究。调查共设置70个水文站位，包括5个断面和23个浮游动物样品采集站位（图2.42）。遥感数据来源于https://www.copernicus.eu/en，使用Matlab 2018b软件绘制夏季和冬季采样海域海面流场和海平面高度。

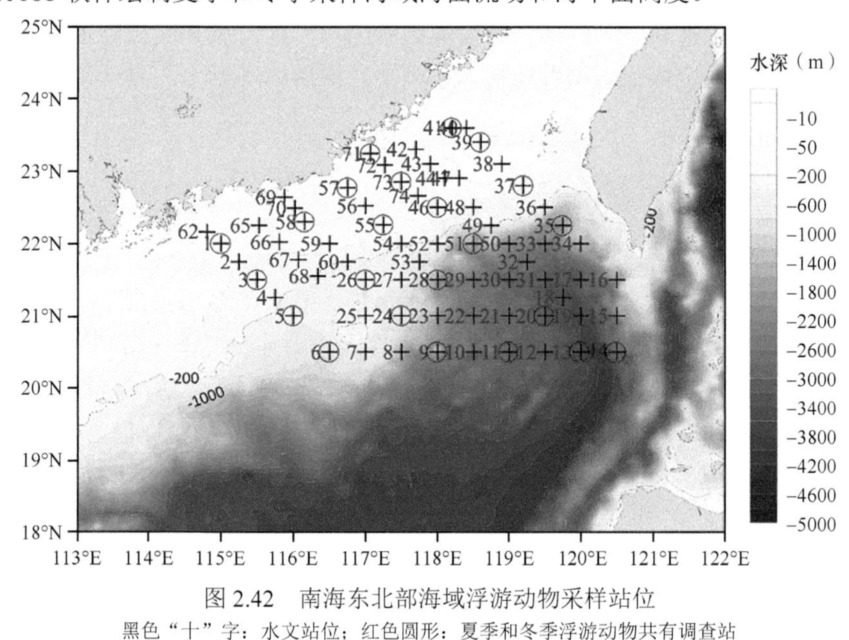

图2.42　南海东北部海域浮游动物采样站位

黑色“十”字：水文站位；红色圆形：夏季和冬季浮游动物共有调查站

（二）环境因子

根据海平面高度和地转流数据可以直观地看出，北太平洋海平面高度高于南海东北部，结合站位的实测温度-盐度（*T-S*）曲线可以明显看出，夏季和冬季都有海水从西太平洋进入到南海东北部，即有黑潮水的入侵。夏季，降水量增加，珠江冲淡水势力增强，在西南季风的驱动下向东扩展，陆坡区调查站1号、3号、58号、55号、46号、39号等明显受到影响。位于粤东海域的71号站位由于海水的向岸和离岸运动生成沿岸上升流，低温、高盐的底层水进入表层。冬季，在东北季风的作用下，中国沿岸流主要是闽浙沿岸流南下，进入研究海域，使得研究海域近岸呈现低温、低盐的特性。总之，流场分布和*T-S*曲线结果表明，大陆坡海域夏季主要受到上升流和冲淡水的影响，外海主要受到黑潮水和南海水的混合影响，冬季则主要受到黑潮水和沿岸流的影响。黑潮入侵、珠江冲淡水、沿岸上升流及沿岸流明显对调查海域的水文环境造成了影响。夏季，粤东海域附近表现出低温、高盐、高叶绿素 *a* 浓度的现象，温度 21.2℃，为夏季调查海域最低温度，盐度和水柱叶绿素 *a* 浓度夏季最高，高达 34.4‰和 1.25mg/m^3，这表明在该海域附近有沿岸上升流的出现。此外，珠江冲淡水在西南季风的驱动下自珠江口向东延伸至台湾海峡，在大陆架形成一条盐度低于 33.5‰的水舌。离岸站位的海域受黑潮水和南海水的影响，呈现出高温（> 29℃）、高盐（> 33.5‰）、低叶绿素 *a* 浓度（≤ 0.1mg/m^3）的特征。冬季，近岸由自北而下的闽浙沿岸流占据优势，表现为低温（< 18℃）、低盐（< 34.5‰）、高叶绿素 *a* 浓度（> 0.4mg/m^3）。吕宋海峡西侧即南海东北部外海在夏季和冬季则呈现出高温、高盐和低叶绿素 *a* 浓度的特征，这部分海域主要受到黑潮入侵的影响。总而言之，研究海域温度和盐度表现为由近岸到外海逐渐增加且呈现出明显的季节差异（*t* 检验，$t_{温度}$=8.417，$P < 0.001$；$t_{盐度}$= –2.850，$P < 0.01$），水柱叶绿素 *a* 浓度降低但没有季节差异（*t* 检验，$t_{叶绿素\,a\,浓度}$=0.041，$P > 0.05$）。总之，结合流场及实测环境参数可以看出，南海东北部海域在夏季可以根据 200m 等深线被划分为大陆架海域和外海海域，冬季根据海流的影响范围可被划分为受闽浙沿岸流影响的沿岸流海域和受黑潮水入侵的黑潮海域。依据以上生态环境特征，以及在夏、冬季不同区域的基础上，进一步分析比较不同区域浮游桡足类分布的差异。

（三）桡足类群落结构

1. 桡足类种数

本次调查共鉴定桡足类 194 种，其中夏季出现 180 种，冬季出现 142 种。由图 2.43 可看出，桡足类种数呈现出由近岸向外海增加的特征，且在夏季（*t* 检验，$P < 0.0001$）和冬季（*t* 检验，$P < 0.001$）具有显著的区域差异，季节差异不显著（*t* 检验，$P > 0.05$）。夏季，桡足类种数在粤东沿岸上升流海域附近（71 号站位）最少，仅为 26 种，邻近的珠江口水舌影响海域种数则在 30～50 种波动。外海桡足类种数较多，尤其是受黑潮入侵影响的海域，在 14 号和 28 号站位最多可达到 99 种。相对而言，冬季桡足类种数低于夏季桡足类种数，但差异不显著。冬季在沿岸流影响海域，桡足类种数受到限制，在 5～20 种波动，其中在 41 号站位最低，低至 5 种。黑潮影响海域种数较多，最高可达 84 种，出现在台湾西南海域的 35 号站位。此外，Shannon-Wiener 指数的分布模式与桡足类种数分布高度一致，呈现由近岸向外海增加的特征，且具有显著的区域差异（*t* 检验，$P < 0.01$），但季节差异并不显著（*t* 检验，$P > 0.05$）。

2. 桡足类丰度

由桡足类丰度分布图可以看出（图 2.44），桡足类丰度的分布呈现出由近岸向外海逐渐降低的特征，在夏季具有显著的区域差异（*t* 检验，$P < 0.05$），冬季区域差异不显著（*t* 检验，$P > 0.05$），且桡足类丰度不存在季节差异（*t* 检验，$P > 0.05$）。夏季，在粤东沿岸上升流及其邻近站位，桡足类丰度明显较高，最高可达 1969.23 个 /m^3，珠江冲淡水影响海域丰度有所降低，在 130～1235 个 /m^3 范围内波动。冬季中国沿岸流影响海域丰度相对外海较高，其中 39 号、41 号、57 号站位丰度分别达到 1088.74 个 /m^3、629.84 个 /m^3、1388.83 个 /m^3，但 71 号和 73 号站位丰度相对偏低。黑潮入侵海域的桡足类丰度普遍较低，夏季桡足类丰度波动范围为61.65～281.21个/m^3，冬季波动范围为21.07～278.84个/m^3，与近岸相差较大。Pielou’s均匀度指数的水平分布与丰度恰好相反，具有夏季大陆架海域显著低于外海海域（t检验，$P<0.001$）、冬季黑潮入侵海域显著高于沿岸流影响海域（t检验，$P<0.001$）且季节差异不显著（t检验，$P>0.05$）的特征。

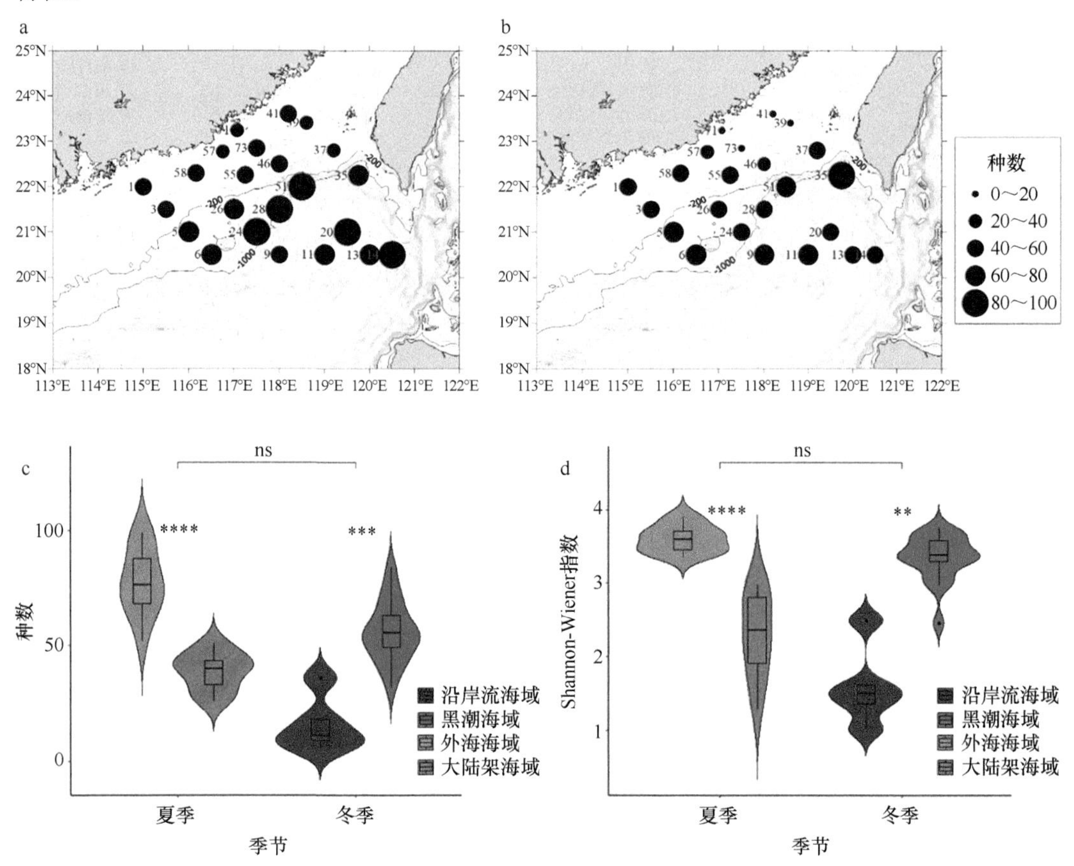

图2.43　南海东北部桡足类种数在夏季（a）和冬季（b）的分布及种数（c）、多样性（d）的季节和区域对比

ns：$P>0.05$，**：$P<0.01$，***：$P<0.001$，****：$P<0.0001$

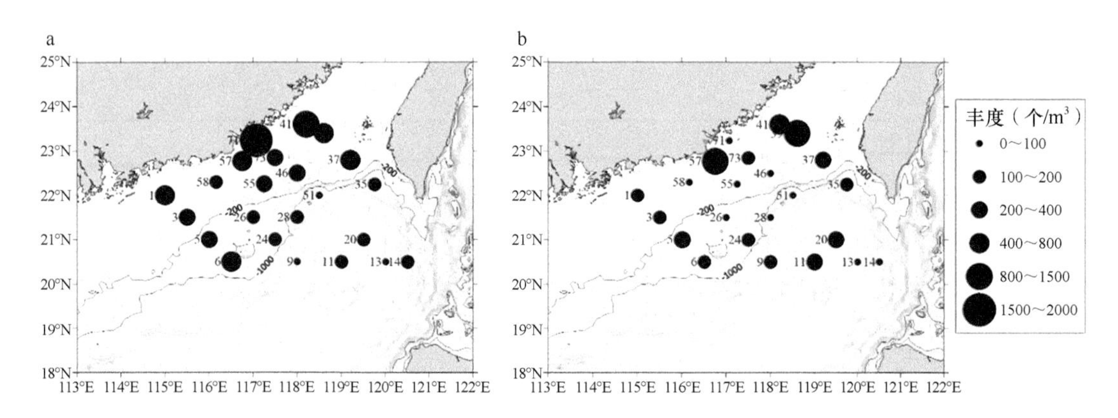

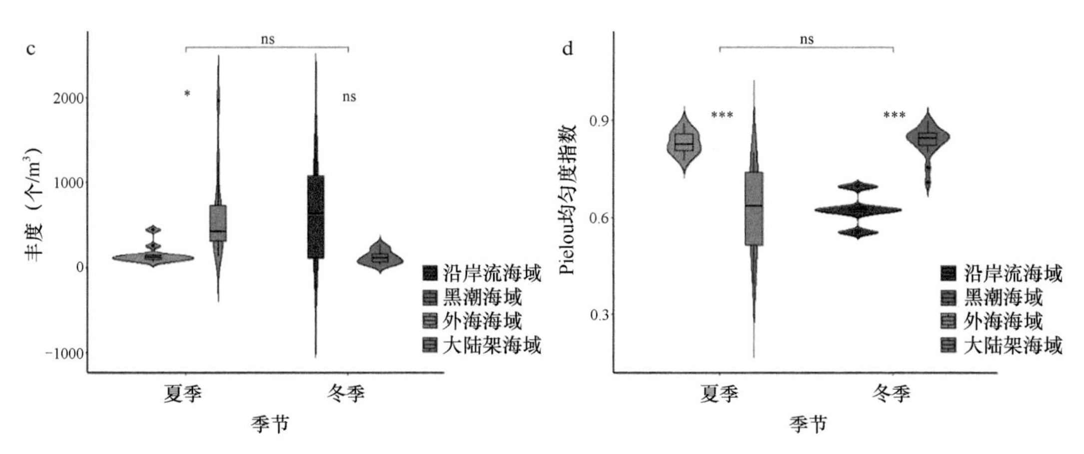

图 2.44　南海东北部桡足类丰度在夏季（a）和冬季（b）的分布及丰度（c）、均匀度指数（d）的季节和区域对比

ns：$P > 0.05$，*：$P < 0.05$，***：$P < 0.001$

3. 优势种

本次调查判断优势种共有 10 种，其中夏季有 6 个优势种，冬季共有 7 个优势种。其中，微刺哲水蚤、锥形宽水蚤和普通波水蚤为夏季优势种，中华哲水蚤、弓角基齿哲水蚤、长尾基齿哲水蚤及美丽大眼水蚤为冬季优势种，此外，丽隆水蚤及拟哲水蚤属的针刺拟哲水蚤和小拟哲水蚤为夏季和冬季共有优势种（表 2.28）。

表 2.28　南海东北部桡足类优势种

优势种	夏季	冬季
中华哲水蚤	–	0.11
微刺哲水蚤	0.07	–
弓角基齿哲水蚤	–	0.02
长尾基齿哲水蚤	–	0.03
美丽大眼水蚤	–	0.06
丽隆水蚤	0.03	0.03
针刺拟哲水蚤	0.06	0.16
小拟哲水蚤	0.03	0.06
锥形宽水蚤	0.36	–
普通波水蚤	0.03	–

注：数值为优势度；“–”代表该种在对应的季节不是优势种

桡足类丰度主要由优势种贡献。夏季优势种锥形宽水蚤优势度最高，且集中分布在粤东沿岸上升流海域及邻近的台湾海峡南部海域（图 2.45）。微刺哲水蚤与锥形宽水蚤分布模式相似，主要分布粤东沿岸在上升流及珠江冲淡水影响海域。普通波水蚤则分布较为均匀，近岸和外海海域都有所分布。针刺拟哲水蚤、小拟哲水蚤及丽隆水蚤作为两个季节的共有优势种，其分布模式一致，近岸分布集中，外海均匀分布。冬季在沿岸流影响海域，美丽大眼水蚤、长尾基齿哲水蚤、中华哲水蚤及针刺拟哲水蚤为海域丰度的主要贡献者。外海则各个优势种都有分布。

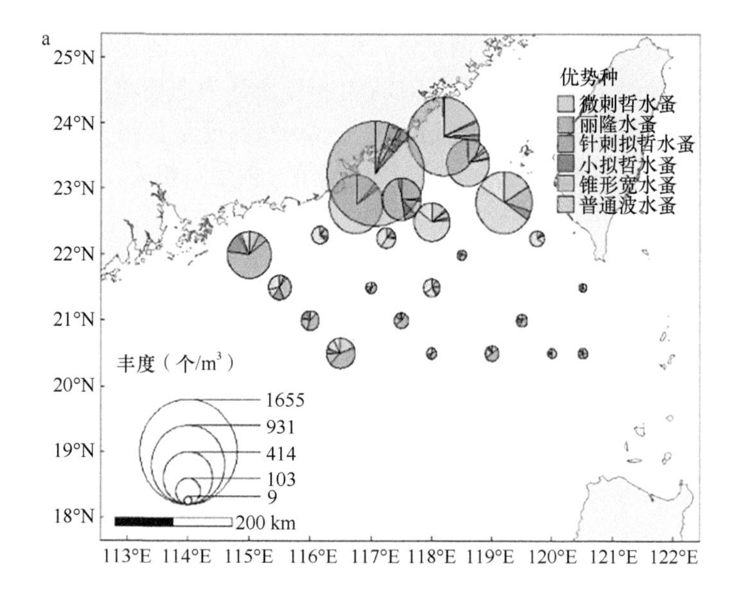

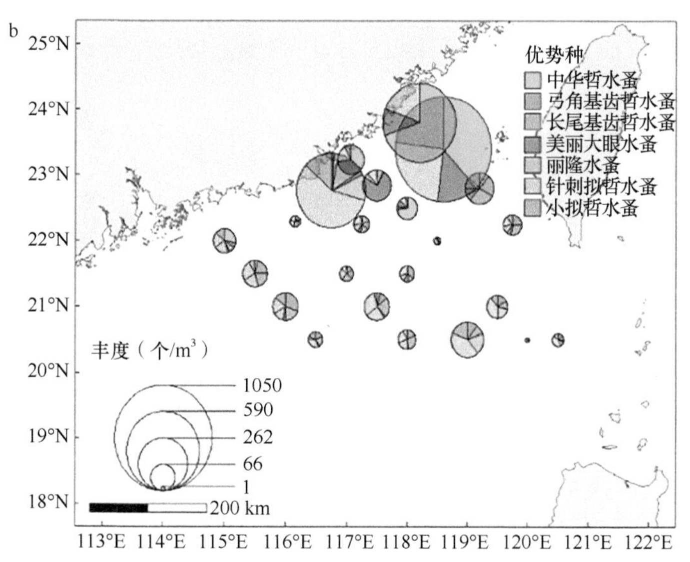

图 2.45 南海东北部夏季（a）和冬季（b）优势种分布

4. 群落结构的聚类分析

对浮游桡足类丰度预处理后进行聚类分析，聚类结果表明夏季和冬季可划分为 3 个类群，类群的分布与所处海域水文环境特征有明显的相关性（图 2.46）。由聚类结果可以看出，夏季和冬季都可以先根据 200m 等深线被划分为高温、高盐的外海类群和大陆架海域类群。夏季，大陆架海域类群根据不同物理现象又可被划分为位于粤东沿岸上升流低温、高盐的沿岸上升流类群，以及位于珠江口附近高温、低盐的珠江口类群。位于台湾海峡的低温、低盐的闽浙沿岸流类群及低温、高盐的近岸类群组成了冬季的大陆架海域类群。桡足类群落的聚类结果受到环境因子（温度、盐度）的影响。

5. 桡足类优势种与环境因子

采用冗余分析来探究桡足类优势种与环境因子之间的相互关系，结果如图 2.47 所示。

夏季和冬季冗余分析（RDA）的前两轴解释度都超过 92%，能较好地反映调查海域浮游桡足类优势种与环境因子之间的关系。RDA 分析结果认为在夏季和冬季水柱叶绿素 *a* 浓度、溶氧（DO）和 pH 与第一轴呈正相关，与水深和温度呈负相关，盐度在夏季水平分布差异不大，所以与轴并无相关关系，冬季则与第一轴呈负相关。

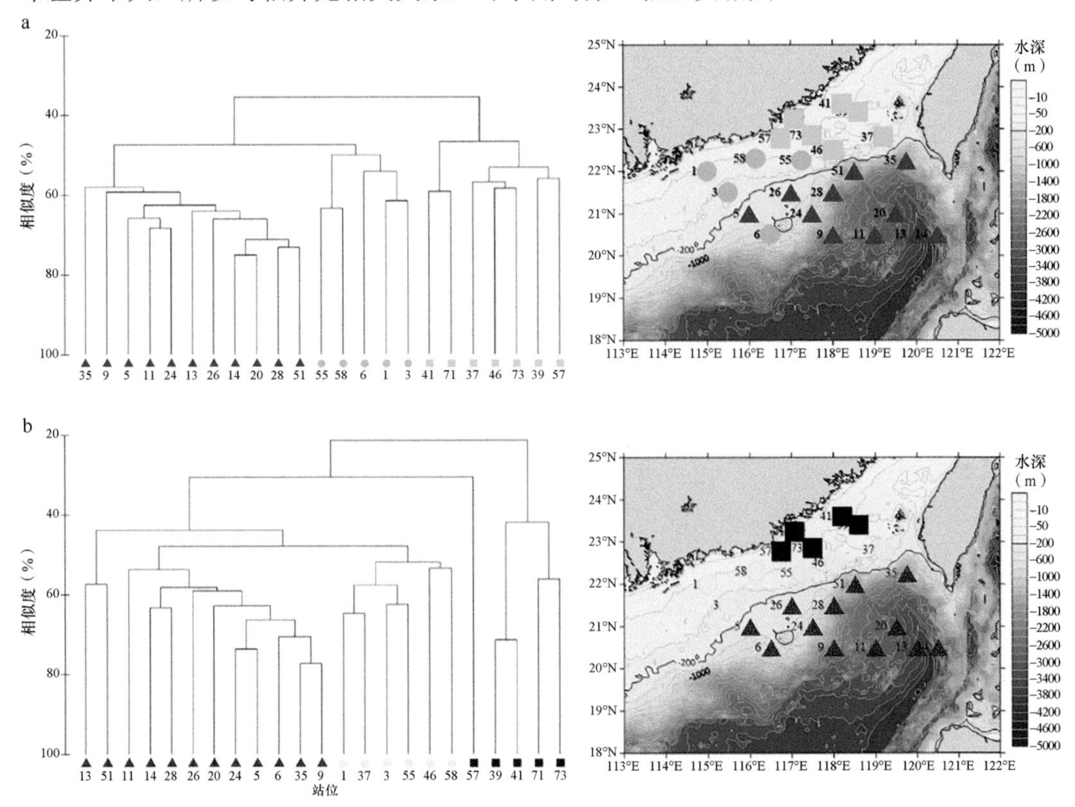

图 2.46　南海东北部夏季（a）和冬季（b）浮游桡足类群落聚类结果

蓝色三角形：夏季外海类群；绿色圆形：夏季珠江冲淡水类群；青色正方形：夏季上升流类群；红色三角形：冬季外海类群；黄色圆形：冬季近岸类群；黑色正方形：冬季沿岸流类群

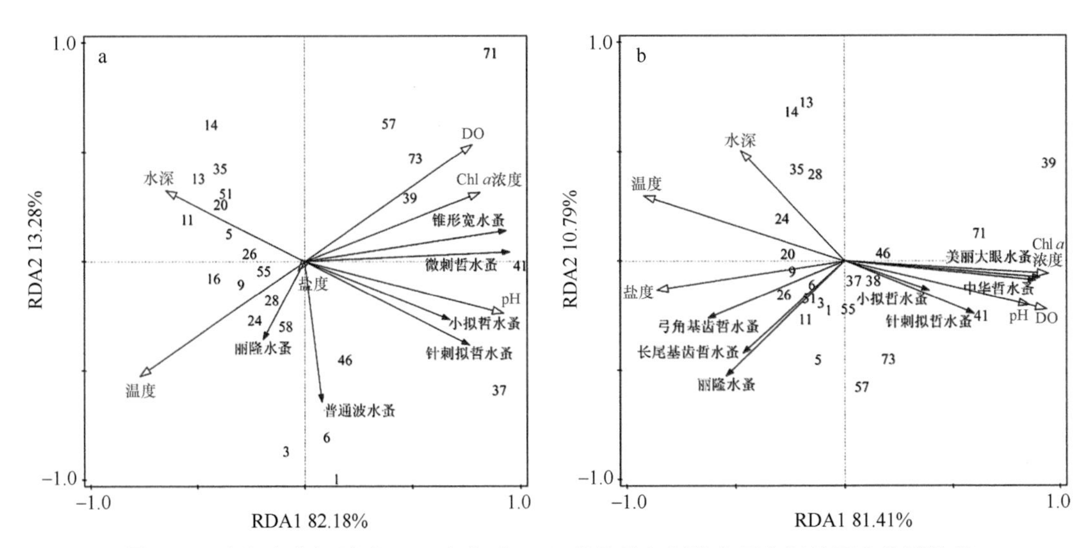

图 2.47　南海东北部夏季（a）和冬季（b）优势种与环境变量之间的冗余分析结果

夏季优势种锥形宽水蚤、微刺哲水蚤主要分布于低温、低盐、高叶绿素 *a* 浓度的近岸海域，小拟哲水蚤和针刺拟哲水蚤则广泛分布在浅水区，丽隆水蚤与温度呈正相关，故而主要分布在高温的外海海域，普通波水蚤则受多种因子影响，分布较为均匀。冬季小拟哲水蚤、针刺拟哲水蚤、中华哲水蚤及美丽大眼水蚤集中分布在低温、低盐、高叶绿素 *a* 浓度的沿岸流影响海域，弓角基齿哲水蚤、长尾基齿哲水蚤及丽隆水蚤则分布于高温、高盐、低叶绿素 *a* 浓度的外海海域。总之，RDA 结果表明温度、叶绿素 *a* 浓度、pH、溶氧及水深是调查海域夏季和冬季影响浮游桡足类的重要因子，盐度在冬季起到重要作用。

（四）南海东北部桡足类群落特征的影响因素

在 2015～2016 的航次调查中，根据遥感地转流叠加海平面高度及实测水文数据可以看出，调查海域受到季节性消长的闽浙沿岸流、珠江冲淡水、沿岸上升流及黑潮入侵的影响，故而形成独特的浮游桡足类群落结构特征。夏季，在西南季风驱动下，粤东外海深层冷水向岸爬升，同时在近岸地形地势的影响下，在粤东形成一个西向压强梯度力，故而在粤东形成强的沿岸上升流（Wang et al.，2014；Gan et al.，2009）。来自外海的深层水呈现出高营养盐的特征，高营养盐有利于浮游植物生长繁殖，故而出现高的水柱叶绿素 *a* 浓度（Song et al.，2012；McGillicuddy et al.，1998；Oschlies and Garçon，1998），这为浮游桡足类提供了足够的饵料，对浮游桡足类的丰度具有很好的促进作用（Jemi and Hatha，2019；Jagadeesan et al.，2017；Sabu et al.，2015）。但粤东海域高的优势种丰度也限制了该区域的物种多样性。在本研究中，受到沿岸上升流强烈影响的 71 号站位丰度为调查海域最高，达到 1969.23 个 /m^3，但其物种数目最少，仅有桡足类 26 种。沿岸上升流海域的低物种多样性也可能是水文环境的变化剧烈造成的，深层水的抬升，使得海水表面呈现出低温、高盐的特征，不利于狭盐、狭温种的生存，导致锥形宽水蚤这一近海种在粤东沿岸上升流海域及其附近占据绝对优势。

珠江冲淡水的扩展和强度呈现显著的季节变化（Su，2004）。夏季，在西南季风的驱动及东北向沿岸流的平流输送作用下，冲淡水呈水舌状向南海东部扩展，可达到台湾海峡附近，在陆架区域呈现一条低盐水舌，这与前人的研究结果一致（杨阳等，2014；张燕等，2011）。冲淡水影响的海域呈现出高温、低盐、较高叶绿素 *a* 浓度的特征，RDA 结果显示，盐度在夏季对浮游桡足类并无显著影响，且温度也与黑潮入侵海域一致，故而叶绿素 *a* 浓度是影响该海域的主要因素。冲淡水向外扩展的同时携带大量颗粒物，这间接有利于浮游桡足类的生长繁殖（施玉珍等，2019），而越靠近黑潮入侵海域丰度越低，但其物种数目则越多。此外，由于中尺度气旋涡的作用，富营养盐的冲淡水有时会被卷带至寡营养盐的南海海盆，所以在本次调查中，24 号站位和 28 号站位具有高物种多样性及比邻近站位丰度相对较高的特点。

冬季盛行东北季风，珠江冲淡水加速向西运动，对南海东北部并不造成影响。沿岸流在浮游动物群落结构的形成中起重要作用。在东北季风的影响下，以低温、低盐和富营养为特征的南下的中国沿岸流在调查海域近岸占据优势。这一方面促进了如中华哲水蚤等浮游动物的迁徙，导致浮游动物物种的重组（Tseng et al.，2013，2008a；Hwang and Wong，2005）；另一方面沿岸流的富营养为浮游植物的生长提供了充足的条件，在近岸

形成叶绿素 *a* 浓度区域，为浮游桡足类提供足够的饵料。在此，近岸种中华哲水蚤大量繁殖，与针刺拟哲水蚤、小拟哲水蚤、美丽大眼水蚤一起占据绝对优势。

黑潮对南海的入侵存在着三种不同流径，分别为分支（Leaking）、流套（Looping）及跨越（Leaping），这三种流径还存在着季节上的变化（Nan et al.，2011）。一般来说，黑潮在冬季受东北季风的加强，所以入侵南海最强，夏季则较弱（Nan et al.，2015）。但在本次研究中发现，夏季黑潮入侵南海的强度强于冬季，这可能是因为2015年厄尔尼诺现象使得黑潮入侵加强（Liu et al.，2012，2006）。

与前人研究结果一致，浮游桡足类物种数目在黑潮入侵海域达到最多，但其丰度却极低。未受黑潮水影响的近岸区浮游动物种类组成单一，群落结构简单、生物量和丰度相对较高（Hsieh et al.，2004；洪旭光等，2001）。Tseng 等（2008b）在东海南部对比 4 个水团影响区后发现位于黑潮水的浮游桡足类丰度最低。1987～1990年的调查结果显示，台湾北部黑潮锋内侧的桡足类丰度一般高于黑潮锋外侧，较高丰度区的分布具有夏季最向外海、冬季最靠近岸、其他两个季节居中的趋势（杨关铭等，1999a，1999b）。此外，一些热带大洋高温高盐类群（黑潮指示种）如达氏筛哲水蚤等浮游桡足类随黑潮进入吕宋海峡，增加海域物种多样性（连喜平等，2013b）。Hwang 等（2007）指出桡足类丰度和物种丰富度在南海北部比受黑潮水影响的海域更高。而 Tseng 等（2008c）指出夏季南海北部浮游桡足类的高多样性主要是由黑潮入侵和西南季风造成的，Lo 等（2014）也认为黑潮水浮游桡足类具有更高的物种多样性及丰度。

总之，南海东北部海域夏季西南季风驱动的沿岸上升流在粤东近岸形成高叶绿素 *a* 浓度，使得该海域出现高桡足类丰度，尤其是优势种锥形宽水蚤，其丰度高达 1453.48 个 /m^3，占据绝对优势。夏季珠江冲淡水的向东扩展在调查海域形成一条低盐水舌，且带来丰富的营养盐，间接支撑起较高桡足类丰度。冬季低温、低盐且富营养的闽浙沿岸流为近岸种的生长繁殖提供了有利条件。夏季和冬季黑潮入侵使得调查海域呈现出高温、高盐、寡营养的水文特征，丰富物种多样性的同时也抑制了桡足类丰度。

四、南海西北部中华哲水蚤

中华哲水蚤（*Calanus sinicus*）是广泛分布于西北太平洋大陆架水域的桡足类，从日本周围海域到南海的越南沿岸均有分布（Uye，2000）。它个体大、数量多、分布广，又是植食性种类，它的卵、无节幼体、桡足幼体、成体可为鱼类，尤其仔稚鱼提供不同粒径的食物（Wang et al.，2003）。由于它在海洋生态系统物质循环和能量流动中的重要作用，它被全球海洋生态系统动力学研究计划选择为浮游动物的关键种。中华哲水蚤是日本濑户内海及中国渤海、黄海、东海、台湾海峡的浮游动物优势种，有关它的生物地理学和季节变化已经有很多的研究报道，但有关它在南海北部的时空分布格局资料却很少，仅 Hwang和 Wong（2005）研究了中华哲水蚤在香港水域的数量分布及季节变化；Li 等（2006）报道了中华哲水蚤为珠江口海域冬季（1 月）和春季（4 月）的浮游动物优势种；张武昌等（2010a）报道了中华哲水蚤在南海北部冬季和夏季的分布。本节根据在南海西北部陆架区 4 个季节的调查资料，分析了中华哲水蚤的空间分布和季节变化，以及与季风、海流和温度的关系，可为深入研究中华哲水蚤在西北太平洋大陆架的地理分布格局、探讨南海北部中华哲水蚤种群的补充和维持机制及度夏等科学问题提供资料，在开展生物海洋学研究方面也有很重要的科学意义。

（一）调查海域与站位

调查海域位于南海西北部，位置在北纬 17°17.10′～21°25.62′、东经 109°28.74′～113°13.26′ 之间，包括粤西至海南岛东南部近海。调查海区大部分区域的地貌类型为大陆架，水深在 200m 以浅，仅琼东南部为大陆坡，最大水深近 1900m。粤西东部大陆架宽阔，地势平坦，琼东南大陆架明显变窄，坡度变大，水深变化剧烈，梯度大。属热带和副热带季风气候，10 月至翌年 3 月、4 月盛行北风到东北风，6～8 月盛行西南风，9 月、4 月、5 月为季风转换期。调查海域流系复杂，主要受广东沿岸流、雷州半岛东部近海（广州湾）的气旋式环流（冷涡）、琼东上升流和南海暖流的影响（图 2.48）。广东沿岸流的路径、方向，与季风、珠江径流有关，习惯上以珠江口为界，将其划分为粤东沿岸流和粤西沿岸流。冬季盛行东北季风，广东沿岸流由东北流向西南，至雷州半岛东岸受阻而分两支：一支折西进入琼州海峡流入北部湾；另一支则向南沿海南岛东岸南流，影响范围可达海南岛以南水域。夏季南海北部盛行西南风，粤东沿岸流由西南流向东北，而粤西沿岸流由于受汛期珠江冲淡水的影响，流向仍然为西南向（黄企洲等，1992；杨仕瑛等，2003）。在调查海域外陆架区，终年存在一支沿等深线走向，自西南流向东北的“南海暖流”（管秉贤，1978，1998）。粤西沿岸流外侧海流的流向与粤西沿岸流相反，因此在雷州半岛东部水域（北纬 20°20′～21°10′、东经 110°50′～112°00′）形成一个局地气旋式环流（管秉贤和袁耀初，2006）。该气旋式环流终年存在，夏强冬弱，夏季可引发底层水涌升，形成上升流（冷涡）。夏季在西南季风和海底地形的影响下，海南岛东岸会形成强劲的沿岸上升流（韩舞鹰等，1990；吴日升和李立，2003；Jing et al.，2009；Su and Pohlmann，2009）。琼东上升流的中心位置紧靠岸边，低温区出现在北纬 18°30′～20°30′、东经 112°30′ 以西的 30m 等深线以浅的海域。琼东上升流自 4 月开始出现，6～8 月最强，9 月减弱，10 月以后消失，持续时间约 150 天。

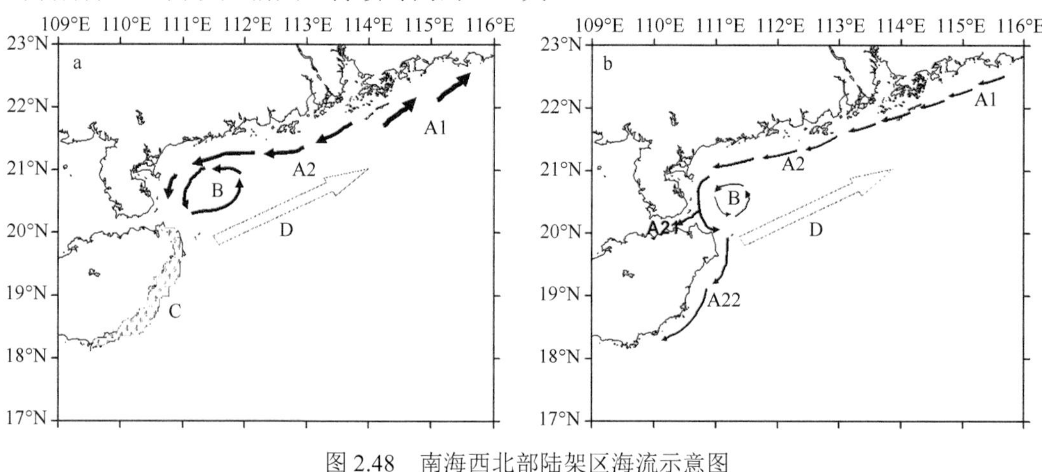

图 2.48 南海西北部陆架区海流示意图

a. 夏季；b. 冬季。A1. 粤东沿岸流，A2. 粤西沿岸流，A21、A22. 广东沿岸流分支，B. 冷涡，C. 琼东上升流，D. 南海暖流

本研究共进行了 4 个季节的浮游动物调查，2006 年 7 月 19 日至 8 月 7 日（夏季）、2006 年 12 月 26 日至 2007 年 1 月 18 日（冬季）、2007 年 4 月 12～25 日（春季）和

2007年10月6～29日（秋季）分别使用“实验3”和“科学一号”综合科学调查船进行。大面站调查共设置13个断面82个测站。根据地形和水环境将调查区域划分为3个亚区（图2.49）：①粤西近海区，水深＜50m，共有16个测站，该区域终年为沿岸冲淡水团和近岸混合水团所控制；②琼东近海区，水深＜100m，共有24个测站，该区域主要受南海表层水团影响，在夏季存在明显的上升流，在冬、春季也受广东沿岸流的影响；③粤西-琼东外海区，共有42个测站，该区域终年为南海表层水团所控制（Li et al.，2002）。此外，于2006年8月6～7日在海南岛东南部近岸上升流区设置连续站1个（水深约70m）（图2.49）进行浮游动物的昼夜连续分层采集。

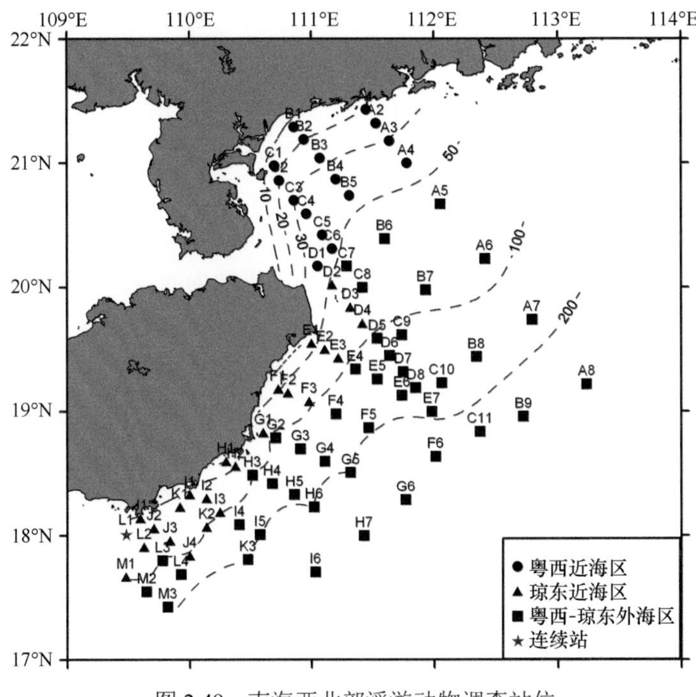

图2.49　南海西北部浮游动物调查站位

（二）环境因子

温度被认为是影响中华哲水蚤种群分布的主要环境因素，调查海域属于热带和亚热带海区，温度更是中华哲水蚤分布的制约因素。关于中华哲水蚤分布的适温上限，不同学者有不同的见解，但都不超过27℃（Li et al.，2004；曹文清等，2006）。调查海域春季、夏季、秋季、冬季表层温度的变化范围分别为20.73～28.79℃、23.71～30.74℃、26.61～28.48℃、18.77～25.27℃，平均值分别为25.32℃ ±2.06℃、28.62℃ ±1.53℃、27.37℃ ±0.46℃、22.95℃ ±1.54℃。调查海域4个季节表层温度的分布趋势基本是自北向南递增，近岸低、外海高，尤其春季和冬季更为明显（图2.50a、d）。粤西近海区春、冬季的表层水温分别＜24℃、＜23℃。夏季表层温度的水平分布不均匀，在雷州半岛东部的冷涡区和琼东近岸上升流区各形成了一个水温小于27℃的低温区，尤其低温中心的C4和C5站的表层温度仅有24℃，而粤西和海南岛东部外海海域表层温度几乎达30℃（图2.50b）。秋季表层温度的水平分布均匀，夏季出现的低温区减弱或消失，调查海域的水温普遍大于27℃（图2.50c）。

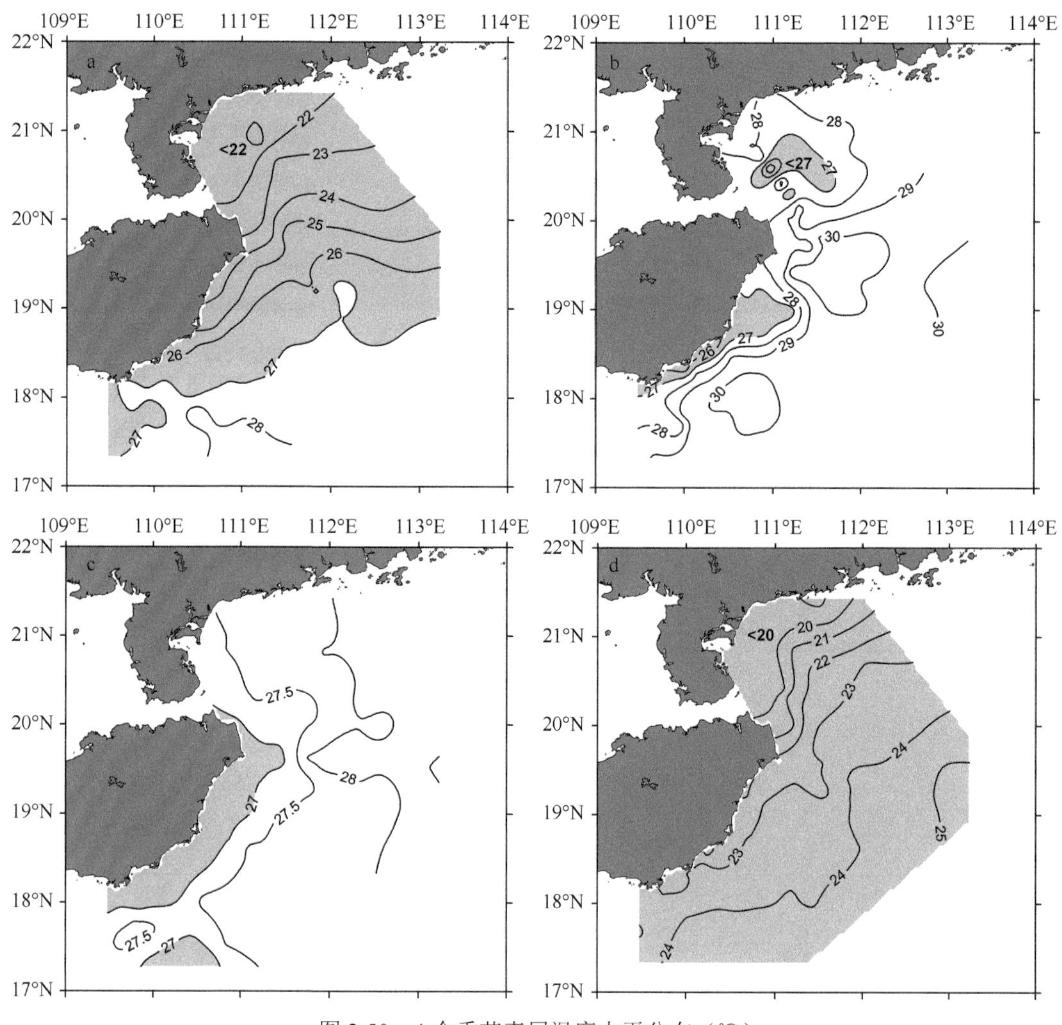

图 2.50 4 个季节表层温度水平分布（℃）

a. 春季；b. 夏季；c. 秋季；d. 冬季。阴影部分为水温小于 27℃的区域

C 断面是横跨雷州半岛东部海域冷涡区的一个断面，其近岸的测站是中华哲水蚤春季和夏季的分布密集区。图 2.51 是 4 个季节 C 断面温度分布图。春季、夏季和冬季 C 断面温度分布趋势为近岸低、外海高。春季和冬季近海温度垂直分布均匀，前者小于 24℃（图 2.51a），后者小于 23℃（图 2.51d）。夏季近海温度等值线明显由外海往近岸向上抬升，冷涡区被涌升的低温水体占据，除表层外，温度小于 26℃（图 2.51b）。秋季 50m 以浅水层温度分布均匀，近海与外海差别不明显，温度大于 27℃（图 2.51c）。

图 2.52 是连续站中华哲水蚤出现最多的 3 个时刻的温度和盐度的垂直分布。由图可以看出，温度垂直变化显著，存在明显的跃层，水温从 0m 的大约 28℃迅速下降到 20m 的 24℃左右，在 20m 以下水层则缓慢下降，底层约为 23.5℃；而盐度垂直变化不大，仅在 20m 以浅水层从上往下稍有升高，在 20m 以深水层均匀一致。

表层平均温度季节变化明显，夏季最高、秋季其次、冬季最低（图 2.53a）。冬、春季粤西近海区的平均表层水温明显低于琼东近海区和粤西-琼东外海区，而秋季三个亚区的平均表层水温差别不明显。表层平均盐度季节变化不明显，以秋季较低。4 个季节粤西近海区的平均表层盐度均明显低于琼东近海区和粤西-琼东外海区（图 2.53b）。

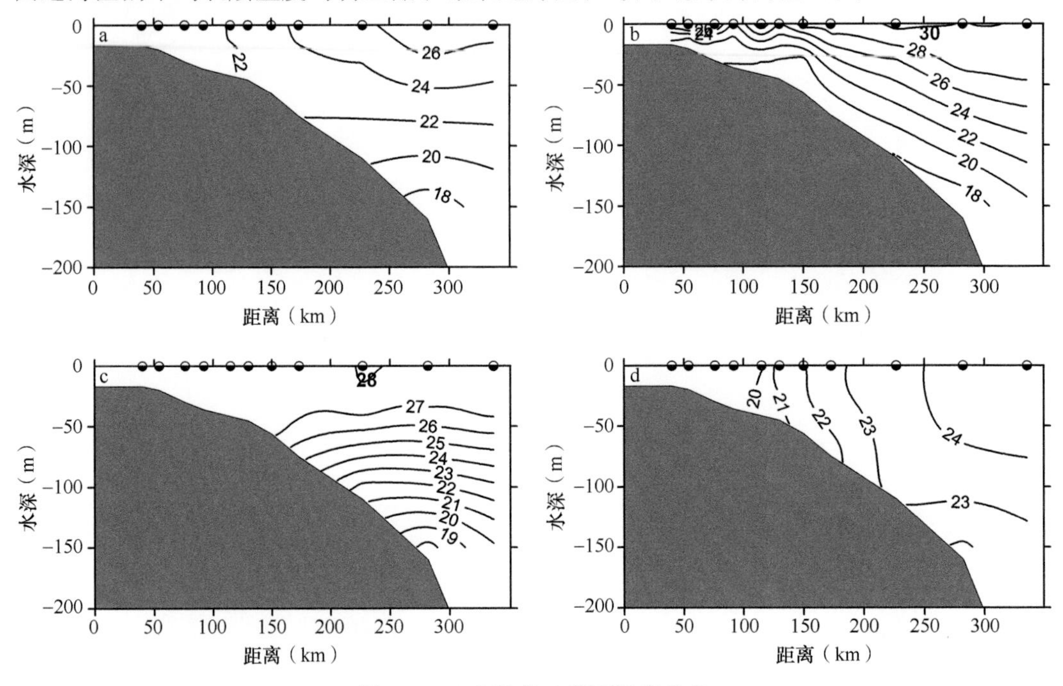

图 2.51　4 个季节 C 断面温度分布

a. 春季；b. 夏季；c. 秋季；d. 冬季

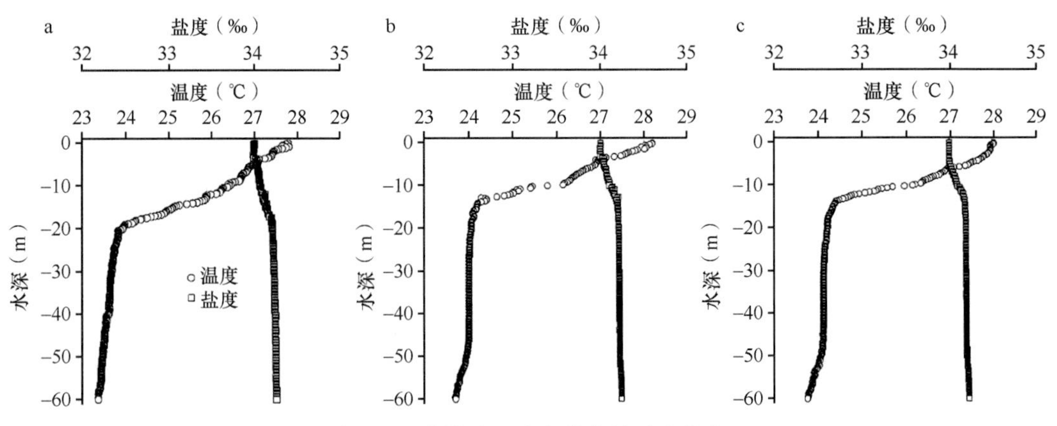

图 2.52　连续站温度和盐度的垂直分布

a. 16h；b. 18h；c. 20h

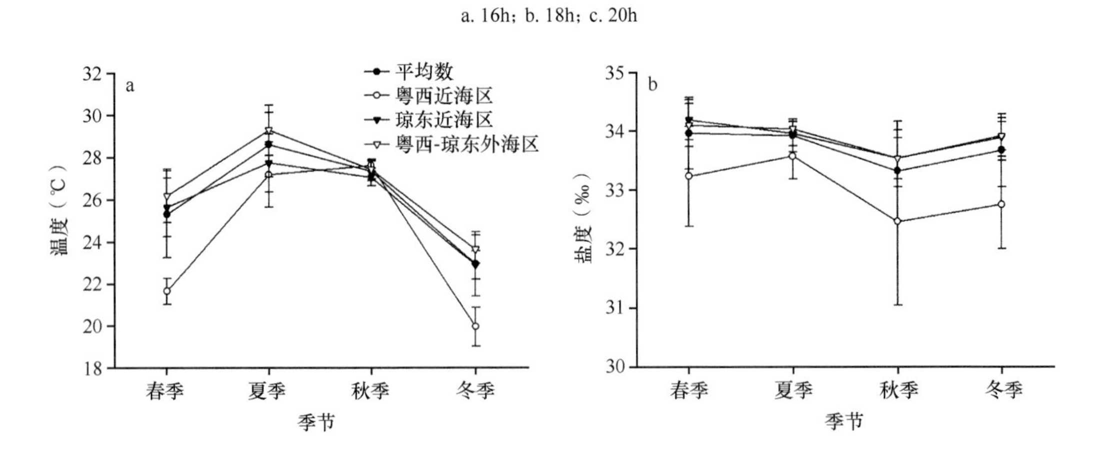

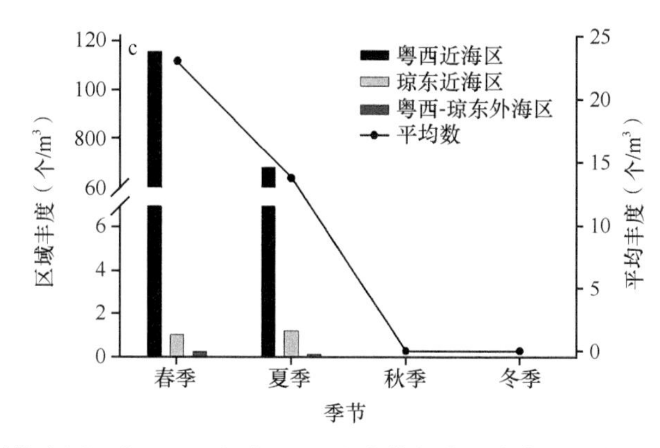

图 2.53　平均表层温度（a）、盐度（b）和中华哲水蚤丰度（c）的季节变化

由表 2.29 可以看出，调查海区的水柱叶绿素 *a* 平均浓度的区域分布差异显著，粤西近海区明显高于另外两个海区，琼东近海区又稍高于粤西-琼东外海区。

表 2.29　不同区域水柱叶绿素 *a* 平均浓度的比较（mg/m^3）

区域	春季	夏季
粤西近海区	1.19±0.66	0.90±0.84
琼东近海区	0.26±0.11	0.46±0.26
粤西-琼东外海区	0.17±0.12	0.22±0.29

（三）中华哲水蚤的分布及其变化

1. 丰度水平分布

中华哲水蚤是南海西北部陆架区春、夏季桡足类的优势种。春季中华哲水蚤在 51 个站出现，出现频率为 0.62，丰度变化范围为 0～501.41 个 /m^3，平均值为 23.00 个 /m^3±77.78 个 /m^3，占桡足类总丰度（67.08 个 /m^3）的 34.29%，居首位，中华哲水蚤广泛分布于粤西和琼东近海，在粤西近海形成密集区，而在海南岛东部外海数量十分稀少（图 2.54a）。夏季仅在 32 个调查站出现，出现频率为 0.38，丰度变化范围为 0～269.74 个 /m^3，平均值为 13.74 个 /m^3±45.10 个 /m^3，占桡足类总丰度（111.35 个 /m^3）的 12.34%，仅次于强次真哲水蚤（*Subeucalanus crassus*）居第二位，中华哲水蚤主要分布于粤西和海南岛南部近海，密集区仍然位于粤西近海（图 2.54b）。秋季仅在一个站出现，平均丰度为 0.001 个 /m^3（图 2.54c）。冬季中华哲水蚤在整个调查区均未出现（图 2.54d）。

南海西北部陆架区中华哲水蚤的丰度季节变化相当显著，以春季最高，夏季降低，秋季消失，冬季仍未出现（图 2.54c）。南海西北部陆架区中华哲水蚤的区域分布差异也十分显著，粤西近海区春、夏季中华哲水蚤的平均丰度分别为 115.63 个 /m^3±145.93 个 /m^3、68.12 个 /m^3±84.00 个 /m^3，远高于琼东近海区和粤西-琼东外海区。琼东近海区和粤西-琼东外海区春、夏季中华哲水蚤的平均丰度分别仅为 1.04 个 /m^3±1.40 个 /m^3、1.24 个 /m^3±2.25 个 /m^3 和 0.30 个 /m^3±0.44 个 /m^3、0.16 个 /m^3±0.52 个 /m^3。琼东近海区和粤西-琼东外海区春、夏季中华哲水蚤的平均丰度差异都不大。

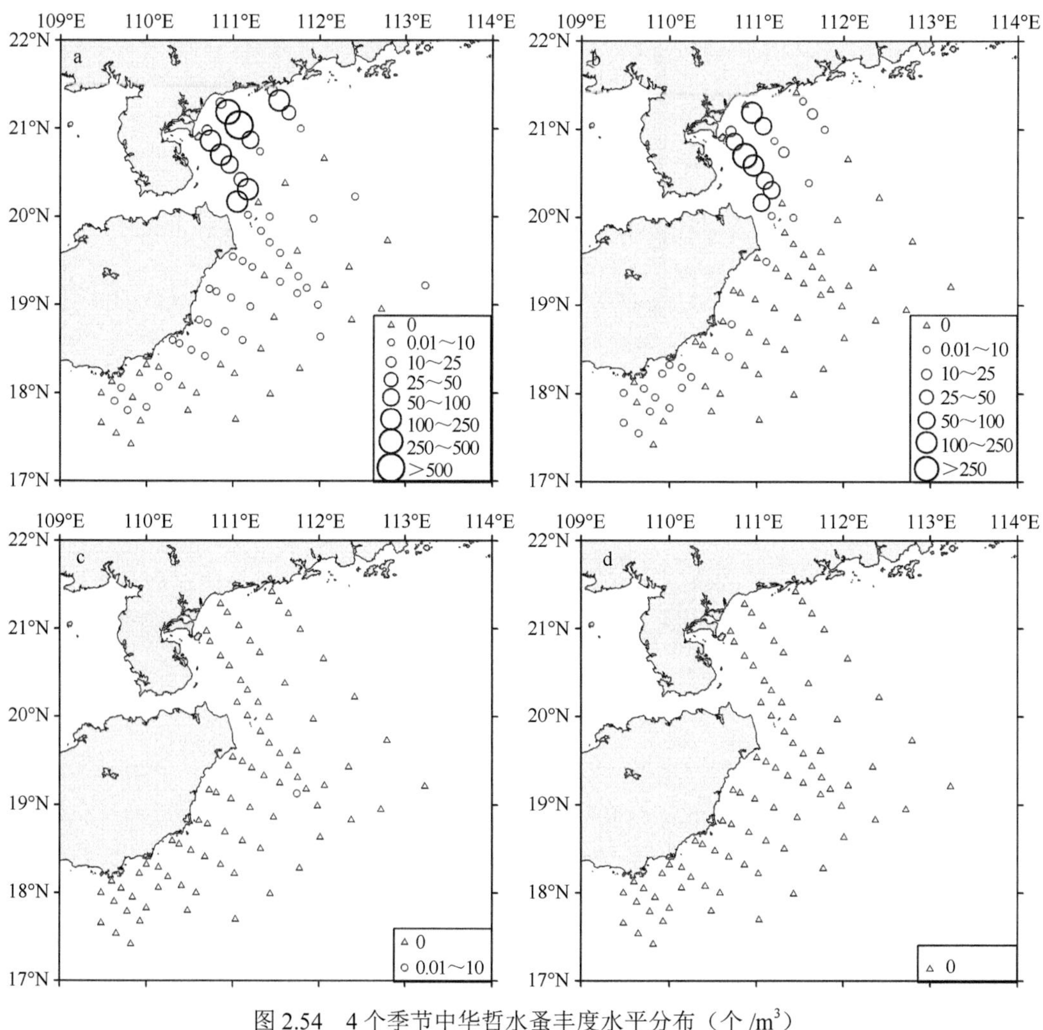

图 2.54 4 个季节中华哲水蚤丰度水平分布（个 /m³）

a. 春季；b. 夏季；c. 秋季；d. 冬季

2. 连续站中华哲水蚤的昼夜垂直分布

在连续站样品中，中华哲水蚤以桡足幼体的占比较多，为 77.4%，成体仅占 22.6%。由于受水流和中华哲水蚤不均匀分布等因素的影响，连续站不是每个时刻都能采到中华哲水蚤，但仍然可以大致看出中华哲水蚤没有明显的昼夜垂直移动，它仅分布于 20m 以深水层，特别是低温的 40m 以深水层，在 20m 以浅水层没有出现，呈现底层分布的特征（图 2.55）。

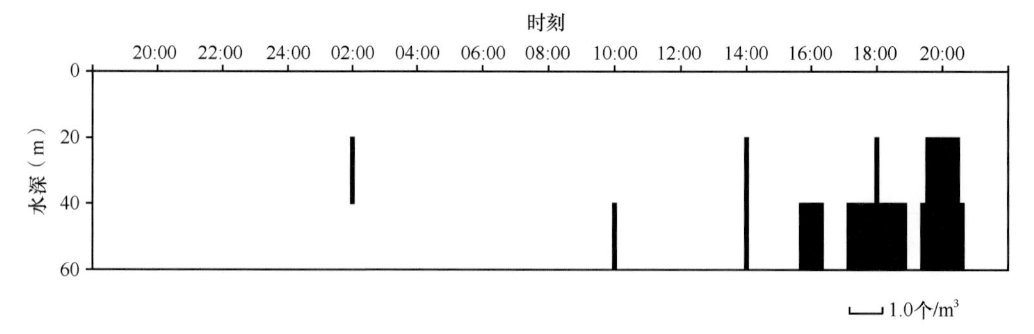

图 2.55 2006 年 8 月 6～7 日连续站中华哲水蚤的昼夜垂直分布

（四）南海北部中华哲水蚤的季节变化及其影响因素

1. 中华哲水蚤的季节分布

中华哲水蚤是暖温种。它是我国黄海和东海近岸水域的优势种，这些水域也是中华哲水蚤的分布中心，向东北分布到日本本州岛的东西两岸，向南分布到中国南海北部沿岸（陈清潮，1964；Chen，1992）。中华哲水蚤在台湾海峡中、北部及其以北海区是全年分布的（陈清潮，1964；Huang et al.，1993；毕洪生等，2001b；Hwang and Wong，2005；Zhang et al.，2005；Xu and Chen，2007）。台湾海峡南部及其以南海区是中华哲水蚤的季节分布区（陈清潮，1964；Chen，1992；黄加祺等，2002；Hwang and Wong，2005）。台湾海峡南部及其以南海区的中华哲水蚤的分布与冬、春季南下的沿岸流有关，其冬季的种群来自东海沿岸。因此，中华哲水蚤可以作为沿岸流的生物指示种（陈清潮，1964；Huang，2002；Hwang and Wong，2005）。此外，中华哲水蚤在南海西北部陆架区呈明显的近海分布特征，也表明其分布与沿岸流有关。台湾海峡是中华哲水蚤从东海沿岸进入南海北部沿岸的通道。冬春季东北季风期间，从北往南，中华哲水蚤开始出现的时间是逐渐推迟的。在台湾海峡近中部的厦门港开始出现的时间为 11 月（林元烧和李松，1984），在台湾海峡南部的东山湾开始出现的时间为 11 月、12 月（林元烧和李松，1984），位于珠江口的香港水域开始出现的时间为 1 月（Hwang and Wong，2005）。中华哲水蚤从台湾海峡南部随沿岸流漂流到香港水域需要 1～2 个月时间。粤西近海到香港的距离与香港到台湾海峡南部的距离大致相等，因此估计中华哲水蚤在 2 月、3 月即可进入粤西近海。本研究冬季调查（12 月至翌年 1 月）中华哲水蚤在调查海域还未出现，但春季调查（4 月）中华哲水蚤已经随沿岸流分布到海南岛南部的研究结果进一步证实了这个推测。张武昌等（2010a）也发现 2～3 月粤西近海已出现中华哲水蚤。夏季调查（7～8 月）期间在粤西近海中华哲水蚤的种群丰度仍然比较高，张武昌等（2010a）在 8 月末 9 月初的调查也发现类似的结果。综上所述，在粤西近海中华哲水蚤出现的时间为 2 月、3～8 月、9 月，与厦门港出现的时间为 11 月至翌年 6 月长短差别不大（林元烧和李松，1984），明显长于在香港水域出现的时间（1～3 月）（Hwang and Wong，2005）。一些学者认为南海北部沿岸由于春季水温迅速升高，到 6 月、7 月中华哲水蚤已经消失（Chen，1992），本研究结果与之不一致。

4 月以后，珠江口的香港水域中华哲水蚤已经没有出现（Hwang and Wong，2005），表明由于季风的转换，粤东沿岸流流向开始改变，已不再向粤西近海输送中华哲水蚤的东海种群，仍然停留在粤西近海的中华哲水蚤种群完全依赖自身的繁殖维持一定的种群密度，时间长达 5～6 个月之久，可到 9 月季风开始转换以后种群才消失。

温度是影响中华哲水蚤种群分布的重要因素（林元烧和李松，1984；Chen，1992；Uye，2000）。虽然中华哲水蚤属于暖温种，但其耐受温度的范围是宽的，Chen（1992）认为中华哲水蚤的适温范围是 5～24℃，研究学者（Wang et al.，2003；曹文清等，2006）认为它的适温范围是 1～27℃。中华哲水蚤繁殖的温度上限大约是 23℃（Uye，1988；Huang et al.，1993；Li et al.，2004）。综合我国海域现场调查的文献资料，本研究认为中华哲水蚤出现的温度上限为 26～27℃（Wang et al.，2003；Li et al.，2004）。黄加祺和郑重（1986）在实验室内观察到了中华哲水蚤雄性和雌性分别在温度达到 26℃和

28℃时即濒临死亡的现象。实验条件下，在高温27℃时，中华哲水蚤的孵化率是低的（Zhang et al.，2005，2007）；第五期桡足幼体的存活率也是低的（Pu et al.，2004）。春季，粤西—琼东近海的水温在中华哲水蚤的适温范围内，因此其分布范围最广、丰度最大。夏季，在强烈的太阳辐射作用下，上层海水显著增温，但同时在西南季风作用下，雷州半岛东部近海和琼东近岸会形成强劲的冷涡和上升流，在这些区域水温是低的，表层水温可在27℃以下，因此中华哲水蚤的分布范围和丰度较春季有所减小和降低。但中华哲水蚤的丰度仍然是较高的，特别在粤西近海。一些学者发现，夏季当黄海近岸和上层海水温度升高时，中华哲水蚤分布中心会迁移到黄海冷水团，黄海冷水团成为中华哲水蚤度夏的避难所（孙松等，2002；Wang et al.，2003）。南海西北部陆架区的中华哲水蚤在夏季高温季节仍密集于雷州半岛东部的冷涡区，该冷涡区是南海北部中华哲水蚤度夏的避难所。虽然夏季在表层水温27～29℃时，中华哲水蚤的丰度仍然较高，但其位置位于冷涡区及其边缘。在冷涡区和沿岸上升流区下层的水温明显低于表层。秋季西南季风消失，冷涡和上升流强度减弱或消失，调查海域50m以浅水层水温分布趋向均匀，水温大于27℃，超过了中华哲水蚤的适温范围上限，中华哲水蚤因高温不耐受死亡而消失。冬季是调查海域4个季节中水温最低的，适合中华哲水蚤分布、繁殖和发育，但未见中华哲水蚤出现，这是由于秋季中华哲水蚤死亡后，冬季调查期间中华哲水蚤的东海种群尚未随沿岸流进入调查海域。这表明南海西北部不存在中华哲水蚤地方种群，也不存在休眠卵。南海北部的中华哲水蚤种群必须每年冬、春季由广东沿岸流连接东海沿岸流补充。陈清潮（1964）认为，受北上的我国台湾暖流所影响的浙东外海，并未发现中华哲水蚤的分布，或者仅是少量出现于锋面区。在南海西北部受南海暖流或外海水影响的粤西-琼东外海区也仅有少量分布。

有研究者认为，福建沿海的中华哲水蚤在高温季节的消失，除了自然死亡和被捕食外，也有可能是向外海深层移栖（Chen，1992）。南海西北部中华哲水蚤在秋季消失的原因是死亡，而不可能是迁移到深层，因为本研究调查范围已经覆盖了大陆架水域，而且采样水深达到了200m，也基本没有发现中华哲水蚤。Nonomura等（2008）发现在日本相模湾中华哲水蚤的总丰度在0～50m水层最大，并随深度的增加而减少，而第五期桡足幼体在中层（200～1000m）仍然是丰富的。南海北部的中华哲水蚤分布于沿岸水域（陈清潮，1964；Chen，1992；Hulsenann，1994），它们在高温季节迁移到外海深层的可能性不大。

在南海西北部大陆架区，粤西近海是中华哲水蚤种群密集区，这与3个原因有关：一是合适的温度和盐度；二是食物丰富，在该区域叶绿素*a*的含量是高的（李开枝等，2010；Li et al.，2010）；三是适宜的水深，Uye（2000）发现在水深20～70m的位置中华哲水蚤的丰度最大。

中华哲水蚤在不同海区和季节的昼夜垂直分布特征不同，温度是重要影响因素。夏季琼东上升流区的中华哲水蚤的昼夜垂直分布特征与在黄海冷水团度夏过程中的中华哲水蚤一样（孙松等，2002），昼夜垂直移动行为消失，呈底层分布，以躲避表层高温的伤害。而在水温较低的日本濑户内海中华哲水蚤的晚期桡足幼体（第四期、第五期）和雌性成体呈现显著的昼夜垂直移动，雄性成体尽管没有昼夜垂直移动，但也并非呈底层分布（Huang et al.，1993；Uye et al.，1990）。此外，琼东上升流区中华哲水蚤的种群结构与黄海冷水团的度夏种群相似，晚期桡足幼体的数量比例明显大于成体。

2. 中华哲水蚤对海流的指示作用

浮游动物的分布受海流或水团影响，反过来可以利用浮游动物的分布特征来阐明海流或水团的动态，特别是在比较复杂的交汇区域，水团发生变性，一般用温、盐度难以判别海流和水团时，采用浮游生物指标种的分布有助于了解海流或水团的移动和水文性质。上面已经提到中华哲水蚤可以作为冬春季东北季风期间南海北部沿岸流的生物指标种。本研究冬季调查时间是12月下旬至1月中旬，基本上属于初冬，由于调查海域离台湾海峡还有较长一段距离，冬季调查期间中华哲水蚤没有出现是由于源自东海的沿岸流还没有推移到调查海域。再结合春季中华哲水蚤已广泛分布于调查区域的沿岸水域的现象进行分析，可以清楚了解到冬春季源于东海的沿岸流有关流向、时空变化和影响范围等信息。另外，中华哲水蚤同样可作为夏季西南季风期间上升流的生物指标种。夏季西南季风期间中华哲水蚤基本上仅分布于雷州半岛东部的冷涡区和琼东上升流区，并伴随着上升流的减弱过程而消失。尽管中华哲水蚤不是来源于深层冷水，但上升流的低温环境为中华哲水蚤的度夏提供了避难所，因此对上升流也具有良好的指示作用。He等（1998）和Guo等（2011）也分别指出，中华哲水蚤对浙江沿岸和台湾海峡南部夏季上升流时期的低温涌升水具有良好的指示作用。陈清潮（1964）发现，受北上的我国台湾暖流影响的浙东外海没有出现中华哲水蚤，或者仅有少量出现于锋面区。Hwang等（2007）和Hsiao等（2011）也发现在受黑潮暖流影响的台湾南部和东部海域也未出现中华哲水蚤。同样，在南海西北部受南海暖流或外海水影响的粤西-琼东外海区中华哲水蚤也仅有少量分布。

南海西北部陆架区中华哲水蚤的时空分布格局受季风驱动的海流所控制。它在冬春季东北季风期由沿岸流从东海沿岸携带而来，呈近岸分布；夏季西南季风时期，雷州半岛东部近海的冷涡和琼东上升流为中华哲水蚤提供了度夏的避难所；入秋以后，随着季风的转换，冷涡和上升流的强度减弱，低温区消失，中华哲水蚤最终由于高温（>27℃）不耐受而死亡，以致完全消失。因此，中华哲水蚤对冬春季东北季风时期的沿岸流和夏季西南季风时期的上升流均具有良好的指示作用。综合分析，粤西近海中华哲水蚤出现的时间为2月、3～8月、9月，4月以后在没有得到东海种群补充的情况下，完全依赖自身的繁殖来维持一定的种群密度，时间长达5～6个月之久。中华哲水蚤的区域分布差异十分显著，粤西近海是中华哲水蚤分布的密集区。夏季琼东上升流区的中华哲水蚤没有昼夜垂直移动行为，呈底层分布，以躲避表层高温的伤害。

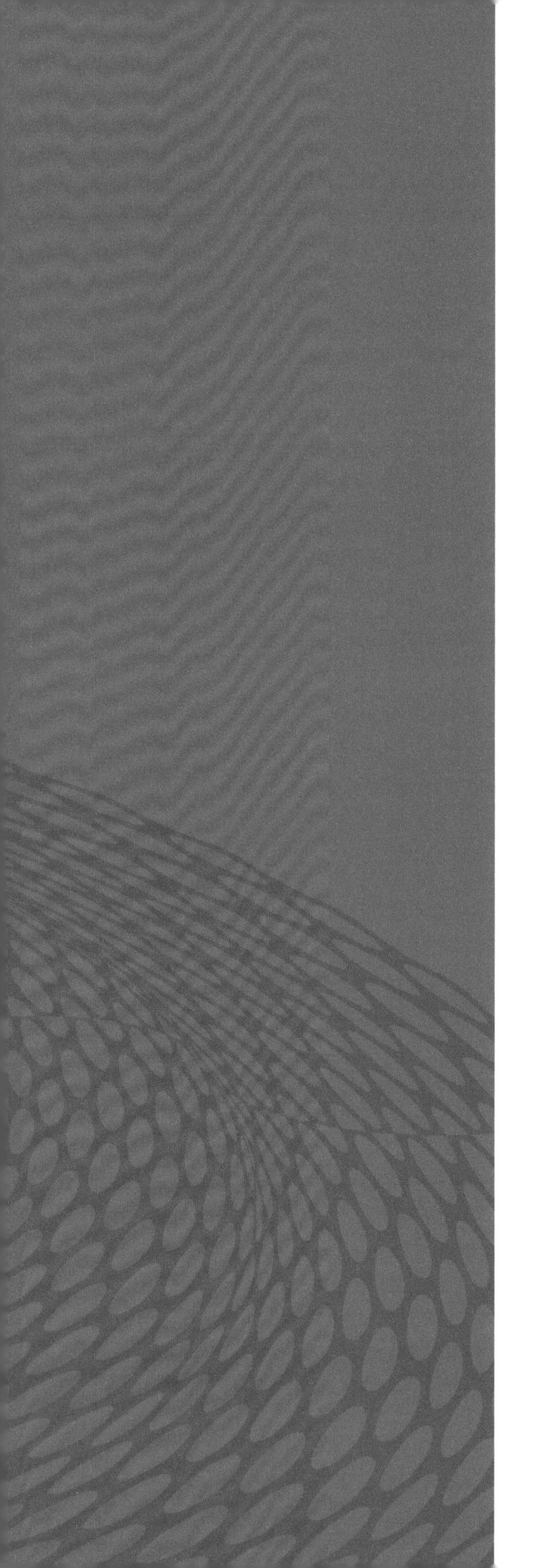

第三章　南海中部浮游动物

南海中部海区一般是指北纬 12°～19°、东经 109°30′～118°00′ 的广大海域。中国科学院南海海洋研究所 1977～1978 年对该海域进行了 5 个航次的综合调查，并在 1979 年 11 月在广州召开“南海中部海区综合调查学术报告会”，其中南海中部海域浮游生物的初步研究文章侧重对 1977～1978 年 200m 以深浮游生物自然生态进行报道，并在南海海盆中的暗沙、浅滩研究了浮游动物的昼夜垂直移动（陈清潮，1982）。国家海洋局 1983～1985 年对南海中部海域进行了 4 个季节调查，并针对浮游动物不同类群发表了一系列文章（林茂，1992；陈瑞祥和林景宏，1993；林景宏和陈瑞祥，1994；戴燕玉，1995，1996），并发现了一些浮游动物新种（林茂和张金标，1987；张金标和林茂，1987）。2009～2012 年中国科学院南海海洋研究所的“南海海洋断面科学考察”在南海中部设置了一条纵断面（王军星，2015），另外中国水产科学研究院南海水产研究所于 2014～2015 年在北纬 12°～15°、东经 111°～117° 海域进行的 4 次渔业资源声学调查，其中也涉及浮游动物（Wang et al.，2020）。本章主要依据 1977～1985 年和 2009～2012 年的研究结果整理而成。

第一节　南海中部浮游动物多样性

南海中部 200m 上层水体环境的浮游动物属于高温高盐种类，浮游动物各个类群中桡足类占优势，其次是管水母类、端足类和磷虾类等。南海中部海域浮游动物优势种较多，由 10～12 种组成，这个特点与太平洋、印度洋热带区的基本情况相似（陈清潮，1982）。

一、种类组成

南海中部海域浮游动物的种类繁多，记录各类浮游动物 757 种 12 变种，其中以桡足类的种数达 293 种，水母类次之，具 148 种（管水母 80 种、水螅水母 59 种、钵水母 7 种和栉水母 2 种），而端足类（88 种）、介形类（76 种 1 变种）和腹足类（52 种 5 个变种）的种数也较多。其他浮游动物，如毛颚类（29 种）、磷虾类（28 种）、海樽类（17 种 6 个变种）、糠虾类（15 种）、莹虾类（4 种）、樱虾类（2 种）、细螯虾（2 种）、枝角类（2 种）和浮游沙蚕（1 种）的种数都较少。南海中部海域所出现的浮游动物种数远远超过中太平洋西部海域，与南海东北部海域相比，二者出现的种数大体相当。种数的季节变化不大，春夏秋三个季节基本维持在 500 种以上，而冬季随海区温盐降低，种数略有下降。从群落的个体大小来看，南海中部海域的个体较寒带、温带海域者小。例如，在哲水蚤类中，体长在 2mm 以上者占 46%、1～2mm 者占 37%、1mm 以下者占 17%；在剑水蚤类中，2mm 以上者占 26%、1～2mm 者占 24%、1mm 以下者占 50%。综上所述，大个体种类虽占一定比例，但其中小个体的种数和数量很多，故浮游动物的平均体长较小（陈清潮，1982）。这与寒带、温带海域的种数少、个体数多，其平均体长也较大的现象迥然不同。在该群落中，各类群的颜色较鲜艳或透明，身体呈水平方向扩大或扁平，附肢有的加长，体内一般缺乏发达的油囊或脂肪球，这些适应性特点同海水的温度、透明度及黏性都有密切关系。

二、主要类群

（一）浮游端足类

南海浮游端足类具有种数多、丰度低、单一种优势度低及季节变化幅度小等特点。浮游端足类主要由大洋暖水类群和广盐暖水类群组成，它们的分布状况与爪哇海和巽他陆架区的低盐水团及西北太平洋次表层高盐水团在本区运动和消长的关系密切。此外，下层高盐水的涌升及局部环流等也是影响浮游端足类分布的重要因素（林景宏和陈瑞祥，1994）。浮游端足类和一些丰富的胶质类浮游动物种类的共生关系帮助最丰富的物种显著地占主导地位，季节物种多样性和总丰度变化较小，但强厄尔尼诺事件的发生导致秋季总丰度异常，弱黑潮入侵导致秋季的物种多样性较低（Wang et al.，2020）。

（二）浮游管水母类

浮游管水母类的分布受水团影响，近岸性生态类群的分布与近岸水有关，大洋深水性生态类群分布与底层水抬升有关。根据近岸性生态类群的分布，影响南海中部的近岸水系有巽他陆架近岸水、广东近岸水和菲律宾近岸水。就影响程度而言，巽他陆架近岸水对南海中部的影响较后两者显著。南海中部次表层水团的海区西侧终年有不同程度的涌升现象，大洋深水种北极单板水母在海区西侧四季可见，两者可相互佐证。南海中部海区西侧次表层水终年有不同程度的涌升，属于大洋深水类群的北极单板水母在海域终年可见；冬季和春季，除该海区西侧外，北极单板水母在海区南部普遍出现，反映了冬春季海区南部底层低温水的抬升，以及进入海区东北部的西北太平洋次表层水的温度比南海中部相应水层偏高的特性（林茂，1992）。

（三）浮游介形类

南海中部海区浮游介形类具有外海暖水、广盐暖水、近岸暖水和低温高盐等 4 个生态类群，以第一生态类群为主导，其种类繁多、个体数量大、出现率高。广盐暖水类群种数少，但个别种类如后圆真浮萤的个体数量较高，它常密集于相对低盐水和高温高盐水的交汇区内。近岸暖水类群种数和个体数都少，它是随近岸表层水极少量进入本海域，并以针刺真浮萤为代表。低温高盐类群个体数极少，但种数较多，主要出现于深水测站，其代表种有细齿浮萤和兜甲萤等（陈瑞祥和林景宏，1993）。南海中部海域浮游介形类个体丰度的季节变化不显著，终年稳定在 0.58～0.74 个 /m^3。浮游介形类具明显的热带大洋群落特征，其优势种的种数多，有 8 个以上的优势种。

（四）毛颚类

南海中部海区共记录毛颚类种类 30 种，按种类分布的状况及生态习性大致分为 4 个生态类群：①近岸暖水类群，其种数和个体数较低，代表种是百陶箭虫和圆囊箭虫；②广盐暖水类群，这是本区的主要类群之一，其中以肥胖箭虫、凶形箭虫和规则箭虫等最占优势；③外海暖水类群，主要是出现在高温高盐水域的大洋性种类，也是本区重要的类群，主要代表种是飞龙翼箭虫、六鳍箭虫和纤细撬虫等；④低温高盐类群，这是仅出现在200m以深的深水种类，其个体数很低，主要以深海真虫、节泡真虫、大头箭虫和钩状真虫等为代表。南海中部毛颚类总个体数的季节变化不明显，最高值仅是最低值的2倍。影响本海区的主要水系是西北太平洋高温高盐水和巽他陆架低盐水，毛颚类的数量分布与这些水系的消长和推移有关，即低盐水的入侵与高温高盐水混合交汇，导致以广盐暖水种为主的高数量密集区的形成，同时还出现数量较为可观的较低盐性种类，而西北太平洋水的涉及就形成以高温高盐种类为主的密集区，这在一定程度上可反映出这两种水系在不同季节的影响力，这与端足类的分布状况相似。此外，反气旋式或局部环流对毛颚类的分布也有影响，即在其中心区数量都比较低，而在其外围水域数量相对较高（戴燕玉，1996）。

（五）浮游软体动物

南海中部翼足类和异足类丰度季节变化不明显：夏季丰度最高，平均为0.69个/m^3；秋季次之，平均为0.60个/m^3；春季和冬季较低。南海中部浮游软体动物群落结构表现出热带大洋性群落结构的特征，优势种如胖蛾螺、棒笔帽螺、尖笔帽螺、马蹄蛾螺、泡蛾螺、蝴蝶螺、锥棒螺和塔明螺共同决定群落数量（戴燕玉，1995）。大洋性暖水类群是典型的高温高盐性种类，主要代表种是球龟螺、盔龙骨螺和翼管螺。大洋性暖水广布类群是本区最重要的生态类群，大多数优势种隶属该类群，代表种有胖蛾螺、泡蛾螺和棒笔帽螺等，它们常在相对较低盐水和高温高盐水的交汇区内密集。广盐暖水类群种数少，但有个别种数量较丰富，如尖笔帽螺、马蹄蛾螺和强卷螺。

三、生态习性

依据浮游动物自身生态习性的不同及它们在调查区的时空变化，南海中部海域浮游动物大致可被归为4个不同的生态类群。

（一）外海暖水类群

该类群是本调查中最主要的生态类群，其种类繁多、个体数量大、出现率高，大多数优势种属于该类群。主要代表种有桡足类的方浆水蚤、晓叶水蚤、小厚壳水蚤、阔节角水蚤、粗新哲水蚤和狭额次真哲水蚤；毛颚类的六鳍箭虫和飞龙翼箭虫；水母类的热带无棱水母、巴斯水母、方多面水母和爪室水母；大型甲壳动物的正型莹虾和隆突手磷虾；介形类的肥胖吸海萤和翼足类胖蛾螺等。该生态类群的浮游动物完全左右南海中部浮游动物总种数和总数量的分布，并往往在受西北太平洋高温高盐水影响最盛的季节与外围海域形成其高种数区和总个体数量密集区。

（二）近海暖水类群

该类群的种数虽然不多，但在深受高温低盐水影响的季节和海域，其个体数往往颇为可观。主要代表种有桡足类的瘦歪水蚤、锥形宽水蚤、红纺锤水蚤和小纺锤水蚤；水母类的双生水母和拟细浅室水母；毛颚类的狭长箭虫和百陶箭虫；枝角类的鸟喙尖头溞；糠虾类的宽尾刺糠虾；介形类的尖尾海萤、齿形海萤和针刺真浮萤；异足类的拟海若螺等。

（三）暖温性近海类群

该类群种类极少，个体数也少，主要出现于春、冬这两个温度相对较低季节，随南沿岸流的表层水进入南海中部。该类群仅包括桡足类的中华哲水蚤、水母类的大西洋五角水母、毛颚类的拿卡箭虫、糠虾类的中华节糠虾和磷虾类的小型磷虾等少数种类。

（四）低温高盐类群

该类群的个体数量极少，但具有一定的种数，在30种以上。它们主要出现于南海中部西侧上升流区的调查水层内。主要代表种有桡足类中个体较大的哲水蚤、细枪水蚤、尖刺枪水蚤、悦真胖水蚤和斯氏手水蚤；毛颚类的漂浮箭虫、节泡真虫和深海真虫；介形类的细齿浮萤；水母类的北极单板水母、钝角锥水母、卵形双体水母和全七棱浅室水母等。

四、群落特征

（一）群落性质

南海中部200m以浅水域，包括热带和亚热带的表层水和次表层水，生活在该层次中的浮游动物会受到不同环境因素，如低盐水团的注入、东北季风的袭击、飓风及降雨的影响及下层低温高盐水的涌升等的影响，这些外界因子可以导致本调查区生态类群多样性的变化，但无法变更南海中部海区浮游动物的热带大洋群落属性，无论在任何季节和任何水域中，高温高盐类群几乎永居主导地位。

（二）群落特点

南海中部浮游动物热带大洋群落属性与太平洋和印度洋等热带洋区的情况十分相似。优势种基本由桡足类、水母类和毛颚类这三个类群组成，如桡足类的达氏筛哲水蚤、瘦乳点水蚤、丹氏厚壳水蚤、普通波水蚤、狭额次真哲水蚤、奇桨剑水蚤、小哲水蚤、美丽大眼剑水蚤、长角海羽水蚤和海洋真刺水蚤，水母类的半口壮丽水母和巴斯水母，毛颚类的肥胖箭虫，这些优势种的存在和数量的增减，决定了整个浮游动物的季节变化和平面分布。该群落的另一个特点是种数众多，但单一种类的个体数并不具备绝对的优势。这与中、高纬度海域的情况正好相反，后者的种数较少，但个别种类的个体数绝对值大。在群落中，浮游幼体数量所占的比例较大，尤其以虾类和桡足类幼体的数量最多，虾类幼体占该类群周年总个体数的69.69%，特别是冬季，高达81.68%，这一事实足以说明该群落主要成员的繁殖次数多、再生周期短。在群落中，终年出现的共有种所占的比例也是大的，约占浮游动物总种数的53.43%，从而保证了周年总种数的相对稳定，即浮游动物总种数的季节变化幅度很小，尤其是春、夏、秋三季的总种数极为相近，在508～528种范围内波动，冬季虽有所下降，但仍维持在434种的高水准上，这也是热带大洋群落的特点之一。浮游动物总生物量具有较低而均匀的分布特性，其季节变化幅度很小，终年稳定在25～33mg/m^3。

（三）群落食性

南海中部浮游动物群落可被分为以下食性：①食浮游植物者，其中过滤细小藻类的有微刺哲水蚤、孔雀丽哲水蚤、翼足类等；过滤较大藻类的有瘦新哲水蚤和一些端足类、翼足类等。②肉食性者，南海中部该食性种数较多，包括营吸吮的长角海羽水蚤、平头水蚤类；营咬食的海洋真刺水蚤、长螯磷虾、线足磷虾类；营刮食的箭虫类。③混合食性者，兼有草食和肉食两种性质，有真胖水蚤、乳点水蚤、枪水蚤等。④碎屑食性者，有小齿海樽、双尾萨利纽鳃樽、住囊虫等。南海中部海区浮游动物群落食性的特点是肉食性者较多，如肉食性磷虾占该类群的56%、混合食性的磷虾占44%；在哲水蚤中，肉食性占该类的58%、草食性占20%、混合食性占22%。由于浮游动物食性较为复杂，肉食性成分占多数，因此可能导致南海中部食物链的级次较长。

（四）群落更替

浮游动物群落的种类和数量的季节性更替程度较小。虽然个别种类在秋、冬或夏季略有变化但并不影响其性质的改变。加之，群落内经常见到发育中的浮游动物幼体，这可能与周年繁殖次数多、再生周期短、种群数量保持相对稳定有关。浮游动物总生物量维持在20～60mg/m^3，呈现较低而均匀的现象，季节上增减的幅度并不大，缺乏显著单次或双次数量高峰。这与黄海、东海甚至南海北部陆架区有明显的不同。

第二节　南海中部浮游动物季节变化

本节依托“南海海洋断面科学考察”3个航次（2009年春季、2010年冬季和2012年夏季）对整个南海进行采样，每航次设置4个断面，包括北纬18°、北纬10°、北纬6°和东经113°，其中3个断面涉及南海中部，对其浮游动物结果进行初步分析。

一、种类组成及季节变化

游动物种类组成如图3.1所示，均以桡足类为主要类群。春季桡足类的优势地位明显，夏季桡足类的优势地位有所降低，其余类群如毛颚类、水母类和被囊类的占比普遍增加，冬季大部分站位有大量的浮游幼体，个别站位被囊类占比较高（图3.2至图3.5）。

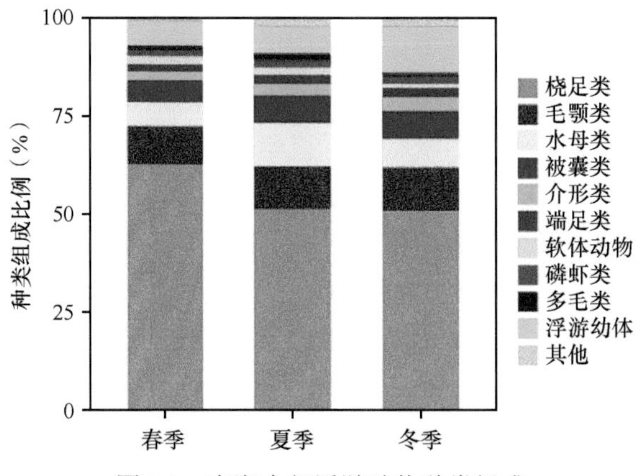

图3.1　南海中部浮游动物种类组成

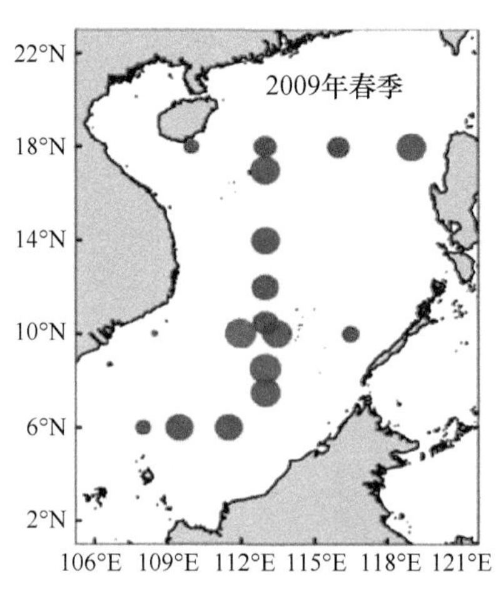

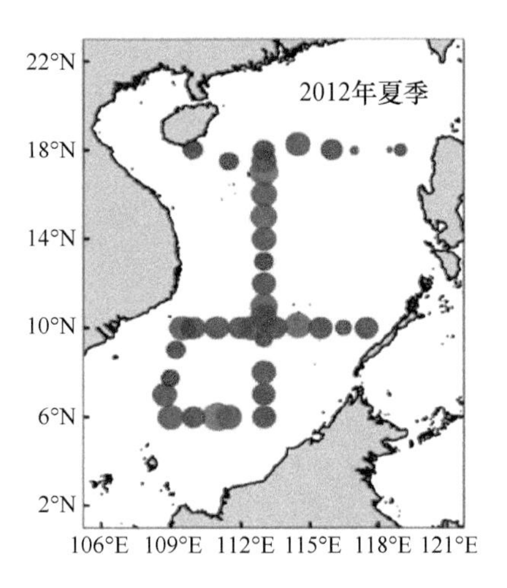

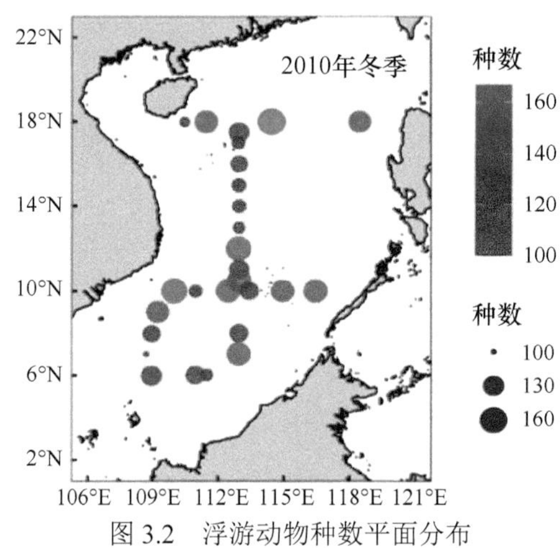

图 3.2 浮游动物种数平面分布

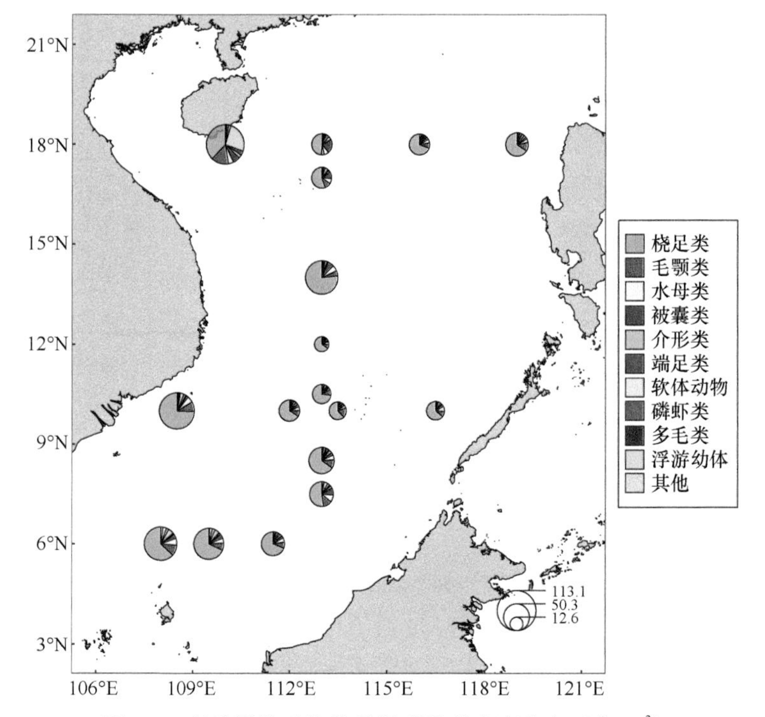

图 3.3 春季浮游动物种类组成及其丰度分布（个 /m³）

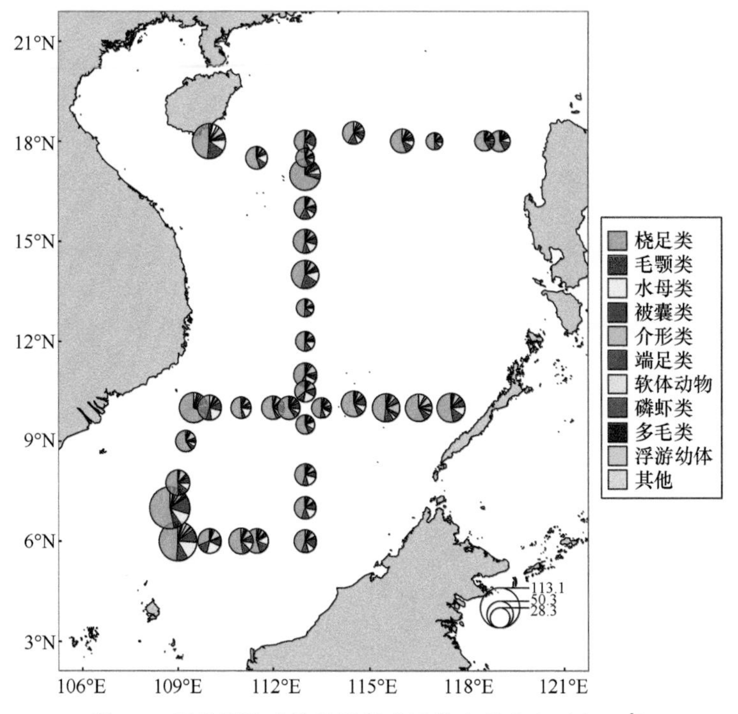

图 3.4　夏季浮游动物种类组成及其丰度分布（个 /m³）

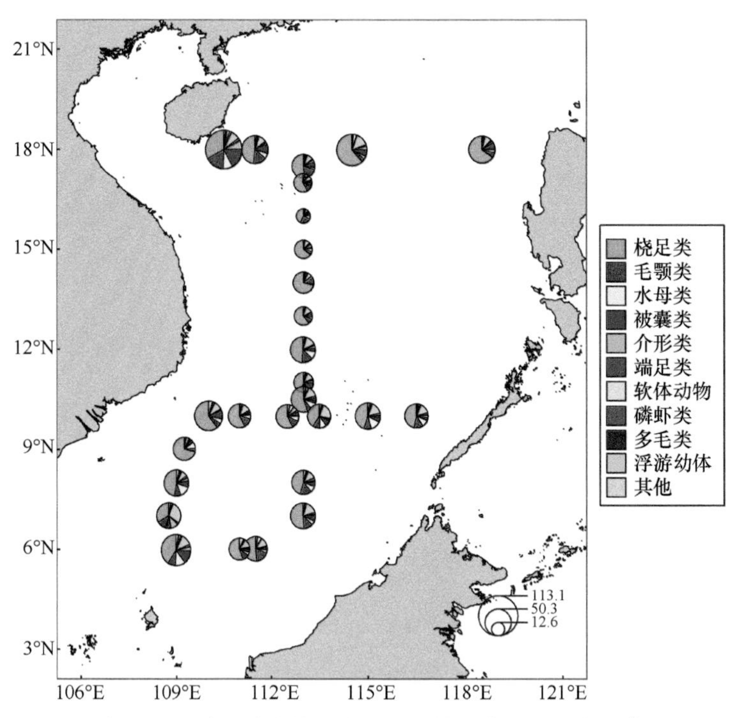

图 3.5　冬季浮游动物种类组成及其丰度分布（个 /m³）

相似性分析（analysis of similarities，ANOSIM）结果表明，3 个季节的群落结构有明显差异（R=0.9295，P=0.001）；同时非度量多维尺度（non-metric multi-dimensional scaling，NMDS）分析结果也表明，3 个季节的浮游动物群落结构可被明显地分开。

二、丰度季节变化

丰度的季节变化和平面分布如图 3.7 所示，在水深小于等于 200m 的西部近岸站位，春季和夏季浮游动物丰度普遍较高，冬季除了琼东近岸的站位较高，其余分布较为均匀；在水深大于 200m 的站位，春季和夏季丰度都显著低于近岸站位，春季和夏季的丰度高值点零散地分布，而冬季的高值区主要分布在北部，中部有一个低值区，其余分布较为均匀。

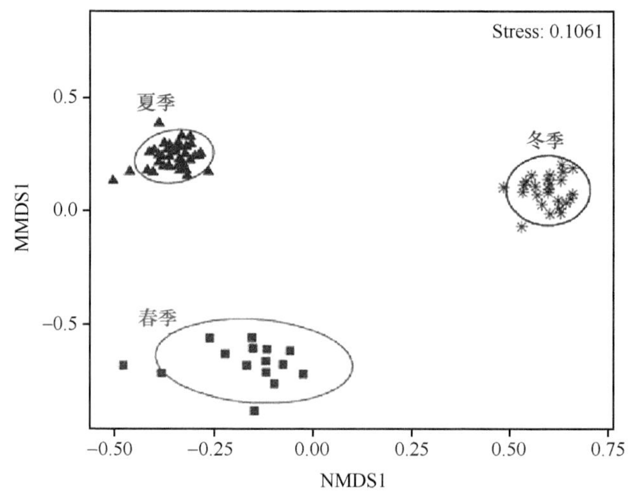

图 3.6　南海中部浮游动物群落结构 NMDS 分析结果

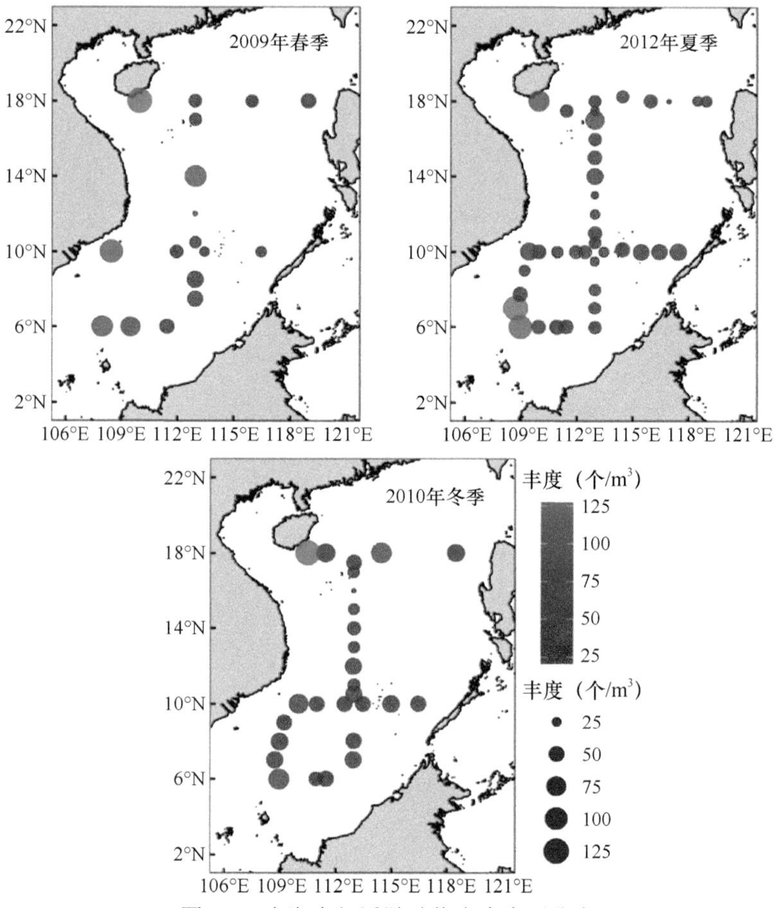

图 3.7　南海中部浮游动物丰度水平分布

三、浮游动物与环境因子相关性分析

春季调查海域平均表层温度为3个季节最高，呈南北高、中部低的趋势。其中在调查海区的西部和东北部出现低值区。表层盐度平均值也为3个季节最高，呈北部高、南部低的分布规律，其中在靠近湄公河入海口的区域有极低值。夏季表层温度高值区位于北部，次高值区位于西部，东北部和中部的值较低。相对于春季和冬季，夏季的整体温度分布较为均匀，无明显低值区。表层盐度整体分布均匀，总体呈北部和中部较高、南部低的趋势，在中部附近有一个高值区。冬季表层温度平均值为3个季节最低，整体差异比较大，呈现北部断面低、南部海区高的分布规律，在北部温度普遍低于27.5℃，其中在西部靠近越南的区域有一个次低值区。冬季表层盐度平均值略低于春季和夏季，整体差异大，呈北部高、南部低的趋势，在西部靠近越南的区域有一个次高值区。除了南部断面盐度普遍较低外，在中部附近有一个低值区。根据Spearman相关系数可知，表层温度与水母类丰度呈显著正相关，水柱平均温度与桡足类和软体动物丰度呈显著正相关，这表明这些类群适宜在温度较高的环境下生存。水柱平均盐度与桡足类、软体动物和多毛类呈显著负相关，这表明较低的盐度不利于这些类群的生存。

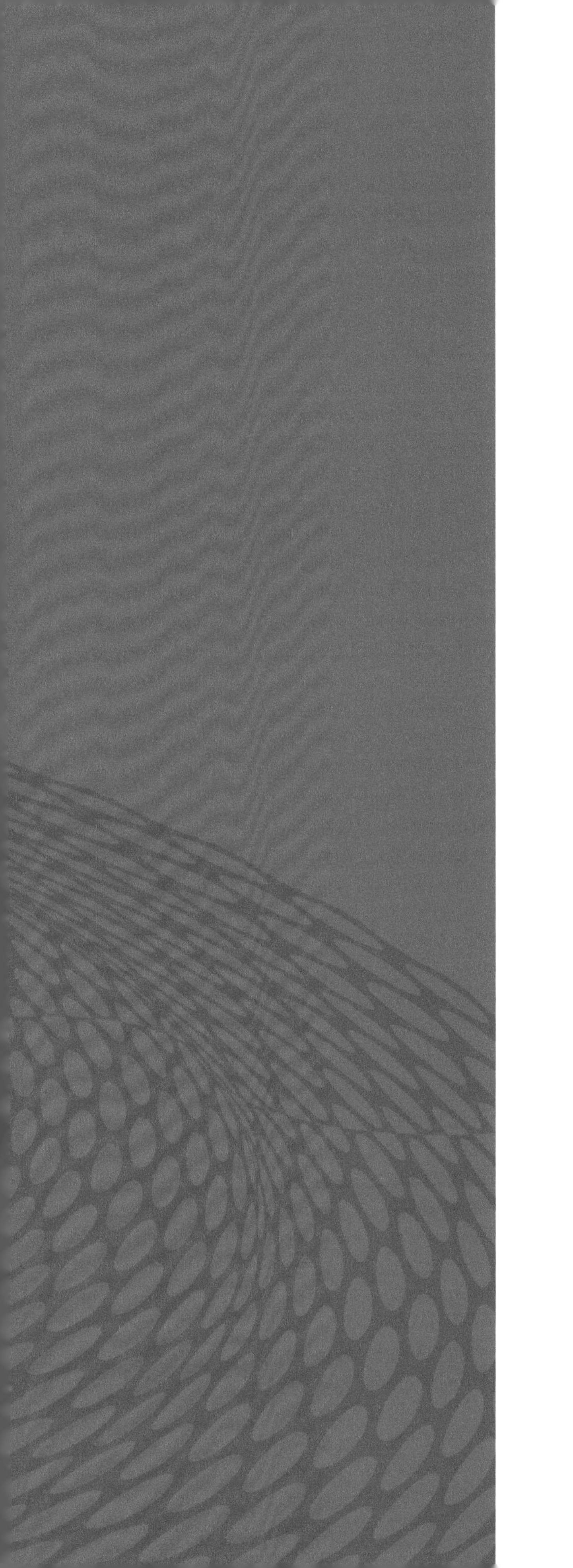

第四章　南沙群島及其邻近海区浮游动物

南沙群岛海区位于南海南部，地处典型热带赤道海域，岛屿众多，紧邻大陆坡和深海盆地，海底地形高低起伏、洋流复杂，自然环境多样化。同时南沙群岛海区位于热带季风区，既是热带气旋形成发源地之一，又是南、北半球赤道气流交换的重要通道之一，对我国沿海天气、气候的生成有着重要影响。该海域的气候主要由季风主导，分为冬季东北季风影响期（每年 11 月至翌年 2 月）及夏季西南季风影响期（每年 6 月至 9 月），春季和秋季是两个主导季风的转换时期。南沙群岛独特的地理、地貌、气候和生态环境及其重要的战略地位使其从 20 世纪 70 年代起在国际上日益受到关注。因此在南沙群岛海区开展浮游动物生态调查具有相当重要的科学研究价值。

我国对南沙群岛海区的海洋科学十分重视，自 1984 年以来在南沙群岛海区进行了一系列海洋科学综合考察，对南沙群岛海区浮游动物的种类、分布、生物学、分类区系、生化成分、生态学等进行了大量的调查研究，获得了大量数据资料和样品，自 1987 年以来，《曾母暗沙：中国南疆综合调查研究报告》（中国科学院南海海洋研究所，1987）、《南沙群岛及其邻近海区综合调查研究报告（一）》（上下卷）（中国科学院南沙综合科学考察队，1989a，1989b）、《南沙群岛海区海洋动物区系和动物地理研究专集》（中国科学院南沙综合科学考察队，1991a）、《南沙群岛及其邻近海区海洋生物研究论文集》（中国科学院南沙综合科学考察队，1991b）、《南沙群岛海区生态过程研究（一）》（黄良民，1997）、《南沙群岛海区生态过程研究》（黄良民等，2020）陆续出版，这些专著为深入开展南沙群岛海区浮游动物研究奠定了较扎实的基础。国外对南沙群岛海区浮游动物调查研究不多，1959～1961 年“纳加”考察时在南沙群岛部分海区进行了一些浮游动物类群的分类和地理分布研究工作。

本章综合了 1984～1999 年中国科学院南海海洋研究所总结的“南沙群岛及邻近海区浮游动物数据集”和 2009～2012 年南沙科技航次浮游动物数据，按季节研究分析了南沙群岛海区浮游动物丰度、生物量、生物多样性指数和优势种的年际变化。其中春季包含 1984 年、1985 年、1986 年、1987 年、1999 年、2009 年 6 个航次的浮游动物数据，夏季包含 1988 年、1999 年和 2012 年 3 个航次的数据，冬季包含 1997 年和 2010 年两个航次的数据，各年度采样时间和站位如图 4.1 所示。所有航次均采用大型浮游生物网（网

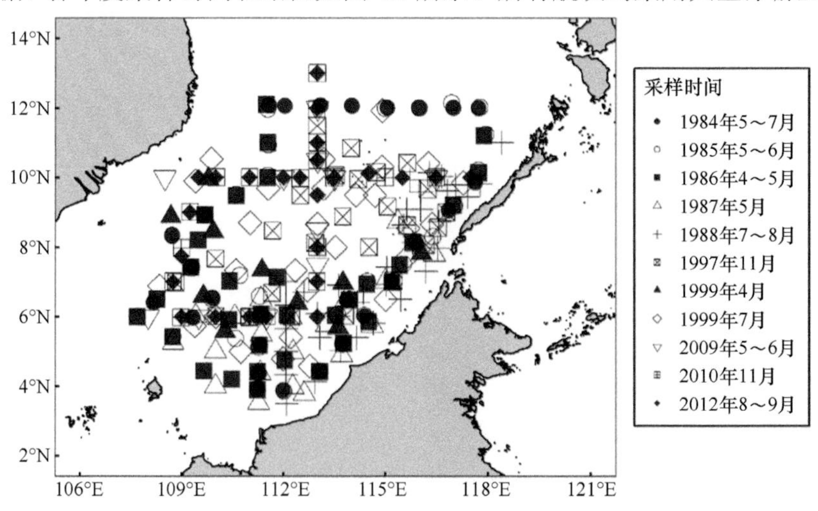

图 4.1　1984～2012 年南沙群岛海区浮游动物调查站位

口内径 80cm、网长 270cm、网目孔径 0.505mm）进行了 0～200m 层的垂直拖网采样（小于 200m 的站位则进行由底及表的垂直拖网）。样品用 5% 的福尔马林溶液固定保存，在实验室内进行生物量测定、种类鉴定和计数。本研究可为海洋生物多样性和生态系统动力学研究提供基础，同时为评估南沙群岛海区海洋生物资源利用潜力提供科学依据。

第一节　浮游动物种类多样性

一、种类组成

本节研究了南沙群岛海区浮游动物种类组成，分析了其各类群种数、多样性指数的年际变化。其中，多样性指数包括：种数、Shannon-Wiener 指数、均匀度指数和丰富度指数。

1994～2012 年，共记录浮游动物 583 种（表 4.1）。其中，桡足类的种数最多，有 199 种，占 34.13%；其次是毛颚类，有 20 种，占 3.43%；刺胞水母类略低于毛颚类，为 80 种，占 13.72%；磷虾类有 45 种，占 7.72%。

表 4.1　1994～2012 年南沙群岛海区浮游动物种类组成

类群	种数	占比（%）
刺胞水母类	80	13.72
栉水母类	3	0.52
桡足类	199	34.13
介形类	61	10.46
端足类	52	8.92
磷虾类	45	7.72
糠虾类	22	3.77
十足类	7	1.20
枝角类	3	0.52
浮游软体类	34	5.83
浮游多毛类	20	3.43
毛颚类	20	3.43
浮游被囊类	26	4.46
浮游幼体	11	1.89
合计	583	100

二、多样性指数

（一）年际变化

浮游动物多样性指数在春季的变化如图 4.2 所示。1999 年之前浮游动物种数总体呈现上升趋势，从 1984 年的 56 种，增加到 1988 年的 83 种，而在 1988 年之后先降低至 61 种，在 2009 年又增加至最高 125 种。除去 1986 年和 1999 年，浮游动物种数总体呈现上升趋势。1999 年之前，Shannon-Wiener 指数在 3.0～3.5 范围内波动，而在 2009 年上升至4.3。丰富度指数与Shannon-Wiener指数变化趋势相同，1999年之前在10～16范围内波动，在2009年上升至24。均匀度指数在1987年之前稳定在0.78左右，1987年降低至0.75，之后呈上升趋势，到2009年上升至最高0.90。值得注意的是，在1987年，Shannon-Wiener指数、丰富度指数、均匀度指数均比相邻年份要低。各个指数在2009年均达到最高值，说明南沙群岛海区浮游动物生物多样性水平升高。

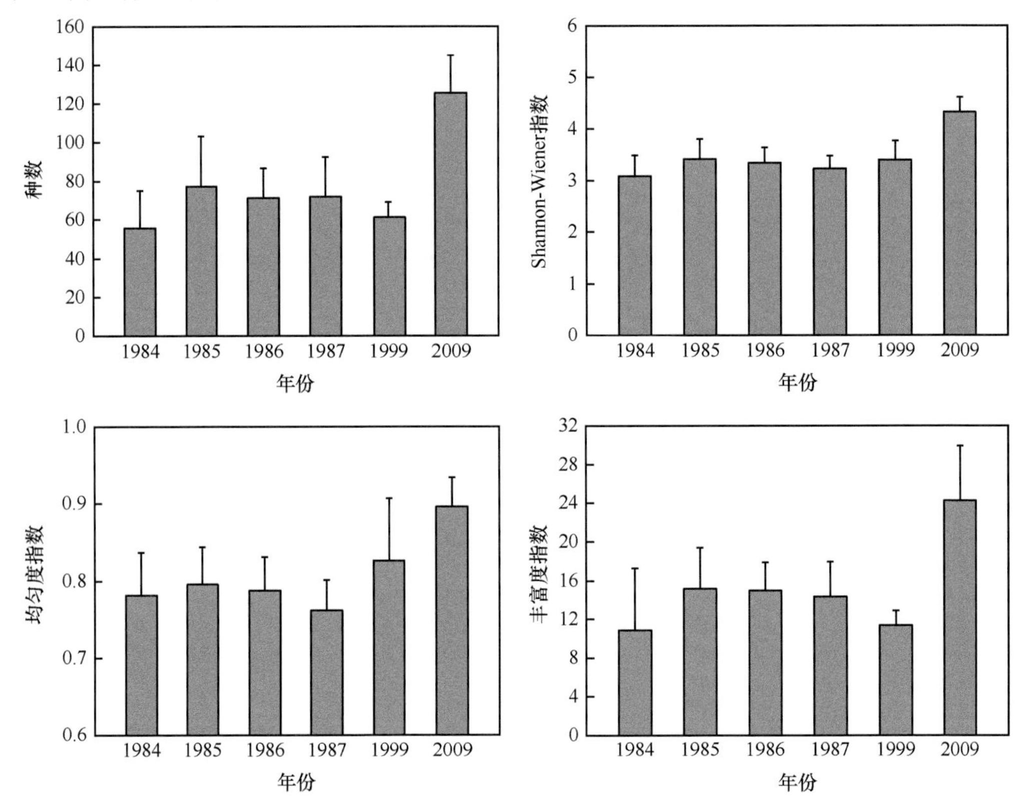

图4.2　1984～2009年春季浮游动物生物多样性指数年际变化

浮游动物多样性指数在夏季的变化如图4.3所示。种数、Shannon-Wiener指数和丰富度指数均呈先降低后增加的趋势，在1999年均达到最低，分别为56种、3.4和10.8，而在2012年达到最高，分别为138种、4.4和25.5。均匀度指数则呈现增加的趋势。从1988年的0.8增加到2012年的0.9。

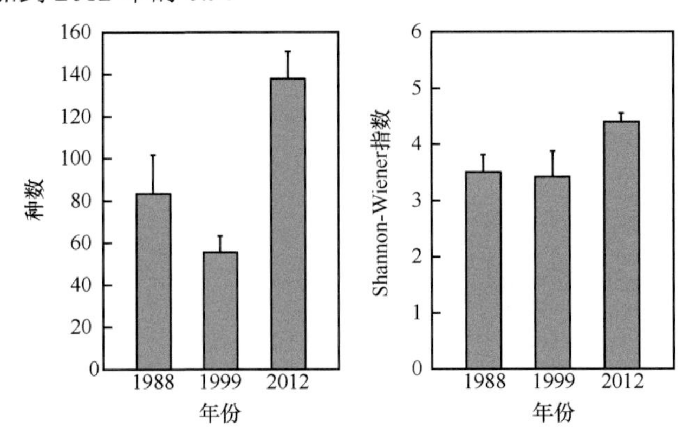

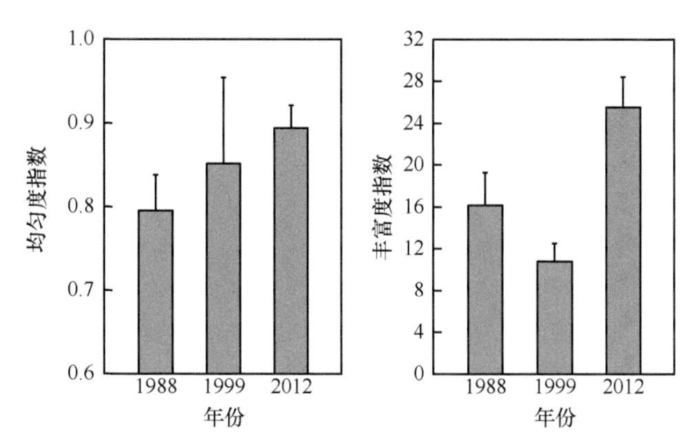

图 4.3　1988 年、1999 年、2012 年夏季浮游动物生物多样性指数年际变化

浮游动物多样性指数在冬季的变化如图 4.4 所示。2010 年冬季种数、Shannon-Wiener 指数和丰富度指数均高于 1997 年，种数变化最明显，由 62 种增加到 138 种。均匀度指数则略有降低。

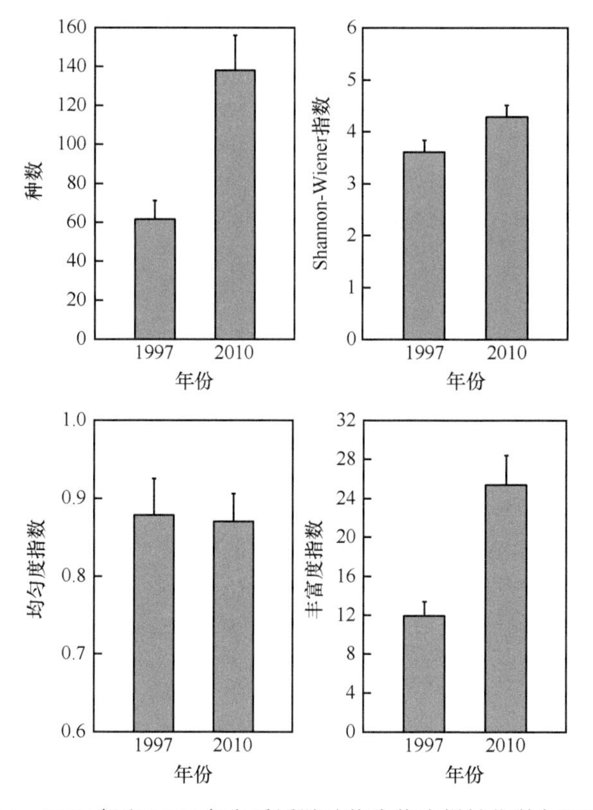

图 4.4　1997 年和 2010 年冬季浮游动物生物多样性指数年际变化

（二）水平分布

1. 春季

1984 年种数在东部和北部较高，普遍高于 60 种，西南部较低，普遍在 20～40 种，其余站位分布较为均匀。Shannon-Wiener 指数分布趋势与种数相同，东部和北部普遍高

于 3.0，西南部有些站位低于 2.5。丰富度指数整体分布均匀，除个别站位低于 10 以外，均位于 10～15。均匀度指数在东部和南部与其他多样性指数趋势相反，普遍较低，南部个别站位低于 0.70（图 4.5）。

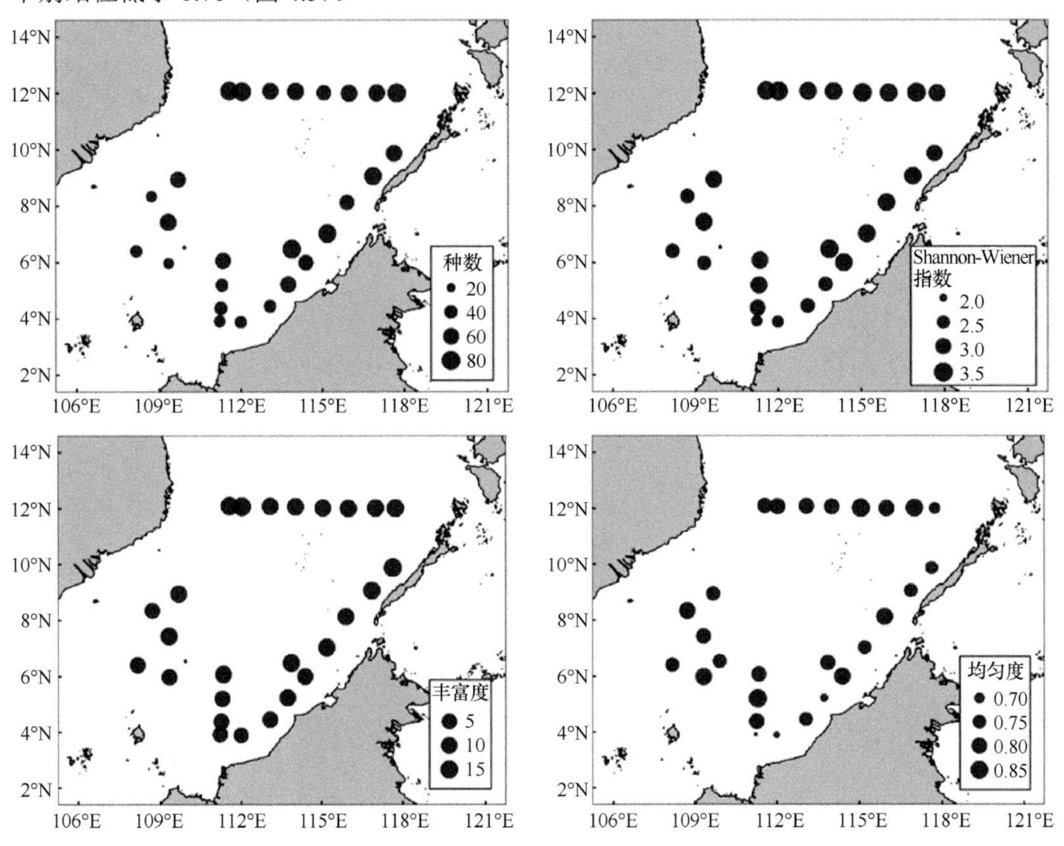

图 4.5　1984 年春季浮游动物生物多样性指数水平分布

1985 年种数在东南部较高，普遍高于 70 种，西南部较低，普遍在 30～40 种，其余站位在 50～70 种，分布均匀。Shannon-Wiener 指数在东南部较高，大部分站位高于 3.5，除了南部有个别站位低于 3.0 以外，其他站位均匀分布在 3.0～3.5。丰富度指数和种数分布趋势一致，东南部普遍为 20 左右，西南部个别站位低于 15。均匀度指数在东部和南部相对较低，有个别站位低于 0.75，其余站位均匀分布在 0.80～0.85（图 4.6）。

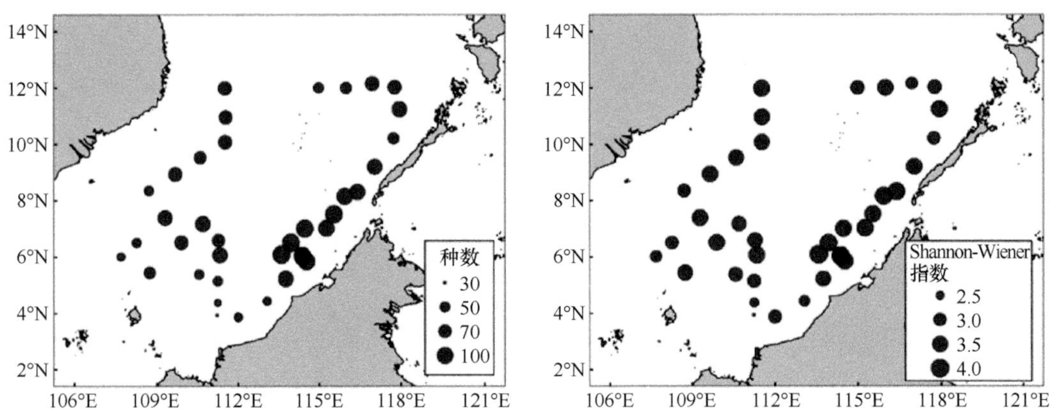

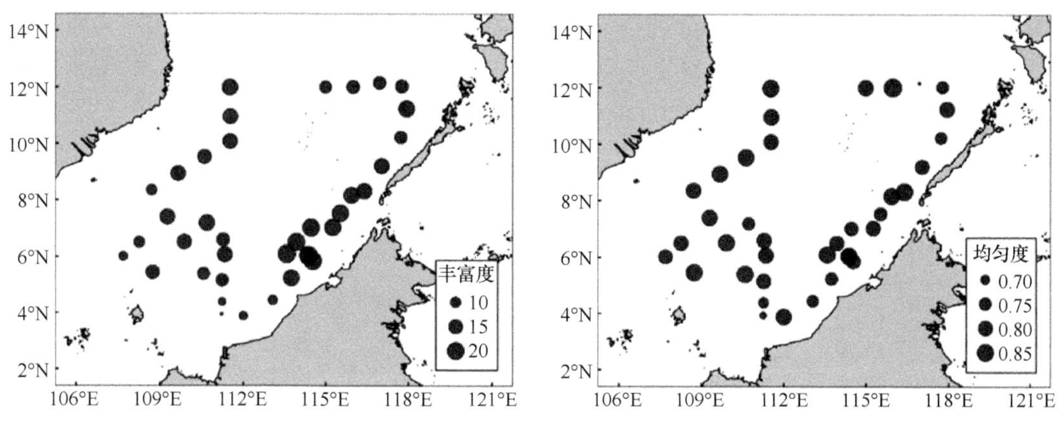

图 4.6　1985 年春季浮游动物生物多样性指数水平分布

1986 年种数在南部较低，普遍低于 70 种，个别站位低于 50 种，中部和北部较高，在 70～90 种，分布较为均匀。Shannon-Wiener 指数除了个别站位低于 3.0 以外，大部分处于 3.5～3.8，分布较为均匀。丰富度指数分布趋势与种数一致，南部普遍较低，个别站位低于 13，中部和北部较高，在 13～16。均匀度指数与 Shannon-Wiener 指数分布趋势一致，除个别站位低于 0.70 外，大部分站位均匀分布在 0.80～0.85（图 4.7）。

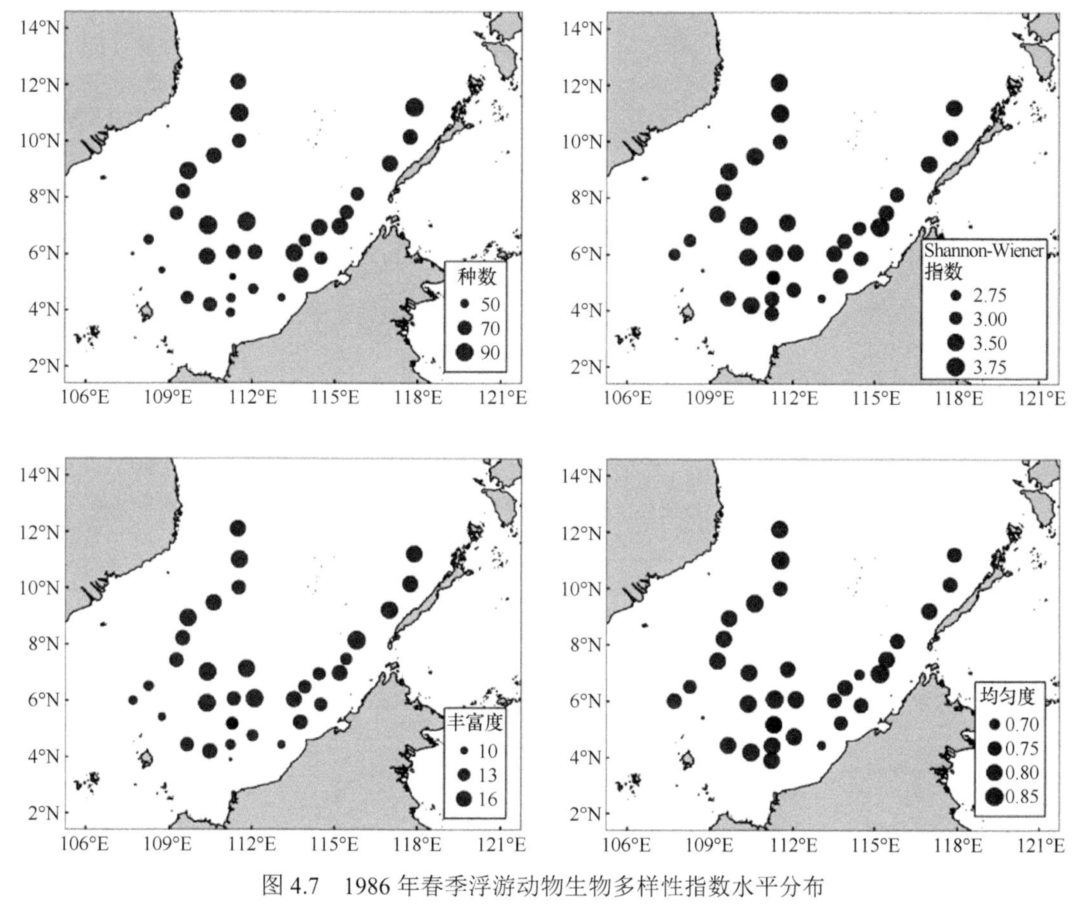

图 4.7　1986 年春季浮游动物生物多样性指数水平分布

1987 年种数呈现由北向南逐渐降低的趋势，北部站位种数大多为 100 种左右，而南部站位普遍为 60 种左右。Shannon-Wiener 指数在中部和南部较低，低于 3.0，其他站位在 3.0～3.2。丰富度指数和种数分布趋势相同，北部高于 15，南部低于 12。均匀度指数在东北部和中部较低，个别站位低于 0.65，东南部和西南部较高，普遍高于 0.75（图 4.8）。

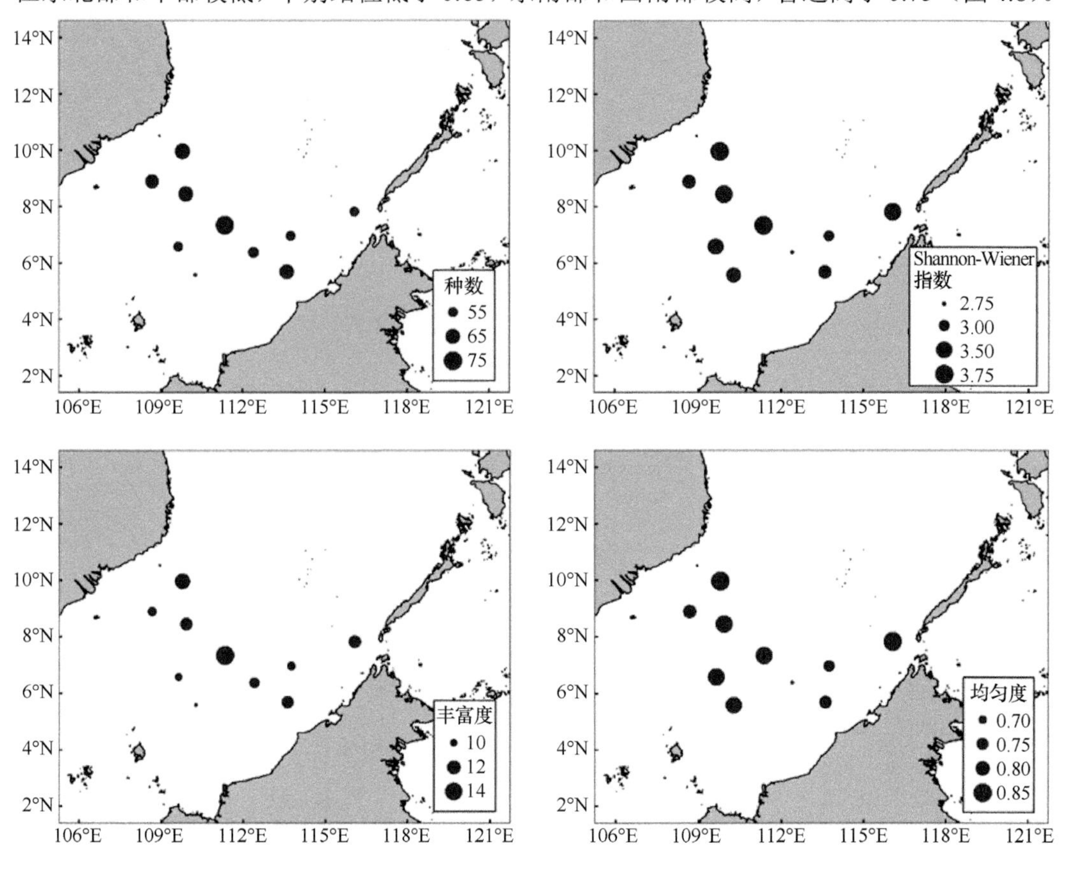

图 4.8　1987 年春季浮游动物生物多样性指数水平分布

1999 年种数在西北部和中部较高，高于 65 种，东部站位较低，普遍低于 55 种。Shannon-Wiener 指数西部较高，普遍高于 3.5，东南部普遍低于 3.0。均匀度指数在东南部有一个低值区，普遍低于 0.75，其余站位分布较为均匀，基本在 0.80～0.90。生物多样性指数整体呈现西北部和中部高，东南部低的规律（图 4.9）。

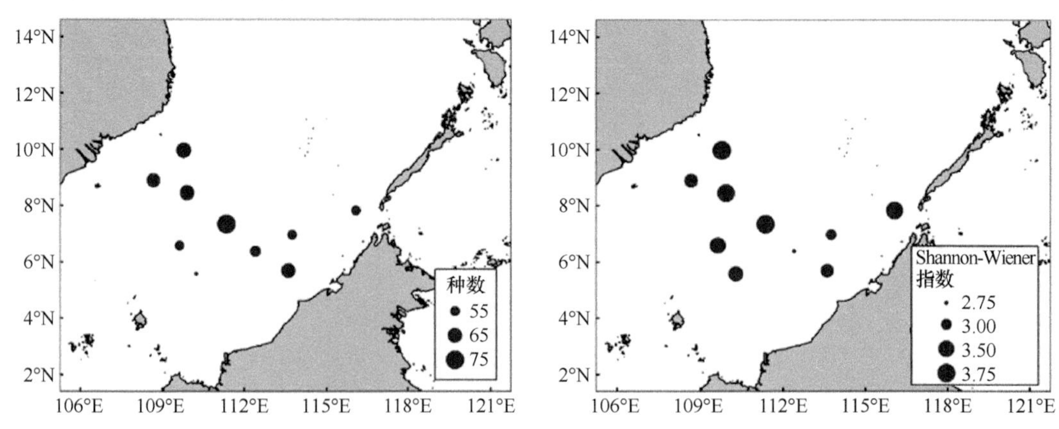

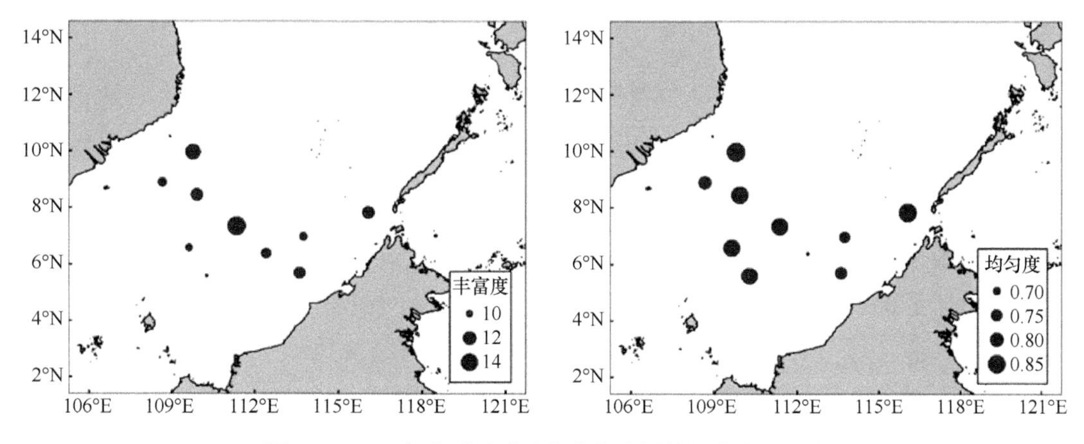

图 4.9　1999 年春季浮游动物生物多样性指数水平分布

2009 年种数普遍较高，除西北部和东北部的两个站位小于 100 种，其余站位均大于 100 种，分布较为均匀。Shannon-Wiener 指数整体分布均匀，基本在 4.0～4.5。丰富度指数与种数分布趋势一致，除个别站位低于 20 外，大部分位于 25～30。均匀度指数整体分布均匀，基本位于 0.84～0.92。无明显的高值点和低值点。总体来看，2009 年生物多样性指数分布较为均匀，除西北部个别站位外，生物多样性指数普遍偏高（图 4.10）。

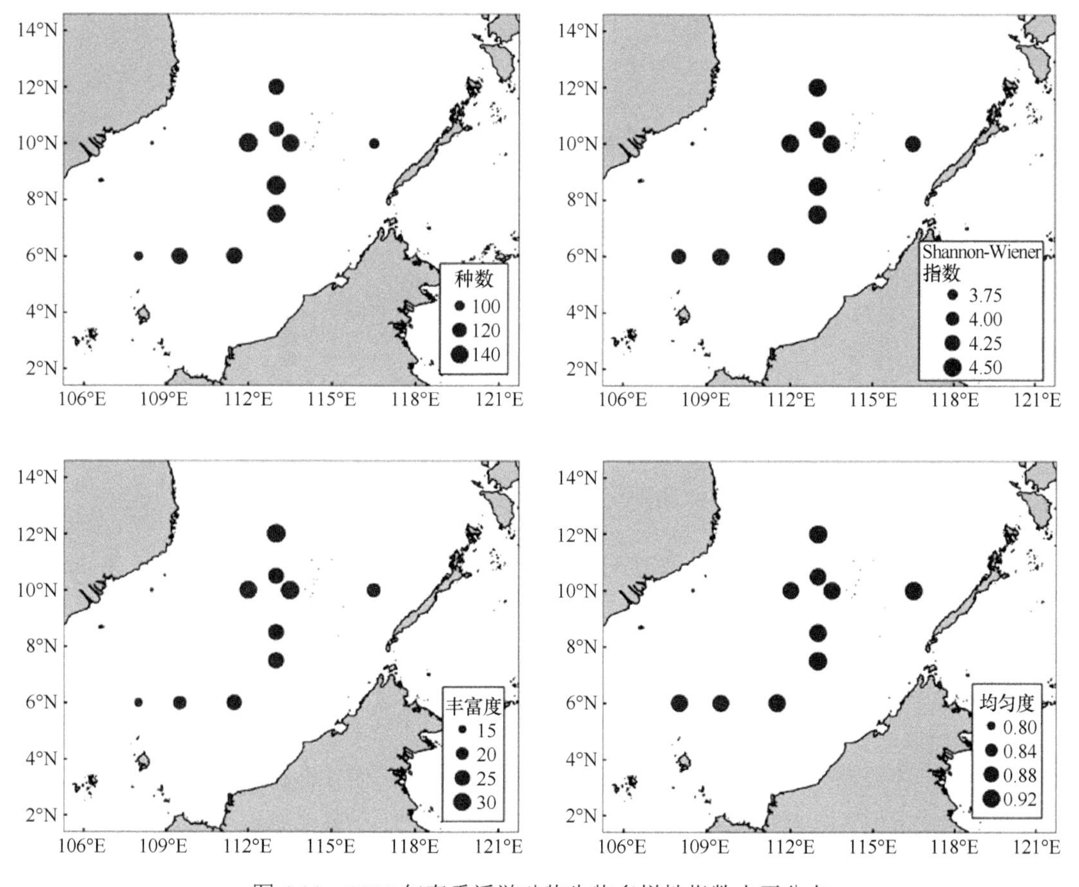

图 4.10　2009 年春季浮游动物生物多样性指数水平分布

2. 夏季

1988 年种数在西南部较低，普遍为 50 种左右，其余站位除了个别站位低于 80 种外，大部分位于 80～110 种。Shannon-Wiener 指数在东北部和中部较高，普遍高于 3.6，东部和南部有个别站位低于 3.0，其余站位分布较为均匀。丰富度指数与种数分布趋势一致，西南部较低，普遍为 9 左右，其余站位除了个别站位低于 16 外，大部分位于 16～21。均匀度指数与 Shannon-Wiener 指数分布趋势一致，东北部和中部普遍高于 0.80，西南部个别站位低于 0.75（图 4.11）。

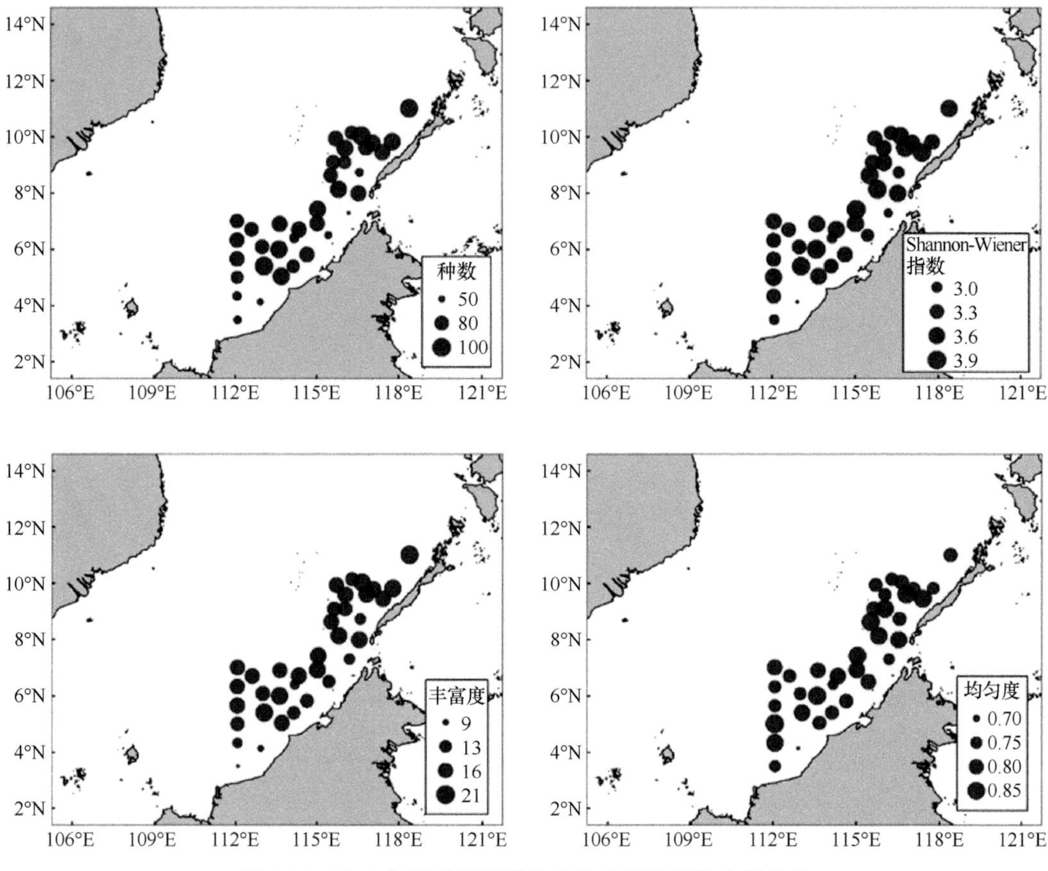

图 4.11 1988 年夏季浮游动物生物多样性指数水平分布

1999 年种数在最北部和南部普遍较高（＞ 60），而在中部普遍低于 55。Shannon-Wiener 指数除了在西南部个别站位低于 2.5 外，在其余站位相对较高且差异不明显，位于 3.0～3.5，西部较高，普遍高于 3.5，东部相对较低，个别站位低于 2.75。丰富度指数除了在西南部个别站位低于 10 以外，大部分位于 10～13，差异不明显。均匀度指数除在西南部个别站位低于 0.40 以外，大部分位于 0.75～0.90，差异不明显（图 4.12）。

2012 年种数在中部和南部相对较高，普遍高于 140，而在西部个别站位较低，低于 120 种。Shannon-Wiener 指数在西部较低，普遍低于 4.3，而在其他站位普遍位于 4.4～4.6。丰富度指数在北部和中部较高，普遍高于 27.0，而在西南部较低，最低仅有 19.8。均匀度指数在西南部个别站位较低，低于 0.85，而在其他大部分站位位于 0.90～0.93，无明显差异（图 4.13）。

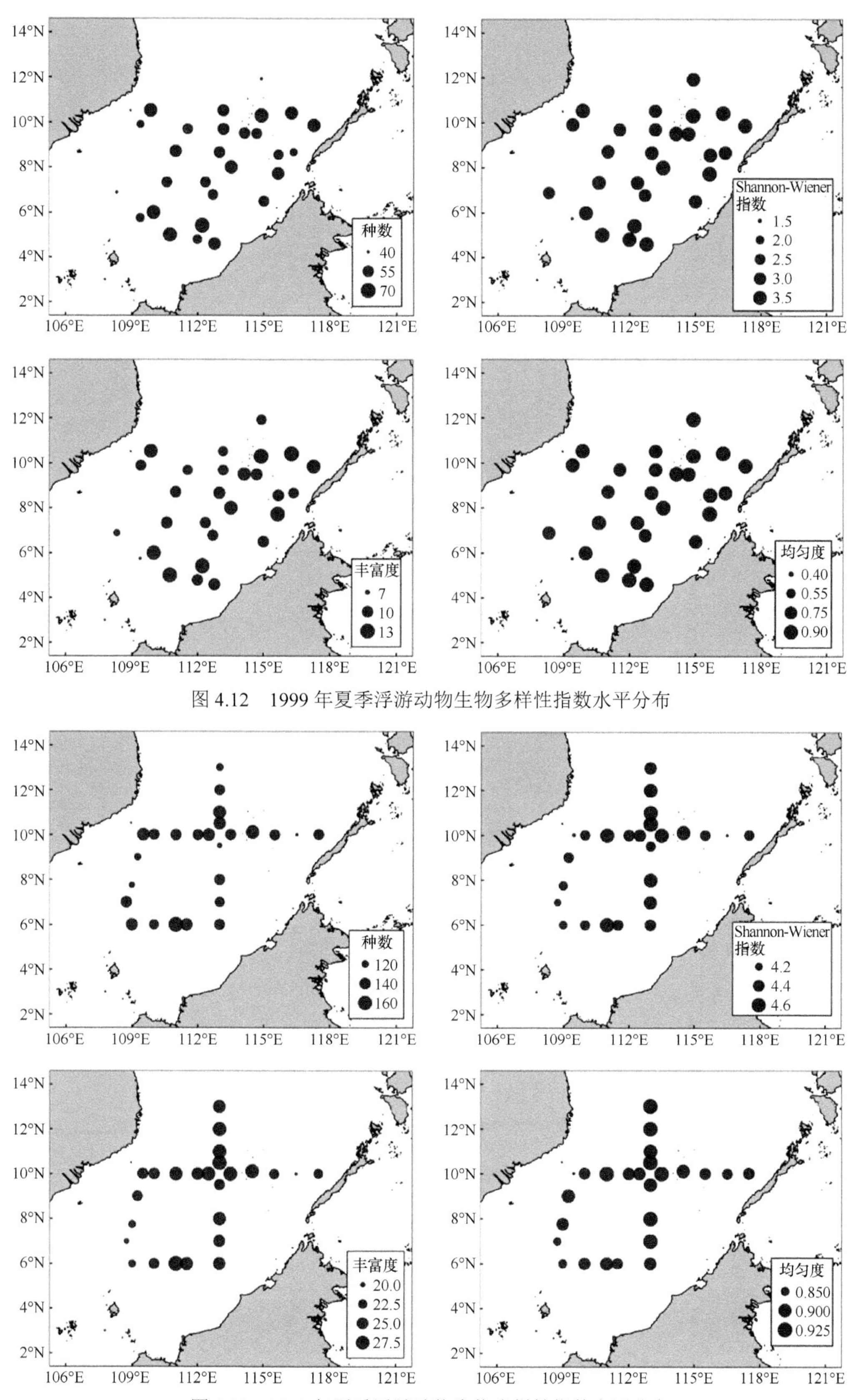

图 4.12 1999 年夏季浮游动物生物多样性指数水平分布

图 4.13 2012 年夏季浮游动物生物多样性指数水平分布

3. 冬季

1997 年种数在中部较高，普遍高于 70，在北部和东南部个别站位较低，低于 50。Shannon-Wiener 指数在中部较高，普遍高于 3.8，在南部较低，普遍低于 3.5。丰富度指数在中部较高，普遍高于 13，而在东南部个别站位低于 10。均匀度指数在南部较低，普遍低于 0.85，在其他大部分站位在 0.90～0.95，差别不明显（图 4.14）。

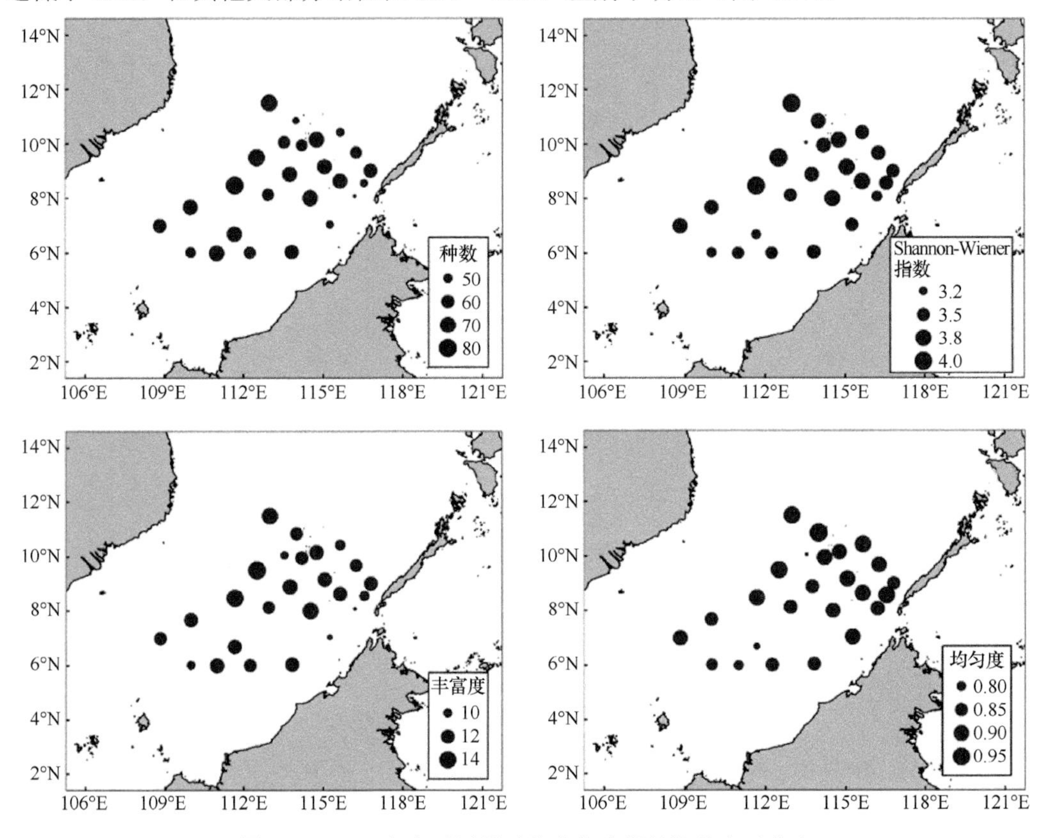

图 4.14 1997 年冬季浮游动物生物多样性指数水平分布

2010 年种数在中部较高，普遍高于 130，在西南部较低，个别站位低于 115，而在其他站位分布零散，最高达 165，最低仅有 115。Shannon-Wiener 指数在除了在西部和南部个别站位低于 4.0 外，大部分站位位于 4.2～4.4，差别较小。丰富度指数在中部较高，普遍高于 27.0，在西南部个别站位较低，最低仅有 19.4。均匀度指数在东北部较高，普遍高于 0.85，而在其他站位分布零散，最高达 0.93，最低仅有 0.80（图 4.15）。

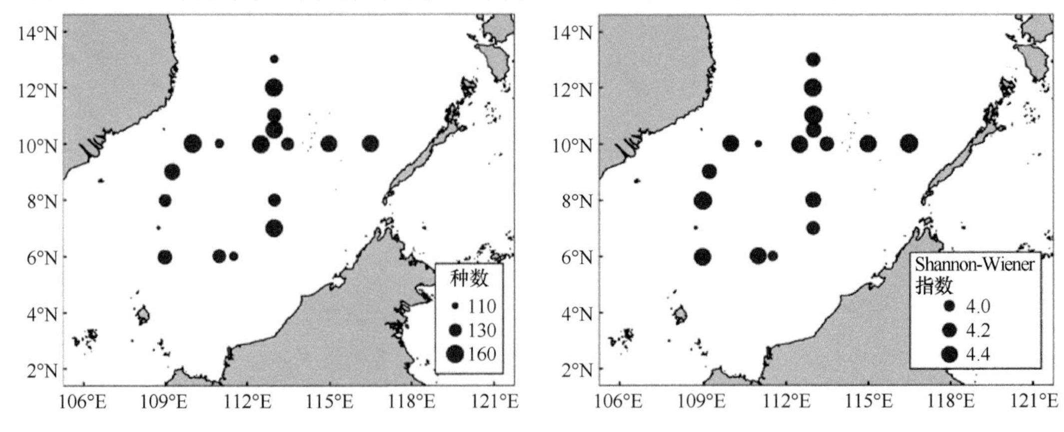

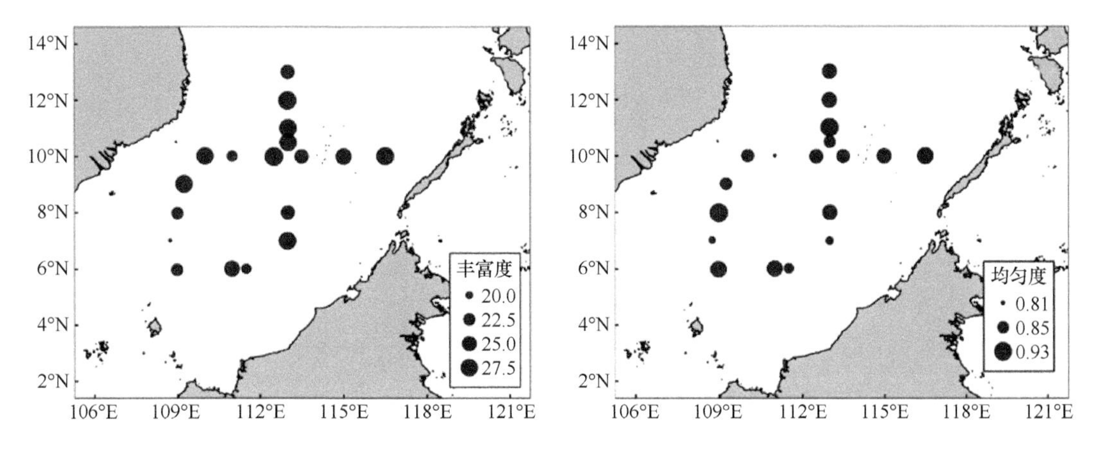

图 4.15　2010 年冬季浮游动物生物多样性指数水平分布

第二节　浮游动物丰度和生物量

一、年际变化

1984～2009 年春季浮游动物平均丰度总体呈升高趋势，从 1984 年 28.2 个 /m^3 升高到 2009 年 44.8 个 /m^3，在 1986 年最低，在 2009 年最高。浮游动物平均生物量总体呈下降趋势，与丰度变化趋势相反，其值从 1984 年 57.6mg/m^3 降低到 2009 年 29.9mg/m^3，在 1987 年最高，在 2009 年最低（图 4.16）。

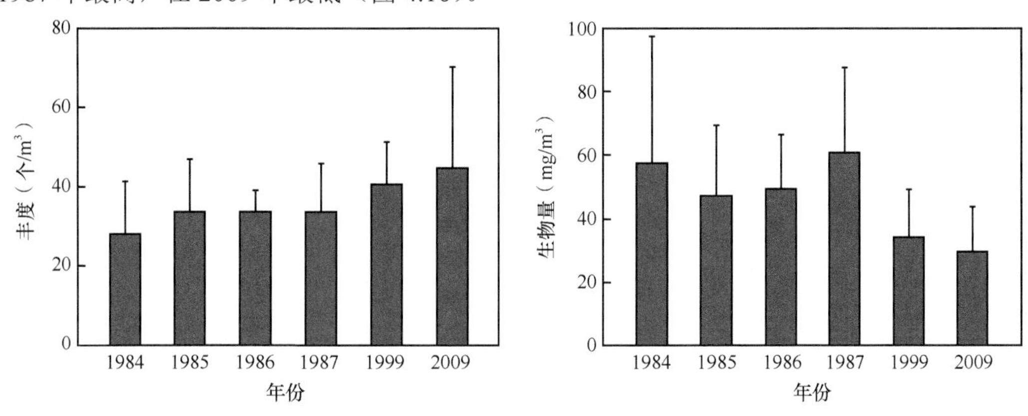

图 4.16　1984～2009 年春季浮游动物丰度和生物量年际变化

1988～2012 年夏季浮游动物平均丰度呈上升趋势，1988 年到 1999 年变化不大，在 35.0～37.0 个 /m^3，而在 2012 年有明显提高，达 46.4 个 /m^3。生物量从 1988 年的 44.4mg/m^3 降低到 1999 年 28.0mg/m^3（图 4.17）。

冬季浮游动物丰度从 1997 年 34.7 个 /m^3 增加到 2010 年 43.5 个 /m^3。根据丰度平面分布图可看出，1997 年丰度整体分布均匀，大部分处于 35～50 个 /m^3，而 2012 年西部站位丰度普遍高于 60 个 /m^3，因此其平均丰度高于 1997 年（图 4.18）。

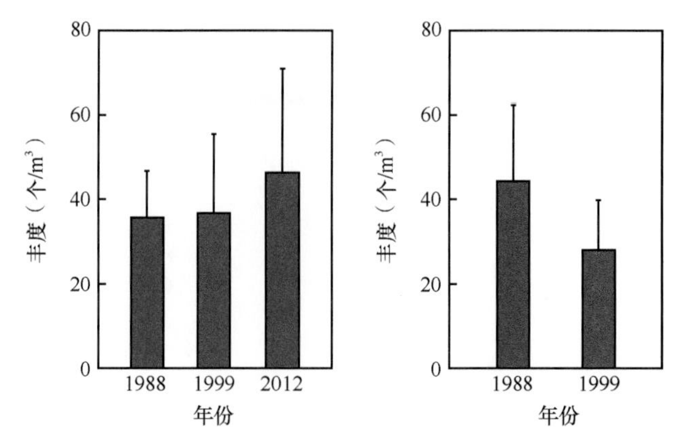

图 4.17 1988～2010 年夏季浮游动物丰度和生物量年际变化

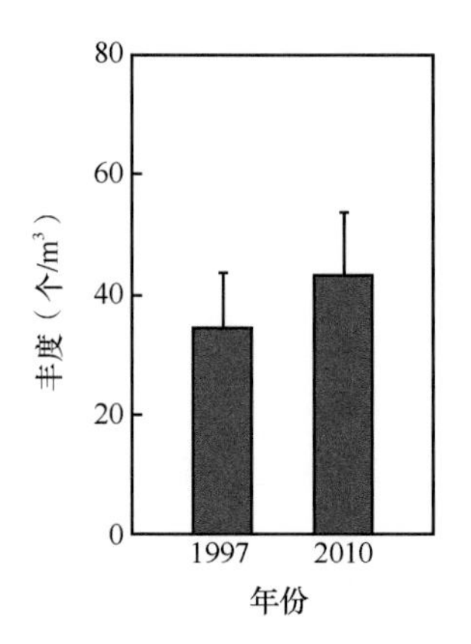

图 4.18 1997 年和 2010 年冬季浮游动物丰度年际变化

二、水平分布

（一）春季

1984 年浮游动物丰度在 9.2～68.4 个 /m^3 范围内变化，平均为 28.2 个 /m^3±12.8 个 /m^3。东南部丰度较高，普遍大于 40 个 /m^3，其余站位丰度分布较为均匀。生物量在 4.3～174.0mg/m^3 范围内变化，平均为 57.6mg/m^3±39.1mg/m^3，东部站位的生物量大于西部，其中西南部的生物量最低，在 60mg/m^3 以下，个别站位低于 20mg/m^3。在东南部的站位生物量普遍较高，最高可达 174.0mg/m^3（图 4.19）。

1985 年浮游动物丰度在 13.3～74.4 个 /m^3 范围内变化，平均为 33.6 个 /m^3±13.4 个 /m^3。东部站位的丰度大于西部，东部的丰度普遍高于 40.0 个 /m^3，而西部的普遍为 20.0 个 /m^3 左右，甚至低于 20.0 个 /m^3。生物量在 21.0～107.0mg/m^3 范围内变化，平均为 47.9mg/m^3±21.7mg/m^3，其分布趋势与丰度一致，东部多数站位高于 70.0mg/m^3，而西部普遍低于 50.0mg/m^3（图 4.20）。

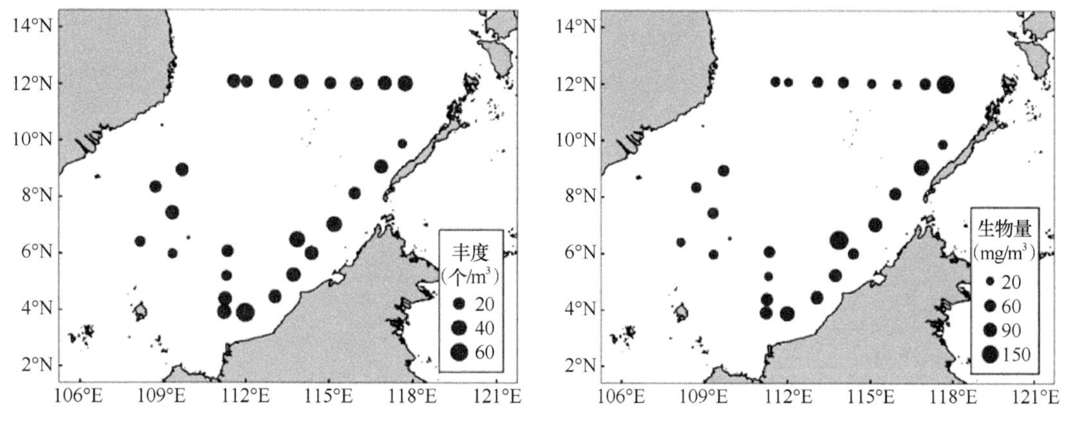

图 4.19　1984 年春季浮游动物丰度和生物量水平分布

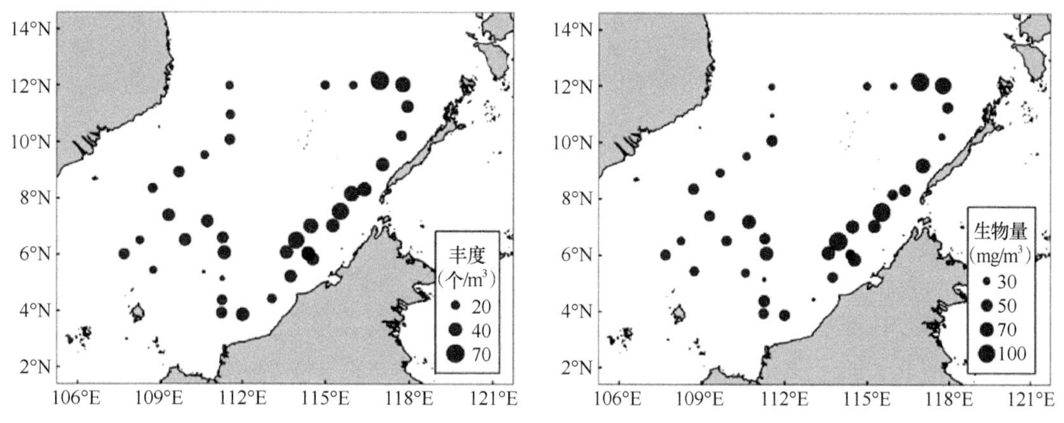

图 4.20　1985 年春季浮游动物丰度和生物量水平分布

1986 年浮游动物丰度在 10.3～65.7 个 /m^3 范围内变化，平均为 28.3 个 /m^3±11.0 个 /m^3，在东南部有几个站位高于 60.0 个 /m^3，其余站位分布较为均匀，个别站位丰度低于 20.0 个 /m^3。生物量在 15.2～83.7mg/m^3 范围内变化，平均为 50.6mg/m^3±15.8mg/m^3，东部较高，普遍高于 60.0mg/m^3，其余站位分布较为均匀（图 4.21）。

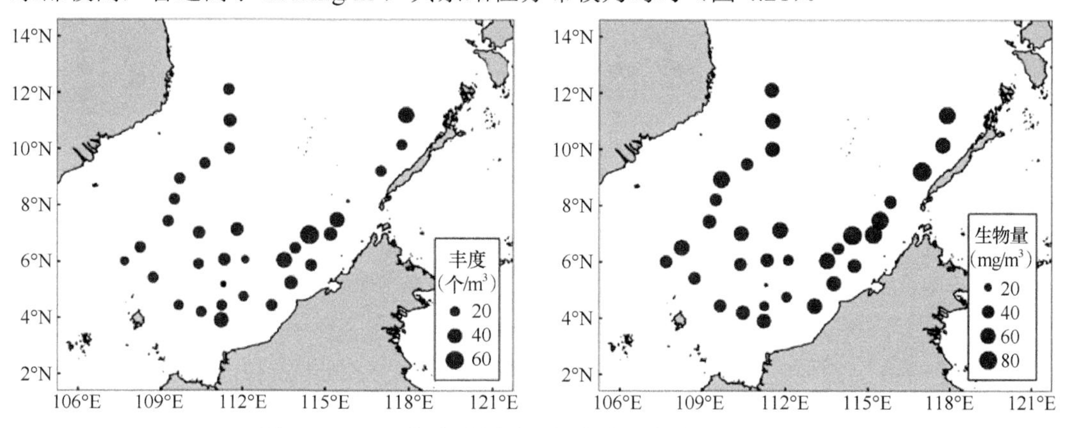

图 4.21　1986 年春季浮游动物丰度和生物量水平分布

1987 年浮游动物丰度在 20.5～102.7 个 /m^3 范围内变化，平均为 48.1 个 /m^3±22.9 个 /m^3，东北部丰度较高，普遍高于 80.0 个 /m^3，中部相对较低，均匀分布在 40.0 个 /m^3 左右。生物量在 25.8～128.4mg/m^3 范围内变化，平均为 60.6mg/m^3±25.8mg/m^3，与丰度分布趋势相同，东北部站位大于 75.0mg/m^3，而西南部低于 50.0mg/m^3（图 4.22）。

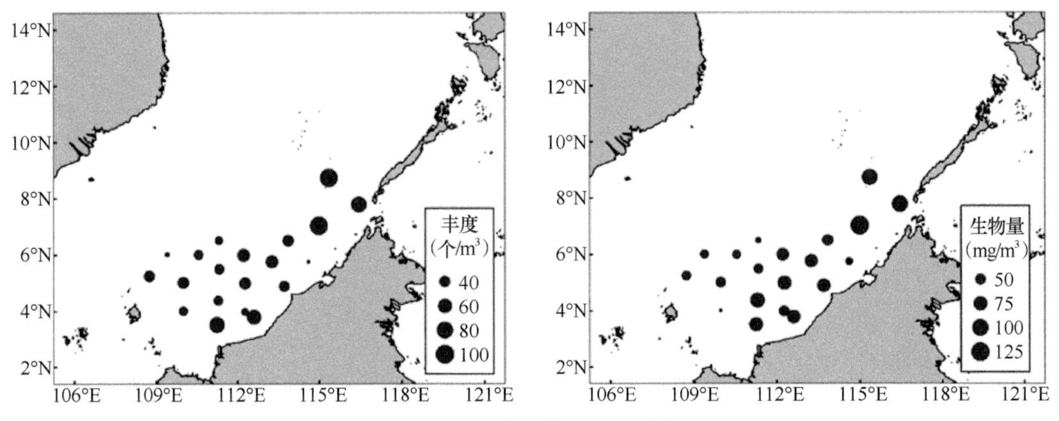

图 4.22 1987 年春季浮游动物丰度和生物量水平分布

1999 年浮游动物丰度在 9.8～62.1 个 /m^3 范围内变化，平均为 40.1 个 /m^3±9.8 个 /m^3，在西北部湄公河入海口附近丰度较高，中部丰度较低，普遍低于 45 个 /m^3。生物量在 12.0～56.0mg/m^3 范围内变化，平均为 34.2mg/m^3±14.4mg/m^3，西北部生物量较高，普遍高于 40mg/m^3，中部生物量较低，普遍低于 30mg/m^3，总体与丰度分布趋势相同（图 4.23）。调查海区西北部的丰度和生物量在 1988 年之前普遍较低，而 1999 年则相对较高。

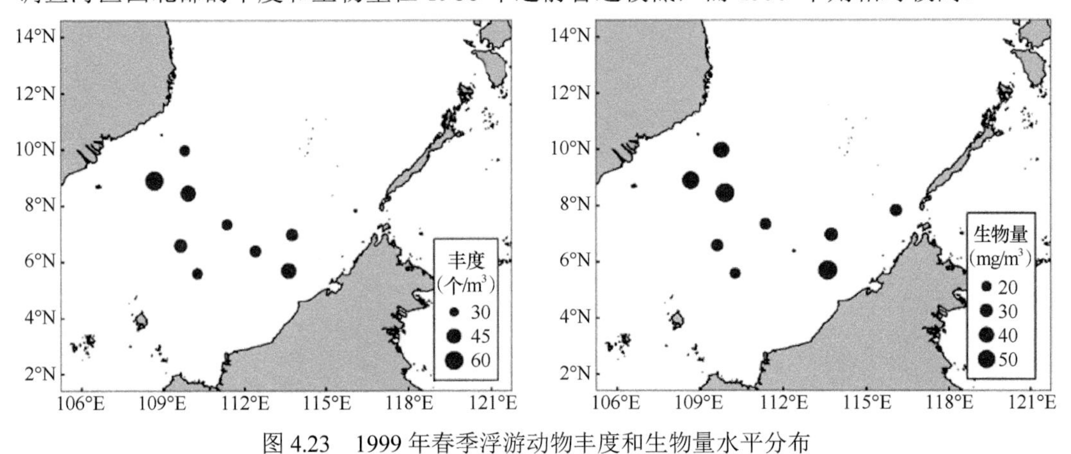

图 4.23 1999 年春季浮游动物丰度和生物量水平分布

2009 年浮游动物丰度在 16.1～92.9 个 /m^3 范围内变化，平均为 44.8 个 /m^3±9.8 个 /m^3，其分布趋势为由北向南增加，由东向西增加。北部站位普遍低于 40 个 /m^3，南部普遍高于 60 个 /m^3，在湄公河入海口附近的站位丰度最高。高值区集中在南沙海区的西部，这与 1999 年的情况类似，而与 1988 年之前的情况不同。生物量在 12.5～57.2mg/m^3 范围内变化，平均为 29.9mg/m^3±13.0mg/m^3，生物量分布趋势与丰度基本一致。南部普遍高于 40mg/m^3，北部普遍低于 20mg/m^3（图 4.24）。

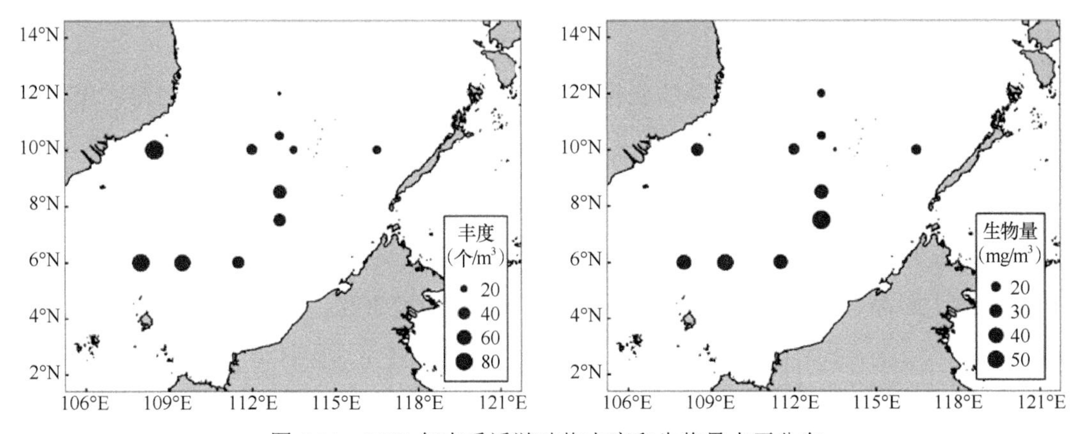

图 4.24 2009 年春季浮游动物丰度和生物量水平分布

（二）夏季

1999 年浮游动物丰度在 10.7～64.0 个 /m^3 范围内变化，平均为 35.8 个 /m^3±10.7 个 /m^3，整体分布较为均匀。生物量在 16.9～82.2mg/m^3 范围内变化，平均为 44.4mg/m^3±17.3mg/m^3，北部的生物量高于南部（图 4.25）。

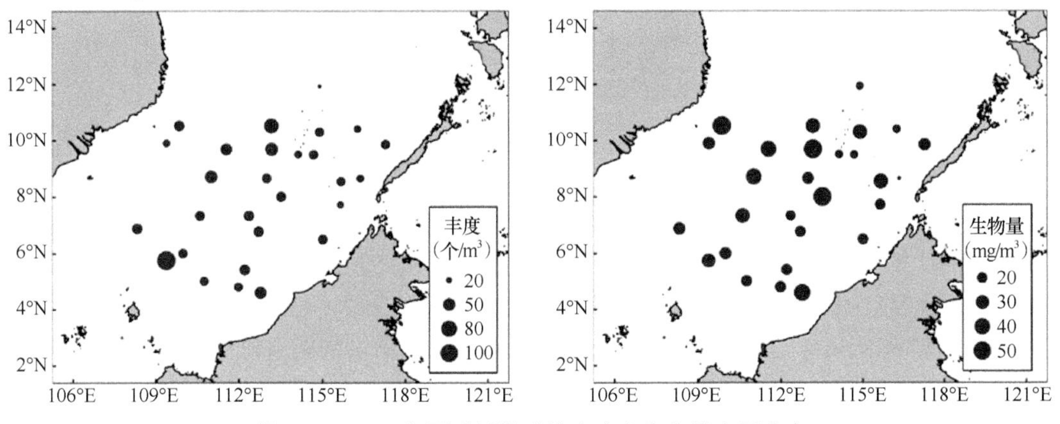

图 4.25 1999 年夏季浮游动物丰度和生物量水平分布

2012 年浮游动物丰度在 10.7～64.0 个 /m^3 范围内变化，平均为 35.8 个 /m^3±10.7 个 /m^3，西南部和东北部丰度较高，而其他区域丰度较低（图 4.26）。

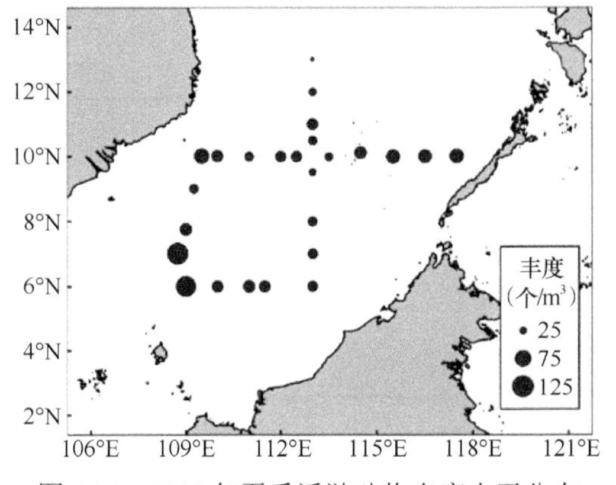

图 4.26 2012 年夏季浮游动物丰度水平分布

三、各类群丰度占比

浮游动物各类群比例在春季的变化如图 4.27 所示。桡足类在各年份均为占比最高的类群，总体呈先增加后减少的趋势，在 1999 年其占比达到最低水平（38.14%）。毛颚类占比总体呈降低趋势，在 1999 年之前的占比均仅次于桡足类，而在 2009 年达到最低，仅 10.15%，介形类在 1985 年和 1999 年占比较高，其余年份则保持在 3.00% 左右。刺胞水母类总体呈增加趋势，在 2009 年达到最高（8.13%）。被囊类总体呈现增加趋势，在 1999 年达到最高（13.73%），成为仅次于桡足类和毛颚类的第三大类群。

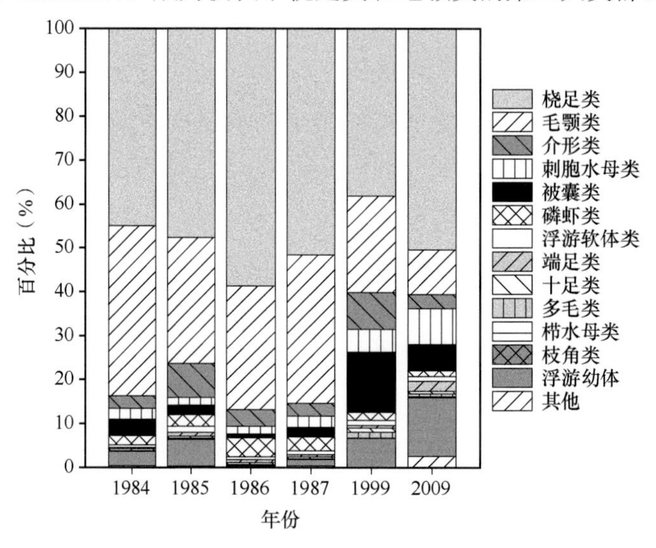

图 4.27　1984～2009 年春季浮游动物类群比例

浮游动物各类群比例在夏季的变化如图 4.28 所示。桡足类在各年份均为占比最高的类群，总体呈先减少后增加的趋势。毛颚类比例总体呈降低趋势，从 1988 年的 34.41% 降低到 2012 年 9.56%。介形类比例呈先增加后减少的趋势。刺胞水母类总体呈增加趋势，在 2012 年达到最高。被囊类比例总体呈现增加的趋势，在 1988 年其比例较低，仅 1.96%，而在 1999 年和 2012 年比例提高到 7.00% 左右。

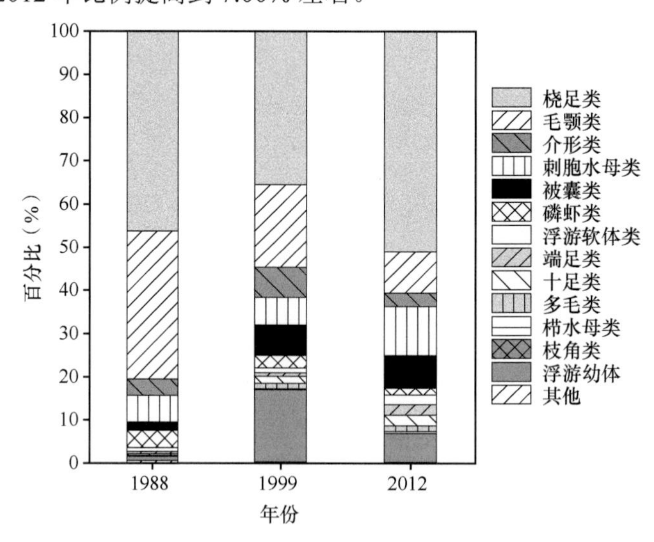

图 4.28　1988～2012 年夏季浮游动物类群比例

浮游动物各类群比例在冬季的变化如图 4.29 所示。桡足类在各年份均为占比最高的类群，其占比在 2010 年明显提高。而毛颚类比例在 2010 年比 1997 年明显降低，从 19.76% 降低到 10.15%。介形类比例也有明显的降低趋势，从 16.07% 降低到 3.22%。刺胞水母类的占比在 2010 年高于 1997 年，从 4.35% 提高至 8.13%。被囊类则保持在 6.00% 左右。磷虾类在 1997 年有较高的水平，达 4.29%，而在 2010 年降低至 1.36%。

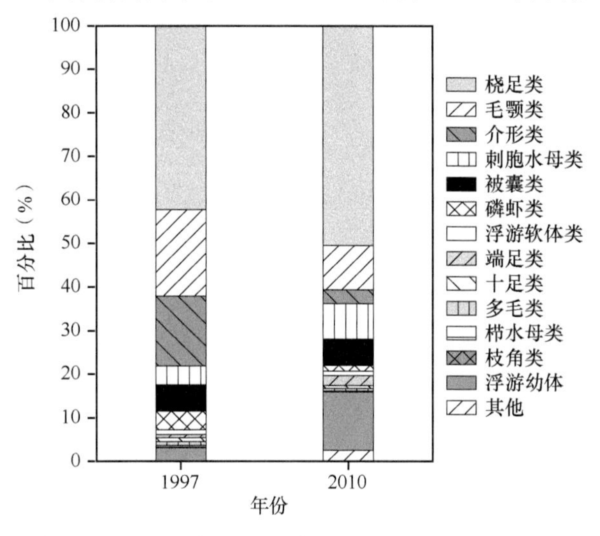

图 4.29　1997 年和 2010 年冬季浮游动物类群比例

第三节　浮游动物优势类群

结合前文对浮游动物的分析，本节重点分析南沙群岛海区浮游动物主要优势类群，即桡足类、毛颚类、水母类、被囊类和介形类在各季节的年际变化。

一、桡足类

桡足类丰度春季呈上升趋势，从 1984 年的 12.1 个 /m^3 升高到 2009 年的 21.9 个 /m^3；夏季先减少后增加，在 1999 年达到最低的 15.6 个 /m^3，在 2012 年升到最高的 23.7 个 /m^3；冬季在 2010 年有明显上升，从 1997 年的 14.7 个 /m^3 增加到 22.0 个 /m^3（图 4.30）。

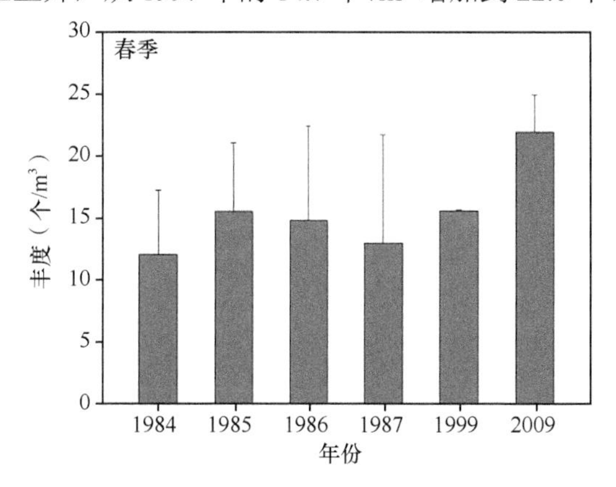

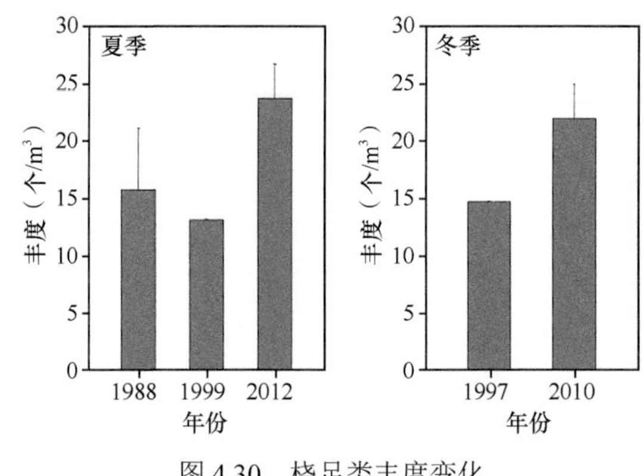

图 4.30 桡足类丰度变化

二、毛颚类

毛颚类丰度在三个季节均呈下降趋势。春季从1984年的10.4个/m³降低到2009年的4.4个/m³，夏季从1988年的11.8个/m³降低到2012年的4.4个/m³，冬季由1997年的6.9个/m³降低到2010年的4.4个/m³（图4.31）。

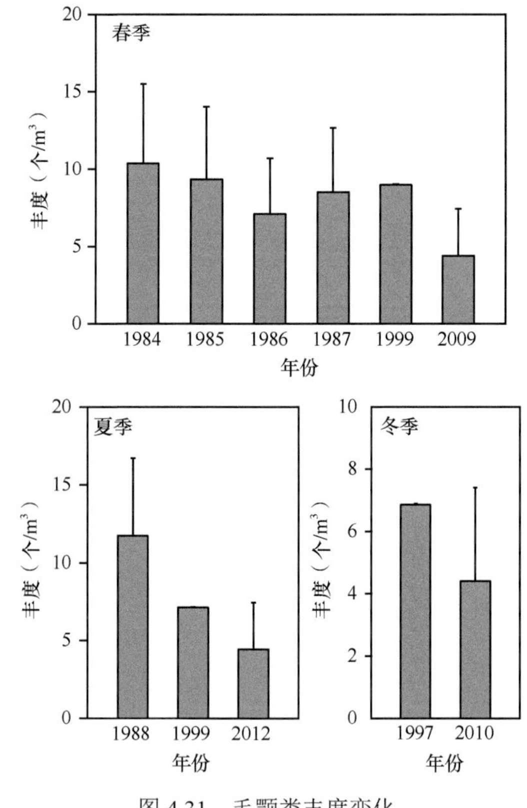

图 4.31 毛颚类丰度变化

三、水母类

水母类丰度在三个季节均呈明显的上升趋势。春季由1984年的0.65个/m³升高到2009年的3.5个/m³，夏季由1988年的2.1个/m³升高到2012年的5.3个/m³，冬季则由

1997年的1.5个/m^{3}升高到2010年的3.5个/m^3（图4.32）。

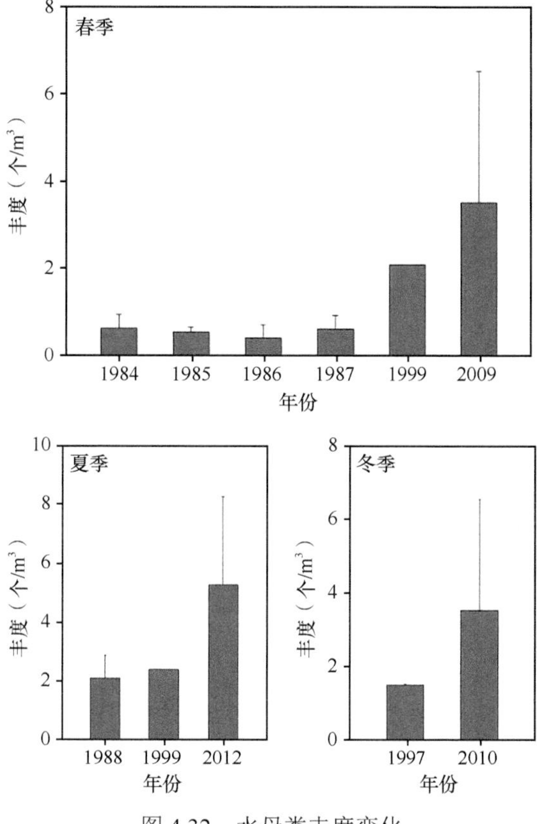

图4.32　水母类丰度变化

四、被囊类

被囊类丰度在三个季节总体均呈上升趋势。春季在1986年最低，仅0.2个/m^3，而在1999年达到最高的5.6个/m^3，到2009年有所降低，但相对于1987年前的水平还是有明显提高。夏季由0.7个/m^{3}升高到2012年的3.5个/m^3，增幅较大。冬季则由2.1个/m^{3}升高到2.6个/m^3（图4.33）。

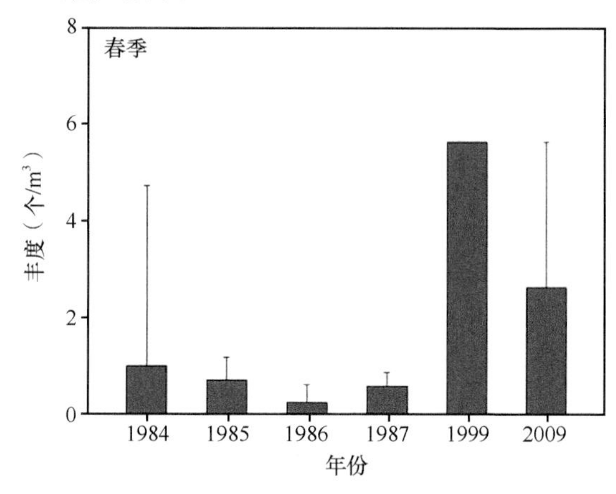

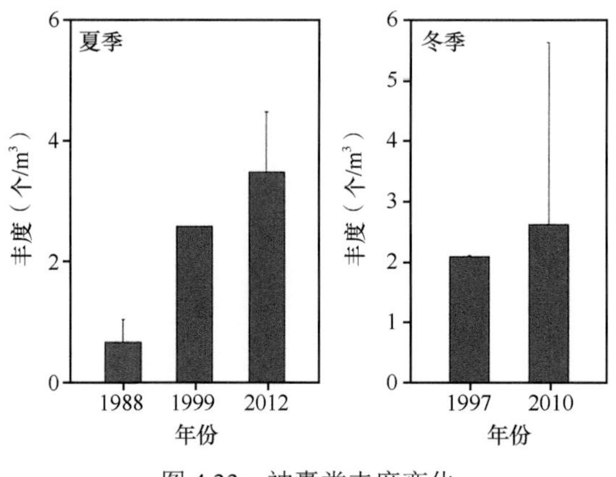

图 4.33　被囊类丰度变化

五、介形类

介形类丰度在三个季节变化趋势不同。春季呈波动式上升趋势，在 1985 年上升至 2.5 个 /m³ 后，在 1987 年又降到最低 0.7 个 /m³，在 1999 年达到峰值 3.4 个 /m³，在 2009 年又有所降低。夏季则先由 1988 年 1.3 个 /m³，增加到 1999 年 2.5 个 /m³，随后在 2012 年又降低至 1.4 个 /m³。冬季在 1997 年达到所有年份和季节的最高值 5.6 个 /m³，而在 2010 年有大幅度降低，仅 1.4 个 /m³（图 4.34）。

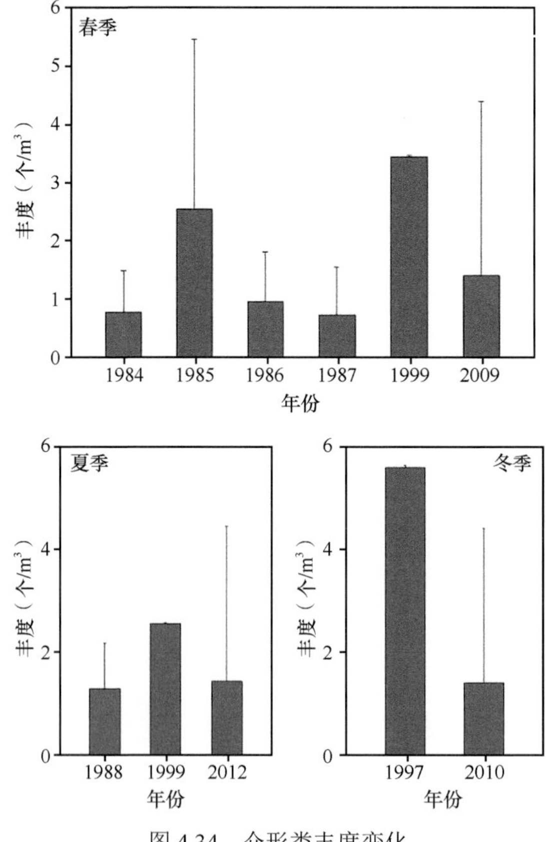

图 4.34　介形类丰度变化

第四节　浮游动物优势种

一、春季

由表 4.2 可以看出，春季南沙群岛海区的优势种共有 19 种（优势度≥ 0.02），其中肥胖箭虫是所有年份的优势种，优势种以高温高盐的热带性外海种为主，如普通波水蚤、彩额锚哲水蚤、海洋真刺水蚤、精致真刺水蚤；其次也有低盐暖水性种类，如异尾宽水蚤和亚强次真哲水蚤。除 1999 年外，其他所有年份优势种均为桡足类和毛颚类。优势种的变化主要体现在毛颚类的优势种减少，在 1997 年之后只有肥胖箭虫成为优势种，且优势度有所降低。1999 年优势种类群较为丰富，除桡足类和毛颚类外，介形类的纳米海萤和住囊虫也成为优势种，且只在这一年占优势。

表 4.2　春季浮游动物优势种变化

优势种	优势度					
	1984	1985	1986	1987	1999	2009
刺长腹剑水蚤						0.03
达氏筛哲水蚤					0.03	
狭额次真哲水蚤			0.08	0.04	0.02	
瘦乳点水蚤		0.03	0.02			0.03
海洋真刺水蚤			0.03			
彩额锚哲水蚤		0.02				
精致真刺水蚤						0.04
亚强次真哲水蚤	0.02	0.03	0.02	0.04		0.06
小纺锤水蚤						0.02
小拟哲水蚤						0.03
微刺哲水蚤			0.03	0.04		0.02
异尾宽水蚤	0.02		0.03		0.02	
普通波水蚤	0.02	0.04	0.02			
肥胖箭虫	0.21	0.15	0.11	0.15	0.11	0.03
飞龙翼箭虫	0.03	0.02				
太平洋箭虫	0.03	0.02	0.05			
小型箭虫					0.03	
住囊虫					0.08	
纳米海萤					0.03	

注：空格表示优势度＜ 0.02

二、夏季

夏季的优势种共有 17 种，其中真刺水蚤是所有年份的优势种。1988 年的优势种全部为桡足类和毛颚类。1999 年优势种只有三种，其中达氏筛哲水蚤和住囊虫均只在该年份占优势。2012 年优势种除毛颚类和桡足类外，介形类的纳米海萤也占优势。随着时间的推移，在 1988 年占优势的狭额次真哲水蚤、瘦乳点水蚤、精致真刺水蚤、长角全羽水蚤、肥胖箭虫和龙翼箭虫在之后的年份都不再成为优势种（表 4.3）。

表 4.3 夏季浮游动物优势种变化

优势种	优势度		
	1988	1999	2012
达氏筛哲水蚤		0.03	
狭额次真哲水蚤	0.02		
瘦乳点水蚤	0.02		
海洋真刺水蚤			0.02
彩额锚哲水蚤			0.02
精致真刺水蚤	0.02		
细拟真哲水蚤	0.03		0.04
小纺锤水蚤			0.02
印度真刺水蚤			0.02
长角全羽水蚤	0.02		
截平头水蚤	0.02		0.03
真刺水蚤	0.18	0.12	0.04
肥胖箭虫	0.03		
龙翼箭虫	0.02		
小型箭虫			0.02
住囊虫		0.03	
纳米海萤			0.02

注：空格表示优势度< 0.02

三、冬季

冬季的优势种共有 10 种，真刺水蚤是两年共有的优势种。而除了真刺水蚤外，两个年份的优势种完全不同。1997 年优势种少，除了桡足类外还有被囊类的住囊虫。而 2010 年优势种相对较多，全部是桡足类（表 4.4）。

表 4.4 冬季浮游动物优势种变化

优势种	优势度	
	1997	2010
刺长腹剑水蚤		0.05
达氏筛哲水蚤	0.03	
狭额次真哲水蚤	0.04	
海洋真刺水蚤		0.03
异尾宽水蚤		0.02
印度真刺水蚤		0.02
截平头水蚤		0.02
普通波水蚤	0.02	
真刺水蚤	0.11	0.05
住囊虫	0.07	

注：空格表示优势度< 0.02

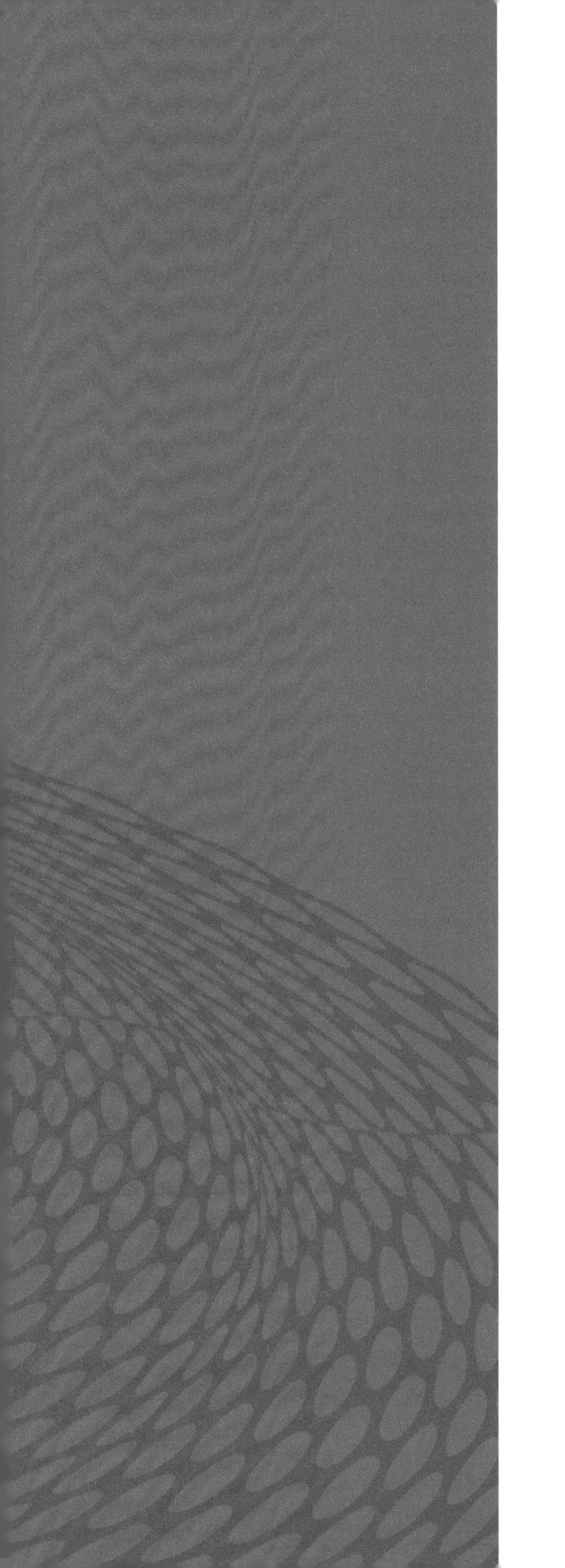

第五章　南海主要岛礁浮游动物

珊瑚礁是地球上已知的海洋生物多样性最高的生态系统，尤其在东南亚海区，即印度洋-西太平洋区的珊瑚礁，其珊瑚和礁栖生物种类的多样性最为丰富（McManus，2010）。珊瑚礁是一个具有高生物量、生产力和物种多样性水平的生态系统，同时也是受全球气候变化和人类活动等影响最为明显的生态系统之一，其生物多样性下降和生态系统功能退化现象已引起广泛关注（沈国英等，2010）。浮游动物是珊瑚礁生物群落，特别是珊瑚和鱼类的重要食物和营养来源（Alldredge and King，1977，2009；Coma et al.，1999；Heidelberg et al.，2004）。珊瑚虫不能从共生虫黄藻的光合作用中获得氮、磷等营养，必须捕食浮游动物予以补充（Johannes et al.，1970；Sebens et al.，1996）。浮游动物在珊瑚礁生态系统的物质循环和能量流动中具有重要地位，开展浮游动物生态学研究对探索热带珊瑚礁生态系统的结构与功能具有十分重要的意义。

南海是西太平洋最大的边缘海，由西沙群岛、中沙群岛、东沙群岛和南沙群岛构成，拥有数百座环礁、少数台礁构成的岛屿，生境多样，生物多样性高（陈清潮，2011）。南海紧邻东南亚海区，珊瑚礁类型主要为岸礁和环礁，学者对岸礁（尹健强等，2008；Nakajima et al.，2008，2009）和环礁（陈清潮和尹健强，1982；陈清潮等，1989；钱宏林等，1990；章淑珍和李纯厚，1997；尹健强等，2003；尹健强等，2011；Li et al.，2018；李开枝等，2022）浮游动物群落开展过一些研究。此外，在浮游动物物种多样性方面，陈清潮（1983）在黄岩环礁发现了桡足类一新种——中华歪水蚤（*Tortanus sinicus*）；在渚碧礁发现了桡足类两个新种——膨大歪水蚤（*Tortanus tumidus*）和珍妮纺锤水蚤（*Acartia shuzheni*）（Chen et al.，2004；陈清潮，2008）；张谷贤和尹健强（2002）在渚碧礁首次报道了毛颚类的锄虫属（*Spadella*）种类。尹健强等相继报道了南沙群岛岛礁附近海槽海域的浮游介形类 3 个新种：刘氏深海浮萤（*Bathyconchoecia liui* n. sp.）、缺刻深海浮萤（*Bathyconchoecia incisa* sp. nov.）和南沙深海浮萤（*Bathyconchoecia nanshaensis* sp. nov.）（Yin et al.，2014；2017；尹健强等，2022）。

但总体来说，南海特别是南海诸岛珊瑚礁的浮游动物多样性和群落结构，由于受取样困难等因素的制约，研究还很不充分。本节综合了 20 世纪 80 年代以来在南海珊瑚礁如南海南部的曾母暗沙和渚碧礁、南海中部的黄岩岛及西沙群岛、中沙群岛部分岛礁的浮游动物调查，进一步分析浮游动物的群落结构和多样性，为深入开展珊瑚礁生态系统研究提供科学资料。

第一节　曾母暗沙浮游动物

曾母暗沙是一座水下珊瑚礁，位于南海南部（北纬 3°57′44″～3°59′00″、东经 112°16′25″～112°17′10″），最浅的地方离海面 21m，面积约 2.12km^2，是南沙群岛一个重要的组成部分。中国科学院南海海洋研究所“实验 3”号考察船分别于 1984 年 7 月 16 日、1985 年 6 月 3～5 日和 1986 年 4 月 26～28 日在曾母暗沙周围进行综合考察，系统地对曾母暗沙海区的地形、地貌、沉积、水文、气象、海水光学、海水化学和生物等进行了调查研究，并形成了《曾母暗沙：中国南疆综合调查研究报告》（中国科学院南海海洋研究所，1987）。1985 年和 1986 年，该考察对曾母暗沙海区浮游动物分别进行了 16 个站（表 5.1）和 18

个站（表 5.2）的浮游动物采样，使用网口直径 80cm、网长 270cm 和网目 505μm 的大型浮游生物网采集了 34 个样品。本节主要是根据上述报告中浮游动物内容整理而成。

表 5.1　1985 年 6 月曾母暗沙海区浮游动物调查站位信息

采样站号	北纬（°）	东经（°）	采样日期（年月日）	采样时间	拖网层次（m）
85-1	112.06	3.85	19850603	06:35	50～0
85-2	112.15	3.88	19850603	07:25	45～0
85-3	112.22	3.88	19850603	08:30	44～0
854	112.29	3.89	19850603	09:20	48～0
85-5	112.28	3.93	19850603	10:05	47～0
85-6	112.28	3.99	19850603	14:00	26～0
85-7	112.28	4.03	19850604	12:30	52～0
85-8	112.35	3.92	19850604	19:40	50～0
85-9	112.35	3.97	19850604	20:25	50～0
85-10	112.35	4.02	19850604	21:00	50～0
85-11	112.22	3.92	19850604	23:15	45～0
85-12	112.22	3.97	19850604	22:40	49～0
85-13	112.22	4.02	19850604	21:55	50～0
85-14	112.13	3.92	19850605	00:00	48～0
85-15	112.13	3.98	19850605	01:10	50～0
85-16	112.13	4.02	19850605	01:50	50～0

表 5.2　1986 年 4 月曾母暗沙海区浮游动物调查站位信息

采样站号	北纬（°）	东经（°）	采样日期（年月日）	采样时间	拖网层次（m）
23	112.27	3.97	19860426	09:05～09:20	18～0
Z1	112.01	4.01	19860429	13:45～13:58	55～0
Z10	112.06	3.85	19860428	18:07～18:25	39～0
Z11	112.12	3.86	19860428	16:30～16:40	50～0
Z12	112.22	3.87	19860428	14:30～14:50	46～0
Z13	112.27	3.88	19860427	18:20～18:30	37～0
Z14	112.36	3.88	19860429	19:45～19:58	49～0
Z15	111.95	3.78	19860429	10:45～10:58	44～0
Z16	112.12	3.81	19860429	23:37～23:50	42～0
Z17	112.28	3.81	19860429	22:15～22:30	40～0
Z18	112.39	3.82	19860429	21:07～21:20	47～0
Z2	112.08	4.01	19860429	14:56～15:11	55～0
Z3	112.16	4.01	19860429	16:16～16:28	54～0
Z4	112.28	4.01	19860429	17:40～18:00	48～0
Z5	112.36	4.01	19860429	18:40～18:53	52～0
Z7	111.99	3.92	19860429	12:13～12:25	50～0
Z8	112.16	3.92	19860428	15:40～15:50	48～0
Z9	112.29	3.93	19860427	16:10～16:23	45～0

一、种类组成

该考察在曾母暗沙海区初步鉴定浮游动物148种，其中出现桡足类52种、水母类16种、介形类13种、毛颚类13种、端足类12种、浮游软体动物（翼足类和异足类）11种、磷虾类3种、浮游被囊类6种、浮游多毛类3种，以及枝角类、栉水母和浮游幼体等。1985年6月调查出现11个类群87种，1986年4月调查出现14个类群118种（表5.3）；两次调查都出现的浮游动物58种，占总种数的39.2%。

表5.3　曾母暗沙海区浮游动物种类组成

类群	1985年6月		1986年4月	
	种数	占总种数的比例（%）	种数	占总种数的比例（%）
水母类	9	10.3	13	11.0
栉水母类	3	3.5	1	0.9
软体动物	6	6.9	9	7.6
多毛类	0	0	3	2.5
枝角类	0	0	1	0.9
介形类	7	8.0	10	8.5
桡足类	31	35.6	43	36.4
端足类	6	6.9	7	5.9
糠虾类	1	1.2	1	0.9
磷虾类	1	1.2	3	2.5
莹虾类	0	0	1	0.9
毛颚类	9	10.3	12	10.2
浮游被囊类	4	4.6	5	4.2
浮游幼体	10	11.5	9	7.6
合计	87	100	118	100

1985年6月曾母暗沙海区浮游动物多样性变化范围为2.55～4.23，均匀度指数的变化范围为0.59～0.84；1986年4月的调查中多样性变化范围为3.04～4.60，均匀度指数变化范围为0.60～0.86。曾母暗沙海区属于热带海区，50m以浅水层水温变化幅度小，出现适于在高温下生活的种类，如按适盐范围可以分为广盐性、低盐性和高盐性种类。广盐性系指分布在曾母暗沙海区、南海深水区上层、沿海以至泰国湾和北部湾都有出现的种类，如肥胖箭虫。低盐性系指适于在盐度33‰以下生活的种类，它们在南海沿岸区、泰国湾、北部湾和曾母暗沙海区都有出现，是该海区的主要类群，占有相当大的数量，如锥形宽水蚤、亚强次真哲水蚤、双生水母、美丽箭虫、蓬松椭萤等。高盐性系指适于在盐度33‰以上生活的种类，它们主要分布在南海深水区，也见于曾母暗沙海区，有瘦长真哲水蚤、太平洋箭虫、厚指平头水蚤等。

二、优势种

曾母暗沙海区浮游动物不像黄海和东海由2～3个优势种所组成，也不像西沙、中沙群岛海区由12个优势种所组成，它是由4～9个优势种所组成（占总数量的70%左右）。两次调查中各优势种丰度所占百分比如表5.4所示。

表 5.4　曾母暗沙海区浮游动物种类组成

种名	1985 年 6 月		1986 年 4 月	
	丰度（个 /m^3）	占总丰度的百分比（%）	丰度（个 /m^3）	占总丰度的百分比（%）
肥胖箭虫	11.48	21.4	9.11	20.2
蓬松浮萤	5.16	9.7	2.66	5.9
宽额假磷虾	1.85	3.5	1.38	3.1
普通波水蚤	9.94	18.6	1.46	3.2
太平洋纺锤水蚤	8.53	15.9	0.05	0.1
精致真刺水蚤	0.96	1.8	3.32	7.4
异尾宽水蚤	0.85	1.6	2.61	5.8
亚强次真哲水蚤	0.03	0.6	3.16	7.0
长尾类幼体	0.68	1.3	1.11	2.5
小齿海樽	0.003	0.006	5.27	11.7

三、生物量

1985 年 6 月的调查中，浮游动物湿重生物量变化范围为 35.6～127.8mg/m^3，平均为 83.7mg/m^3。生物量大于 100mg/m^3 浮游动物的分布在调查区的西北和东南，调查区的生物量在 50～100mg/m^3。1986 年 4 月的调查中，浮游动物湿重生物量变化范围为 37.5～133.3mg/m^3，平均为 67.4mg/m^3。从曾母暗沙海区两次调查可看出，20m 水深处温度为 29℃左右、盐度为 32‰左右，属热带沿岸水和外海上层水交汇区，该水域气候随季节发生一定的变化。在 4 月，正当东北季风消退而西南季风尚未兴起之时，属于季风更替期。在这浅水区，仍然观察到南海深水的上层水向南侵入，在曾母暗沙海区见到太平洋箭虫、飞龙翼箭虫、厚指平头水蚤、瘦长真哲水蚤等，它们都属于高温高盐的种类。这些种类出现在这浅水区，主要受前期东北季风的影响。在 6 月，正值西南季风加强，巽他陆架水向东北方向推移，此时系受沿岸高温低盐水扩张影响，没有像 4 月那样的高盐种类出现，而取代它们的均系近岸或内湾性的低盐种类。由此说明，曾母暗沙水团的变化对浮游动物种类性质和分布起着重要的作用。再者，曾母暗沙海区水深不超过 50m，海底平缓，属泥沙底质，几个珊瑚礁散布于其间，其中以曾母暗沙珊瑚暗礁为最大。调查结果表明，此水域浮游动物生物量较为丰富，在暗礁站采集到各类的数量较泥沙底的站为高，这很可能是因为暗礁生境更适合一些浮游动物生活，也与拖网主要在 50m 的表层有关。

第二节　渚碧礁浮游动物

渚碧礁位于南沙群岛海区北部，是一个典型的珊瑚礁，中心位置大约在北纬 10°55′、东经 114°05′。礁体近似梨形，东北—西南向，长 5.75km，宽 3.25km，面积约 16.1km^2。礁坪北、西和西南部较宽，达 500～600m，地势稍高；东部和南部较窄，仅约 300m，地势较低矮。中间潟湖面积约 9.5km^2，水深大部分在 20m 左右，最大深度为 24m。属热带和赤道带海洋季风气候，终年高温高湿，5 月下旬至 9 月盛行西南季风，11 月至翌年 4 月中旬盛行东北季风，4～5 月和 10 月分别为东北、西南和西南、东北季风转换时期（林锡贵和张庆荣，1990）。该礁为封闭型环礁，边缘全被礁坪围封，没有口门通往外海。大潮低潮时，礁坪基本露出，潟湖水体与外海水不能交换，高潮时外海海水才能漫入潟湖；小潮时，礁盘可终日被海水淹没。珊瑚礁复杂的地形环境促使其形成了独特的浮游动物群落。

2004 年 5 月 5～15 日在南沙群岛渚碧礁布设 10 个站（潟湖、礁坪各 5 个）和 1 个连续站（位于礁坪）（图 5.1），使用网目孔径分别为 160μm 和 505μm 的两种浮游生物网进行垂直拖网采样。本节主要分析 2004 年渚碧礁调查分析的结果，2002 年浮游动物垂直分布和昼夜变化的结果将在第六章第二节进行阐述，希望结果能为进一步分析浮游动物的群落结构和多样性及为深入开展珊瑚礁生态系统研究提供科学资料。

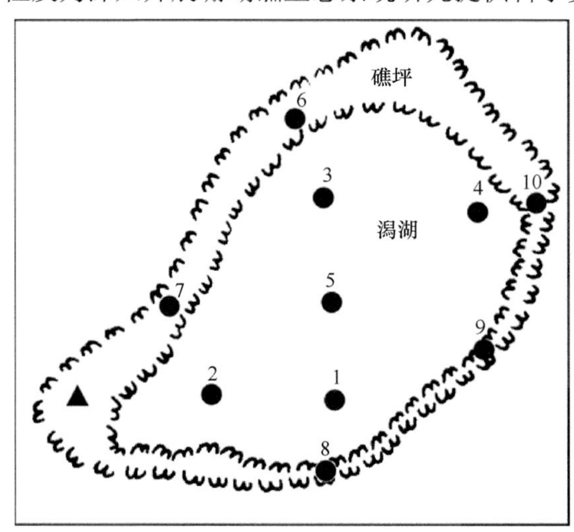

图 5.1　2004 年 5 月渚碧礁浮游动物调查站位

“●”为大面站；“▲”为连续站

一、环境因子

（一）采样站点环境因子

调查区、潟湖区、礁坪区表层和底层温度平均值分别为 29.87℃ ±0.14℃和 29.81℃ ±0.17℃、29.82℃ ±0.04℃和 29.70℃ ±0.06℃、29.91℃ ±0.20℃和 29.91℃ ±0.19℃。总体来说，调查区表层和底层的温度差别非常小，礁坪区的水温略高于潟湖区。由于潟湖水较深，而礁坪水浅，潟湖区所有站位的底层水温略低于底层，而礁坪区的表层和底层水温几乎没有差别。礁坪区各站的温度变化相对较大，与采样时间差异和天气变化（如降雨）有关。调查区、潟湖区、礁坪区表层和底层盐度平均值分别为 33.73‰ ±0.10‰和 33.74 ‰ ±0.10 ‰、33.78 ‰ ±0.12 ‰ 和 33.97 ‰ ±0.11 ‰、33.69 ‰ ±0.05 ‰ 和 33.69‰ ±0.05‰。总体来说，调查区盐度垂直分布均匀，潟湖区各站的盐度变化稍大于礁坪区。

（二）连续站环境因子

连续站采样期间水深变化受潮汐影响。采样期间的潮汐类型为全日潮，高潮出现于白天，16:00 时达最高潮；低潮出现于夜晚，2:00～4:00 时为最低潮。涨潮历时大于落潮历时。高潮期间水流较急，礁外海水可明显影响调查位置；而低潮期间由于受礁坪的阻挡，水流缓慢，礁外海水对调查位置的影响较小。温度的变化范围为29.43～31.68℃，昼夜变化相当显著，8:00时开始升温，16:00时达最高温，以后逐渐下降，22:00时下降至低位，以后保持稳定。盐度的变化范围为32.65‰～34.10‰。盐度的变化主要受降雨影响，调查期间正值西南季风兴起初期，天气不稳定，时有骤雨，如3:00时发生强降雨，盐度显著下降，从2:00时的33.93‰急降至4:00时的32.65‰，停雨后盐度很快恢复正常。叶绿素 *a* 含量的变化范围为0.162～0.395mg/m^3，没有明显的昼夜变化规律。

二、群落结构

（一）种类组成

本次调查共鉴定浮游动物96种以上（包括17种以上的未定种）和浮游幼体17个类群或类型，包括放射虫类1种、水母类3种、软体动物1种、枝角类2种、介形类4种、桡足类65种、涟虫类1种、端足类1种、十足类1种、毛颚类10种、被囊类6种和头索动物1种。其中桡足类的种类最多，其种数占浮游动物总种数（包括浮游幼体）的57.52%，其次为浮游幼体，占浮游动物总种数的15.04%。使用浅水II型网采集的浮游动物的种数显著多于浅水I型网，除四叶小舌水母1种外，用浅水I型网能采到的种类都能用浅水II型网采到。在潟湖出现的种类显著多于礁坪，用浅水I型网和浅水II型网采集的样品，在潟湖出现的种类分别为礁坪的2.25倍和2.93倍。

浅水II型网采样的分析结果表明，潟湖区和礁坪区的浮游动物种数分布差异显著，前者的变化范围为19～32种，平均为27.6种±5.2种；后者的变化范围为2～14种，平均为7.8种±5种，前者平均数为后者的3.5倍（表5.5）。调查区、潟湖区、礁坪区的多样性指数和均匀度指数平均值分别为2.128±0.694、1.934±0.326、2.322±0.939和0.647±0.280、0.390±0.048、0.903±0.098，均低于2002年5月的调查结果（尹健强等，2003）。从表5.5可看出，潟湖区的浮游动物群落由于优势种非常突出，种间数量分布不均匀，各站的均匀度指数值明显低于礁坪区。浅水II型网的均匀度指数也明显低于浅水I型网。

表5.5 浮游动物种数、多样性指数和均匀度指数的分布

区域	站号	浅水I型网			浅水II型网		
		多样性指数 *H'*	均匀度指数 *J*	种数 *S*	多样性指数 *H'*	均匀度指数 *J*	种数 *S*
潟湖	1	1.796	0.898	4	2.136	0.431	31
	2	2.529	0.843	8	1.382	0.325	19
	3	2.572	0.743	11	1.892	0.390	29
	4	1.619	0.468	8	2.160	0.363	32
	5	2.504	0.724	11	2.098	0.441	27
礁坪	6	–	–	0	2.210	0.787	7
	7	1.000	1.000	2	1.000	1.000	2
	8	–	–	0	2.960	0.826	12
	9	1.787	0.691	6	3.442	0.904	14
	10	0.000	1.000	1	2.000	1.000	4

注：“–”指该站位的该网型中未出现浮游动物

（二）丰度分布

浮游动物丰度变化范围为8.4～3326.5个/m^3，平均丰度为926.0个/m±1155.8个/m^3。浮游动物丰度分布区域差异显著，潟湖区明显高于礁坪区（图5.2），礁坪区的平均丰度仅为53.9个/m^3±38.2个/m^3，潟湖区的平均丰度高达1798.1个/m^3±1050.2个/m^3，为礁坪区的33.4倍。

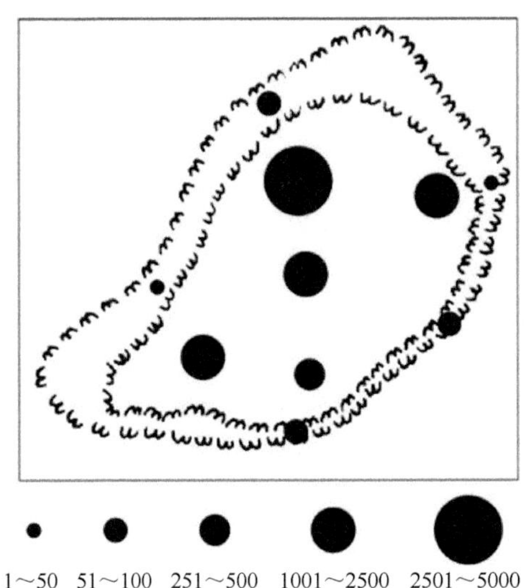

图5.2 渚碧礁浮游动物总丰度的分布（个/m^3）

桡足类、被囊类和浮游幼体是渚碧礁浮游动物的三大类群，它们的丰度分别占浮游动物总丰度的78.56%、13.51%、7.26%，它们均密集于潟湖区，而在礁坪区的数量非常稀少。桡足类、被囊类在潟湖区的丰度分别是礁坪区的41.54倍、47.48倍，而幼体的差别相对较小，潟湖区仅为礁坪区的11.78倍，这可能与底栖生物主要分布于礁坪有一定的关系。

（三）优势种

由表5.6可以看出，利用两种网具采集的浮游动物优势种既有相似也有不同。长尾住囊虫、梭形住囊虫是两种网具的优势种，但其在浅水II型网样品中的丰度均明显大于浅水I型网；奥氏胸刺水蚤、珍妮纺锤水蚤属于中小型桡足类，在浅水II型网样品中的平均丰度很高，优势度也很明显，但在浅水I型网样品中的数量非常稀少。优势种在渚碧礁均呈明显的区域分布特征，在礁坪的出现频率低、数量少，在潟湖的出现频率高、数量丰富。特别是奥氏胸刺水蚤、珍妮纺锤水蚤在潟湖的平均丰度可达1082.9个/m^3±697.3个/m^3、275.5个/m^3±222.2个/m^3，分别占潟湖区浮游动物总丰度的60.22%和15.32%，而在礁坪的平均丰度仅为0.8个/m^3±1.9个/m^3、15.3个/m^3±21.4个/m^3。同时，奥氏胸刺水蚤、珍妮纺锤水蚤在潟湖的数量分布呈群集现象，最大丰度可分别达2169个/m^{3}和494个/m^3。

表 5.6　渚碧礁浅水 I 型和 II 型网具的浮游动物优势种

网具	种类	平均丰度（个 /m³）	占总丰度的百分比（%）	出现频率	优势度
浅水 II 型网	奥氏胸刺水蚤	541.86	58.52	0.6	0.351
	珍妮纺锤水蚤	145.38	15.70	0.7	0.110
	长尾住囊虫	76.14	8.22	0.7	0.058
	梭形住囊虫	45.62	4.93	0.7	0.034
	腹足类面盘幼体	36.27	3.92	0.8	0.031
浅水 I 型网	长尾住囊虫	5.50	38.40	0.6	0.230
	短尾类幼体	1.28	8.93	0.6	0.054
	长尾类幼体	1.55	10.80	0.5	0.054
	红住囊虫	1.96	13.70	0.3	0.041
	梭形住囊虫	1.13	7.88	0.3	0.024

（四）聚类分析

由图 5.3 可以看出，潟湖区的浮游动物明显属于一个单独的群落，各站的相似度水平在 60%～80%。潟湖区浮游动物群落的特征是种类多、丰度大、优势种突出、均匀度低。礁坪区的浮游动物群落由于既受潟湖也受礁外海水的影响，环境变化大，各站的相似度水平低，在 10% 和 50% 之间变化。

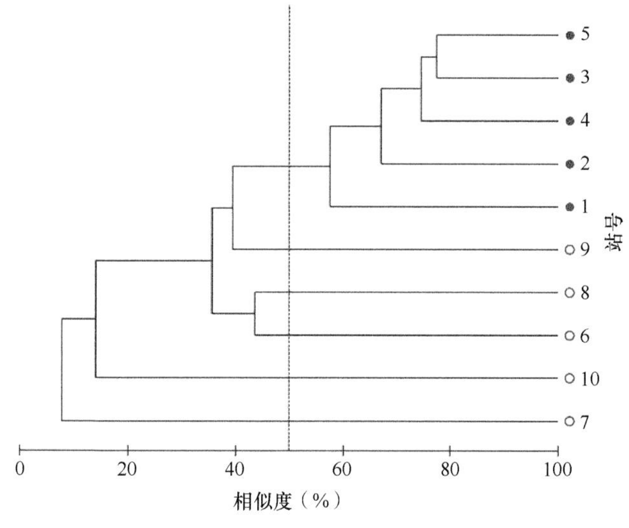

图 5.3　渚碧礁浮游动物群落聚类图

“●” 为潟湖站号；“○” 为礁坪站号

三、影响因素

（一）渚碧礁浮游动物种类多样性及其来源

渚碧礁的浮游动物种类多样性是丰富的，本次调查加上以前记录出现的种类有：泡蜮螺、马蹄蜮螺（章淑珍和李纯厚，1997）；爪室水母、小哲水蚤、小拟哲水蚤、太平洋箭虫等（尹健强等，2003）；膨大歪水蚤（Chen et al.，2004），渚碧礁已经报道的浮游动物种类除浮游幼体外已过百种。渚碧礁的浮游动物基本上也是南沙群岛及其邻近海区的常见种类（陈清潮，2003）。但也许珊瑚礁也会有一些特有种类，如中华歪水蚤、珍妮纺锤水蚤、膨大歪水蚤目前仍只见报道出现于珊瑚礁中（陈清潮，1983，2008；Chen et al.，2004）。珊瑚礁的浮游动物是一个复杂的集合，主要有两个来源：一是来自礁外海水，即外海类型；二是来自珊瑚礁本身，即礁栖类型（Emery，1968；Alldredge and King，1977；Heidelberg et al.，2004，2010；Nakajima et al.，2009）。但完全确定浮游动物的来源是有点困难的，一些浮游动物也可以同时有两种来源。底栖性浮游动物基本上来自珊瑚礁。浮游幼体等阶段性浮游生物是珊瑚礁浮游动物群落的重要成员，既来自礁内，也可以来自礁外。终生浮游生物通常被认为来自礁外，但一些研究（Emery，1968；Sale et al.，1978；Madhupratap et al.，1991；Heidelberg et al.，2004，2010）发现纺锤水蚤、胸刺水蚤等一些传统上被归类为外海终生浮游动物的种类也可以改变行为，适应且栖息于珊瑚礁。奥氏胸刺水蚤、珍妮纺锤水蚤和长尾住囊虫也是2002年5月调查时的优势种（尹健强等，2003），表明它们适合栖息于珊瑚礁，特别是潟湖，也属于礁栖类型。终生浮游生物在渚碧礁不但种类占多数，数量也占优势。

本次调查中，浮游幼体无论种类和数量都在浮游动物群落中居重要地位，符合珊瑚礁浮游动物群落特征（Goswami and Goswami，1990；Carleton and Doherty，1998）。珊瑚礁生态系以生物多样性丰富而著称，复杂多样的生境栖息着种类繁多的营固着、穴居、隐居、爬行、游动及游泳等各种生活方式的礁栖无脊椎动物和脊椎动物。这些动物的幼体成为珊瑚礁浮游动物群落的重要组成部分。李新正等（2007）证实了渚碧礁的底栖动物的种类和数量都很丰富。

底栖性浮游动物通常被认为是珊瑚礁浮游动物重要的来源之一。底栖性浮游动物是指那些白天栖息于珊瑚礁孔隙里或沉积物表面，而夜晚移动到水柱中的动物，包括糠虾类、钩虾类、涟虫类、介形类、等足类、猛水蚤类、剑水蚤类、端足类、多毛类等（Alldredge and King，1977，1980；Porter and Porter，1977；Heidelberg et al.，2004）。本次调查中，底栖性浮游动物种类和数量都很少，主要与采样调查均在白天进行且连续站也只进行了几次夜晚采集有关。

（二）珊瑚环礁浮游动物群落结构

尹健强等（2003）对渚碧环礁潟湖与礁坪浮游动物的种类与丰度分布差异进行过报道；Alldredge 和 King（1977）的研究中，大堡礁礁坪与潟湖的浮游动物数量差异不显著。但总体来说这方面的研究报道很少。有关环礁潟湖的浮游动物群落与邻近海区的比较，在太平洋（Gerber，1981；Le Borgne et al.，1989；Carleton and Doherty，1998）和印度洋（Madhupratap et al.，1977；Goswami，1983；Goswami and Goswami，1990）都有研究报道。在太平洋的面积和水深较大的环礁，潟湖内的浮游动物的种类组成与邻近开阔大洋有明显的不同，数量也较为丰富；在印度洋的面积和水深较小的环礁，在浮游动物种类组成方面既有学者认为潟湖与邻近海区有差异（Goswami，1983；Goswami and Goswami，1990），也有学者认为潟湖内不存在特有的浮游动物区系（Madhupratap et al.，1977），但都发现潟湖内的浮游动物数量低于邻近海区，认为是由于浮游动物从邻近海区越过珊瑚礁进入潟湖时被珊瑚礁群落作为食物所消耗。渚碧礁潟湖的浮游动物群落特征与太平洋的环礁更为相似。章淑珍和李纯厚（1997）也报道了南沙群岛的三个环礁：半月礁、仁爱礁、渚碧礁潟湖的小型浮游动物丰度相当高，最高可达 5128 个 /m^3。

渚碧礁的浮游动物群落有明显的时空变化，潟湖区与礁坪区形成了明显不同的浮游动物群落，前者种类多、丰度高、优势种突出、均匀度低，而后者种类少、丰度低、优势种不明显、均匀度高；白天礁坪的浮游动物种类少，丰度低，而夜晚则种类多、丰度高。渚碧礁远离大陆，又位于海洋表层，温度和盐度空间变化小，不是影响浮游动物群落空间差异的主要因素，浮游动物群落的空间变化是由珊瑚礁的空间异质性，即生境不同所造成。环礁的礁坪与潟湖的生境有明显的差别：礁坪水浅，受风浪、海流、潮汐影响大，水体交换非常快，而且受太阳辐射的影响也大，昼夜温差大；潟湖水深，由于被礁坪围封，受风浪、海流、潮汐影响小，水体交换相对缓慢，浮游植物、颗粒有机碳（POC）和颗粒有机氮（PON）也较礁坪丰富（Shen et al.，2010；Yang et al.，2011）。珊瑚黏液、有机碎屑等颗粒有机物同浮游植物一样也是珊瑚礁浮游动物的重要食物来源（Johannes，1967；Richman et al.，1975；Gerber and Marshall，1982；Gottfried and Roman，1983）。因此，潟湖较为独特的生境形成了与礁坪不同的浮游动物群落。一些学者（Emery，1968；Heidelberg et al.，2010）认为珊瑚礁浮游动物的分布与地形结构有关。此外，珊瑚及鱼类等礁栖动物主要分布于礁坪，礁坪的浮游动物丰度较低与它们的摄食也有很大的关系。

（三）珊瑚礁以中小型浮游动物种类为主

中小型浮游动物在渚碧礁具有十分重要的地位，不但种类多，而且数量占绝对优势。例如，珍妮纺锤水蚤、隆哲水蚤、丽哲水蚤、微刺哲水蚤、奥氏胸刺水蚤、基齿哲水蚤、大眼水蚤、双长腹剑水蚤、尖额谐猛水蚤、羽刺大眼水蚤、瘦长毛猛水蚤、小毛猛水蚤、长腹剑水蚤、隆水蚤、拟哲水蚤、强额孔雀水蚤、锥形宽水蚤、三锥水蚤等很多桡足类的体长基本上在 1.50mm 以下（张武昌等，2010b）。此外，双壳类面盘幼体、腹足类面盘幼体、无节幼体、鸟喙尖头溞、肥胖三角溞等种类的个体也非常细小。在浅水 II 型浮游生物网样品中，奥氏胸刺水蚤和珍妮纺锤水蚤 2 个种的丰度即占浮游动物总丰度的 74.22%。

国内早期的珊瑚礁浮游动物研究由于使用网孔较大的浅水 I 型浮游生物网进行调查，认为珊瑚礁的浮游动物种类和数量都非常稀少（陈清潮和尹健强，1982；陈清潮等，1989；钱宏林等，1990），低估了浮游动物在珊瑚礁生态系统中的重要性，后期改用了网孔较小的浅水 II 型浮游生物网进行调查，发现珊瑚礁的浮游动物无论种类还是数量都相当丰富（章淑珍和李纯厚，1997；尹健强等，2003，2008）。因为中小型浮游动物的个体体宽多数小于 505μm，在使用浅水 I 型浮游生物网拖网过程中基本上漏掉了。本次调查对两种网具的采集结果进行对比分析，无论浮游动物的总种数、总丰度，还是主要优势种（奥氏胸刺水蚤和珍妮纺锤水蚤）的丰度都差异显著，更充分证实了渚碧礁的浮游动物主要由中小型类型所组成。在世界上其他珊瑚礁也有相似的研究结果。在中太平洋的 Enewetak 环礁的浮游动物群落以小型桡足类及被囊类的有尾类占优势（Gerber and Marshall，1982），同本次调查结果相似。而在南太平洋的 Taiaro 环礁由于使用了与浅水 I 型浮游生物网相似的网具（网目孔径 500μm）进行调查，浮游动物的种数和总丰度显然很低（Carleton and Doherty，1998）。在南海一些岸礁的浮游动物群落也是以中小型浮游动物的丰度占优势（Nakajima et al.，2008，2009）。Lewis 和 Boers（1991）报道了在加勒比海的岸礁浮游动物群落中以桡足幼体和小型浮游动物的丰度最大。Hamner 和 Carleton（1979）观察到了大堡礁潟湖的 2 种小型桡足类（体长＜ 1.3mm）和奥氏胸刺水蚤（体长＜ 1.4mm）的群集现象。珊瑚礁浮游动物的种类组成和数量不但随时间和空间而改变，而且研究结果与采样技术有关。因此，今后在进行珊瑚礁浮游动物调查研究时，应当选用合适的采样方法，否则将会得出不真实的结论。

珊瑚环礁渚碧礁调查共鉴定浮游动物 96 种和幼体 17 个类群（或类型），其中桡足类最多，达 65 种，其次是幼体；浮游动物数量丰富，根据 160μm 网具样品的数据，平均丰度高达 926.0 个 /m^3±1155.8 个 /m^3，优势类群依次是桡足类、被囊类和幼体，优势种为奥氏胸刺水蚤、珍妮纺锤水蚤、长尾住囊虫、梭形住囊虫和腹足类面盘幼体；渚碧礁浮游动物空间分布差异相当显著，潟湖区形成与礁坪区不同的群落，前者种类多、丰度高、优势种突出、均匀度低，而后者则完全相反，浮游动物群落的空间变化是由珊瑚礁礁盘的空间异质性所造成。浮游动物昼夜变化明显，夜间出现的种数和平均丰度分别是日间的 4.6 倍和 46.2 倍。浮游动物群落以终生浮游生物的种类和数量占多数，它们来源于礁外海水，有的也属于礁栖类型。在珊瑚礁中，中小型浮游动物无论在种类还是丰度方面都占有非常重要的位置。

第三节　黄岩岛浮游动物

南海位于印度洋-太平洋海域中部，包含一群珊瑚礁和环礁，面积至少 8000km^2（Yu，2012）。过去 50 年，由于强烈的人类活动，南海北部的边缘礁和斑块礁的珊瑚覆盖率急剧下降（Zhao et al.，2012）。相反，由于距离大陆较远，南海南部和中部的大多数珊瑚礁与环礁受到的直接人为影响相对较少（Zhao et al.，2013）。对南海中部环礁浮游动物多样性和群落的研究很少。礁湖、礁滩和向海礁坡之间浮游动物群落的差异可能是由于珊瑚礁相对较高的空间异质性（尹健强等，2003，2011；杜飞雁等，2015）。目前，为了将南海的一些环礁转变为成熟的岛屿，已经进行了大规模的填埋工作，这可能会威胁到这些珊瑚礁生态系统（Larson，2015）。例如，由于人类活动和富营养化的影响，有学者在南海南部的渚碧环礁潟湖发现了一种咸淡水的浮游植物（Shen et al.，2010）。那么在自然因素和人类活动的影响下，浮游动物如何适应珊瑚礁生态系统的环境波动？到目前为止，对南海中部海区环礁浮游动物群落结构的研究相对较少。

我国黄岩岛（北纬 15°05′～15°13′、东经 117°40′～117°52′）位于中沙群岛以东偏南，是一个近似于等腰直角三角形的大洋型珊瑚环礁，也是中沙群岛及其周边数十万平方千米海域内唯一在低潮出露的大型环礁。黄岩岛总面积约 133km^2，周长约 46km，包括高潮淹没低潮出露的环形礁坪面积 53km^2。黄岩岛四周均被接近低潮面的礁坪环绕，于东南端有一个通道与外海相通，可以进行水体交换，通道内宽外窄，为 200～500m，其边缘水深为 3m，中部水深为 6～8m。潟湖对径为 8～13km，水深多数在 9～11m，最大水深为 19.5m。潟湖具有宁静的沉积环境，沉积物明显随水深的增加而变细，由细砂到粗粉砂、灰泥屑。该海域属于海洋热带季风气候，每年 9 月至翌年 2 月盛行东北风，3 月、4 月为东北东风，5 月以东北风为主，6 月以南风为主，7 月、8 月则盛行西南风，东北风占绝对优势（黄金森，1980）。

黄岩岛浮游动物的调查可追溯到20世纪70年代。1977年10月和1978年6月16～17日中国科学院南海海洋研究所两次登陆黄岩岛进行综合性调查（陈清潮和尹健强，1982）。结果发现，潟湖内终生营浮游生活的种数量极低，而由内礁坪到外礁坪，浮游动物的种类和数量不断增多，并且黄岩岛浮游动物种类存在微弱的季节变化现象。为进一步了解南海中部盆地的半封闭环礁——黄岩环礁周围的潟湖和向海礁坡浮游动物群落的变化，2015年5月25～29日在黄岩环礁潟湖内设置9个采样站位及在向海礁坡设置4个采样站位进行浮游动物采样（图5.4），使用浅水II型浮游生物网（直径45cm、0.160mm网孔）自离海底1m处垂直拖网至表层，网口配备流量计（Hydro-Bios 438115，德国），以确定每网过滤海水的体积（单位：m^3）。拖网绞车的速度为0.5～1m/s。所有的浮游动物采样均是在北京时间上午7:00～11:00完成的。本研究旨在提供潟湖及其周围水域浮游动物的分布、组成和丰度的分布，为促进对南海各珊瑚环礁生态系统管理和环境影响的评估提供科学依据。

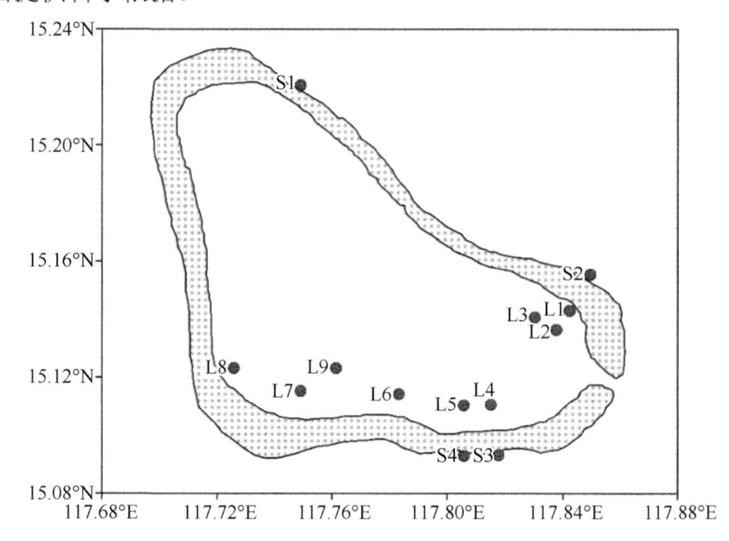

图5.4 黄岩环礁位置及潟湖（L1～L9）和向海礁坡水域（S1～S4）采样站

一、环境因子

海水表层温度范围为29.21～30.77℃，表层盐度在33.29‰～33.80‰范围内波动，潟湖和向海礁坡温度与盐度的分布没有显著差异。叶绿素 *a*（Chl *a*）浓度波动范围较大（0.10～1.64mg/m^3），潟湖和周围水体的Chl *a* 浓度平均值分别为0.87mg/m^3±0.45mg/m^3和0.13mg/m^3±0.03mg/m^3，潟湖的Chl *a* 浓度明显高于周围的水域（$P < 0.01$）。潟湖内调查站L1、L2和L3的Chl *a* 浓度均超过1.30mg/m^3。除硅酸盐（SiO_3^{2-}）和亚硝酸盐（NO_2^-）外，潟湖内溶解营养盐浓度总体上大于礁坡（表5.7），其中NO_3^-浓度明显高于礁外斜坡（$P < 0.05$）。主成分分析表明，前两个分量加在一起占总方差的95.7%，特征值分别为0.105和0.048。各采样站位均表现出明显的趋势，潟湖站Chl *a* 浓度和溶解营养盐浓度较高，向海礁坡站Chl *a* 浓度和溶解营养盐浓度较低。

表 5.7 黄岩岛潟湖和向海礁坡的水深、基质、营养盐和叶绿素 a 浓度及浮游动物特征

位置	站号	水深（m）	滤水量（m^3）	基质	SiO_3^{2-}（μmol/L）	NO_2^-（μmol/L）	NO_3^-（μmol/L）	NH_4^+（μmol/L）	DIN（μmol/L）	PO_4^{3-}（μmol/L）	Chl a（mg/m^3）	种数	H'	J	丰度（个/m^3）
潟湖	L1	3.5	0.31	泥质	3.53	0.16	0.18	0.18	0.51	0.05	1.64	5	2.25	0.97	19.2
	L2	5	0.43	泥质	4.04	0.16	0.37	0.49	1.02	0.08	1.39	9	2.97	0.94	30.1
	L3	10	0.48	泥质	3.29	0.14	0.32	0.51	0.97	0.23	1.37	6	2.13	0.82	25.0
	L4	9	0.77	砂质 + 海草	3.47	0.14	0.22	0.41	0.77	0.05	0.57	20	3.20	0.74	76.8
	L5	12	1.08	砂质 + 海草	3.64	0.13	0.09	0.28	0.50	0.04	0.41	25	3.65	0.79	63.9
	L6	8	0.55	砂质 + 海草	3.53	0.15	0.17	1.15	1.47	0.07	0.60	10	2.61	0.79	56.2
	L7	12	0.98	砂质 + 海草	3.71	0.15	0.20	0.54	0.89	0.07	0.65	10	1.36	0.41	86.4
	L8	9.5	0.60	砂质 + 海草	3.55	0.17	0.22	0.23	0.62	0.05	0.60	6	0.84	0.32	126.7
	L9	11	0.79	砂质 + 海草	4.18	0.14	0.21	0.82	1.17	0.10	0.63	6	1.26	0.49	93.4
礁坡	S1	25	1.58	礁质	3.48	0.14	0.11	0.32	0.57	0.02	0.17	66	5.51	0.91	188.1
	S2	25	1.25	礁质	3.57	0.15	0.16	0.37	0.68	0.06	0.11	74	5.49	0.88	338.9
	S3	＞15	1.30	礁质	3.10	0.14	0.08	0.23	0.45	0.05	0.10	52	4.95	0.87	155.9
	S4	＞15	0.98	礁质	3.57	0.12	0.08	0.26	0.47	0.07	0.13	44	5.13	0.94	106.7

注 :DIN 为溶解无机氮

二、群落结构

（一）种类组成

调查期间共鉴定到浮游动物131种，其中桡足类最丰富，达67种，其次是浮游幼体、管水母类和毛颚类（表5.8）。潟湖调查站每站浮游动物种数为10～20种，远低于向海礁坡调查站的浮游动物种数，其种数在S2站达74种，整个礁坡水域平均种数为59种。潟湖水域和礁坡水域共有31种，说明两个区域的物种组成存在一定的差异。

表5.8　黄岩岛潟湖和向海礁坡浮游动物各类群种数及二者共有种数

类群	潟湖	向海礁坡	合计	共有种	相似种（%）
水螅水母类	2	6	8	0	0
管水母类	1	9	9	1	11.11
多毛类	0	4	4	0	0
异足类	0	4	4	0	0
翼足类	1	0	1	0	0
枝角类	2	1	2	1	50.00
介形类	0	2	2	0	0
桡足类	24	61	67	18	26.87
端足类	2	1	3	0	0
磷虾类	2	1	2	1	50.00
十足类	1	2	2	1	50.00
毛颚类	2	9	9	2	22.22
有尾类	2	4	4	2	50.00
海樽类	0	1	1	0	0
浮游幼体	9	9	13	5	38.46
总计	48	114	131	31	24.00

黄岩岛礁坡水域Shannon-Wiener多样性指数范围为4.95～5.51，平均值为5.27±0.27，高于潟湖区多样性的平均值2.25±0.95（$P < 0.05$）。相应地，高均匀度指数也出现在向海海洋水域，平均值为0.90±0.03，潟湖浮游动物均匀度指数变化范围为0.32～0.97，平均为0.70±0.23（$P < 0.05$）（表5.7）。

（二）丰度分布

黄岩岛浮游动物丰度在19.2～338.9个/m^3范围内波动，并且浮游动物丰度分布不均匀（图5.5）。潟湖水域浮游动物平均丰度显著低于向海礁坡海域（$t=-3.664$，$P < 0.01$），前者丰度为64.2个/m^3±35.7个/m^3，后者丰度为197.4个/m^3±100.0个/m^3。潟湖水体最低丰度出现在L1、L2和L3站。尽管在两个采样水域浮游幼体的丰度都很高，但潟湖浮游幼体的丰度明显高于礁坡。桡足类、端足类和浮游幼体占潟湖浮游动物丰度的95.63%。此外，桡足类、毛颚类、管水母类、有尾类和浮游幼体在向海礁坡水体中占浮游动物总丰度的93.66%。在潟湖和向海礁坡浮游动物中，管水母类、桡足类、毛颚类和有尾类动物的丰度显著不同，它们在向海礁坡水体中丰度较高。此外，浮游多毛类、翼足类、枝角类和介形类的丰度在两个水体也存在显著差异。浮游动物丰度与Chl *a*浓度呈负相关（$R=-0.708$，$P < 0.01$）。浮游动物丰度与其他环境参数（温度、盐度和营养参数）之间没有显著的相关性。

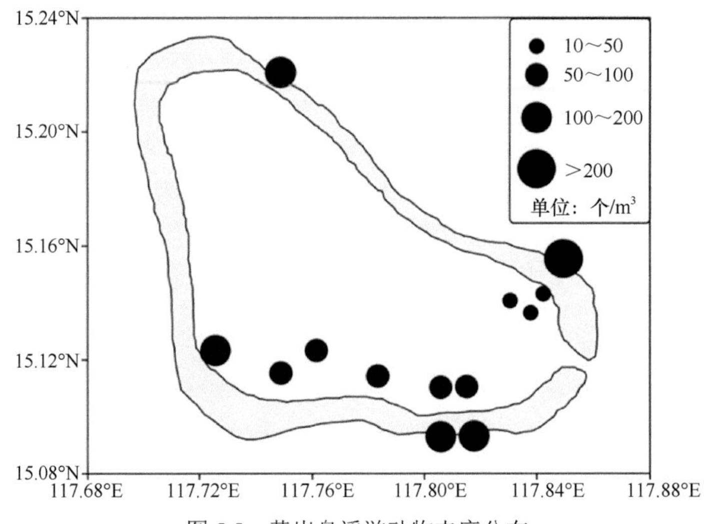

图 5.5 黄岩岛浮游动物丰度分布

（三）聚类分析

浮游动物多元分析法表明，所有调查站可以聚类分成两组组群：潟湖组群和向海礁坡组群，二者的相似度水平约为 40%（图 5.6）。NMDS 分析 2D 压力系数为 0.09。聚类物种丰度的 ANOSIM 结果也表明，两个采样区浮游动物群落之间存在显著差异（R=0.708，P=0.001）。累积差异的截止水平为 90% 左右（表 5.9）。潟湖组群的物种多样性低，主要由长尾类幼体、短尾类幼体和纺锤水蚤等组成。相反，向海礁坡的物种多样性高，以长尾类住囊虫、奇桨剑水蚤、丽隆水蚤、长尾类幼体、奥氏胸刺水蚤和肥胖箭虫为主。

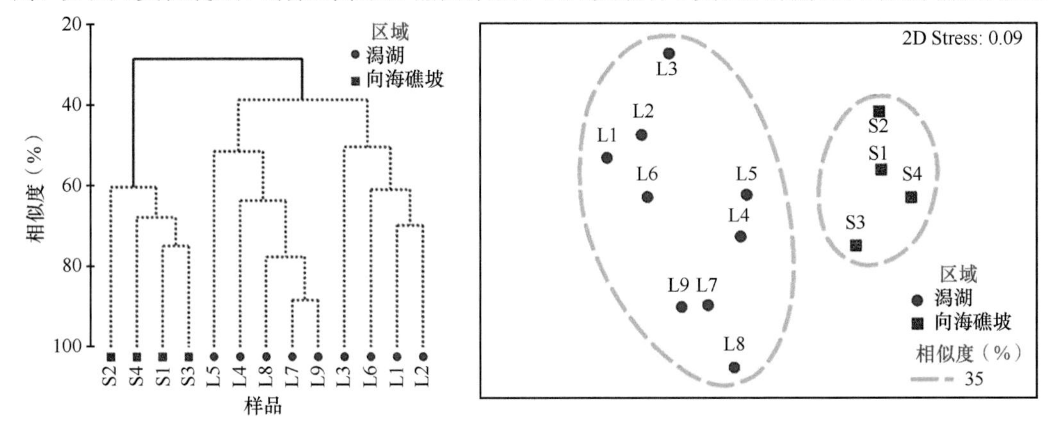

图 5.6 黄岩岛浮游动物聚群的聚类分析图和 NMDS 图

连接调查站的黑色实线表示调查站之间统计学上差异显著（$P < 0.05$），红色虚线表示调查站之间差异不显著（$P > 0.05$）

表 5.9 通过 SIMPER 结果展示物种对潟湖和向海礁坡水体浮游动物贡献差异

种类	潟湖丰度	礁坡丰度	贡献率（%）	累积贡献率（%）
长尾住囊虫	0.07	2.43	12.74	12.74
扭形爪室水母	0.00	2.26	11.83	24.57
奇桨剑水蚤	0.17	2.08	9.77	34.33
长尾类幼体	2.73	1.68	8.86	43.19
短尾类幼体	1.84	0.51	8.14	51.34

续表

种类	潟湖丰度	礁坡丰度	贡献率（%）	累积贡献率（%）
丽隆水蚤	0.30	1.87	8.06	59.40
奥氏胸刺水蚤	0.34	1.50	7.38	66.78
瘦拟哲水蚤	0.46	1.58	6.37	73.16
肥胖箭虫	0.19	1.38	6.26	79.42
隆柱螯磷虾	1.14	0.85	6.21	85.63
纺锤水蚤	0.93	0.00	4.98	90.61

注：表中数据为经过 log(x+1) 变换后的丰度（个 /m^3）

三、影响因素

（一）水文动力对浮游动物群落的影响

黄岩环礁浮游动物分布的主要特征是向海礁坡浮游动物的多样性和丰度高于潟湖。这一发现与之前对印度洋-太平洋环礁的调查结果一致，该调查也显示了潟湖和周围海域之间的浮游动物群落的显著差异（Madhupratap et al.，1977；Goswami and Goswami，1990；Carleton and Doherty，1998）。黄岩环礁浮游动物的丰度和多样性高于 Taiaro 环礁潟湖（Carleton and Doherty，1998），但远低于印度洋（Madhupratap et al.，1977；Goswami and Goswami，1990）、西太平洋（Renon，1977）和南海（尹健强等，2011；杜飞雁等，2015）。黄岩岛潟湖浮游动物群落主要由桡足类和阶段性浮游幼体组成，多样性指数较低，主要有长尾类幼体、短尾类幼体、隆柱螯磷虾和纺锤水蚤。通常偏大洋性的种类如管水母类、毛颚类和有尾类在有些潟湖中几乎或者完全没有被发现（Renon，1977；Goswami and Goswami，1990）。这可能与黄岩岛潟湖与周围水体几乎完全隔绝有关。黄岩环礁海洋水体和潟湖之间缺乏宽广的深海通道，这可能限制了物种的交换。与其他环礁一样，浮游幼体是黄岩环礁浮游动物的重要组成部分（Madhupratap et al.，1977；Goswami and Goswami，1990；Heidelberg et al.，2004）。它们占潟湖浮游动物总丰度的 70.63%，但在向海礁坡浮游动物丰度中仅占 9.76%。这些周期性的浮游幼体可能从环礁以外的海洋水域被运输到潟湖，或者与礁基本身有关（Alldredge and King，1977；Heidelberg et al.，2004，2010；尹健强等，2011）。潟湖浮游动物群落以浮游幼体为主，在潟湖中，阶段性浮游幼体占优势的原因可归因于珊瑚礁生态系统栖息环境的多样性。潟湖环境中阶段性浮游幼体能够通过游泳，并利用裂缝、洞穴和珊瑚头来保护自己免受捕食者和洋流的伤害，从而保持在珊瑚礁生态系统上的位置（Emery，1968；Alldredge and King，1977，2009）。黄岩环礁潟湖基质以砂、泥、礁、海草为主，形成潟湖内部空间异质性。潟湖和礁坡浮游动物物种组成的差异是否与黄岩环礁相对较高的空间异质性有关，还有待进一步研究。

相对于潟湖水域，向海礁坡水域的浮游动物多样性和丰度较高，这主要是由于黄岩环礁周围海域浮游动物中有大量的管水母类、桡足类、毛颚类和有尾类有关。在潟湖和向海礁坡水体之间，浮游多毛类、翼足类、枝角类和介形类丰度差异较小，尽管这些值较低。在向海礁坡水域中，管水母类和毛颚类普遍存在，而在潟湖采样站中几乎没有出现（Goswami and Goswami，1990；Carleton and Doherty，1998；Heidelberg et al.，2004）。黄岩环礁周围海域管水母类、毛颚类和有尾类丰度分别约为潟湖水体丰度的 160 倍、60

倍和 70 倍。不同类群的出现和丰度也与采集时间有关。例如，营近底栖生活的桡足类和浮游幼体在夜间更为丰富，而营浮游生活的哲水蚤桡足类、管水母类、磷虾类和有尾类在白天采样中更为常见（尹健强等，2011），研究还发现，夜间浮游动物丰度是白天的 46.2 倍。在印度洋-太平洋潟湖，由于水体清澈和高强度的光波动，夜间浮游动物的丰度较高（Alldredge and King，1977；Goswami and Goswami，1990；Heidelberg et al.，2004）。在本研究中，浮游动物样品总是在白天采集，这可能是解释阶段性浮游幼体丰度相对较低而终生性浮游动物丰度较高的原因之一。在环礁潟湖水体中浮游动物的分布也受到风和环流的影响（Carleton and Doherty，1998，Alldredge and King，2009；Pagano et al.，2012）。该研究的采样时间正好处于西南季风的影响时期，由于西南风的输送作用，浮游植物可能堆积在潟湖水体，从而提高了浮游植物生物量（Ke et al.，2016）。此外，由于缺乏关于黄岩环礁海流的资料，浮游动物群落对这些季节和空间变化的响应需要进一步研究。

（二）人类活动对黄岩岛浮游动物群落的影响

黄岩岛潟湖和向海礁坡的 Chl *a* 浓度及硝酸盐含量存在显著差异。此外，潟湖和向海礁坡浮游动物多样性和丰度差异显著，在潟湖中的分布并不均匀。这种分布模式不仅可能受到潟湖水体底质和生态环境及物种特异性行为的影响，还可能受到黄岩岛礁内人类活动的影响。黄岩环礁是一个多产的渔场，其潟湖是邻近国家渔船的合适港口（沈寿彭，1982）。船只通过环礁的东南通道进入潟湖，通常停泊在潟湖内。因此，这些泊船产生的污水可能有助于提高潟湖水体的营养水平，从而提高浮游植物的生物量。方差分析表明，潟湖的 NO_3^- 和 Chl *a* 浓度明显高于周围水体。此外，与超微型浮游植物（picophytoplankton）相比，小型浮游植物（microphytoplankton）似乎对营养水平提高更敏感，而且它们在潟湖水体中的含量明显高于向海礁坡水域（Ke et al.，2016）。浮游动物似乎主要受到食物资源的控制，如 Ahe 环礁（Pagano et al.，2012）。而黄岩环礁的 Chl *a* 浓度与浮游动物丰度呈显著负相关。这些结果表明，在黄岩环礁潟湖水体，浮游植物对浮游动物的自下而上控制作用并不显著。珊瑚礁常以低营养环境为特征，由于新营养物质的输入少，营养物质循环更为活跃，这也常见于邻近的类似环境水域（Hatcher，1997）。由下而上的控制在低营养环礁潟湖中比较常见，浮游植物生物量的可用性是上层营养水平产生的限制因素（Calbet et al.，1996）。在黄岩环礁潟湖，浮游植物主要由小型浮游植物组成（Ke et al.，2016），而微型浮游植物可能不是大多数浮游动物类群的直接消费对象，尤其是浮游幼体。黄岩环礁潟湖初级生产和次级生产的不耦合性及其对珊瑚礁生态系统能量流和健康的影响值得进一步研究。

第四节　西沙群岛浮游动物

西沙群岛位于南海中北部，主体部分处于北纬 15°40′～17°10′、东经 111°～113°，由宣德群岛、永乐群岛和其他岛礁共计 30 多个岛礁组成，年平均气温为 26.4℃，是热带海区典型的珊瑚礁岛群之一（赵焕庭，1996）。自 20 世纪 70 年代开始我国学者相继开展了西沙群岛和中沙群岛周围海域的浮游动物调查研究，分析了其平面和垂直分布及昼夜垂直移动（陈清潮等，1978a，1978b，1978c；李亚芳等，2016；陈畅等，2018），报道了西沙群岛、中沙群岛海域及西沙永乐龙洞的浮游动物群落特征。相对南沙群岛珊瑚礁浮游动物的研究，西沙群岛珊瑚岛或环礁浮游动物的研究需要进一步加强。

为了解西沙群岛珊瑚礁海域浮游动物的群落特征，本研究于2015年5月末至7月初在西沙群岛8个岛礁（七连屿、永兴岛和东岛3个岛屿及浪花礁、盘石屿、玉琢礁、华光礁和北礁5个环礁）进行了浮游动物采样，分析了浮游动物的多样性、丰度和群落结构特征，并比较了5个环礁潟湖内和向海礁坡区浮游动物群落组成的差异。调查海域共鉴定浮游动物180种（包括浮游幼体13个类群），其中桡足类最多，达83种，其次是水母类（38种）、浮游软体类（14种）、毛颚类（11种）和浮游被囊类（7种）；浮游动物平均丰度为256.4个/m^3±117.8个/m^3，桡足类占总丰度的51.08%，其次是浮游幼体（16.30%）、浮游被囊类（13.22%）和毛颚类（7.70%）。浮游动物种数、多样性和均匀度指数、丰度在岛屿和环礁之间及环礁的潟湖区和向海礁坡区均存在差异：浮游动物多样性和丰度在东岛、玉琢礁和华光礁较高，而在七连屿和北礁较低；5个环礁向海礁坡区的浮游动物多样性和丰度都高于潟湖区。多元统计分析结果表明，调查岛礁的浮游动物可被划分为两个聚群（相似度水平85%）：岛屿近岸及环礁的潟湖群落（I）和岛屿远岸及环礁的向海礁坡群落（II）；两个聚群浮游动物组成差异较显著（R=0.832，P < 0.001）；前者的种数、多样性指数、总丰度和主要浮游动物类群如桡足类、毛颚类和浮游幼体的丰度显著低于后者。环礁潟湖区和向海礁坡区的空间异质性和生态环境差异可能是导致浮游动物群落结构呈现不同特征的主要因素。

一、采样站位

2015年5月31日至7月2日在西沙群岛珊瑚礁海域的3个岛屿和5个环礁设置48个测站，对浮游动物进行采样，岛屿附近设置13个站、环礁35个站，调查站具体位置信息如表5.10所示。针对岛礁海域中小型浮游动物种类较多的特点，使用浅水II型浮游生物网（网口内径31.6cm、网长140cm、网目孔径0.160mm）采样，每站根据调查站深度不一决定拖网深度，岛屿近岸和环礁潟湖内拖网深度范围为1.5～8m，岛屿远岸和环礁离岸区的拖网深度为15m，至表层垂直拖曳一网。网口中央系有流量计（Hydro-Bios 438115，德国）以计算拖网滤水量（单位：m^3）。

表5.10　西沙群岛珊瑚礁海域浮游动物调查岛屿和环礁的站数及其站位信息

类型	岛礁	站数	站位位置	站号	调查时间（月/日）
岛屿	七连屿	4	远岸	I1～I4（+）	6/29～6/30
	永兴岛	5	远岸3个，近岸2个	I5～I7（+），I8、I9（*）	7/1/～7/2
	东岛	4	远岸	I10～I13（+）	6/16
环礁	浪花礁	7	潟湖4个，礁坡3个	A1（●），A2～A4（●），A5～A7（○）	5/31～6/1
	盘石屿	8	潟湖5个，礁坡3个	A8～A12（▲），A13～A15（△）	6/3～6/4
	玉琢礁	6	潟湖2个，礁坡4个	A16、A17（■），A18～A21（□）	6/10～6/12
	华光礁	8	潟湖4个，礁坡4个	A22～A25（▼），A26～A29（▽）	6/6～6/8
	北礁	6	潟湖2个，礁坡4个	A30、A31（◆），A32～A35（◇）	6/26～6/28

注："+"代表岛屿近岸调查站；"*"代表岛屿远岸调查站；"●、▲、■、▼和◆"代表环礁潟湖内调查站；"○、△、□、▽和◇"代表环礁向海礁坡调查站

二、环境因子

调查期间不同岛礁之间环境因子有所差别：表层温度变化范围为28.47～30.56℃，浪花礁和盘石屿的温度较低；盐度在32.95‰～33.80‰，浪花礁和盘石屿的盐度较高，七连屿和北礁的盐度较低；表层Chl *a*浓度波动大，变化范围为0.07～0.57mg/m^3，其中玉琢礁Chl *a*浓度较低。环礁的潟湖区和向海礁坡区的温度和盐度差异不大，而潟湖区的Chl *a*浓度明显高于向海礁坡区的（图5.7）。

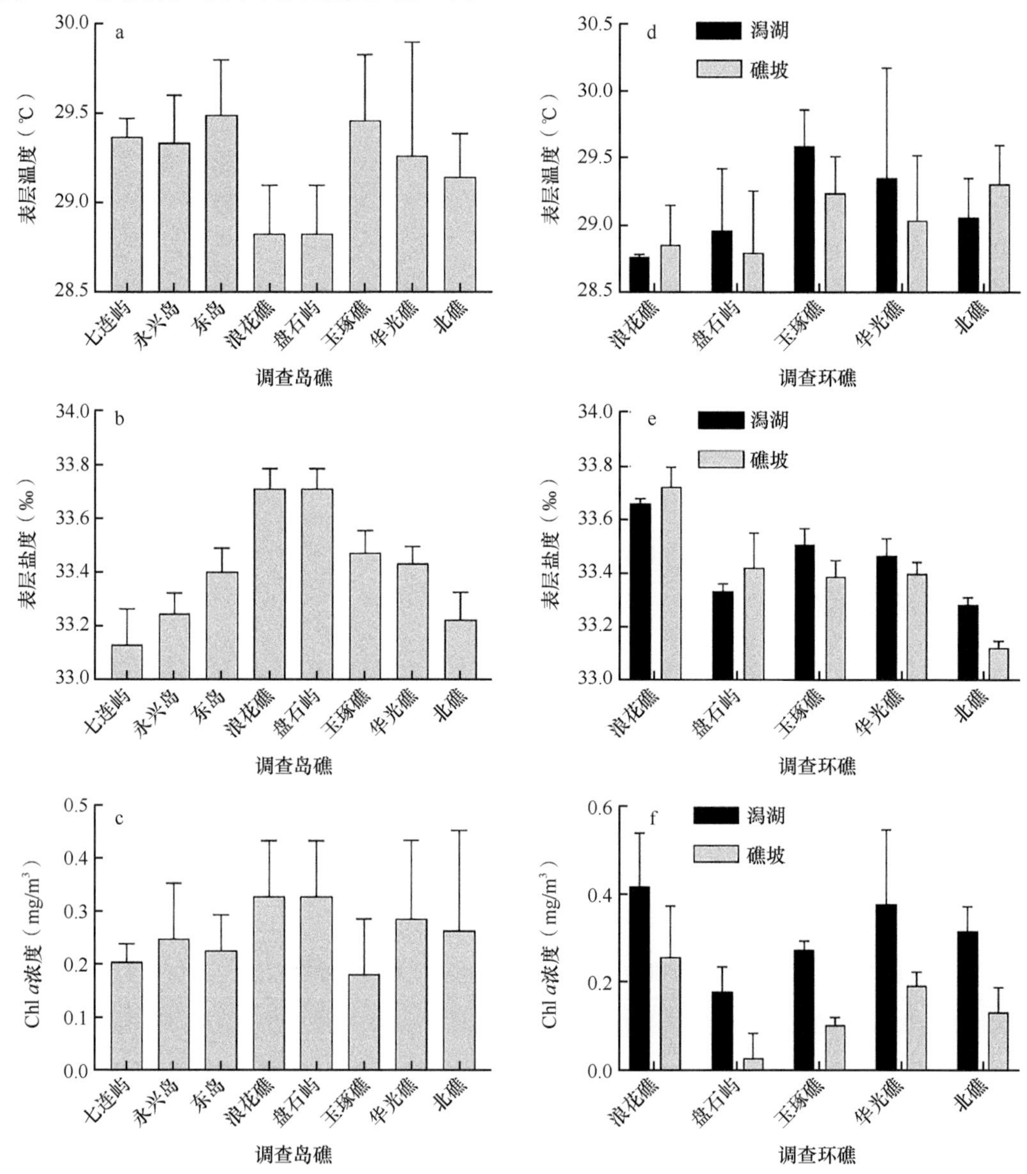

图5.7 西沙群岛珊瑚礁海域岛礁（a～c）和环礁（d～f）的表层温度、盐度和Chl *a*浓度分布

三、群落结构

（一）种类组成和分布

调查岛礁海域共鉴定浮游动物 180 种（包括浮游幼体 13 类）（表 5.11），其中桡足类种数最多，占浮游动物总种数的 46.11%，其次是水螅水母类、管水母类、毛颚类和浮游软体类，每类群种数达 10 种以上。除七连屿出现的浮游动物种数较低外，其他岛礁出现的浮游动物种数均高于 100 种。比较 5 个环礁潟湖与向海礁坡区的浮游动物种数发现，向海礁坡区的浮游动物种数、多样性指数和均匀度指数均高于潟湖区，除北礁潟湖区的均匀度指数较高外（图 5.8）。

表 5.11 西沙群岛珊瑚礁海域调查岛礁浮游动物各类群组成的种数

类群	七连屿	永兴岛	东岛	浪花礁	盘石屿	玉琢礁	华光礁	北礁	合计	占比（%）
水螅水母类	3	6	8	5	10	9	9	5	20	11.11
管水母类	5	6	7	9	11	8	12	8	16	8.89
栉水母类	1	0	1	0	0	1	2	1	2	1.11
浮游软体类	2	2	6	4	5	5	9	2	10	5.56
浮游多毛类	0	0	0	4	0	0	0	0	4	2.22
枝角类	2	0	1	1	2	1	1	0	2	1.11
介形类	0	0	1	0	1	0	1	0	3	1.67
端足类	0	4	0	3	0	1	1	4	6	3.33
桡足类	56	73	60	65	69	72	75	61	83	46.11
磷虾类	1	1	1	1	1	1	1	1	1	0.56
十足类	0	1	2	2	0	1	0	1	2	1.11
毛颚类	5	7	10	10	8	9	10	8	11	6.11
浮游被囊类	7	4	5	7	7	6	7	4	7	3.89
浮游幼体	6	7	10	10	9	10	12	9	13	7.22
合计	88	111	112	121	123	124	140	104	180	100.00

（二）丰度分布

调查海域浮游动物平均丰度为 256.4 个 /m^3±117.8 个 /m^3，变化范围为 17.6～1075.5 个 /m^3。桡足类、浮游被囊类和浮游幼体是浮游动物的三大类群，分别占总丰度的 51.08%、13.22% 和 16.30%，毛颚类和管水母类的丰度也相对较高（表 5.12）。各岛礁浮游动物丰度分布不均匀，东岛、玉琢礁和华光礁的浮游动物丰度较高，盘石屿和北礁的较低。5 个环礁向海礁坡区的浮游动物丰度远高于潟湖区的（图 5.9）。

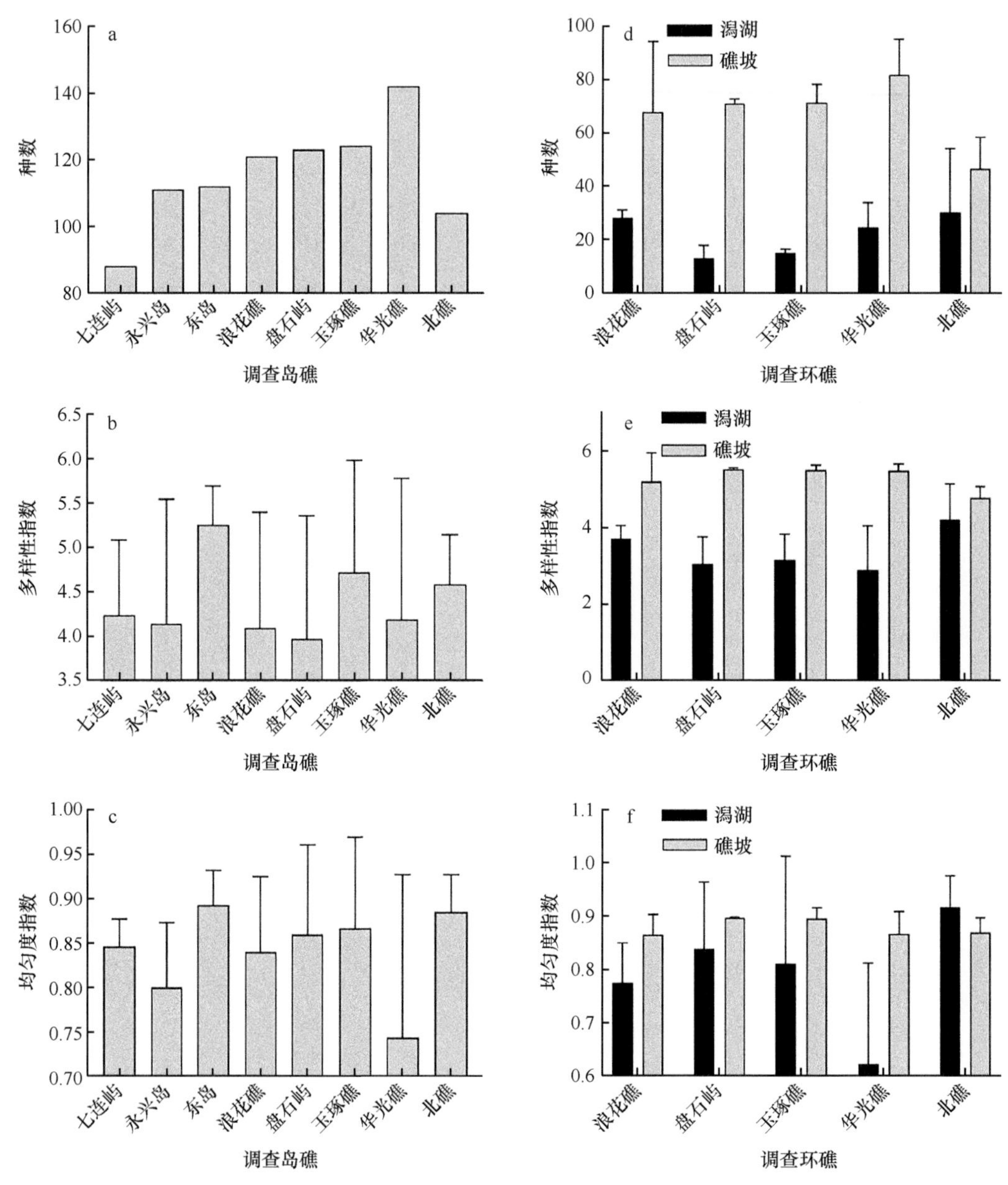

图 5.8 西沙群岛珊瑚环礁潟湖和向海礁坡区浮游动物种数、多样性指数和均匀度指数的比较

表 5.12 西沙群岛珊瑚礁海域岛礁浮游动物各类群的丰度及所占总丰度的百分比

类群	平均丰度（个 /m^3）	占总丰度的百分比（%）
水螅水母类	5.2±8.6	2.09
管水母类	14.1±23.4	5.67
栉水母类	0.1±0.2	0.02
浮游软体类	1.9±2.2	0.77

续表

类群	平均丰度（个/m³）	占总丰度的百分比（%）
浮游多毛类	0.5±1.0	0.20
枝角类	2.1±6.1	0.85
端足类	0.4±1.1	0.17
介形类	0.1±0.2	0.02
桡足类	127.3±137.6	51.08
十足类	0.5±1.4	0.18
磷虾类	4.3±7.6	1.72
毛颚类	19.2±27.5	7.70
浮游被囊类	33.0±58.6	13.22
浮游幼体	40.6±31.9	16.30

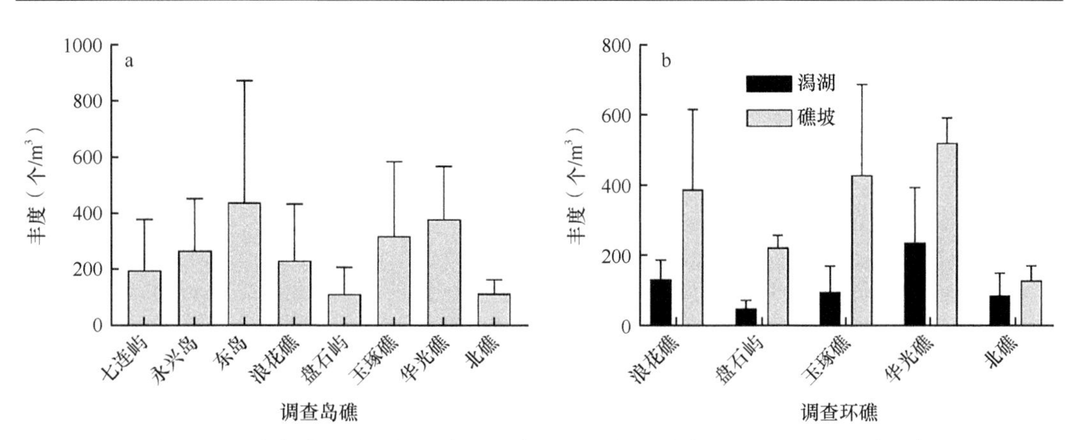

图 5.9 调查岛礁浮游动物丰度及环礁潟湖和向海礁坡区的浮游动物丰度比较

（三）聚类分析

西沙群岛海域岛屿和环礁调查站的等级聚类分析结果表明，浮游动物可被划分为两个聚群（相似度水平 85%）：岛屿近岸及环礁的潟湖群落（I）和岛屿远岸及环礁的向海礁坡群落（II）。群落 I 主要包括环礁潟湖的调查站位和岛屿近岸的采样站位，群落 II 主要包括环礁向海礁坡的调查站和岛屿离岸的采样站位（图 5.10）。NMDS 分析的 2D Stress=0.03，表明该结果较好地反映了不同群落样本间的相似关系。单因素 ANOSIM 检验表明，两个群落间的差异较为显著（R=0.832，P=0.001）。两个群落之间浮游动物种数、多样性指数、丰度和主要类群（如水螅水母类、管水母类、桡足类和毛颚类）丰度差异显著（表 5.13）。

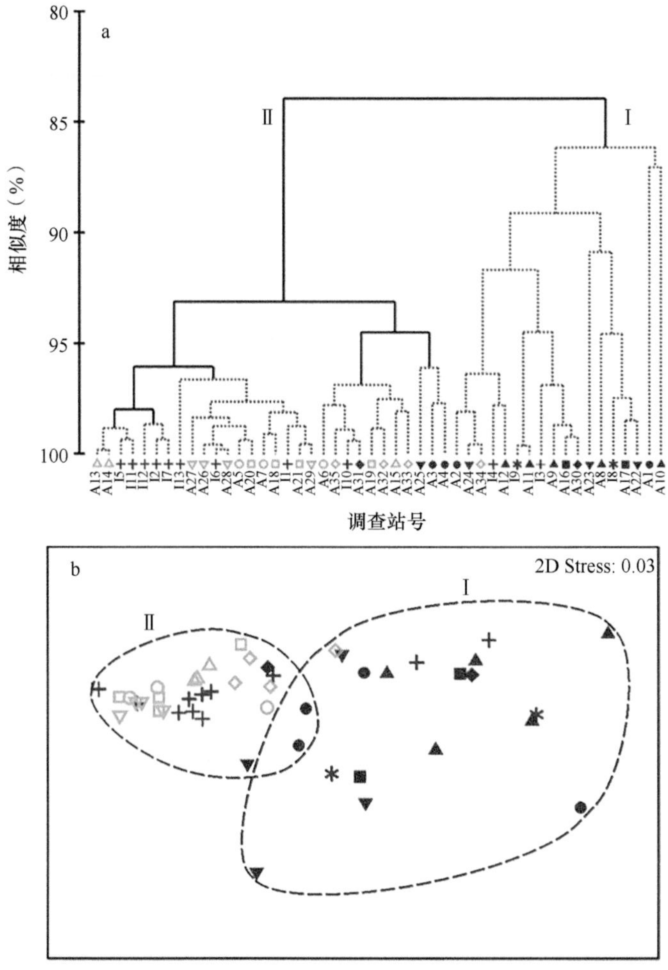

图 5.10 西沙群岛海域调查岛礁浮游动物聚群的聚类分析图（a）和 NMDS 图（b）

图 a 中连接调查站的黑色实线表示调查站之间统计学上差异显著（$P < 0.05$），红色虚线表示调查站之间差异不显著（$P > 0.05$）。“+”代表岛屿近岸调查站，“*”代表岛屿远岸调查站，“●、▲、■、▼和◆”代表环礁潟湖内调查站，“○、△、□、▽和◇”代表环礁向海礁坡调查站

表 5.13 西沙群岛珊瑚礁海域岛礁两个聚群组成的比较（*t* 检验法）

类别	近岸及潟湖群落 I	远岸及向海礁坡群落 II	*t* 值	显著性（*P*）	自由度（*F*）
种数	17±8	63±18	–10.225	***	46
多样性指数	3.10±0.83	5.08±0.65	–9.254	***	46
均匀度指数	0.80±0.16	0.86±0.06	–1.771	ns	46
丰度（个 /m^3）	89.23±94.72	345.32±220.31	–4.664	***	46
水螅水母类丰度（个 /m^3）	0.46±1.10	8.07±9.88	–3.242	**	46
管水母类丰度（个 /m^3）	2.28±4.26	21.25±27.32	–2.911	**	46
桡足类丰度（个 /m^3）	21.92±14.61	190.60±140.12	–5.069	***	46
磷虾类丰度（个 /m^3）	3.59±9.41	4.70±6.43	–0.486	ns	46
毛颚类丰度（个 /m^3）	1.56±2.94	29.78±30.47	–3.901	***	46
浮游被囊类丰度（个 /m^3）	31.38±89.91	33.90±30.18	–1.141	ns	46
浮游幼体丰度（个 /m^3）	27.26±23.72	48.68±33.44	–2.337	*	46

注：ns 表示 $P > 0.05$；* 表示 $P < 0.05$；** 表示 $P < 0.01$；*** 表示 $P < 0.001$

（四）浮游动物与环境因子的关系

相关分析结果表明，浮游动物种数（r= –0.309，P < 0.05）、多样性指数（r= –0.428，P < 0.01）和均匀度指数（r= –0.586，P < 0.001）与叶绿素 *a* 浓度呈显著的负相关（表 5.14），其他各因子与浮游动物的相关性不显著，说明调查岛礁叶绿素 *a* 浓度较高的区域，浮游动物的物种多样性较低。

表 5.14　浮游动物与环境因子的相关性

因子	种数	丰度	多样性指数	均匀度指数
温度	-0.151^{ns}	0.024^{ns}	-0.165^{ns}	-0.224^{ns}
盐度	-0.070^{ns}	0.075^{ns}	-0.148^{ns}	-0.082^{ns}
叶绿素 *a* 浓度	-0.309^{*}	-0.043^{ns}	-0.428^{**}	-0.586^{***}

注：ns 表示 P > 0.05；* 表示 P < 0.05；** 表示 P < 0.01；*** 表示 P < 0.001

四、影响因素

西沙群岛海域调查岛礁浮游动物的种类组成丰富，物种多样性高，具有热带大洋生物群落特征。调查的 8 个岛礁浮游动物的种数低于西沙群岛和南沙群岛开放海域的结果（陈清潮等，1978a；尹健强等，2006），高于南沙群岛渚碧礁和美济礁浮游动物种数（尹健强等，2011；杜飞雁等，2015），这说明珊瑚岛或环礁浮游动物的多样性低于周围开放海域。调查岛礁的浮游动物种类组成符合珊瑚礁海域浮游动物群落特征，即浮游幼体在种类和数量上都占有重要位置（Goswami and Goswami，1990；Carleton and Doherty，1998；尹健强等，2011；杜飞雁等，2015）。本次调查中浮游幼体的丰度仅次于桡足类，主要是长尾类幼体、鱼卵、短尾类幼体和蛇尾类长腕幼体。浮游被囊类、毛颚类和管水母类的种类和丰度也较高，与采样站位和调查时间有关。环礁向海礁坡区基本是大洋性水团，调查期间处于西南季风期，主要是一些大洋性种类主导着浮游动物的群落组成。珊瑚礁浮游动物主要由中小型种类组成，研究结果与采样时浮游生物网目孔径有关。国内早期的珊瑚礁浮游动物采样多使用网目孔径较大的浅水 I 型浮游生物网（网目孔径 0.505mm），导致浮游动物种类和数量较少（陈清潮等，1978c），这使浮游动物在珊瑚礁生态系统中的重要性被低估。本研究采用浅水 II 型浮游生物网（网目孔径 0.160mm）进行采样，结果表明，丰度比西沙群岛开放海域和南沙群岛美济礁使用浅水 I 型网采集的浮游动物高（陈清潮等，1978a；杜飞雁等，2015），但其丰度明显低于在雷州半岛灯楼角珊瑚礁和南沙群岛渚碧礁使用同一网目孔径网采集的浮游动物（尹健强等，2008，2011）。珊瑚礁海域浮游动物丰度的高低一方面与采样网的网目孔径的大小有关，另一方面也受采样时间的昼夜变化及其调查站的位置、多少等因素的影响。

与周围海域相比，珊瑚岛或环礁是一个高生产力的生态系统（Hatcher，1997）。一些环礁潟湖高度封闭，与周围海域完全隔离，除非有极端波浪的作用（Goswami and Goswami，1990；Carleton and Doherty，1998；尹健强等，2011），还有一些环礁通过或深或浅的通道与礁滩连接到邻近的海域（Gerber，1981；Le Borgne et al.，1989；Pagano et al.，2012；杜飞雁等，2015）。环礁浮游动物群落在空间和时间上变化较大，由于封闭环礁和开放环礁之间水文、化学和生物参数的差异，浮游动物物种组成和丰度各不相同

（Carleton and Doherty，1998；尹健强等，2011；Pagano et al.，2012；杜飞雁等，2015）。与太平洋较大和较深环礁的邻近海水相比，潟湖水域拥有独特的生物群落，并且浮游动物丰度较大（Gerber，1981；Le Borgne et al.，1989；Carleton and Doherty，1998）。在印度洋相对较小和较浅的环礁上，潟湖和周围水域之间浮游动物群落的丰度和物种组成差异也较大（Goswami，1983；Goswami and Goswami，1990）。不同环礁的地形特征导致潟湖与外界水体的交换程度出现不同的空间变化，从而影响浮游动物的种类组成。西沙群岛珊瑚礁浮游动物群落结构具有明显的空间异质性，一是岛屿近岸和离岸调查站分别与环礁潟湖区和向海礁坡区的群落组成相似，二是环礁潟湖区和向海礁坡区的浮游动物群落结构差异显著。西沙群岛岛礁浮游动物空间分布的差异受岛礁的地形结构、水动力条件和生态环境等因素的影响。西沙海域有些珊瑚环礁是高度封闭、独立于周围水体的，如玉琢礁和盘石屿，有些环礁有出入水道与外界海洋水相通，能较好地进行水体交换，如北礁、华光礁和浪花礁（业治铮等，1985）。本研究调查 5 个环礁向海礁坡区的浮游动物种数、多样性指数、均匀度指数和丰度分布均值都高于潟湖区，这与南沙群岛渚碧礁潟湖区浮游动物种数和丰度远高于礁坪区的结果不同（尹健强等，2011），但与美济礁向海礁坡区浮游动物高物种多样性类似（杜飞雁等，2015）。环礁潟湖区由于较封闭，水体营养物质丰富，叶绿素 *a* 浓度较高（Ke et al.，2018），而相关分析结果表明浮游动物丰度与叶绿素 *a* 浓度相关性不显著，浮游动物的多样性却在叶绿素 *a* 浓度较高的潟湖区较低，说明向海礁坡区的高物种多样性和丰度可能与水动力因素有关。向海礁坡紧接外海，坡度陡峭、生境复杂，水深的梯度变化非常显著，并易形成上升流区，有利于多种类型的浮游生物生长和繁殖（杜飞雁等，2015）。中沙群岛海域黄岩岛具有一条潟湖和外海的通道，潟湖内受渔船停靠影响呈现高营养盐和叶绿素 *a* 浓度特征（Ke et al.，2018），但向海礁坡区的浮游动物多样性和丰度高于潟湖区（Li et al.，2018）。同样，西沙永乐龙洞外礁坡物种多样性比龙洞内高（陈畅等，2018）。西沙群岛环礁浮游动物群落特征与黄岩岛和永乐龙洞类似：向海礁坡区浮游动物具有较高的多样性和丰度，这可能与向海礁坡的水动力条件有关。另外，西沙群岛有些珊瑚礁已经受到人类活动的影响，受人类活动影响的岛礁其造礁石珊瑚物种丰度和多样性比未受人类活动影响的岛礁都低（黄晖等，2011）。同样，珊瑚礁岛屿附近海域受人类活动影响程度不同导致的生态环境变化也会影响浮游动物的群落结构。

西沙群岛珊瑚海域岛礁因自身地形特征和水文动力条件等影响，浮游动物聚群为两个不同的空间分布格局：岛屿近岸及环礁的潟湖群落和岛屿远岸及环礁的向海礁坡群落，二者的浮游动物群落组成差异显著。本研究结果可以进一步证实环礁的潟湖区和向海礁坡区浮游动物群落结构的差异，但是仍然有一定的局限性：①调查站位的设置问题，本研究针对环礁仅是在潟湖内和向海礁坡设置站位，并且数量有限，未在礁坪区布设调查站；②调查频次问题，针对环礁浮游动物研究的资料多数是基于一次性调查数据，需要多次调查进行验证；③调查时间问题，由于本研究所有调查站采样均在当地时间上午进行，潟湖区水较浅，光照较强，浮游动物可能多栖息于较底层；④对环礁浮游动物群落空间分布格局的机制仍不清楚，虽然环礁的空间异质性对其群落结构有一定的影响，但对浮游动物种类自身的生态习性和营养关系方面的关注较少。西沙群岛海域岛礁众多，自然条件和受人类活动影响程度不同，各个岛屿和环礁动力条件及生态环境不尽相同，因此针对西沙群岛海域岛礁的浮游动物空间分布格局需要深入研究。

本节主要从浮游动物类群的角度分析了西沙群岛珊瑚海域浮游动物的特征，发现西沙群岛珊瑚礁的浮游动物物种多样性高，桡足类在种类和丰度上都占绝对优势，其次浮游幼体的丰度也较高。调查岛礁的浮游动物可被划分岛屿近岸及环礁的潟湖群落和岛屿远岸及环礁的向海礁坡群落两个聚群，前者的种数、多样性指数、总丰度和主要浮游动物类群如桡足类、毛颚类和浮游幼体的丰度显著低于后者。环礁潟湖区和向海礁坡区的空间异质性等因素决定了浮游动物群落结构呈现不同的空间分布格局。

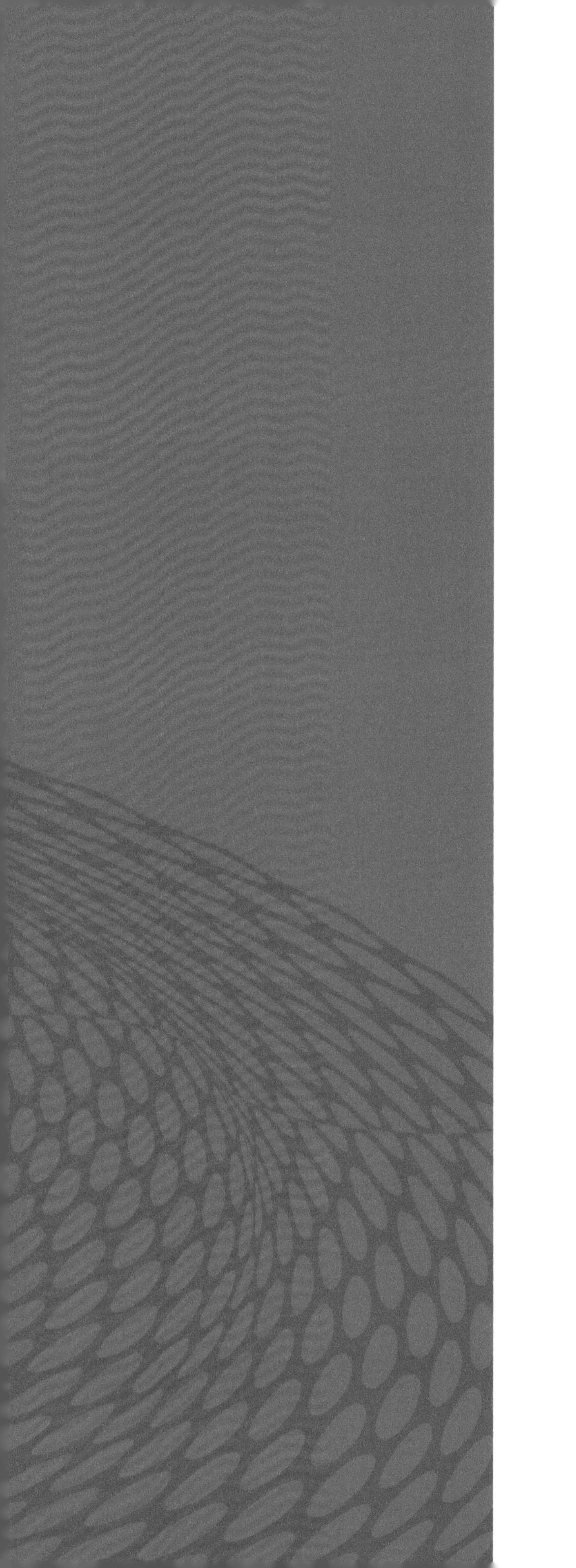

第六章　南海浮游动物垂直分布和昼夜变化

浮游动物的垂直分布是一个复杂的生态现象，不但随海区、水深、季节的不同而发生变化，而且种类、性别、年龄、生殖情况、发育状况及水文等的不同也会引起它的变化。海洋水体在水平方向可被分为浅海区（水深＜200m）和大洋区（水深＞200m）。大洋区指大陆缘以外的水体，其在垂直方向上可被分为上层（epipelagic zone，200m 以浅）、中层（mesopelagic zone，200～1000m）、深层（bathypelagic zone，1000～4000m）和深渊（abyssopelagic zone，＞4000m）。海洋上层由于光照、温度和营养盐等因素的影响，海洋初级生产出现明显的季节变动，上行控制导致海洋上层浮游动物的丰度、生物量和群落结构等出现明显的季节变化（Steinberg et al.，2008）。海洋上层产生的物质和能量输出会通过一系列途径影响海洋中深层动物群落（Smith et al.，2001；Robinson et al.，2010；Sutton，2013），而中上层浮游动物在碳沉降和生物地球化学循环方面又起着重要作用（Lebrato et al.，2019）。近年来，随着浮游动物采样技术的发展和各种新型网具的应用，关于海洋中层及更深层区域浮游动物垂直分布及生态学的相关研究报道快速增加（杜飞雁等，2014；孙栋和王春生，2017；Dai et al.，2017；Chen et al.，2018；Liao et al.，2022）。

浮游动物昼夜变化主要体现为昼夜垂直移动现象。昼夜垂直移动是浮游动物生态中的一个普遍现象。早在 1817 年，Cuvier 就已发现淡水枝角类在早晚栖息表层、中午移居下层的现象。之后，很多浮游生物学家都发现在晚上采集的浮游生物样品，不论在种类或数量上都比白天采集的丰富得多。产生这一现象的原因是多方面的。由于昼夜垂直移动，浮游动物的垂直分布特征发生很大的变化，同时，对其周围环境和物质能量传递也发生了相应变化。例如，摄食浮游生物的经济鱼类，因为追逐食料，也同样进行着昼夜垂直移动。浮游动物的昼夜垂直移动是一个常见而又相当复杂的生态现象，它不但随海区、水深、水温、盐度、季节、天气、食物及其他理化环境因素而变化，而且也受浮游动物的习性、个体大小、年龄、性别等内在因素的影响。浮游动物昼夜垂直移动的模式有 3 种：夜间模式即夜间海表层、白天深层；黄昏模式即日落上升、午夜下沉、黎明下降；反向模式即白天海表层、夜间深层，不同的物种及其不同的生命阶段都表现出不同的垂直迁移模式和深度范围，主要触发因素包括：光、日食、成熟迁移。昼夜垂直移动不但有利于浮游动物的生存、繁衍和分布范围的扩大，而且能促进海洋中不同层次的物质和能量交换，改变各水层的理化和生物环境。因此，研究浮游动物的昼夜垂直移动在理论和实践上都有重要意义。

针对南海浮游动物垂直分布和昼夜垂直移动的研究，20 世纪 80 年代有学者在南沙群岛海区（陈清潮等，1989；尹健强和陈清潮，1991；张谷贤和陈清潮，1991；张谷贤和尹健强，2002；杜飞雁等，2014）、南海中部海区（陈清潮，1982；陈瑞祥等，1988；陈瑞祥和林景宏，1993）、西沙群岛（陈清潮等，1978b；陈畅等，2018）、大亚湾（林玉辉和连光山，1989）、三亚湾（尹健强等，2004a；尹健强等，2011）及在黄岩岛（陈清潮和张谷贤，1987）、曾母暗沙（陈清潮和张谷贤，1987）和渚碧礁（尹健强等，2003，2011）等进行过研究。近几年有学者采用浮游生物连续采样网在南海东北部进行了采样和分析（龚玉艳等，2017；廖彤晨等，2020；李开枝等，2021）。本章根据以上研究对南海浮游动物垂直分布和昼夜变化的研究成果进行整理分析，以期丰富我国浮游动物多样性研究，为南海海洋生物资源和生态过程等方面的研究提供科学依据。

第一节　浮游动物垂直分布

南海东北部海区北接华南大陆，东北与台湾海峡的南口相邻，西面及南面是开阔的南海海盆，具有宽阔的陆架及陡峭狭长的陆坡。南海东北部的流系与南海北部相似，受季节性反转的季风强迫、海峡水交换、地形等影响，陆架陆坡流系呈现复杂多变的形式，如黑潮入侵、南海陆坡流、夏季上升流和沿岸流等（舒业强等，2018）。中尺度涡旋普遍存在于南海北部（Wang et al.，2003；Xiu et al.，2010）。研究发现，中层鱼广泛分布于全球各海域，储存量巨大，中深层鱼类生物量可能比现有全球商业捕捞总量高 2～3 个数量级，并且胶质类浮游动物是中深层鱼类的重要饵料（Sutton，2013；Lebrato et al.，2019）。南海北部陆坡是中层鱼类资源的密集区，是很多经济鱼类产卵、育幼和聚集的场所（龚玉艳等，2018）。那么，作为中深层鱼类资源重要饵料的浮游动物，其丰度、生物量和空间分布特征是怎样的呢？南海东北部陆坡浮游动物调查始于 1979 年的“南海东北部海区综合调查研究”任务，该任务主要对 200m 以深水层浮游动物进行采样分析，结果发现浮游动物高生物量分布区与良好渔场的位置吻合，其中桡足类的种类最多、数量最高（中国科学院南海海洋研究所，1985）。龚玉艳等（2017）对南海北部陆架斜坡海域 7～8 月浮游动物的垂直分布（0～750m）进行了分析，发现浮游动物的种数、丰度和生物量均随水深的增加而减少。南海东北部和中部是大陆架到深海的区域，具有独特的生态环境特征，并且作为渔业资源的密集区，对该区域的中深层浮游动物的研究相对较少。

一、南海东北部浮游动物垂直分布

本节内容基于 2016 年 3 月和 9 月在南海东北部陆坡区浮游动物的垂直分层采样，分析 1000m 以浅水层浮游动物种类组成、丰度和生物量的垂直分布，阐明优势种的垂直变化，结合环境因子，探讨影响浮游动物季节和垂直变化的环境因素。通过以上研究，可以更好地了解浮游动物在南海东北部陆坡生态过程中的功能和作用，为进一步认识陆坡渔业资源的可持续开发和利用提供科学依据。

（一）采样站位

2016 年 3 月 6 日和 9 月 5 日，在南海东北部陆坡区的两个站（水深约为 1500m）使用浮游生物连续采样网（名称 HYDRO-BIOS MultiNet，型号 Maxi，网目孔径 300μm，网口面积 0.5m^2）进行浮游动物垂直分层采样，采样站位如图 6.1 所示。两次拖网的深度为 1000m，分层数目和层次设计均相同，每次分 9 层（0～25m、25～50m、50～100m、100～200m、200～300m、300～400m、400～600m、600～800m、800～1000m）。浮游生物网下放的速度约为 0.5m/s，上升的拖网速度为 0.5～1m/s。采集的样品置于 5% 福尔马林中进行保存。温度、盐度和叶绿素 *a* 浓度数据由浮游生物多联网所携带的温盐深仪和叶绿素探头同步测量。根据海平面高度异常的数据可看出，调查区域在 3 月和 9 月被中尺度涡所控制，3 月调查站处于冷涡区，9 月处于暖涡区（图 6.1）。

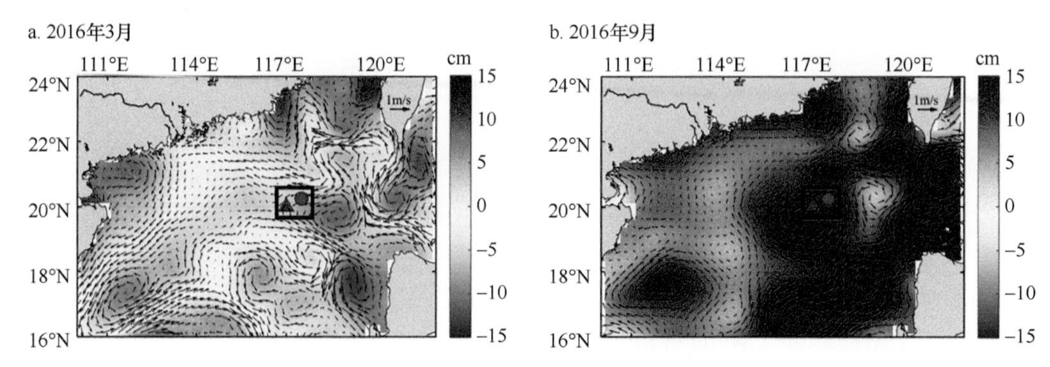

图 6.1 2016 年 3 月和 9 月南海东北部海面高度和地转流分布图

“●”为 3 月采样站位；“▲”为 9 月采样站位

（二）环境因子

温度、盐度和叶绿素 *a* 浓度一般随水深增加而降低，但在 100m 以浅水层波动较大（图 6.2）。温度在 9 月 400m 以浅水层高于 3 月，400m 以深水层基本相同。盐度在 9 月 50m 以浅水层远低于 3 月，在 50m 以深水层高于 3 月，并且在 100m 处盐度出现最大值。叶绿素 *a* 浓度在 9 月 100m 以浅水层明显低于 3 月，9 月最大值出现在 60m 附近水层，仅为 0.60mg/m^3，3 月在 40m 附近水层达 1.81mg/m^3，200m 以深水层变化不大。

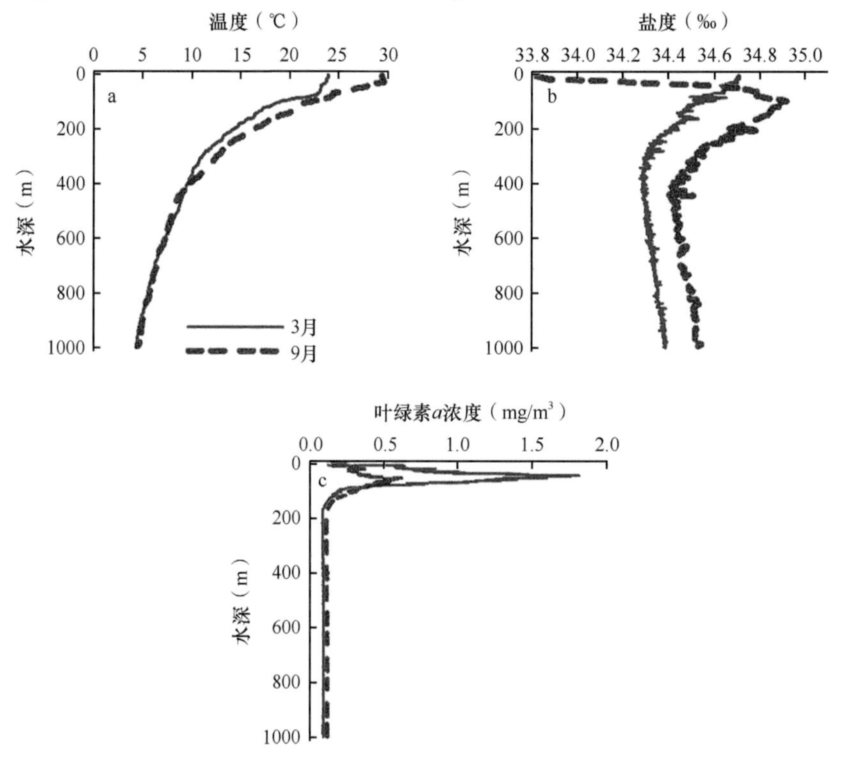

图 6.2 南海东北部陆坡区 3 月和 9 月温度、盐度和叶绿素 *a* 浓度的垂直分布

（三）群落结构

1. 种类组成和分布

本次调查共鉴定到浮游动物225种（包括浮游幼体6类），其中3月和9月分别出现150种和169种（表6.1）。桡足类种数最多（132种），其中哲水蚤目的种数达97种，其次是剑水蚤目的种类；哲水蚤和剑水蚤的种数在3月高于9月。管水母类和毛颚类种数分别达18种，二者在9月种类较多。

表6.1 南海东北部陆坡区浮游动物各类群在3月和9月出现的种数及所占百分比

类群	3月	9月	合计	百分比（%）
水螅水母类	2	4	4	1.78
管水母类	7	15	18	8.00
栉水母类	0	1	1	0.44
浮游翼足类	3	2	5	2.22
浮游异足类	0	1	1	0.44
介形类	10	12	17	7.56
哲水蚤类	75	69	97	43.11
剑水蚤类	24	22	31	13.78
猛水蚤类	2	4	4	1.78
端足类	2	5	7	3.11
磷虾类	3	7	7	3.11
十足类	1	2	2	0.89
毛颚类	12	15	18	8.00
有尾类	2	2	2	0.89
全肌类	1	2	2	0.89
半肌类	1	1	2	0.89
火体虫类	1	0	1	0.44
浮游幼体	4	5	6	2.67
合计	150	169	225	100

浮游动物种数一般随水深增加而减少（图6.3）。3月浮游动物种数在50～100m水层最多，达55种，在400～600m水层达到次高峰；9月浮游动物种数在25～50m和50～100m水层60种左右。种数垂直分布的差异主要是由不同水层出现的特定种类引起。3月50～100m水层出现的奥氏全羽水蚤、卵形光水蚤、克氏长角水蚤、螺旋尖角水母、小体浅室水母和拟海若螺等种类在其他水层未发现；仅出现在400～600m水层的种类有斯氏手水蚤、尖真刺水蚤、大光水蚤、四刺乳点水蚤和细条浅室水母等深水种。9月25～50m和50～100m水层种类较多，不仅出现200m以浅水层的常见种类，还出现一些仅在这两个水层出现的暖水中上层种类，如小枪水蚤、长须全羽水蚤、尖全羽水蚤、斯氏拟真哲水蚤、带小厚壳水蚤和海伦藏哲水蚤等。

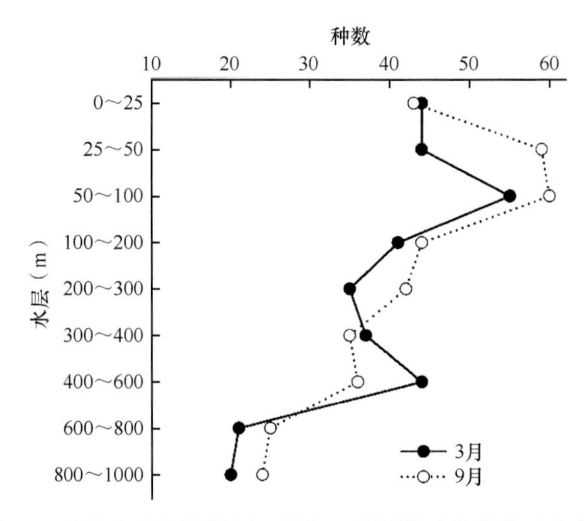

图 6.3 南海东北部陆坡区 3 月和 9 月浮游动物种数垂直变化

2. 丰度和生物量

浮游动物丰度和生物量垂直分布趋势相似，高值主要出现在 100m 以浅水层，一般随水深增加而降低，季节和水层波动范围大（图 6.4）。浮游动物丰度在 3 月和 9 月的变化范围分别为 3.24（800～1000m）～399.69（25～50m）个 /m^3 和 2.47（800～1000m）～134.65（50～100m）个 /m^3，3 月各水层浮游动物丰度高于 9 月。浮游动物生物量在 3 月和 9 月的变化范围分别为 4.52（800～1000m）～104.62（25～50m）mg/m^3 和 8.06（400～600m）～65.00（0～25m）mg/m^3，3 月 25～50m 水层浮游动物生物量远高于 9 月。

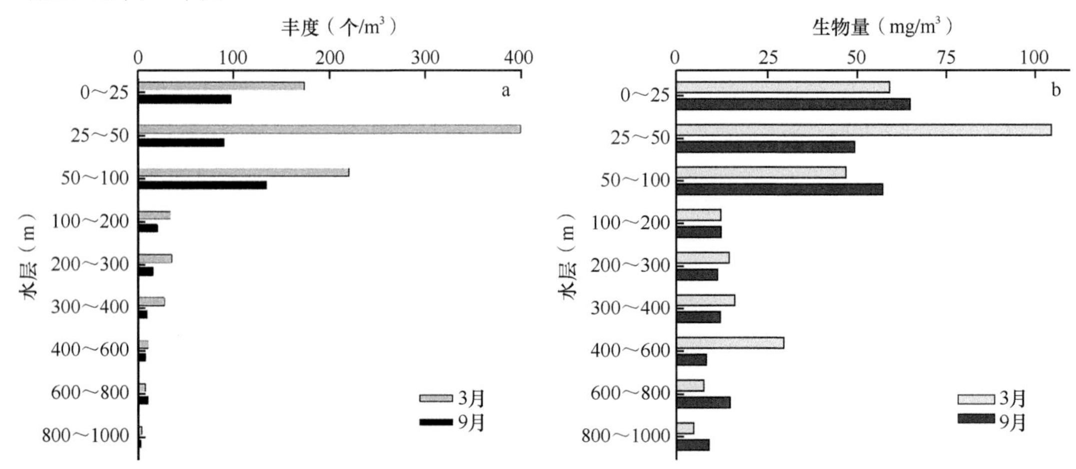

图 6.4 南海东北部陆坡区 3 月和 9 月浮游动物丰度和生物量的垂直变化

虽然浮游动物丰度和生物量高值主要集中在 100m 以浅水层，但 100m 以浅的水柱丰度和生物量在 1000m 以浅水柱中所占比例不同（图 6.5）。在 3 月和 9 月浮游动物水柱丰度 0～100m 占 0～1000m 丰度的 60% 左右，而水柱生物量 100～1000m 浮游动物占 0～1000m 水柱生物量比例分别为 66% 和 63%。

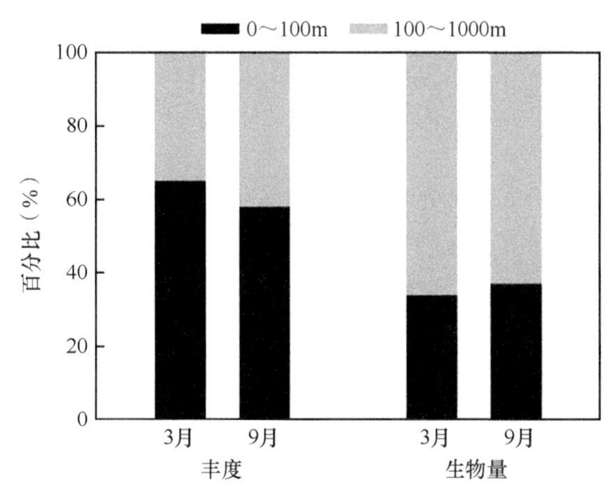

图 6.5　南海东北部陆坡区 3 月和 9 月浮游动物水柱丰度和生物量在 0～100m 和 100～1000m 水层分别占水柱总量的百分比

3. 主要类群丰度变化

浮游动物丰度主要由哲水蚤类、剑水蚤类、介形类和毛颚类等类群贡献，垂直变化明显（图 6.6）。各水层哲水蚤类丰度占总丰度的 50% 以上（除 9 月 100～200m 外）；哲水蚤类丰度比例在 300m 以深水层随深度的增加而增大，3 月在 600m 以深占 90% 以上，9 月达 80% 以上。剑水蚤类除 3 月在 600～800m 和 800～1000m 水层丰度比例较低外，其他水层丰度比例基本在 10%～30%。介形类在各水层均有出现，其丰度比例在 100～

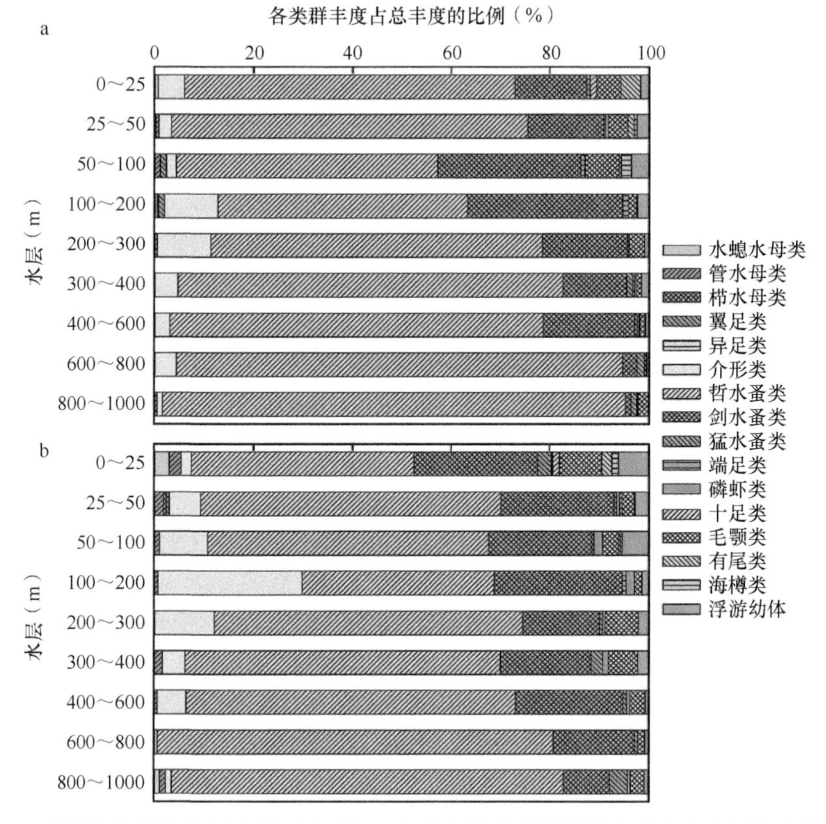

图 6.6　南海东北部陆坡区 3 月（a）和 9 月（b）浮游动物类群丰度在各水层的丰度占比

200m 和 200～300m 水层较高，特别是 9 月在 100～200m 水层其丰度比例高至 28.95%。毛颚类丰度比例在各水层是 1%～8%。管水母类丰度比例在 100m 以浅水层较大。9 月磷虾类丰度占比高于 3 月。

4. 优势种

隆线似哲水蚤和中隆水蚤是 3 月和 9 月出现频率和丰度较高的种类。另外，普通波水蚤和微刺哲水蚤为 3 月出现的优势种，而达氏筛哲水蚤、黄角光水蚤、瘦乳点水蚤和丽隆水蚤在 9 月占优势（表 6.2）。

表 6.2 南海东北部陆坡区 3 月和 9 月浮游动物优势种及其优势度

优势种	3 月	9 月
隆线似哲水蚤	0.037	0.023
微刺哲水蚤	0.018	0.004
达氏筛哲水蚤	0.000	0.026
黄角光水蚤	0.001	0.028
瘦乳点水蚤	0.004	0.029
普通波水蚤	0.087	0.003
中隆水蚤	0.019	0.033
丽隆水蚤	0.003	0.035

浮游动物优势种丰度垂直变化明显：3 月普通波水蚤、微刺哲水蚤和中隆水蚤在 100m 以浅水层丰度较高；9 月达氏筛哲水蚤、黄角光水蚤和丽隆水蚤在 100m 以浅水层相对于 3 月丰度增加；中隆水蚤 3 月和 9 月在 25～100m 水层丰度较高；隆线似哲水蚤在 3 月丰度高于 9 月，在各个水层均有出现，3 月在 0～25m 层丰度达 13.7 个 /m^3，并且在 400m 以深水层 3 月和 9 月的丰度较相近，变化不大（图 6.7）。对 3 月和 9 月丰度较高的隆线似哲水蚤的前体部体长进行分析发现，该种在各水层 3 月平均前体部体长高于 9 月（除 50～100m 和 600～800m 外），并且前体部体长较大者主要分布在深层（图 6.8）。

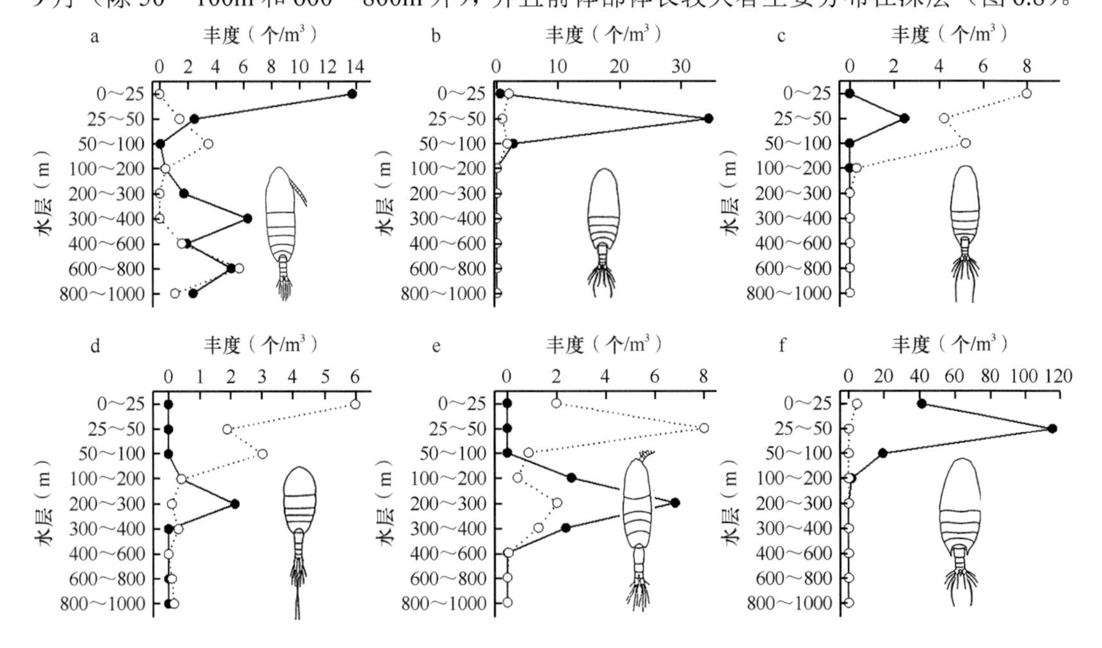

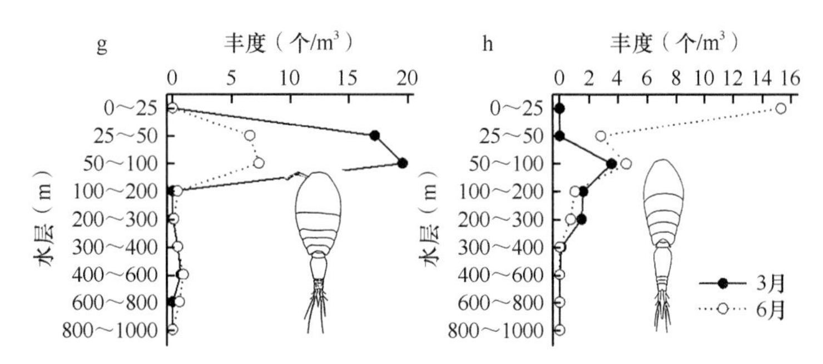

图 6.7 南海东北部陆坡区 3 月和 9 月浮游动物优势种丰度的垂直分布

a. 隆线似哲水蚤；b. 微刺哲水蚤；c. 达氏筛哲水蚤；d. 黄角光水蚤；e. 瘦乳点水蚤；f. 普通波水蚤；g. 中隆水蚤；h. 丽隆水蚤

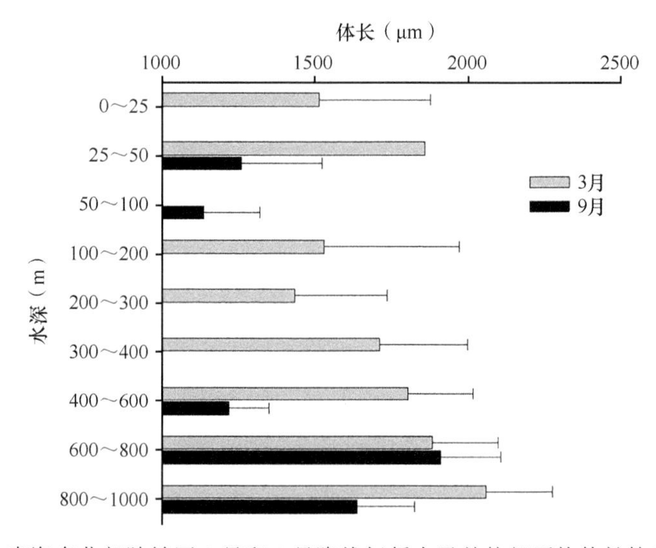

图 6.8 南海东北部陆坡区 3 月和 9 月隆线似哲水蚤前体部平均体长的垂直分布

5. 聚类分析

聚类分析结果表明，在群落相似度水平为 30% 左右的水平上，浮游动物可被分为 3 个群落（图 6.9a）。群落 I 由 0～25m、25～50m 和 50～100m 三个水层的浮游动物组成，种类较丰富，主要贡献种是微驼隆哲水蚤、微刺哲水蚤、弓角基齿哲水蚤、精致真刺水蚤、普通波水蚤和中隆水蚤；群落 II 由 100～200m、200～300m 和 300～400m 水层（3 月的 300～400m 水层除外）的浮游动物构成，瘦乳点水蚤在该群落中丰度较高；群落 III 主要是 400～1000m 水层浮游动物组成，隆线似哲水蚤、黄角光水蚤、卵形光水蚤、瘦乳点水蚤和彩额锚哲水蚤在该群落中丰度较高。NMDS 分析结果的 Stress 为 0.11，解释不同月份不同水层浮游动物的聚类结果具有一定的可信度（图 6.9b）。

6. 浮游动物与环境因子的关联性分析

南海东北部 3 月和 9 月浮游动物丰度和生物量与温度和叶绿素 *a* 浓度呈显著的正相关，丰度和生物量随温度和叶绿素 *a* 浓度的升高而增加（表 6.3）。3 月浮游动物丰度和生物量与盐度呈正相关，而 9 月浮游动物丰度和生物量与盐度相关性不显著。

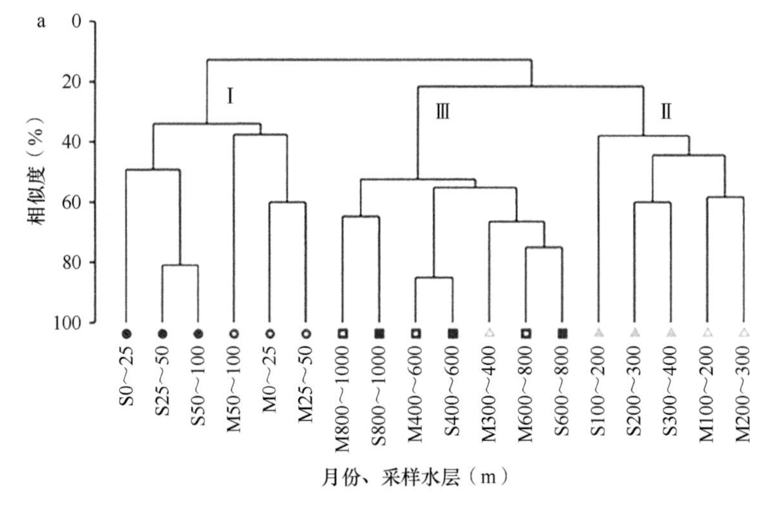

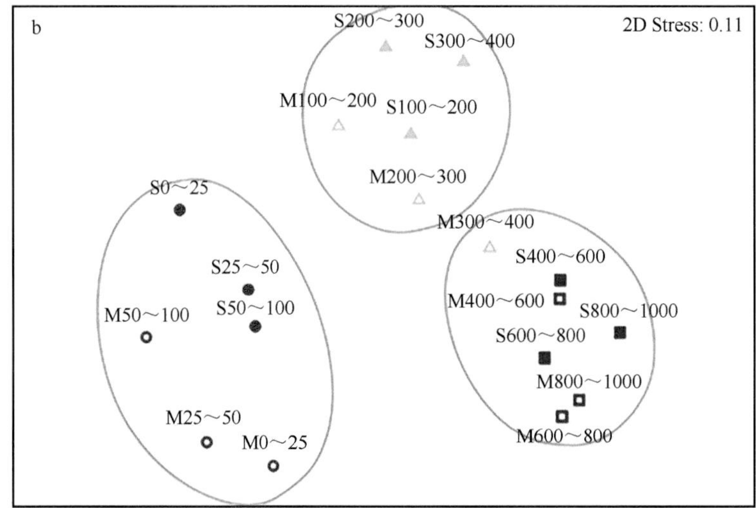

图 6.9　南海东北部陆坡区 3 月和 9 月浮游动物的聚类分析图（a）和 NMDS 图（b）

图中 M 代表 3 月、S 代表 9 月

表 6.3　浮游动物丰度和生物量与环境因子的相关性

变量	丰度		生物量	
	3 月	9 月	3 月	9 月
温度	0.855*	0.867*	0.841*	0.909***
盐度	0.834*	0.302ns	0.833*	0.056ns
叶绿素 *a* 浓度	0.877*	0.757*	0.931***	0.790*

注：ns 表示 $P > 0.05$；* 表示 $P < 0.05$；*** 表示 $P < 0.001$

（四）南海东北部浮游动物垂直分布的影响因素

1. 南海东北部陆坡区浮游动物垂直分布特征

南海东北部陆坡区浮游动物的种类、丰度和生物量具有明显的季节和垂直变化特征。浮游动物种类 9 月高于 3 月，种类组成存在差异，这是由调查时间所处不同季风时期和

海流特征引起的。3 月盛行东北季风，低温、低盐和富含营养盐的闽浙沿岸流南下，一方面为近岸海域海洋生物繁衍提供了有利条件，另一方面闽浙沿岸流携带的暖温带种进入南海（尹健强等，2013；王翠等，2018）。9 月处于西南季风时期，在强烈的太阳辐射的作用下，上层海水显著增温，调查海域受高温高盐的外海水影响。一些沿岸暖温带种类如中华哲水蚤、瘦尾胸刺水蚤、海龙箭虫和后圆真浮萤等种类仅出现在 3 月 200m 以浅水层，外海上层高温高盐的种类如管水母类的美装水母、角杯水母、螺旋尖角水母、长无棱水母和磷虾类的鸟喙磷虾等仅出现在 9 月 200m 以浅水层。200m 以浅水层的浮游动物种类组成复杂，不仅包括一些广温广布种，还存在一些因季风和海流影响分布的种类，因此上层浮游动物种数波动大。200m 以深水层浮游动物除广布种外，出现较多低温高盐的深层种类，有些种类仅出现在特定的水层。武刺额水蚤、瘦袖水蚤、短尾真胖水蚤、亚刺异肢水蚤、全七棱浅室水母和节泡真虫仅出现在 800～1000m 水层，这些种类也是西太平洋和南大西洋的深水种（连光山和钱宏林，1984；Boltovskoy，1999）。另外一些中深层种类只出现在 3 月和 9 月的 200m 以深水层，如盔真胖水蚤、刺额异肢水蚤、短光水蚤、残尾长腹水蚤、卢氏拟真刺水蚤、腹突乳点水蚤、钩状真虫、大头箭虫和寻箭虫等。南海东北部陆坡区 200m 以浅水层浮游动物的种类组成受季风、温度和海流等的影响，与种类自身的生态习性也有关。本研究浮游动物出现的种数低于之前的南海浮游动物垂直研究结果，这可能与采样频次有关（杜飞雁等，2014；龚玉艳等，2017），但浮游动物种类的垂直分布趋势是较相似的（陈瑞祥等，1988；杜飞雁等，2014；龚玉艳等，2017）。

南海东北部陆坡区浮游动物丰度和生物量的高值主要集中在 100m 以浅水层，并且随着水深增加而降低（图 6.4），这种分布趋势与中太平洋海域和北冰洋的加拿大海盆浮游动物数量的垂直分布类似（Steinberg et al.，2008；Kosobokova and Hopcroft，2010）。浮游动物丰度和生物量与叶绿素 *a* 浓度呈显著正相关，说明 100m 以浅水层浮游动物的生物量受饵料浓度的影响。在典型的热带大洋，强烈的层化作用导致海洋上层缺乏营养盐补充，海洋上层的叶绿素和初级生产力较低，浮游动物的生物量也较低，而且生物量呈现随着水深增加而快速减少的趋势（Steinberg et al.，2008）。北冰洋海盆区随着冰层融化、温度上升，浮游植物进入旺发状态，充足的食物支持了夏季的海洋上层极高的浮游动物生物量，50% 以上的浮游动物生物量主要集中在 0～100m 层（Kosobokova and Hopcroft，2010）。在南海东北部陆坡区，叶绿素 *a* 浓度在 0～100m 层 3 月远高于 9 月，3 月浮游动物的丰度高于 9 月。9 月浮游动物生物量（湿重生物量）在 0～25m 和 50～100m 略高于 3 月，这与种类组成有关。由于调查期间受西南季风的影响，一些大洋暖水性管水母类增加，从而提高了浮游动物的湿重生物量（Li et al.，2012）。

由于 100m 以浅水层水体受季风、海流和叶绿素 *a* 浓度变化等的影响，浮游动物种类组成、丰度和生物量的垂直分布波动大，而较深水层环境因子相对稳定，所以浮游动物群落无论是在 3 月还是 9 月，均有明显的垂直分布特征（图 6.6）。这与南海及其他海域浮游动物垂直分布的前期研究结果相似（Kosobokova and Hopcroft，2010；龚玉艳等，2017），浮游动物群落存在垂直变化。由于浮游动物的昼夜移动，本研究中浮游动物种类和数量的分布与采样的时间有一定的关系。

2. 中尺度涡对南海东北部陆坡区浮游动物群落的影响

中尺度涡是指时间尺度在数天至数月之间、空间尺度在数十到数百千米之间的涡。南海上层环流具有复杂的结构特征，并呈现多涡的特点（Wang et al.，2003；苏纪兰，2005；Xiu et al.，2010）。南海中尺度涡存在明显的季节和年际变化，季风强迫是这种变化的主要驱动因素（程旭华等，2005）。南海北部的涡旋主要生成于吕宋海峡的西侧，其生消具有明显的季节性，受季风影响，西北太平洋水自吕宋海峡进入南海北部的现象在冬季较显著，在夏季则较弱，呈现显著的西南向传播特征，对南海东北部上层水体温盐性质产生影响（Wang et al.，2003；Wang et al.，2008；刘长建等，2012；张博等，2018），显著影响了南海北部的环流结构、水团性质及生物生态要素的时空变化（Wang et al.，2008；Huang et al.，2010；于君和邱永松，2016；Li et al.，2017）。另外，黑潮携带的高温、高盐、低营养盐海水入侵及相关涡旋也可扰动南海东北部的水文环境及营养盐分布，提升初级生产力，引起浮游植物暴发（Jiang et al.，2017）。浮游动物作为浮游植物的主要摄食者，对涡旋引起的初级生产改变做出响应。

中尺度涡通常分为两种：一种是气旋式涡旋（冷涡），其中心海水自下而上运动，将下层低温高营养含量的水团带到上层水中；另一种是反气旋式涡旋（暖涡），其中心海水自上而下运动，携带上层水进入下层。Fernandes 和 Ramaiah（2013）在孟加拉湾北部发现冷涡范围内的叶绿素 *a* 浓度和初级生产力较高，导致此处浮游动物体积生物量高达 2.2mL/m^3。Waite 等（2019）发现，冷涡区主要是脂质含量丰富的鞭毛虫种类，为浮游动物提供高质量的营养；暖涡区浮游植物群落以硅藻为主，为浮游动物提供较低质量的食物。冷涡有利于海水扰动，使底层更多营养物质进入混合层，水体上层的营养盐得到补充，初级生产力明显提高，从而为浮游动物提供充足的饵料。Liu 等（2020）分析了南海北部一暖涡浮游动物的群落结构，暖涡边缘和外围浮游动物个体大小、丰度和生物量相对于暖涡中心增加。本研究 3 月和 9 月调查站分别处在冷涡和暖涡区。3 月调查站位的叶绿素 *a* 浓度高于 9 月，并且 100m 以浅浮游动物的丰度和生物量也高于 9 月，这与调查期间不同的涡旋生态效应有关，3 月冷涡利于下层营养盐向上层输送，促进叶绿素 *a* 浓度升高，为浮游动物的生长和繁殖提供充足饵料，9 月暖涡下层营养物质不能向上层输送，上层叶绿素 *a* 浓度较低，不利于浮游动物的生长和繁殖。

中尺度涡不仅改变浮游生物的产量，还影响其种类的组成和垂直变化（Li et al.，2017；Waite et al.，2019）。隆线似哲水蚤主要分布在大西洋、印度洋、热带西太平洋和地中海的深水区及一些沿岸上升流区（连光山和钱宏林，1984；Timonin et al.，1992；Viñas et al.，2015）。在本格拉上升流区该种丰度和生物量占桡足类总量的 36% 和 67% 以上，并且可以作为上升流的指示种（Timonin et al.，1992）。隆线似哲水蚤是一些经济鱼类如日本鲭（*Scomber japonicus*）、阿根廷鳀（*Engraulis anchoita*）等的重要饵料，在海洋食物网的能量流动中起重要作用（Viñas et al.，2002，2015）。龚玉艳等（2017）报道隆线似哲水蚤在南海北部陆坡区出现在 450～750m 水层。本研究在南海东北部陆坡区 3 月和 9 月的垂直分层采样中发现，该种在表层至 1000m 均有分布，个体体长和丰度在各水层存在差异，分布在 400m 以深水层个体的平均体长较大，但在 3 月例外（图 6.8）。该种主要生活在热带和亚热带海域的深水区，深海是其生长和繁殖的主要栖息环境，3 月调查站位于冷涡区，下层海水因扰动而至上层，水体的浮游生物也将随之上移，导致

3 月 0～25m 和 25～50m 水层隆线似哲水蚤的丰度增加。3 月隆线似哲水蚤在 0～50m 的平均体长较大可能是由于携带至上层的成体较多。9 月隆线似哲水蚤个体除在 25～50m 和 50～100m 少量出现外，基本生活在 400m 以深水层。由此推测，隆线似哲水蚤在南海东北部陆坡区丰度和体长垂直分布的差异可能与中尺度涡有关。

总之，南海东北部陆坡区浮游动物的种类组成、丰度和生物量的垂直分布存在明显的季节变化：浮游动物的种类组成和垂直分布受季风、沿岸流和种类自身生态习性的影响，丰度和生物量高值主要集中在 100m 以浅水层，并随深度的增加而下降，但 100m 以深水层浮游动物生物量占比高，与浮游动物种类和个体大小等因素有关。南海东北部陆坡区存在的冷涡提升 100m 以浅水层的叶绿素 *a* 含量，从而增加浮游动物的丰度和生物量，并携带深水种类至上层；暖涡不利于浮游动物高丰度和生物量的形成。浮游动物丰度和生物量的垂直变化与温度、叶绿素 *a* 浓度等因子呈显著正相关。南海东北部陆坡区浮游动物季节和垂直变化受季风、沿岸流和中尺度涡的影响。

二、南海中部浮游动物垂直分布

1983 年 9 月 11 日至 1985 年 1 月 1 日，国家海洋局在南海中部海域，即北纬 12°～19°30′、东经 111°～118° 进行 4 个航次的多学科、多层次的综合调查（国家海洋局，1988）。其中布设 18 个垂直分层观测站，采用大型浮游生物标准网（网口直径 80cm、网目孔径 505μm）附加闭锁装置，分别在 0～100m、100～200m 和 200～500m 3 个层次各垂直拖取一次浮游动物样品。此外，还在其中的若干测站加采 500～1000m 和 1000～3000（或 4000）m 的分层样品（陈瑞祥等，1988）。本节主要依据上述文章对南海中部海域浮游动物垂直分布特征的研究进行综述。

（一）生物量

4 个航次的垂直分层资料表明，浮游动物总生物量的垂直分布一般呈表层值最高，越往深层生物量越低的分布趋势。浮游动物总生物量随深度增大而下降的分布趋势同时伴随着水域温度的逐层下降，即深度越大，温度越低，浮游动物总生物量也越小。

（二）种数

南海中部海域部分调查站 0～100m 层种数最多，可达 100 种以上，桡足类的种数最丰富，其次为水母类、毛颚类和端足类。100～200m 层浮游动物总种数明显下降，这一下降趋势的产生主要是由桡足类大幅减少造成的，该层次中介形类的种数稍有回升。200～500m 层浮游动物种数又一次增加，其中以桡足类的增加最为显著，介形类的种数也略有上升。500～1000m 层浮游动物的总种数成倍下降，桡足类、介形类、毛颚类和水母类的种数都明显减少。1000～4000m 层浮游动物种数降至最低水平。

（三）种群

浮游动物对环境的适应性，也体现在种群的垂直结构上，并导致不同层次的水体中，各种生态类群的浮游动物之间配比关系的改变。0～100m 层，南海中部海域基本上处于南海外海水的表层水团，该水团的温度很高，平均温度达 25.65～27.30℃，而盐度虽相对较低，但平均值也可达 33.81‰～34.10‰，这一高温和相对高盐的自然环境为那些大洋暖水性种类提供了最佳的生存和繁衍条件，因此大洋暖水性种类占该水团浮游动物总种数的绝大多数，其中包括种类繁多的热带大洋表层性种类，如尖片䗉、美丽箭虫、太平洋箭虫、同心假浮萤和钟浅室水母等，此外还有热带广深性分布种，如肥胖箭虫、长方拟浮萤、双刺直浮萤和扭形爪室水母等种类。同时，在该水层的 30m 以浅水域盐度值较低，一般介于 33.03‰～33.88‰，因此也出现为数甚少的低盐暖水类群，如百陶箭虫和双生水母等。此外，该水层还记录了极个别的中层水域分布的种类，如多变箭虫和漂浮箭虫偶尔少量出现。0～100m 层由于表层水团是由来自东北方向的西北太平洋高温高盐水及来自西南方向的爪哇海和巽他陆架低盐水与其他水团相互混合的变性水体，从而导致种类多样性的出现。

100～200m 层大体位于南海外海水的次表层水团的上半部水体，水域温度有明显的下降，其平均值降至 16.55～17.35℃，典型热带种类不复出现，从而导致该水层浮游动物种数的大幅下降。该水层主要由适温范围较广的暖水性种类和热带、亚热带大洋表层、次表层性种类组成，此外，还记录少数中层性种类，甚至较深水性的种类，如寻箭虫等，但其个体数量极低。200～500m 层处于次表层水团的下部和中层水团的上部水体，这一过渡水域决定了它具有多种生态类型的浮游动物，从而导致种数的再一次增加。在种类结构上，大量出现广深性种类和较深海的冷水性种类，二者的种数多而且大体相当。500～1000m 层处于南海中层水团的下部水体，其温度连续下降至 6.37～6.50℃，而且由于受到来自西北太平洋的相对低盐的中层水侵入的影响，盐度也有所降低，其值在 31.46‰左右。在浮游动物种群结构上，深水低温类群种类明显偏多，以桡足类为例，该水层共记录 58 种，深水种有 40 种之多，约占该水层桡足类总种数的 70%。1000～4000m 层处于南海的深层水团，温度较低，介于 2.3～6℃，这种低温环境是深海冷水类群最适的生存条件，但由于一些广深性种类的消失，该水层浮游动物总种数也有所减少。

南海中部海域浮游动物总生物量的垂直分布一般是表层最高，往深层呈逐渐递减的分布趋势，而且这一下降趋势是同时伴随着水域温度的逐层下降进行的，但秋季位于西沙群岛的西南方局部水域则出现相反的垂直分布。浮游动物总种数的垂直分布一般也呈由表层往深层逐渐递减的分布趋势，但在 200～500m 层又有所回升。

三、南海东北部和中部浮游介形类垂直分布

海洋浮游介形类是一类小型甲壳动物，在海洋表层到深层都可分布。海洋浮游介形类的种类和数量在热带与亚热带海域居多，以海腺萤科（Halocyprididae）为主，其喜栖息于海洋中层和深层。浮游介形类是典型的碎屑摄食者，本身又是中深层鱼类的饵料，同时还具有昼夜垂直迁移习性，因此在海洋生态系统的物质循环和能量流动中具有重要作用。在日本海冷水中发现的唯一一种浮游介形类假异果双浮萤，同时是调查海域的优势种，具有较高的代谢活性，是该海域浮游生物高生物量的重要贡献者（Chavtur and Bashmanov，2015）。研究发现，有大量的浮游介形类出现在鱼类消化道中，如灯笼鱼、喇叭鱼、竹荚鱼和扁舵鲣幼体等，因此它们可能在来自死亡生物、粪便颗粒甚至絮状物中的有机物质的快速循环过程中扮演着重要角色（Angel，1972；Riley，1971）。这能很好地解释浮游介形类集中出现在其他浮游生物下方（即海洋中深层）的现象，此

处还有中深层游泳动物，导致来自其他浮游生物和游泳动物的排泄物大量聚集于此为浮游介形类所食。浮游介形类具有昼夜垂直运动的特征，能将有机物质带回海洋上层（Vinogradov，1997）。

海洋水体性质的改变会引起浮游介形类群落结构的变化，如某些种类对温盐的不同要求导致其分布的差异。因此对温盐敏感的种类对不同水团海流的入侵或变化具有良好的指示作用，能作为水系变化的指示种（Fasham and Angel，2009）。大洋暖水种如贞洁葱萤、大弯浮萤、亚弓浮萤和尖细浮萤等四季都生活在东海 200m 等深线以东海域，春季能越过 200m 等深线在其西侧出现，这些种类多发现于高温高盐水中，与黑潮的高温高盐性质一致，因此能指示黑潮西界流域对东海的入侵（林景宏等，1996）。在北大西洋，*Boroecia maxima* 可作为冷水指示种。这一种类是深海冷水种，对海水温度有严格要求，仅能在冷水生存，在极夜能够主动避开海洋中层的暖水。能作为大西洋暖水的指示种是 *Obtusoecia obtusata*（Bashmanov and Chavtur，2009）。在大西洋，*Obtusoecia obtusata* 能从北极向南扩布至北纬 30°，其本身是北大西洋-北极的中深层种类，因此能作为亚北极水团的指示种。除了上述作用外，浮游介形类在海洋生态系统中还有许多潜在的功能，如深层种类的聚集常常和水层变化相关联，可能反映着某些海洋气候的转变。

浮游介形类个体小、鉴定难，并且多分布在海洋中深层等因素，造成其分类学和生态学研究至今未被充分重视。鉴于浮游介形类与海洋生态系统的关系及其各种生态功能的具体机制都尚不清楚，故还需进行深入研究。然而，我国浮游介形类研究起步晚，应加强我国不同海域深海浮游介形类多样性和生态学方面的研究，以期为深海生物资源的利用提供科学依据。

不同海区的介形类垂直分布的特征并不一样，主要原因是不同海区水团性质不同，种类和丰度都会有所变化。南海东北部生态环境复杂，冲淡水、上升流、冷涡和西太平洋入侵的黑潮等各种海流水团都影响此处海水性质，导致南海东北部具有区域海洋性质的同时也有开阔大洋的特征（Huang et al.，2017；黄德练，2017）。而南海中部主要是典型的南海水（魏晓和高红芳，2015）。那么南海东北部的浮游介形类是否具有各种生态习性的种类？与南海中部的种类有没有区别？浮游介形类在这两个有着不同性质水体的海域的垂直分布特征是怎样的？本研究基于 2016 年 3 月在南海东北部和 2016 年 9 月在南海中部上千米的样品（采样站位见图 6.10），对南海东北部和中部的深海样品进行形态鉴定和体长测量，分析两个不同海域浮游介形类的种类组成、丰度和生物量等的垂直分布特征，结合海域的环境特征解析浮游介形类与环境因子之间的联系，探讨影响海洋浮游介形类多样性和垂直分布的主要环境因素。

（一）样品采集

南海属于西太平洋边缘海，西与印度洋相通，南海环流主要受季风控制。南海东北部属于混合水体，主要由南海水、西太平洋水和陆架水混合变形得到。而影响南海中部的水体主要是典型的南海水团（魏晓和高红芳，2015）。冬季，东北季风将更冷的沿岸水沿着中国沿岸经过台湾海峡带到南海北部，并在中部形成逆时针环流，此时来自太平洋北赤道的黑潮能使南海北部的水温度、盐度升高。浮游动物样品使用 300μm 的多联网进行分层采样（表 6.4）。南海东北部的样品和南海中部 S9、S30 和 S68 的样品采集水层为

1000m 上层；南海中部 S21 采样深度达 2000m，S57 达 3000m。由于海况和天气等原因，中部的 S53、S54、S62 和 S69 仅在 300m 上层进行采样。现场使用 500mL 的瓶子采集样品后，立马加入 5% 福尔马林固定。所有样品采集完毕之后，分别浓缩并保存到装有含 5% 福尔马林的 80mL 收集瓶。不同水层的温度、盐度和叶绿素 *a* 浓度使用多联网上配置的 CTD 探头进行监测。

表 6.4 南海东北部和中部海域垂直拖网浮游动物采集水层

水层（m）	南海东北部	南海中部海域								
		S9	S30	S68	S53	S54	S62	S69	S21	S57
0～25	√	√	√	√	√	√	√	√	√	√
25～50	√	√	√	√	√	√	√	√	√	√
50～100	√	√	√	√	√	√	√	√	√	√
100～200	√	√	√	√	√	√	√	√	√	√
200～300	√	√	√	√	√	√	√	√	√	√
300～400	√	√	√	√	–	–	–	–	√	√
400～600	√	√	√	√	–	–	–	–	–	–
600～800	√	√	√	√	–	–	–	–	–	–
800～1000	√	√	√	√	–	–	–	–	–	–
400～500	–	–	–	–	–	–	–	–	√	√
500～1000	–	–	–	–	–	–	–	–	√	√
1000～1500	–	–	–	–	–	–	–	–	√	–
1500～2000	–	–	–	–	–	–	–	–	√	–
1000～2000	–	–	–	–	–	–	–	–	–	√
2000～3000	–	–	–	–	–	–	–	–	–	√

注：“√”表示在该水层进行了样品采集；“–”表示在该水层未进行样品采集

个体的干重由浮游介形类体长-体重公式计算得出，进而得到浮游介形类的生物量（Hopcroft et al.，2010；Mumm，1991）。站位分布由 Ocean Data View 14 进行作图；数据的条形图由 SigmaPlot 14 完成；种类群落结构由 R-Studio 进行聚类分析。提取 AVSIO 0.25° 分辨率高度计的数据（http://www.aviso.altimetry.fr），利用 MathWorks Matlab 2018 绘制海平面日异常（daily sea level anomaly，SLA）高度图用于观察和分析冷涡等海流情况。

（二）环境因子

两个调查海域的温度表层最高，随着水深的增加而降低，最低温度 2.4℃出现在 S57 的 3000m 水层。南海东北部表层的平均温度较中部低约 5℃，中部最高温度达 30℃，但两海域 200m 以深水层的温度变化趋势相近。两海域的盐度最大值均在 100m 附近，出现了 100m 附近的盐度高于深层水的现象，东北部尤为明显。在中部航次中，靠东北部的 S9 站位在 100m 处的盐度非常高，甚至高于南海东北部所有站位。中部表层盐度相对东北部较低，中部表层盐度低于 34‰，而东北部达到 34.5‰。东北部叶绿素 *a* 浓度远高于中部，主要集中在 0～200m，200m 以深水层开始骤减。南海中部的两个深水站 1000m 以深水层的温度和叶绿素 *a* 含量都较低，盐度与上层相差不大。

东北部较高的叶绿素 *a* 浓度与多个冷涡存在于该海域的现象一致。根据海平面异常高度的数据，在 2016 年 3 月黑潮南海分支入侵南海东北部海域，脱落了两个未完全成型的冷涡：站位 M7 和 M6 处于其中一个冷涡，M1 处于另一个冷涡。南海中部航次采样时间为 9 月，采样海域出现大范围多个暖涡。

（三）群落结构

1. 种类组成

两海域共出现浮游介形类 49 种，其中东北部 46 种、中部 38 种。两海域种数从表层开始增加，在 50～300m 水层达到最大值，300m 以深水层开始减少（图 6.10）。东北部调查站位的所有水层的种数均多于中部相同水层，中部深海种类较少。中部的 S9 站位各水层种数和东北部站位相近，并且与东北部一致，最大种数出现在 100～200m。东北部 200～1000m 的多样性稍高于 200m 以浅水层；而中部 600～1000m 和 0～50m 水层的种数一样少，种类主要集中在 50～600m。仅出现在东北部的种类有 19 种，其中只出现在 200m 以浅的有 6 种，分别是：刺额葱萤（*Porroecia spinirostris*）、隆状直浮萤（*Orthoconchoecia atlantica*）、球形海介萤（*Halocypris globosa*）、后圆真浮萤（*Euconchoecia maimai*）、伪贞洁葱萤（*Porroecia pseudoparthenoda*）和短棒真浮萤（*Euconchoecia chierchiae*），只出现在 200m 以深水层的有弱小后浮萤（*Clausoecia pusilla*）、短突拟浮萤（*Proceroecia brachyaskos*）、栉兜甲萤

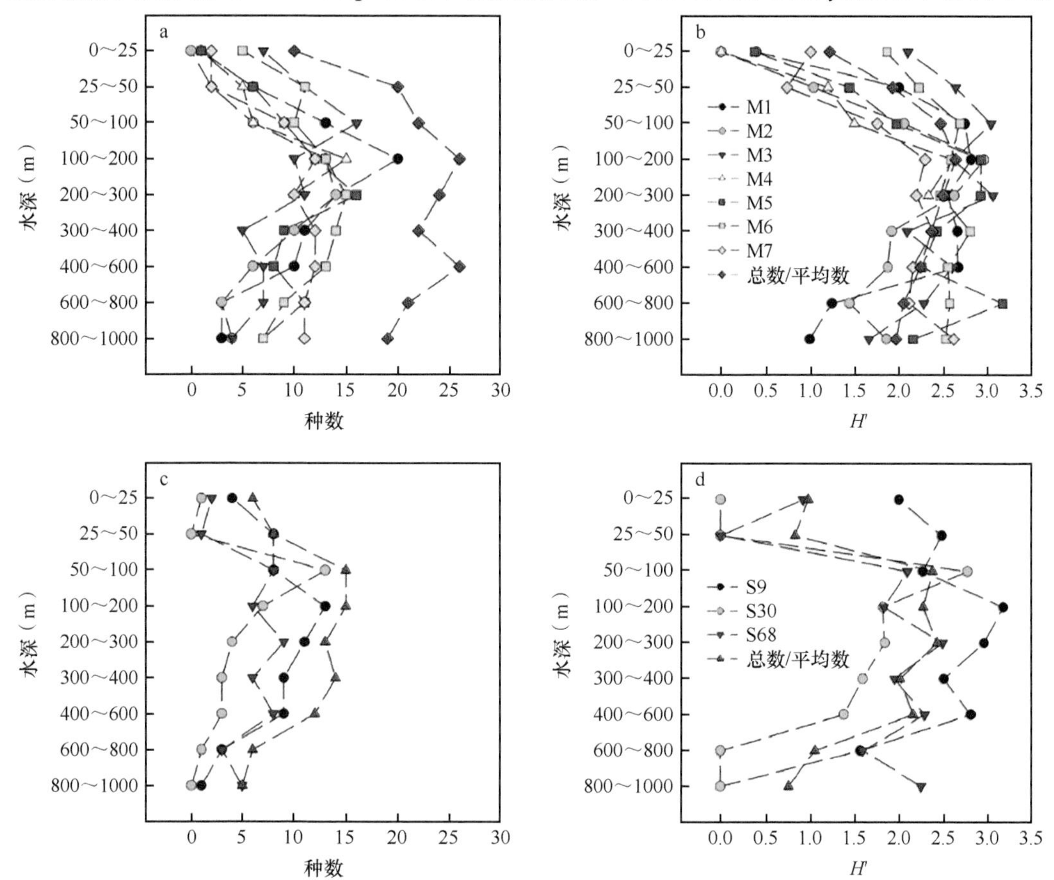

图 6.10　南海东北部（a、b）和中部（c、d）种数和 Shannon-Wiener 指数（*H'*）的垂直分布

(*Loricoecia ctenophora*)、齿形拟浮萤(*Paraconchoecia dentata*)、粗指浮萤(*Macrochoecilla macrocheira*)、小腺后浮萤(*Muelleroecia glandulosa*)、齿突角萤(*Fellia cornuta*)、背瘤拟浮萤(*Paraconchoecia dorsotuberium*)和厚缘翼萤(*Alacia leptothrix*)。仅出现在中部的有锯状翼萤(*Alacia valdiviae*)和小刺拟浮萤(*Paraconchoecia spinifera*)(图 6.11)。

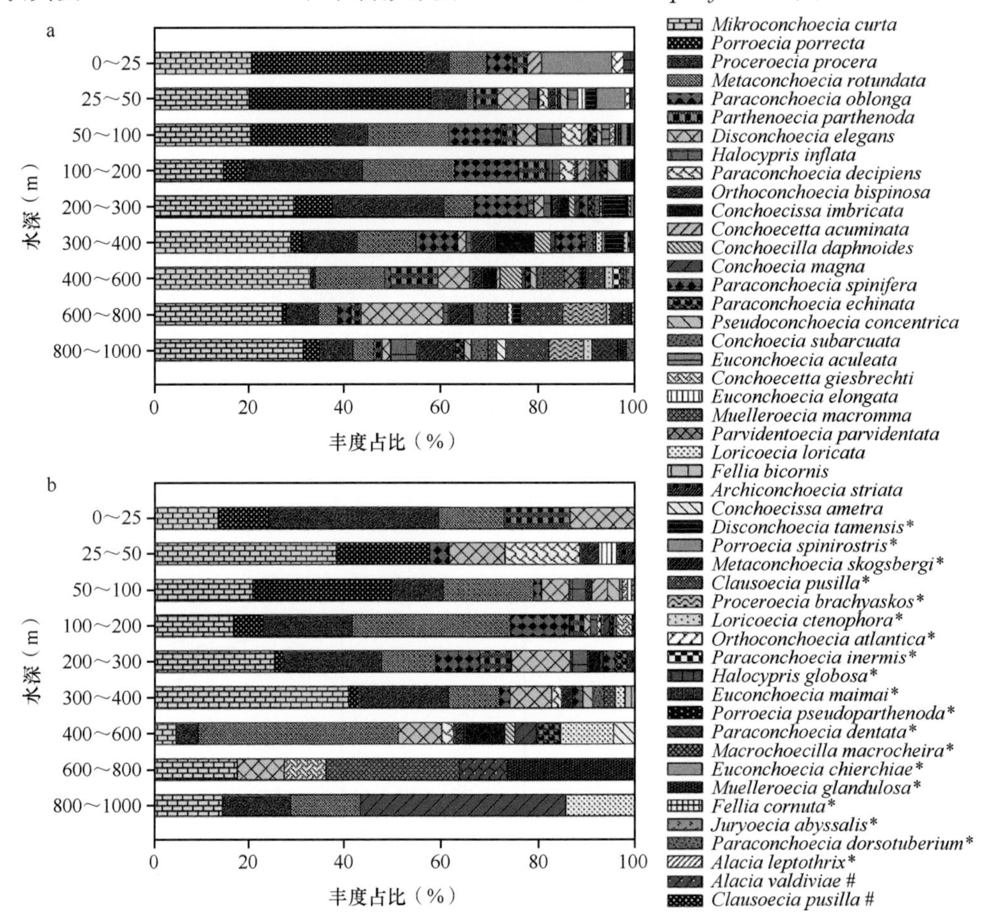

图 6.11 南海东北部(a)和中部(b)各介形类种类丰度占海腺萤介形类总丰度的比例

"*"表示仅出现在南海东北部;"#"表示仅出现在南海中部

2. 优势种

在两海域中优势度最高的种类都是宽短小浮萤(*Mikroconchoecia curta*)(表 6.4),它是海腺萤介形类总丰度的主要贡献种。东北部的优势种长方拟浮萤(*Paraconchoecia oblonga*)和贞洁葱萤(*Parthenoecia parthenoda*)在中部优势度低于 0.015,因此不是中部的优势种。宽短小浮萤在两海域各水层都占有一定比例,在中部 300～400m 水层丰度占比达到了 40%;小葱萤(*Porroecia porrecta*)是东北部的第二优势种、中部的第四优势种,比例随着水深的增加而降低,在 0～100m 水层丰度占比较高(图 6.12);圆形后浮萤(*Metaconchoecia rotundata*)也是两个海域的优势种之一,在各个水层都有出现;中部优势种秀丽双浮萤(*Disconchoecia elegans*)不是东北部的优势种,但其在东北部每个水层都有出现。优势种丰度主要集中在中上层,东北部主要在 25～300m,中部主要在 50～200m。

表 6.5　南海东北部和中部的优势种对比

优势种	南海东北部	南海中部
宽短小浮萤	0.160	0.125
小葱萤	0.101	0.074
长形拟浮萤	0.089	0.076
圆形后浮萤	0.080	0.124
长方拟浮萤	0.040	–
贞洁葱萤	0.015	–
秀丽双浮萤	–	0.024

注：数值为优势度；“–”表示该种在对应的海域中不是优势种

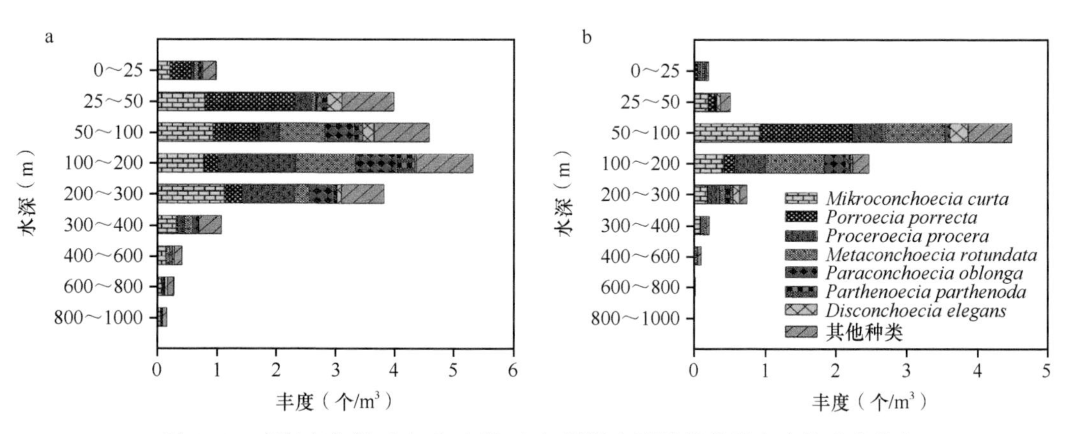

图 6.12　南海东北部（a）和中部（b）浮游介形类优势种丰度的垂直分布

3. 体长、生物量和丰度

本研究在样品鉴定过程中发现，小于 1mm 的特小个体一般为宽短小浮萤、真浮萤属或未成熟幼体；1.0～1.5mm 的个体为小型个体，长形拟浮萤、秀丽双浮萤等优势种的个体长度都属于这个范围；1.5～2.0mm 的个体为中型个体，多为直浮萤属和浮萤属；大于 2.0mm 的个体为大型个体，出现频率较低。因此，为了便于研究，本研究将各种类体长分为以上 4 个范围进行分析：特小个体＜ 1.0mm，小型个体 1.0～1.5mm，中型个体 1.5～2.0mm 和大型个体＞ 2.0mm。

南海东北部浮游介形类主要集中分布在 25～300m 水层，最高丰度和生物量出现在 100～200m。4 个体长范围在各个水层均有出现，其中占比最多的是小型个体。在东北部以 300m 为界，上层生物量的主要贡献种为小型个体，下层是大型个体为生物量主要贡献种。南海中部介形类集中分布的水层较薄，主要出现在 50～200m，最高丰度和生物量出现在 50～100m，大型个体主要出现在 400m 以深水层，400m 以浅水层较少见。东北部的丰度和生物量都比中部高，但在 50～100m 这一水层，两海域的丰度（接近 5 个 /m^3）和生物量（接近 0.15mg/m^3）相近，各体长组分的占比也相近，小型个体占比最多，大型个体占比最少。总的来说，两海域 0～400m 生物量的主要贡献种是小型个体，400m 以深的主要种类是大型个体；总丰度的垂直分布趋势与优势种一致，东北部主要在 25～300m，中部主要在 50～200m（图 6.13）。

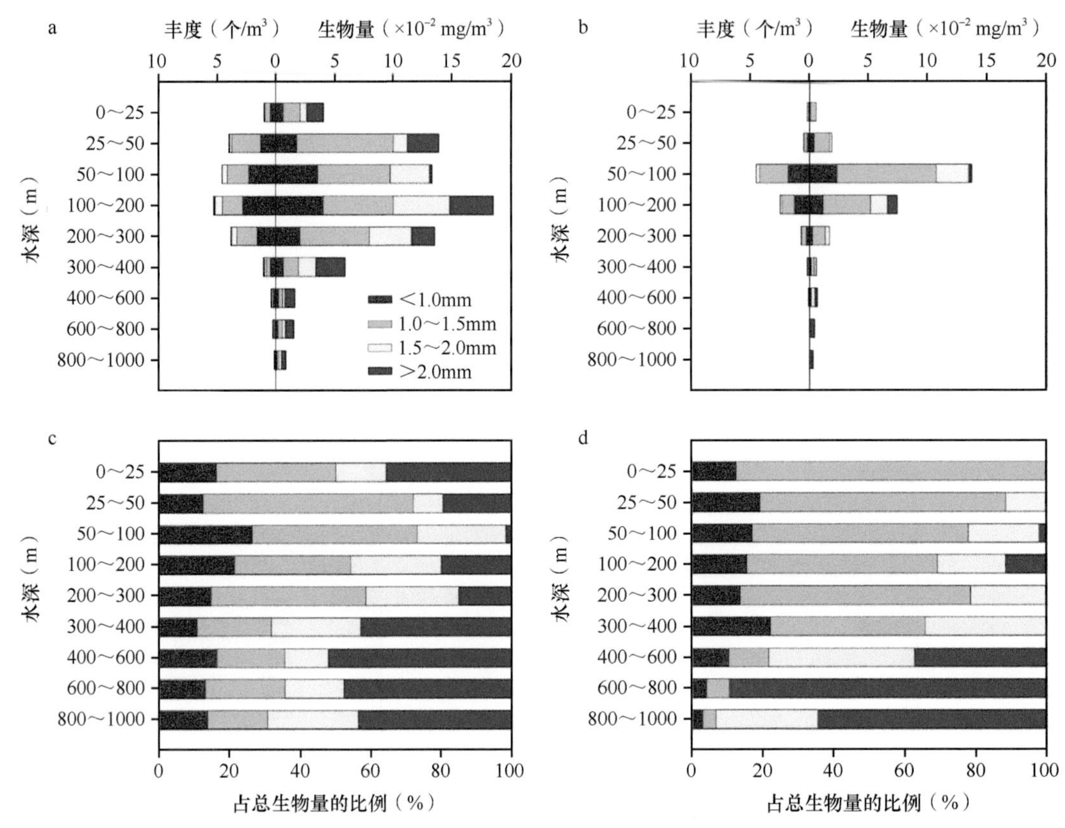

图 6.13　南海东北部和中部浮游介形类各体长范围的丰度、生物量及各体长范围的生物量占浮游介形类总生物量比例的垂直分布

a. 南海东北部丰度和生物量；b. 南海中部丰度和生物量；c. 南海东北部生物量占比；d. 南海中部生物量占比

4. 浮游介形类与环境因子的关联分析

Pearson 相关性分析表明，除南海中部盐度外，南海东北部和中部浮游介形类的丰度与采样水深呈显著负相关，与温度和叶绿素 *a* 浓度呈正相关（$P < 0.01$）（表 6.6）。采用典型相关分析（CCA）方法分析不同水层特定物种丰度与环境变量的关系（图 6.14）。深层（600m 以深）浮游介形类的丰度与水深呈正相关，特别是大形壮浮萤（图中数字为 27）、齿形拟浮萤（图中数字为 39）、小腺后浮萤（图中数字为 42）和背瘤拟浮萤（图中数字为 45），这些物种在南海东北部中仅出现在 600m 以深。而在南海中部，锯状翼萤（图中数字为 47）仅出现在 600～800m。物种的丰度与采样水深呈负相关，物种丰度与温度和叶绿素 *a* 浓度呈正相关，因此对浮游介形类垂直分布影响最大的环境因子可简化为采样水深和叶绿素 *a* 浓度。

表 6.6　南海东北部和中部浮游介形类与环境因子之间的 Pearson 相关性

	南海东北部海域			南海中部海域		
	种数	H'	丰度	种数	H'	丰度
水深	0.173	0.338**	–0.512**	–0.111	–0.071	–0.528**
温度	–0.151	–0.313*	0.507**	0.109	0.068	0.501**
盐度	0.011	–0.173	0.552**	0.474*	0.493**	0.335
叶绿素 *a* 浓度	–0.129	–0.182	0.464**	0.186	0.111	0.560**

注：* 表示 $P < 0.05$；** 表示 $P < 0.01$

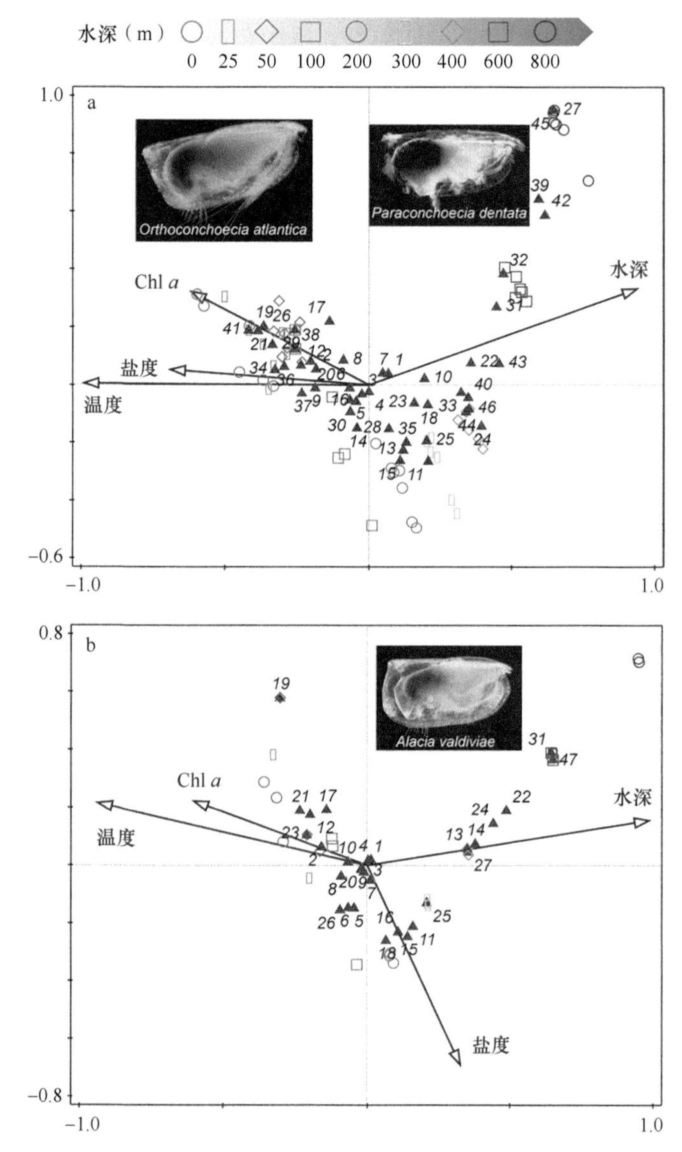

图 6.14 南海东北部和中部浮游介形类物种丰度与环境变量的典型相关分析（CCA）

不同颜色的形状代表不同深度的采样站位。红色三角形符号的数字（1～47）表示与图 6.14 中的图例一致的物种

5. 南海东北部和中部浮游介形类的比较

本研究在南海中部的 S53、S54、S62 和 S69 站位采集了 300m 上层样品，并且，结果显示浮游介形类主要集中在 25～300m 水层，因此本研究还对东北部和中部 300m 上层进行了对比分析，对研究海域的浮游介形类多样性研究进行补充。

300m 上层，东北部和中部的种数分别是 39 种和 26 种（表 6.7），而从 1000m 开始统计种数分别是 46 种和 38 种。可见大部分种类分布在 300m 上层，并且仅统计上层，所得种数会少于海域的实际种数。东北部的种数、丰度、多样性指数和均匀度指数都比中部高。东北部的丰度和生物量都为中部的 2 倍多，多样性和均匀度略高于中部。两海域浮游介形类最大个体都是隆状直浮萤，体长达 3mm 以上，最小个体都是宽短小浮萤，体长只有 0.4mm。对比中部 1000m 上层 5 个优势种，300m 上层只有 4 种，少了秀丽双浮萤；东部300m上层和1000m上层优势种一致。两海域300m上层的优势种和1000m上层优势种大致相同。

表6.7 南海东北部和中部海域300m上层浮游介形类的比较

参数	南海东北部	南海中部
采集时间	2016年3月	2016年9月
种数	39	26
丰度（个/m^3）	3.45±2.94	1.54±1.78
H'	2.12±0.99	1.80±1.11
J	0.69±0.26	0.63±0.34
体长（mm）	0.40（宽短小浮萤）～3.55（隆状直浮萤）	0.40（宽短小浮萤）～3.45（隆状直浮萤）
生物量（mg/m^3）	0.13±0.05	0.05±0.05
优势种	小葱萤（0.152）	圆形后浮萤（0.149）
	宽短小浮萤（0.135）	宽短小浮萤（0.100）
	长形拟浮萤（0.105）	长形拟浮萤（0.074）
	圆形后浮萤（0.083）	小葱萤（0.068）
	长方拟浮萤（0.051）	
	贞洁葱萤（0.019）	

注：优势种后的数值表示优势度

6. 南海中部深水站浮游介形类

两个深水站S57（3000m）和S21（2000m）浮游介形类的垂直分布与上述1000m站位的趋势一致，种数和丰度都集中在50～300m。种数在300m以深水层缓慢减少，在500～1000m水层还有8种，到2000m仅剩2种。丰度在300m下层急剧减少，在S21的500～1000m、1000～1500m和1500～2000m分别只有0.06个/m^3、0.01个/m^{3}和0.006个/m^3；在S57站的500～1000m、1000～2000m和2000～3000m分别只有0.06个/m^3、0.005个/m^{3}和0.002个/m^3。在S57和S21站的1000m以深水层出现的种类分别有4种和5种（图6.15）。

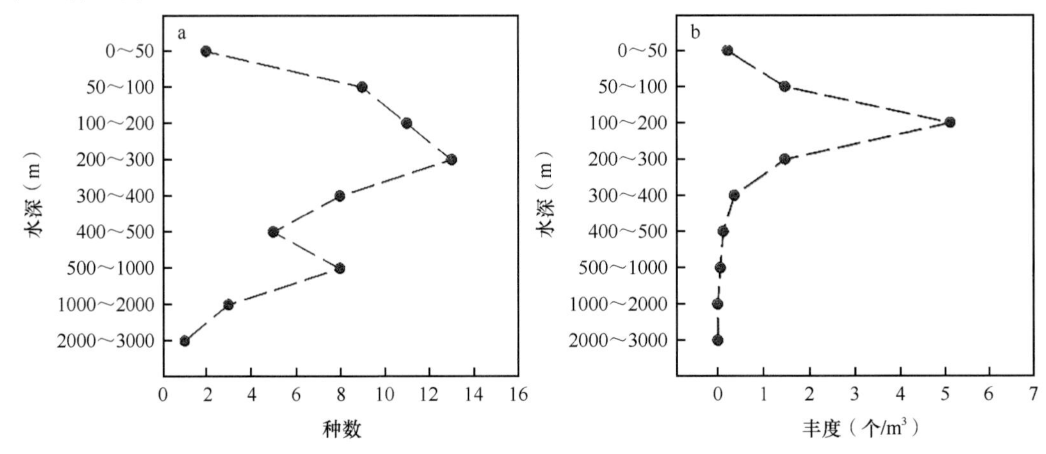

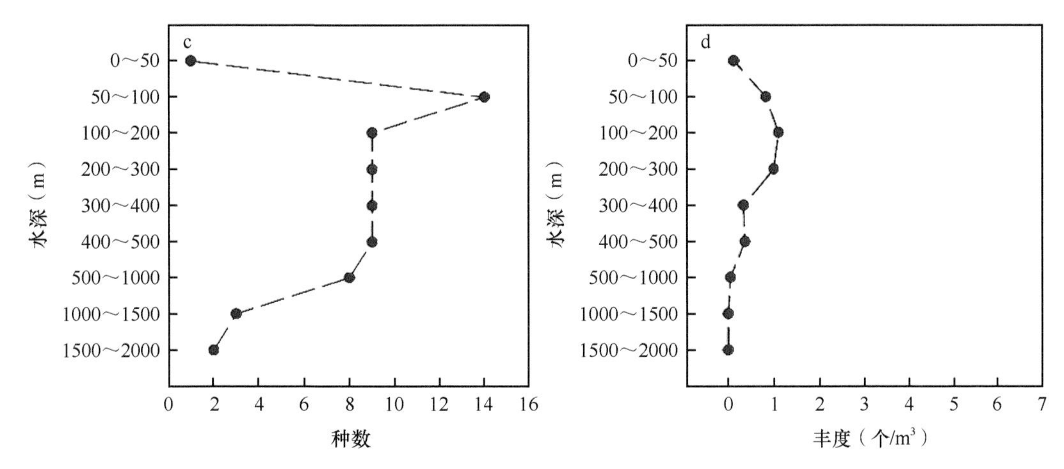

图 6.15 南海中部 S57 站（a、b）和 S21 站（c、d）浮游介形类种数和丰度的垂直分布

在 S57 站 1000m 以深水层出现的种类有鳞形状浮萤、切齿弯萤、胖海腺萤和小腺后浮萤。在 S21 站 1000m 以深水层出现的种类有弱小后浮萤、胖海腺萤、柔软萤、齿形拟浮萤和短突拟浮萤。这些深海出现的种类中，除了胖海腺萤在 100～200m 和短突拟浮萤在 300～400m 的上层水中有出现以外，其余种类只出现在 500m 以深的深层水中（图 6.16）。这些深海种类个体都较大，如只出现在 S57 站 2000～3000m 中的切齿弯萤体长达 2.9mm，在 S21 站 1000～1500m 的柔软萤体长有 2.2mm。

（四）南海东北部和中部浮游介形类垂直分布的影响因素

1. 南海东北部和中部浮游介形类高丰度集中在 25～300m 水层

浮游介形类在垂直方向上的分布具有明显的偏好性，很大程度上受到叶绿素 *a* 含量变化的影响。南海东北部和中部的浮游介形类均集中分布在 25～300m，最大丰度出现在 50～200m，而叶绿素 *a* 恰好在其上方（0～200m）出现高浓度，最大值出现在 100m 水层。叶绿素 *a* 含量在 100m 水层开始向下骤减，浮游介形类丰度和生物量也在 300m 下方变得十分稀少。浮游动物生物量和密度从亚表层开始向下骤减是热带海洋一个非常典型的特征（Vinogradov，1997）。在叶绿素 *a* 浓度季节性最大值的下方，中层浮游动物的丰度有所增加（Ortner et al.，1980）。浮游介形类是一类典型的碎屑摄食者，海洋中的死亡生物、粪便颗粒和絮状物等都可能是其食物来源（Angel，1972；Riley，1971）。从表层沉降的碎屑能为海洋中层中大量的杂食性介形类和桡足类提供充足的食物来源，因此浮游介形类常集中出现在其他浮游生物的下方（Steinberg，1995；Lampitt et al.，1993）。在本调查海域，叶绿素 *a* 含量在 100m 水深处最高，此处具有高生产力，能为浮游生物提供营养，200m 上层可能是浮游动植物聚集的地方，因此出现了浮游介形类这一碎屑摄食者集中出现在 300m 上层的现象。浮游介形类的垂直分布还可能与温跃层有关，浮游介形类个体细小，行动能力微弱，上升时不能穿越温跃层上界到达表层（尹健强和陈清潮，1991）。南海东北部和中部的 0～25m 表层中浮游介形类丰度和种数都很低，最大丰度出现在 50m 以深。根据现场观测，50～100m 的水层其温度随水深的增加变化剧烈，导致个体较小的浮游介形类无法穿越温跃层上界（约 50m）而上升到表层，多数种类都在 50m 以深水层移动或栖息，这可能是表层丰度、种数低的原因。

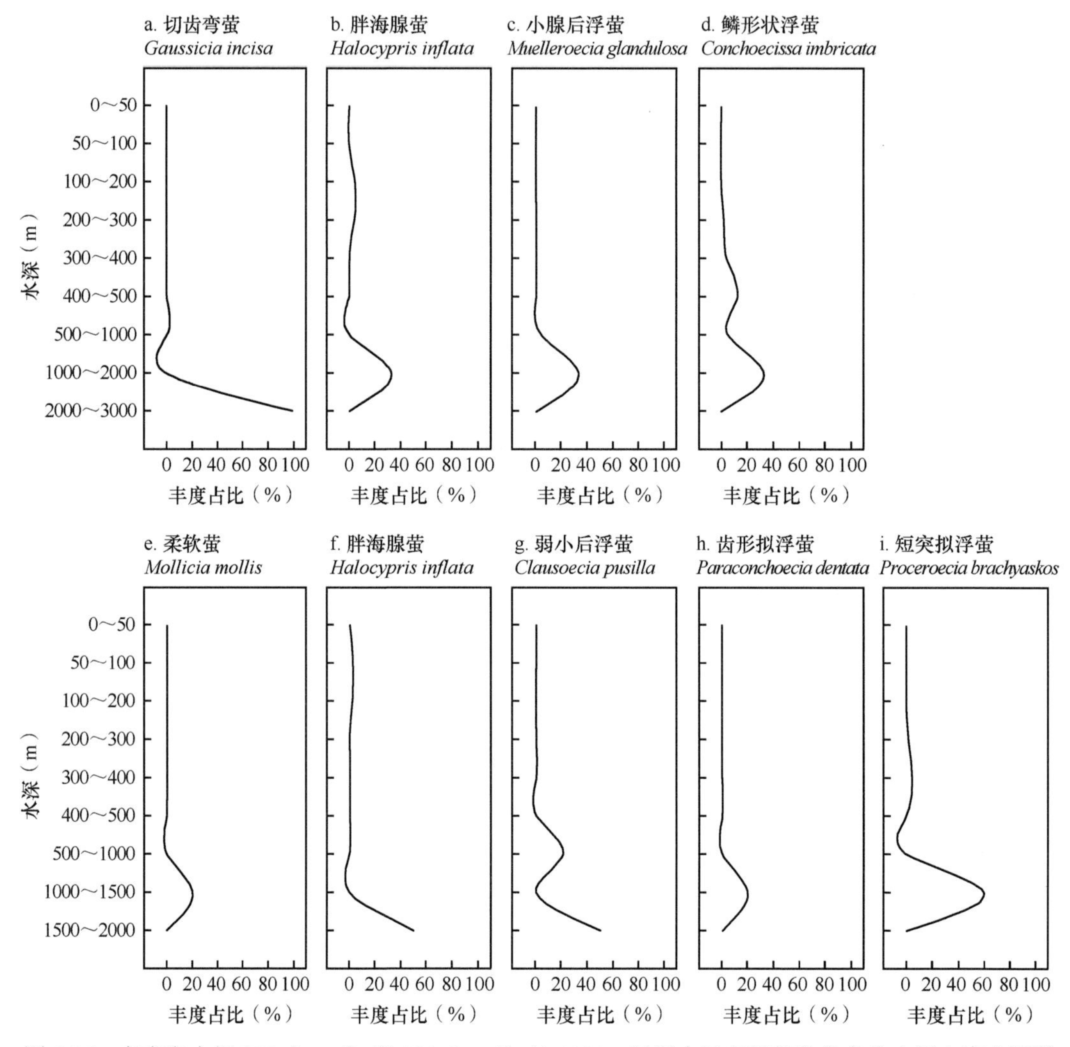

图 6.16　在南海中部 S57（a～d）和 S21（e～i）站 1000m 以深水层出现的种类在各水层丰度占浮游介形类总丰度的比例

2. 南海东北部的种数和丰度高于南海中部

南海东北部浮游介形类的丰度和生物量比中部高。虽然中部航次的 S9 站位非常靠近南海东北部，但中部采样时间在 9 月，处于季风交换的季节，所以不仅在调查海域，整个南海都遍布暖涡。与 9 月相反，3 月的东北部采样站位存在由黑潮入侵带来的两个未脱落完全的冷涡。多篇研究已证明冷涡有利于海水搅动，使更多营养物质进入海洋混合层，进而促进初级生产力的提高（Fernandes and Ramaiah，2013；Sardessai et al.，2007）。Fernandes 和 Ramaiah（2013）在关于孟加拉湾北部的深海浮游动物研究中指出，2002 年秋季季风转换时期该海域存在冷涡，冷涡范围内的叶绿素 *a* 浓度和初级生产力较高，导致此处浮游动物生物量高达 2.2mL/m^3。Reid（1962）研究指出，在太平洋中存在两个高纬度和两个亚热带反气旋式涡旋，相对于气旋式涡旋处的浮游动物高丰度，反气旋式涡旋不利于海水混合，此处的浮游动物明显更少。冷涡属于气旋式涡旋，暖涡属于反气旋式涡旋。Li 等（2017）对与本研究相同的海域进行研究，结果表明，在黑潮影响下产生的冷涡和亚表层上升流的区域存在着藻类大暴发，导致此处的叶绿素 *a* 含量和初级生产力高于周围海水。9 月遍布南海的暖涡不利于海水中的营养物质输送，中部航次的叶绿素 *a* 含量仅是东北部的一半。颗粒有机物（particulate organic matter，POM）随叶绿素 *a* 浓度的增加而增加（Ke et al.，2017），有利于浮游介形类这类碎屑摄食者的生长，因此东北部浮游介形类丰度高于中部。值得注意的是，中部最高丰度水层（50～100m）和东北部同水层的丰度非常接近，但由于东北部高丰度的水层较厚（50～300m），而中部仅 50～100m 水层的浮游介形类丰度较高，所以中部整体丰度较东北部低。然而，冬季南海北部的冷涡能到达的深度仅在 100m 左右（Zhang et al.，2016）。引起东北部浮游介形类高丰度水层厚的原因还需要深入研究。

南海东北部浮游介形类的高物种多样性与该海域复杂的混合水团有关。南海东北部的东部通过吕宋海峡与西太平洋相通，西北部是沿岸海区，因此该海域由高温高盐的黑潮水、低盐陆架水和典型的南海水多个水团混合而成（舒业强等，2018）。在仅出现于东北部的种类中，真浮萤属只在 200m 上层发现，这个属是典型的近岸低盐种，适合生存于低盐暖水的环境中，与此处表层的陆架水有关。200m 下层水域有广深种膨大双浮萤（*Disconchoecia tamensis*），高温高盐种刺额葱萤和深海种短突拟浮萤、栉兜甲萤，与此处的混合水团性质有关。9 月南海广布暖涡，南海中部交换水团少，此处水体是典型的南海水（魏晓和高红芳，2015）。因此南海中部特有的种类仅 2 种，其余种类都是东北部的共有种。宽短小浮萤、长形拟浮萤、圆形后浮萤和秀丽双浮萤等优势种是广深种，耐受的温盐范围较广，能够分布在两个调查海域的全水层。在两个调查海域 300m 上层的对比中，因优势种的广温广盐性质，其种类保持与全水层的优势种一样，但种数较全水层少。这说明深海研究的重要性，在历史文献中，我国关于浮游介形类的研究较少涉及 1000m 以深的深海，因此还需对种类进行不断发现和补充，尤其是深海种类。

3. 浮游介形类体长和生物量的垂直分布规律

无论是东北部还是中部，都出现了种类体长由海洋上层向深层递增的趋势。并且，个体大、数量少的种类其生物量比个体小、数量多的种类更高。体长小于 1mm 的种类一般是宽短小浮萤和真浮萤属，其中宽短小浮萤是优势种，在所有水层均是总丰度的主要贡献种，然而其合计的生物量与丰度非常低、体长大于 2mm 的个体相当，甚至低于大型个体（＞2mm），尤其在 600m 以深的水层中，这一现象更为明显。本研究结果与楚科奇海的浮游动物研究相似，该研究指出，相比于丰度比大个体高出 1000 倍、个体小的浮游动物，丰度低、个体大的浮游动物总生物量更高（Hopcroft et al.，2010）。100m 以深水层的中深层浮游动物丰度低，导致深海浮游动物常被认为不重要。这些种类比表层种类更偏爱生活在冷水中，因此其在浮游动物功能中的贡献常被认为非常少，如摄食和碳循环（Kosobokova and Hopcroft，2010）。而 Kosobokova 和 Hopcroft（2010）对每个水层的生物量进行研究，结果表明，不同水层浮游动物的呼吸作用速率并无太大差异，因此丰度低、个体大的深海种类在碳循环中传递物质的能力更加强大。深海浮游动物种类丰度较低，其作为深海鱼类的饵料供给能量，则需要由较大的个体来维持深海食物链和整个海洋生态系统的平衡，较大的个体生物量能与丰度高、个体小的种类相当。

这可能是深海种类个体较大的原因，但还需要通过实验进行深入的研究和验证。在北太平洋中，浮游介形类和毛颚类对200～500m水层的浮游动物总丰度和生物量做出了显著的贡献（Deborah et al.，2008）。除介形类以外，其他丰度低、个体大的甲壳类也是中层高生物量的主要贡献类群，如磷虾类、十足类和鱼类等（Deborah et al.，2008）。可见深海浮游介形类在整个海洋系统中都有着非常重要的生态功能，但还较为缺乏这方面的研究。

南海东北部和中部的浮游介形类垂直分布的趋势是：种数从表层开始向深层递增，100～200m的种类最丰富，东北部在100m下层变化不大，中部在100m下层开始缓慢减少；丰度集中在50～300m水层，100～200m出现丰度最大值，300m下方开始骤减。种数和丰度都在100～200m最大，与上层具有高浓度叶绿素*a*有关。南海东北部在3月受黑潮脱落的冷涡影响，海水叶绿素*a*含量和初级生产力较高，有利于浮游介形类的生长和繁殖。而南海中部在9月处于季风交换季节，遍布暖涡，叶绿素*a*浓度和初级生产力较低，浮游介形类的种数和丰度较东北部低。南海东北部和中部的浮游介形类个体体长均表现出由上层向下层递增，并且呈现下层大个体种类更多的趋势，出现个体大、丰度低种类的生物量大于个体小、丰度高种类的现象。南海东北部和中部1000m以深水体中的浮游介形类种数和丰度都较低，种类多为只出现在深水且个体较大的深海种类。

陈瑞祥和林景宏（1993）研究表明，南海中部海域浮游介形类个体丰度的季节变化极不显著，浮游介形类分别隶属外海暖水、广盐暖水、近岸暖水和低温高盐等4个生态类群，但以外海暖水生态类群为主导。虽然南海中部海域处于热带、亚热带表层和次表层水，不同环境因子的介入，仅能导致生态类群多样性的出现，但无法改变南海中部浮游介形类具备热带大洋群落的特征。浮游介形类存在着垂直方向上的分层现象，并呈表层量值高，往深层递减的数量分布趋势。浮游介形类这种对环境的适应性，也表现在不同层次水体中各生态类群之间配比关系的改变。西北太平洋高温、高盐表层水和爪哇海、巽他陆架低纬低盐水是影响南海中部海域的两个主要水系，其盛衰、运动和消长往往在一定程度上也制约浮游介形类的数量变动。此外，季风的转换、太阳辐射和降雨也可影响南海中部浮游介形类的分布。

四、南沙群岛海区浮游动物垂直分布

对南沙群岛海区浮游动物垂直分布的调查共进行了两次：一次在1984年5～6月，位于北纬12°附近共设置8个站，每站分4个层次即0～100m、100～200m、200～400m和400～600m；另一次在1986年4～5月，位于南沙海槽区3个深水站，每站分6个层次即0～50m、50～150m、150～300m、300～500m、500～1000m和1000～2000m。调查站位具体信息如表6.8所示。由于浮游动物存在昼夜变化，根据调查站位的采样时间，将白天和夜晚的调查站位数据进行对比分析，1984年5～6月的37号、38号、40号和41号站在白天采集，1号、35号、36号和39号站在夜晚采集；1986年4月下旬在南沙海槽的3个深水站（31号、48号和50号）采集时间分别为夜晚、上午和下午。以下内容主要根据张谷贤和陈清潮（1991）、尹健强和陈清潮（1991）等相关文章的结果进行概述。

表 6.8 南沙群岛海区浮游动物分层采样站位信息

调查区域	站号	北纬（°）	东经（°）	采样日期（年月日）	采样时间
北纬 12° 断面	37	11.996	115.996	19840531	06:30～08:40
	38	12.011	115.062	19840530	10:55～13:20
	40	12.072	113.093	19840529	14:25～16:35
	41	12.061	112.045	19840529	05:00～07:45
	1	12.079	111.578	19840528	20:30～22:40
	35	11.998	117.735	19840601	00:55～03:25
	36	12.014	117.001	19840511	17:45～20:05
	39	12.060	114.013	19840529	20:55～23:15
南沙海槽区	31	8.117	115.817	19860423	00:00～04:00
	48	6.010	114.470	19860424	07:00～11:30
	50	6.080	113.600	19860425	13:00～17:01

（一）生物量

浮游动物生物量的垂直分布表现为：夜间 0～100m 层浮游动物生物量的变化范围为 22.7～125.5mg/m^3，平均值为 52.8mg/m^3；白天的变化范围为 16.2～31.1mg/m^3，平均值为 20.9mg/m^3。由此可见，夜间浮游动物生物量较白天高出 1.5 倍。同时，在 100～200m 层，夜间的生物量也较白天高出 1 倍。南沙群岛海区在夜间有一些浮游动物从较深层移到表层，致使在夜间，次表层的生物量明显增加。在 200～400m 水层，不论夜间或白天，生物量较为接近，但在 400～600m 层生物量呈现夜间较白天低 1/3。

在南沙海槽区选择两个测站，分别在上午和下午进行测量，二者生物量也出现一定的差异。上午采集的 0～50m 与 50～150m 层的生物量较为接近，而下午采集的 0～50m 较 50～150m 层的高出 2 倍。上午 50～150m 层较下午 50～150m 层的生物量为高。上午 150～300m 层的生物量较下午的同一层次高出 1/3。500～2000m 各层次的生物量上午都明显高于下午。这可能是由于下午有些浮游动物从深层移向表层和次表层，使深层浮游动物生物量偏低。

（二）丰度

北纬 12° 断面的调查表明，0～100m 层浮游动物总丰度在夜间较白天高出 1/3。100～200m 层，不论白天或夜间，浮游动物总丰度较为接近。200～400m 层白天较夜间高出 4 倍。400～600m 层也是白天稍高于夜间。白天除 0～100m 层外，其余各层次的浮游动物丰度较为接近。夜间除 0～100m 层外，其余各个层次的丰度呈现不均匀分布，丰度并非随水深的增加而有规律地减少。在南沙海槽区，浮游动物总个体数的垂直分布较有规律地呈现随深度的增加而递减。但在 50 号站，500～1000m 层总丰度极低，1000～2000m 层显然较上一层高出 5 倍。

（三）主要类群丰度

浮游动物主要类群丰度的变化与浮游动物总丰度的变化基本相符，除桡足类外。毛颚类主要分布在 0～100m 层，到 200～600m 层丰度就明显减少，特别是在夜间较白天更为显著。磷虾类也是0～100m层较高，夜间在200～600m层丰度较低。浮游介形类在夜间均密集在0～100m层，而白天常下降至100～200m层，在200～400m层出现较高的丰度。在1986年的三个深水站中，浮游介形类在500m以浅水层丰度较高，占各水层丰度总和的93.2%～99.3%，平均为96.0%，也就是说500m以浅水层的丰度占整个水柱的95%以上。在各水层中，表层0～50m的丰度不高，次表层50～150m的丰度最高，从次表层至水深500m的丰度随着深度的增大而逐渐降低，500m以深丰度急剧减少，至底层（＞1000m）的丰度极低。介形类种数的垂直分布与丰度随深度的增加而减少的分布趋势不同。一般来说，表层（0～50m）和次底层（500～1000m）出现种数最少，中上层（50～500m）种类最为丰富，底层（1000～2000m）由于一些深水种类的出现，种数反而较次底层略为增多。南沙群岛海区浮游介形类的垂直分布与环境因素密切相关，水层性质及介形类种类和丰度的分布特点可以反映出南沙海槽区不同水层的介形类分布特征。表层（0～50m）基本上与南沙海区表层水团深度一致，虽然温度高（28～30℃），但盐度较低33.00‰～33.50‰，仅适于广盐性的大洋表层性种如细长真浮萤，一些广深性种类如宽短小浮萤和刺额浮萤也可少量出现。因此，表层介形类的种类相对较少，丰度不高，但由于一些种类如细长真浮萤具群聚性，有时也可出现斑块状的高丰度区。中上层（50～500m）包括南沙海区次表层水团和中层水团，盐度升高（＞34.00‰），不会限制高盐性种类的分布，但温度随水深急剧下降，一般不低于9℃，高温高盐和食料丰富的生态环境十分适宜介形类的生存和繁殖。一些大洋暖水性种类和广深性种类密集，所以中上层是介形类种类和丰度最丰富的水层。中下层（500～1000m）温度随水深缓慢降低，约从9℃降至4.5℃左右，一些广深性种类仍可少量出现在这种低温环境，但丰度较中上层急剧减少。深层（＞1000m）与南沙海区的深层水团深度一致，温度降至2.5～4.5℃，一些广深性种类仍可继续出现，同时一些适应低温的深海冷水种出现，但丰度极低。

（四）主要种类

浮游动物种类的垂直分布随个体的生活环境不同而有一定的变化。南沙群岛海区记录了部分种类分布的深度。生活在100m以浅的桡足类种类有太平洋纺锤水蚤、小哲水蚤、截平头水蚤、达氏筛哲水蚤等；在200m以浅的有芽叶剑水蚤、异尾宽水蚤等；在400m以浅的有长角海羽水蚤、克氏光水蚤、卵形光水蚤等；在600m以浅的有奇桨剑水蚤、乳状异肢水蚤、细角新哲水蚤、彩额锚哲水蚤等；在1000m以浅的有狭额次真哲水蚤、鼻锚哲水蚤、瘦新哲水蚤、海洋真刺水蚤等；在2000m以浅的有瘦长真哲水蚤、长刺真刺水蚤、剑乳点水蚤、美丽真胖水蚤、羽波真刺水蚤等。毛颚类种类的垂直分布表现为在100m以浅的有百陶箭虫、海洋箭虫、太平洋撬虫等；在200m以浅的有粗壮箭虫、飞龙翼箭虫等；在400m以浅的有凶形箭虫等；在600m以浅的有琴形箭虫等；在1000m以浅的有多变箭虫等；在2000m以浅的有微箭虫、漂浮箭虫、六翼箭虫等。磷虾种类的垂直分布表现为在200m以浅的有缘长螯磷虾、隆柱螯磷虾、半驼磷虾等；在400m以浅的有牛眼臂虾等；在600m以浅的有拟燧足磷虾、假驼磷虾等；在1000m以浅的有细脚磷虾等；在2000m以浅的有瘦细脚磷虾等。浮游介形类种类的垂直分布表现为在100m以浅的有切齿浮萤等；在200m以浅的有尖细浮萤、胖海腺萤；在400m以浅的有贞洁浮萤、棘状浮萤、长方拟浮萤等；在600m以浅的有双刺浮萤等；在1000m以浅的有刺额浮萤、鳞状浮萤、无刺浮萤等；在2000m以浅的有短突拟浮萤、细齿浮萤等。管水母类种类的垂直分布表现为在100m以浅的有双生水母、细浅室水母等；在200m以浅的有方深杯水母、高悬浅室水母等；在400m以浅的有小体浅室水母等；在600m以浅的有双突杯水母等。生活在100m以浅的浮游软体动物有芽笔帽螺、尖笔帽螺等；在200m以浅的有蝴蝶螺等；在400m以浅的有冕螺等；在600m以钱有舴艋螺等。浮游端足类的垂直分布，在0～50m有裂颏蛮蛾等；在200m以浅的有半弯灵蛾等；在2000mm以浅的有大足原蛾、武装片蛾等。其他浮游动物，如枝角类、浮游被囊类、莹虾及浮游幼体等大都栖息在100m以浅水层。

杜飞雁等（2014）利用2011年4月在南沙群岛西南大陆斜坡海域开展的18个站的调查数据，对该海域浮游动物的垂直分布进行了研究，结果表明该海域浮游动物种类组成垂直变化明显，特定水层出现的种数占总种数的43.6%，优势种组成复杂，垂直变化明显；浮游动物平均丰度和湿重生物量以0～2m层和30～75m层较高，沿水深梯度的变化呈明显的双峰型；浮游动物数量的垂直变化主要受温跃层影响，温跃层内浮游动物数量最高，温跃层上方和下方的水层内数量较低。至今，关于南沙群岛海区浮游动物垂直分布的资料相对较少，需要今后加强采样和进一步分析。

第二节　浮游动物昼夜变化及垂直移动

浮游动物垂直分布的昼夜变化与浮游动物的垂直移动密切相关，是一个常见而又相当复杂的生态现象。它不但随海区、深度、水温、盐度、季节、天气、食物及其他理化环境因素的变化而变化，而且也受浮游动物的习性、个体大小、年龄、性别等内在因素的影响。昼夜垂直移动不但有利于浮游动物的生存、繁衍和扩大分布范围，而且能促进海洋中不同层次的物质和能量交换，改变各水层的理化和生物环境。因此，研究浮游动物的昼夜垂直移动在理论和实践上都有重要意义。关于南海浮游动物昼夜垂直移动的研究不多，研究人员在三亚湾（尹健强等，2004a）、珊瑚环礁渚碧礁（尹健强等，2003，2011）、曾母暗沙（张谷贤和陈清潮，1991）、南沙群岛海区（陈清潮等，1989；尹健强和陈清潮，1991；张谷贤和陈清潮，1991）进行了浮游动物和部分类群的昼夜垂直移动研究。

一、三亚湾浮游动物昼夜变化

本研究于1998年11月和1999年1月、4月、8月在三亚湾（北纬18°13′36″、东经109°28′6″；水深约15m）进行了24h的浮游动物定点昼夜垂直分层采样。采样时间间隔为4h，共采样7次；采样水层分别为0～5m、5～10m和10～15m；采样网具春季为浅水II型浮游生物网（网目孔径0.160mm），夏、秋、冬季为浅水I型浮游生物网（网目孔径0.505mm），网具均装有闭锁装置，采集的样品立刻用5%福尔马林固定保存，在实验室内用体视显微镜鉴定计数。为便于比较和分析，各水层的浮游动物个体数量以相对数量表示，即每一时刻各个水层的浮游动物丰度的总和为100%。结果表明，三亚湾浮游动物的昼夜垂直移动季节变化显著，春季在中上层（0～10m）分布，夏季营显著的白天下降、夜晚上升的移动。三亚湾浮游动物的昼夜垂直移动可被划分为移动显著和不显著两大类型：前者又可被划分为白天下降、夜晚上升，白天上升、夜晚下降，傍晚和清晨上升、白天和夜晚下降3种类型；后者又可被划分为中上层分布和各水层均匀分布2种类型。此外，有些种类的昼夜垂直移动无明显的规律。光照是影响浮游动物昼夜垂直移动的重要因素，浮游动物的昼夜垂直移动与浮游植物密度的关系不密切。夏季浮游动物的大型种类肥胖箭虫、亚强次真哲水蚤可以穿越温跃层的上界而进入表层。浮游动物昼夜垂直移动的幅度不但与种类的个体大小有关，而且也与水深和种类的习性有关。

（一）浮游动物总个体数量昼夜垂直分布

调查海区浮游动物总个体数量的昼夜垂直移动依季节不同而存在一定差异，体现了海区不同生态习性的浮游动物对时空环境综合反应的结果。春季浮游动物昼夜垂直移动不显著，多数时刻密集于中上层（0～10m），仅在8:30和20:30时密集层移往下层（10～15m），其密度分别占39.7%和44.7%，这主要是优势类群桡足类、浮游幼体和介形类等向下移动的结果。采用浅水II型浮游生物网采样，网孔较密，采集的浮游动物个体数量很大，密度最高可达1312个/m^3；优势种类多是中小型种类，如简长腹剑水蚤、长尾基齿哲水蚤、针刺拟哲水蚤、尖额谐猛水蚤等，并且采到了大量的浮游幼体，特别是桡足类幼体。夏季总数量总体呈白天下降、夜晚上升的节律。白天浮游动物主要密集于下层，其中傍晚前在下层占有较大的比例，下降最为显著；黄昏后一部分个体向上层移动，夜间分布趋于分散，各个水层的数量相对均匀；黎明时再次向上层集中，日出后急速降到下层，昼夜垂直移动较春季显著。这种分布变化主要由优势类群桡足类和毛颚类的昼夜垂直移动所决定，而浮游幼体、有尾类和莹虾类起次要作用。秋季浮游动物白天以中下层数量较多；傍晚密集层移动到上层；夜间与夏季相似，分布趋于分散，各个水层的数量相对均匀；黎明时密集层降到下层。昼夜垂直移动也大致呈白天下降、夜晚上升的趋势，但各个水层的数量差别不是很大，表明浮游动物的昼夜垂直移动不是很显著。这种变化主要由毛颚类、浮游幼体和桡足类的昼夜垂直移动所决定，其他类群的影响较小。冬季浮游动物密集层白天停留于中层，傍晚升至上层，直至日出后才迅速降至下层。昼夜垂直移动也呈白天下降、夜晚上升的趋势，但移动的幅度较小，多限于中上层之间移动，下层仅个别时刻出现较多数量（如在上午9:30时占53%）。这种分布节律与优势类群桡足类、毛颚类及一些营阶段性浮游生活的浮游幼体和有尾类的昼夜垂直变化较相似（图6.17）。

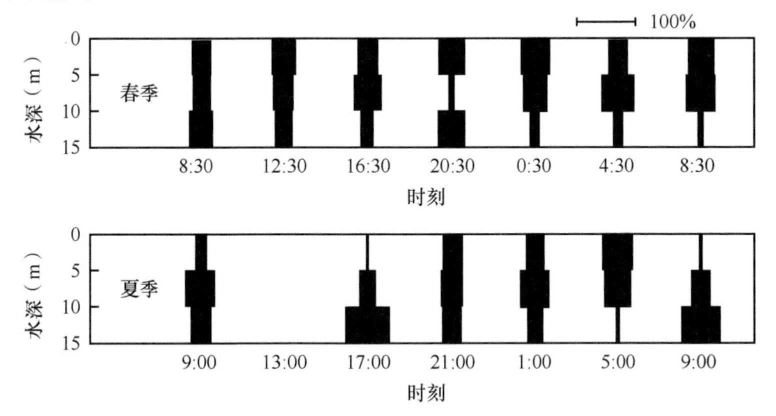

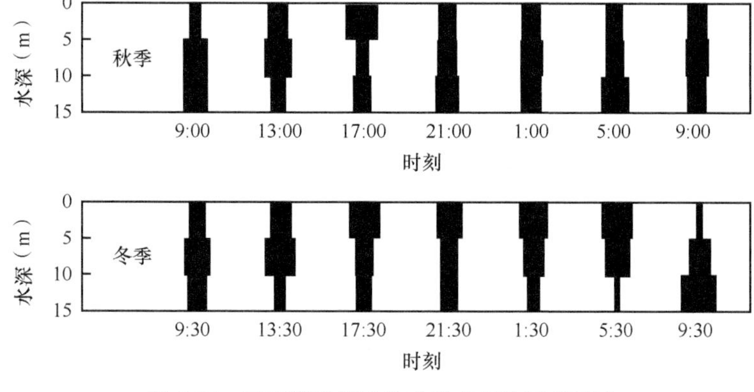

图 6.17　三亚湾浮游动物总数量昼夜垂直变化

综上所述，三亚湾水域浮游动物总个体数量的昼夜垂直分布依季节的不同而存在一定的差异，各有其特点，但它们的变化趋势均由主要类群桡足类、毛颚类、浮游幼体、有尾类和莹虾类所决定。桡足类的数量最多，所占比例最大；其次是毛颚类和浮游幼体，它们出现的数量较多，占一定的比例；其余2个类群有时也有一定数量出现，起次要作用。这些类群的季节变化和昼夜垂直移动不尽相同，存在一定差异，反映了热带开阔型海湾浮游动物时空分布的多样性。三亚湾是热带开阔型的浅水海湾，浮游动物总数量的昼夜垂直移动季节变化与亚热带半封闭浅水海湾——大亚湾的浮游桡足类十分相似，春季主要集于上层，而夏季营较为显著的白天下降、夜晚上升的昼夜垂直移动（林玉辉和连光山，1989）。

（二）昼夜垂直移动类型

浮游动物的昼夜垂直移动主要由优势种群决定。三亚湾浮游动物的优势种群有桡足类的亚强次真哲水蚤、针刺拟哲水蚤、简长腹剑水蚤、尖额谐猛水蚤、长尾基齿哲水蚤、小唇角水蚤、红纺锤水蚤和精致真刺水蚤及桡足类幼体等；毛颚类仅有肥胖箭虫 1 个种，其他种类的数量一般较少，对浮游动物总数量的昼夜垂直移动影响很小。根据本海区浮游动物种类的昼夜垂直移动规律，可将其划分为昼夜垂直移动显著、不显著两大类型。此外，一些浮游动物的昼夜垂直移动无明显的规律。

1. 昼夜垂直移动显著类型

这一类型浮游动物的垂直分布随着昼夜的改变而有规律变化。属于这一类型的种类较多，根据其主要数量移动的时间差异，又可划分为 3 个小类型。

（1）白天下降、夜晚上升类型

这是三亚湾浮游动物昼夜垂直移动的主要类型。属于该类型的有春季的长尾住囊虫，夏季的亚强次真哲水蚤、肥胖箭虫，冬季的针刺拟哲水蚤、微刺哲水蚤、红纺锤水蚤等。浮游动物因种类不同，移动的时间和幅度也有差异。例如，亚强次真哲水蚤 21:00 时仍然密集于下层，1:00 时密集层迅速上移至上层，5:00 时部分个体开始下降，9:00 时大多数个体下降到下层，昼夜垂直移动的幅度较大，可以在整个水柱上下移动，而且移动的速度也较快。肥胖箭虫移动的幅度也较大，其白天密集于下层，傍晚后逐步上移，黎明时（5:00）密集于上层，日出后（9:00）迅速下降至下层。微刺哲水蚤移动的幅度较小，基本限于中上层移动。从图 6.18 也可以看出，浮游动物因种类不同其种群昼夜垂直移动的比例不一样，一些种群只是部分个体进行昼夜垂直移动，有部分个体继续停留于原来的水层，如长尾住囊虫、针刺拟哲水蚤，而有些种群大多数个体同时都进行移动，如亚强次真哲水蚤，这可能与浮游动物的种群结构和个体大小及运动能力有关。春季长尾住囊虫种群中有较多的幼体，其个体较小而且运动能力很弱；而亚强次真哲水蚤是大型桡足类，其运动能力相对较强。白天下降、夜晚上升类型有一个值得注意的现象，即一些种类在傍晚上升至上层后，在黑暗的夜间种群会趋于分散，分布比较均匀，然后再次密集，如红纺锤水蚤。肥胖箭虫、微刺哲水蚤也有相似现象，这 3 个种类在大约 21:00 时的分布都比较均匀。

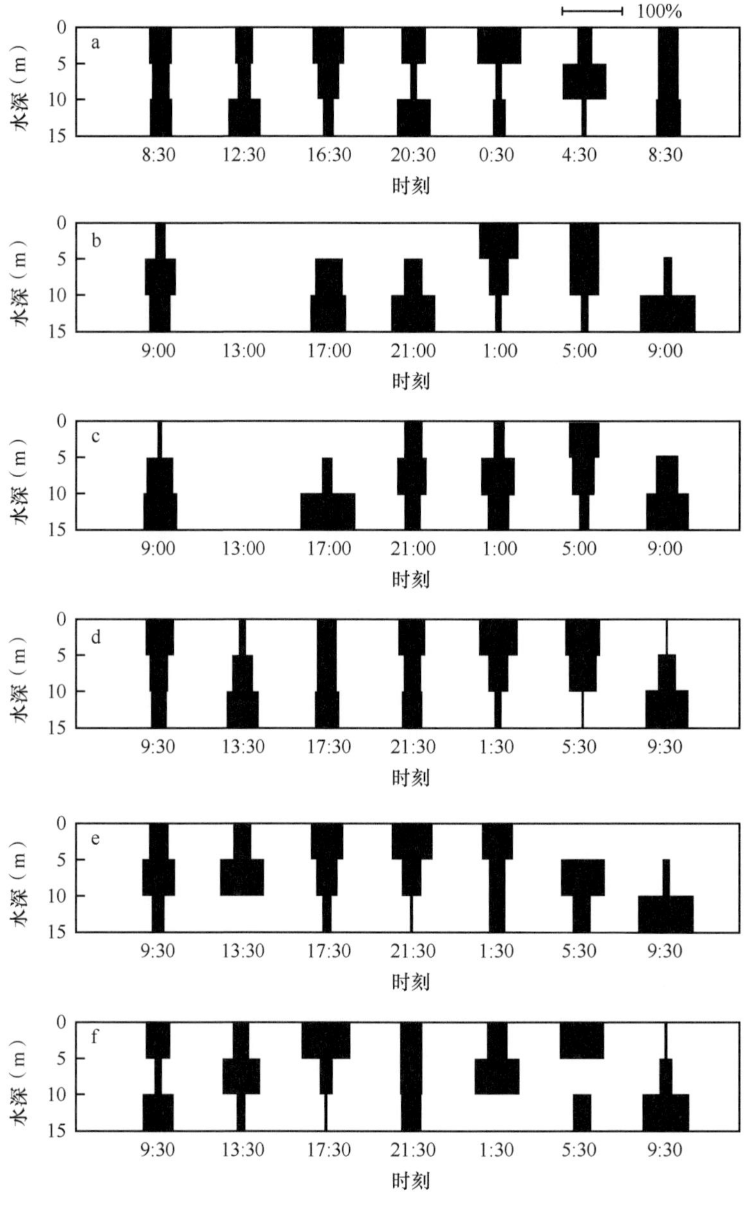

图 6.18　三亚湾浮游动物白天下降、夜晚上升类型

a. 长尾住囊虫；b. 亚强次真哲水蚤；c. 肥胖箭虫；d. 针刺拟哲水蚤；e. 微刺哲水蚤；f. 红纺锤水蚤

（2）白天上升、夜晚下降类型

昼夜垂直移动的时间正好与上一种类型相反。例如，春季的长尾基齿哲水蚤、针刺真浮萤白天基本分布于中上层，入夜后降至下层，日出后上升至上层。冬季的小唇角水蚤、肥胖箭虫也属于此类型，但垂直移动的幅度不大，仅限于中上层之间移动（图 6.19）。

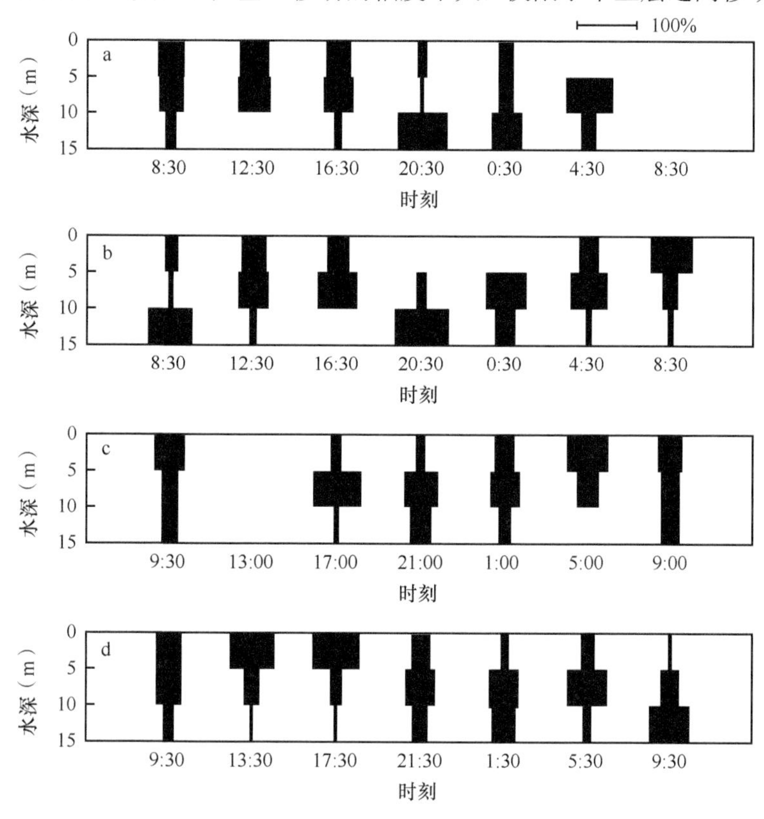

图 6.19　三亚湾浮游动物白天上升、夜晚下降类型

a. 长尾基齿哲水蚤；b. 针刺真浮萤；c. 小唇角水蚤；d. 肥胖箭虫

（3）傍晚和清晨上升、白天和夜晚下降类型

这是双周期的移动类型。属于这一类型的种类不多，有秋季的亚强次真哲水蚤，其密集层在 17:00 时和翌日 09:00 时升至上层，其余时刻降至下层或中层。

2. 昼夜垂直移动不显著类型

根据种群数量主要分布水层，又可被划分为两个小类型：中上层（0～10m）分布类型（图 6.20）和各水层均匀分布类型。由于调查测站的水深较浅（15m 左右），中、上水层的水深分别为 0～5m、5～10m，其理化条件差别不是太大，两个水层之间浮游动物的昼夜垂直分布不易明确区分。属于该类型的种类也较多，有春季的简长腹剑水蚤、尖额谐猛水蚤、桡足类幼体，秋季的弱箭虫，冬季的精致真刺水蚤等。它们不论昼夜都密集于中上水层，仅个别时刻降到下层。各水层均匀分布类型的种群数量不分昼夜均匀分布于各个水层，移动不显著。属于这种类型的种类不多，有秋季的肥胖箭虫。

3. 昼夜垂直移动无规律

有些种类的昼夜垂直移动没有明显的规律性。例如，夏季的红纺锤水蚤 9:00 时仅分布于上层，傍晚至午夜密集层下降至中下层，翌日黎明升至上层，9:00 时再次降至下层。秋季的长尾住囊虫的昼夜垂直移动也没有明显的规律性（图 6.21）。

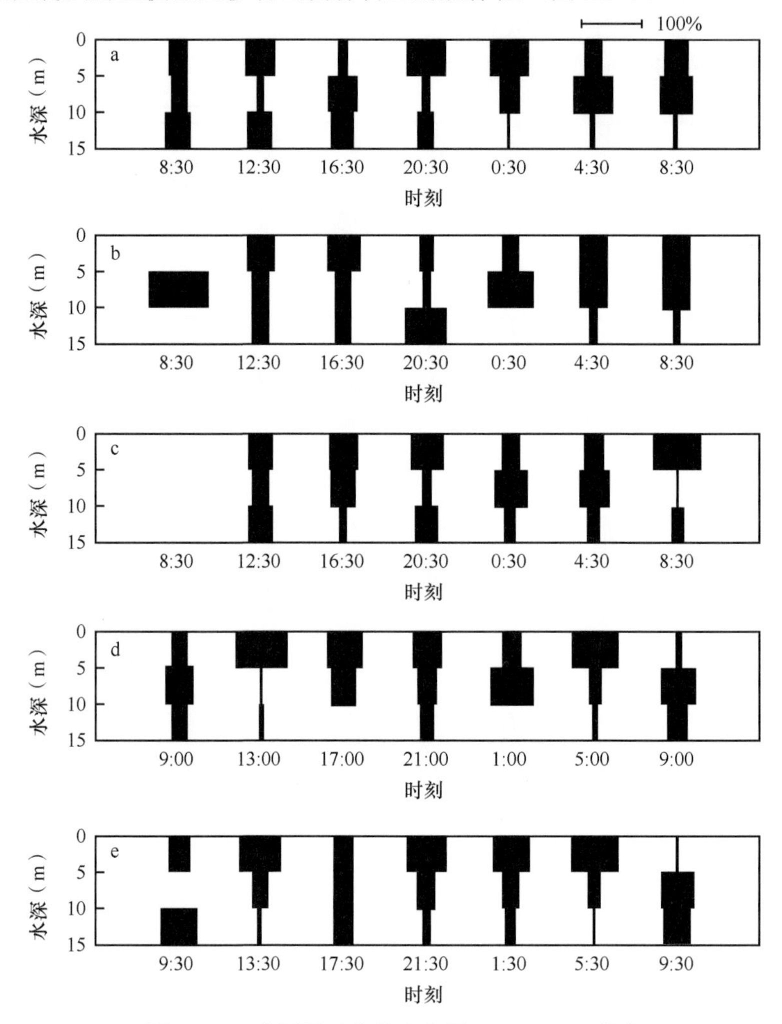

图 6.20 5 种浮游动物的中上层（0～10m）分布

a. 简长腹剑水蚤；b. 尖额谐猛水蚤；c. 桡足类幼体；d. 弱箭虫；e. 精致针刺水蚤

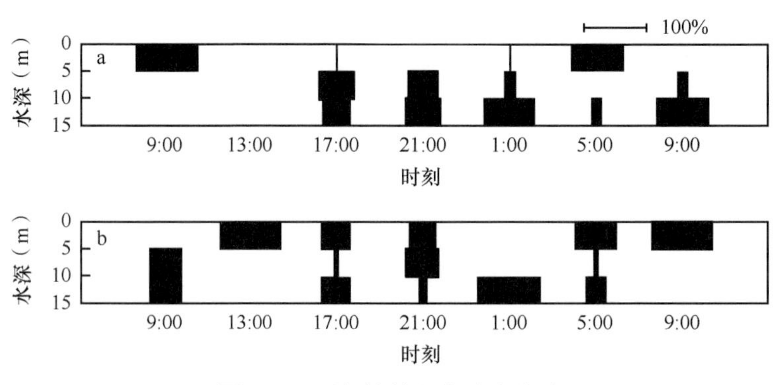

图 6.21 无规律的昼夜垂直移动

a. 红纺锤水蚤；b. 长尾住囊虫

三亚湾浮游动物种类的昼夜垂直移动有显著的季节变化。例如，肥胖箭虫春季分布在中上层，夏季营显著的白天下降、夜晚上升的移动，秋季属均匀分布，冬季则属于白天上升、夜晚下降的反转类型。亚强次真哲水蚤春季的数量很少，夏季属于白天下降、夜晚上升类型，秋季营傍晚和清晨上升、白天和夜晚下降的双周期的昼夜垂直移动，冬季的昼夜垂直移动规律不明显。长尾住囊虫春季与秋季、红纺锤水蚤冬季与夏季的昼夜垂直移动也有差异。

（三）三亚湾浮游动物昼夜变化和垂直移动的影响因素

1. 不同海区浮游动物昼夜变化和垂直移动的比较

三亚湾是热带开阔型的浅水海湾，其浮游动物的昼夜垂直移动与一些热带和亚热带海区或海湾相比较，其结果有相似之处，也有差异。三亚湾与广东大亚湾的地理位置和地形不同。前者位于热带，湾口开阔，水体交换良好；后者位于亚热带，为一半封闭型海湾，水体交换较为缓慢，并且浮游动物的种类组成与群落结构也不完全一样。但两个湾的浮游动物昼夜垂直移动的时空变化有较多相似之处，尤其春、夏季的昼夜垂直移动类型十分相似。春季浮游动物均主要分布于中上水层，下层一般较少，昼夜垂直移动不显著；但由于三亚湾的测站水深略大于大亚湾，并且采样层次的深度也不同，因此三亚湾浮游动物主要分布于 0～10m 水层，较大亚湾主要分布的 0～6m 水层稍厚（林玉辉和连光山，1989）。根据现场温盐观测资料，三亚湾春季海水盐度（约 34‰）呈均匀分布状态，海水温度变化为 26～28℃，在水深 12m 处出现不强的温跃层。如此的温盐条件对浮游动物正常的昼夜垂直移动影响较小。而从浮游动物的种类组成来看，此时出现的主要类群是桡足类及其幼体，并且优势种多是中小型种类，它们的游泳能力较差，适于在较温暖的水层生活，一般不向下层移动。显然，春季的浮游动物总数量主要分布于中上水层与春季使用网目较细的网具采集到大量的浮游幼体特别是桡足幼体有关，这与大亚湾的情况相似（林玉辉和连光山，1989）。夏季三亚湾和大亚湾浮游动物的昼夜垂直移动也较相似，均呈显著的白天下降、夜晚上升的规律。

肥胖箭虫、亚强次真哲水蚤是三亚湾的优势种（尹健强等，2004b），它们是暖水性广布种，在热带海区的数量较为丰富，在南沙群岛及邻近海区也占优势（陈清潮和张谷贤，1987；陈清潮等，1989）。这 2 种浮游动物在三亚湾的昼夜垂直移动类型具有显著的季节变化。亚强次真哲水蚤在泰国湾（Suwanrumpha，1977）和曾母暗沙（陈清潮和张谷贤，1987）的昼夜垂直移动类型为白天上升、夜晚下降的反转形式，这与三亚湾不同。肥胖箭虫在曾母暗沙具有显著的昼夜垂直移动，其在白天和晚上停留于表层和次表层，但在黄昏和清晨降至下层，呈双周期的移动类型（陈清潮和张谷贤，1987），这也与三亚湾不同。针刺拟哲水蚤在大亚湾（林玉辉和连光山，1989）和三亚湾冬季均呈白天下降、夜晚上升的类型。微刺哲水蚤在三亚湾和大亚湾（林玉辉和连光山，1989）分别在冬季和夏季呈白天上升、夜晚下降的类型。由上可见，浮游动物的昼夜垂直移动在不同海区和季节既存在同一性，也有差异性。浮游动物种类的昼夜垂直移动行为并非一成不变，而是随着时空和水环境的不同而变化。

2. 影响昼夜垂直移动的因素

（1）与个体大小的关系

通常浮游动物的个体越大，游泳能力越强，其昼夜垂直移动的幅度越大；反之就越小（王克等，2001）。三亚湾是浅水海湾，湾内水深不到20m。由于受水深的限制，浮游动物的个体大小对昼夜垂直移动幅度的影响没有明显的差异。移动幅度较大，在整个水柱上下移动的既有大型种类肥胖箭虫（夏季）、亚强次真哲水蚤（夏季），也有中小型种类长尾基齿哲水蚤（春季）、针刺真浮萤（春季）；移动幅度不大或基本不移动的既有中小型种类小唇角水蚤（夏季）、简长腹剑水蚤（春季）、尖额谐猛水蚤（春季），也有大型种类精致真刺水蚤（冬季）、肥胖箭虫（冬季）。由此表明，浮游动物的昼夜垂直移动幅度不但与种类个体大小有关，而且也与水深和种类的习性有关。不过当水体存在较强的跃层时，大型种类比中小型种类穿越跃层的能力更强。

（2）与水温与盐度的关系

水温与盐度都是影响浮游动物昼夜变化和垂直移动的外界因素。研究得较多的是温、盐跃层对浮游动物昼夜垂直移动的阻碍作用。三亚湾秋、冬季的温、盐度层化不明显，垂直分布比较均匀，对浮游动物的昼夜垂直移动不会有什么影响。春季随着表层水的增温，在连续站已形成了明显的温度梯度，在水深约12m附近有强度不大的跃层，但盐度仍为垂直均匀状态，此时的浮游动物主要分布于中上水层，昼夜垂直移动不明显，这与春季的浮游动物种类组成以桡足类幼体和中小型种类为主、较适应栖息于中上水层较为温暖的环境有密切关系。夏季湾内温度、盐度均出现明显的层化现象，在水深4～8m附近形成跃层，温度最大梯度值达0.34℃/m，盐度最大梯度值达0.17/m，而此时浮游动物总数量却呈显著的白天下降、夜晚上升的昼夜垂直移动，表明温、盐跃层对浮游动物的昼夜垂直移动没有太大的影响，这与夏季浮游动物种类组成中以大型种类为主有关，其中肥胖箭虫、亚强次真哲水蚤、莹虾类分别占浮游动物总数量的21.0%、5.7%、7.5%，它们均呈显著的白天下降、夜晚上升的昼夜垂直移动，可以穿越温跃层的上界而进入表层。这与一些学者的研究结果相似（陈亚瞿和朱启琴，1983；许振祖等，1985；黄加祺和郑重，1986；林玉辉和连光山，1989；王克等，2001）。

（3）与浮游植物的关系

浮游植物是浮游动物的食料。有研究报道叶绿素*a*浓度与浮游动物的昼夜垂直移动密切相关（林玉辉和连光山，1989）。在三亚湾进行浮游动物昼夜连续分层采样的同时，使用浅水III型浮游生物网进行了同样层次的浮游植物连续分层采样。经过研究分析，春季、夏季及秋季白天浮游植物个体数量垂直分布比较均匀，各水层的数量差异不大，秋季夜晚下层的数量较少。冬季浮游植物个体数量随水深的增加而增加，下层数量最多，中层次之，上层最少，夜晚下层的数量少于白天（图6.22），这可能与浮游动物的摄食有关。冬季浮游动物以植食性的桡足类如红纺锤水蚤、亚强次真哲水蚤、针刺拟哲水蚤、微刺哲水蚤等为主，它们多数在中上层进行窄幅的白天下降、夜晚上升的昼夜垂直移动，在下层的数量一般较少，但冬季浮游动物密度与浮游植物密度的关系并不密切。总的来说，三亚湾由于水深较浅，底、表层水体垂直交换快，光照、温盐、营养盐等理化条件差异不大，浮游植物数量垂直分布比较均匀，对浮游动物的昼夜垂直移动影响不大。

（4）与光照强度的关系

调查水域水质清澈，透明度高，由于地处热带，终年光照强度较大，是影响浮游动物昼夜垂直移动的重要环境因子。研究结果表明，浮游动物总数量昼夜垂直移动的季节变化与光照强度的季节变化密切相关，夏季白天光照强度最大，浮游动物总数量呈显著的白天下降、夜晚上升的昼夜垂直移动。许多种类尤其是一些优势种类的昼夜垂直移动节律也与光照有关，特别是那些营白天下降、夜晚上升或黎明傍晚上升、白天夜晚下降的种类，与光照强度的昼夜变化关系更为密切，如肥胖箭虫（夏季）、亚强次真哲水蚤（夏、秋季）、微刺哲水蚤（冬季）、针刺拟哲水蚤（冬季）、红纺锤水蚤（冬季）等。在特定的内外条件下，这些种类显然不适应强光刺激，白天呈背光性、夜晚呈趋弱光性移动。与此相反，一些营反转型移动及中上层分布的种类如长尾基哲水蚤（春季）、针刺真浮萤（春季）、小唇角水蚤（夏季）、桡足类幼体（春季）、弱箭虫（秋季）等，由于种种原因的影响，对光的需求较强，适应于在白天光照强度最大的中上层生活。由此可见，在一定条件下不同的浮游动物种类选择的生活水层存在一定差异，这与 Russell（1926）提出的“最适光照强度假说”一致，并与一些学者的研究结果相似（陈亚瞿和朱启琴，1983；许振祖等，1985；黄加祺和郑重，1986；林玉辉和连光山，1989；王克等，2001）。

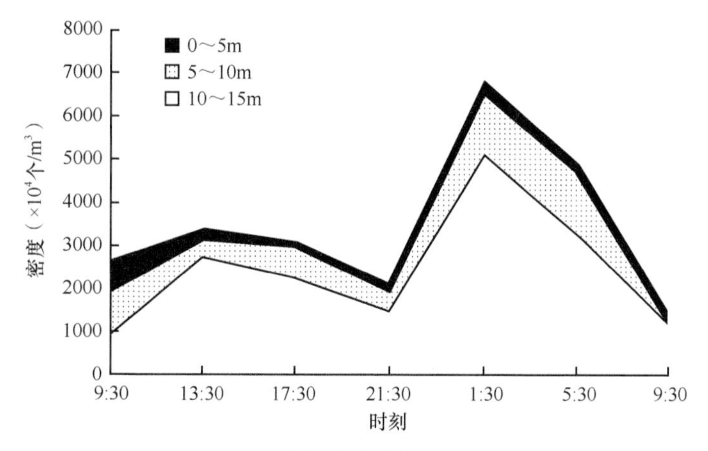

图 6.22　三亚湾冬季浮游植物昼夜垂直分布

二、渚碧礁浮游动物昼夜变化

本研究根据 2002 年 5 月和 2004 年 5 月的调查资料，对南沙群岛渚碧礁浮游动物垂直分布和昼夜变化等进行了研究分析。浮游动物垂直分布不均匀，主要密集于 5～10m 水层，因种类不同其垂直分布也有差异。礁坪的浮游动物种类和数量昼夜变化显著，均呈白天减少、夜晚增加。浮游动物的数量分布与环境因子和浮游动物生态习性有关。

（一）调查站位与采样

2002 年 5 月在渚碧礁的浮游动物调查共设大面站 9 个，其中 1 号、2 号、3 号、4 号站为位于潟湖的测站，5 号、6 号、7 号、8 号、9 号站为位于礁坪的测站，另在西南礁坪设连续站 1 个（图 6.23）。礁坪的测站水深在 1～2m。采样网具均使用浅水 II 型浮游生物网（网目孔径 0.160mm）。大面站样品系自海底至水面垂直拖网采集；并且在 1 号、3 号、4 号站同时进行了根据水深分 0～5m、5～10m、10～15m、15～20m 层，共进行 3～4 层的垂直分层拖网，采样在上午 7:00～10:00 时进行。连续站每隔 4h 进行一次自海底至海面垂直拖网，共进行 7 次取样。样品均用 5% 福尔马林固定保存，运回实验室在解剖镜下鉴定计数。

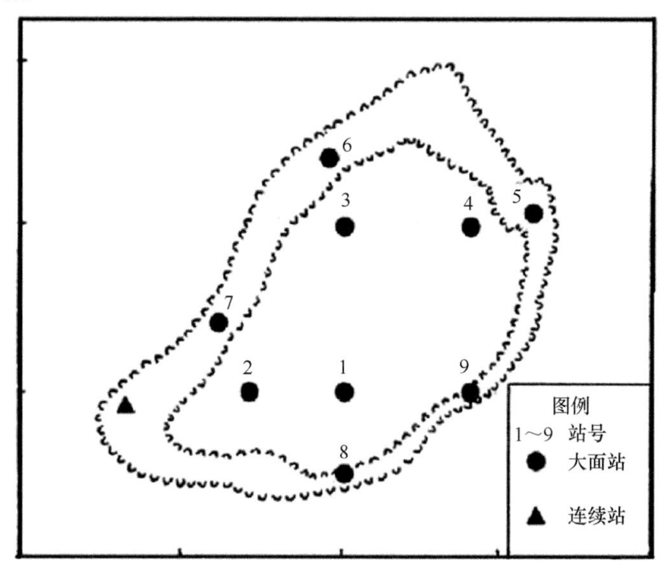

图 6.23　2002 年 5 月渚碧礁浮游动物调查站位

（二）浮游动物种类与丰度的昼夜变化

礁坪浮游动物数量昼夜变化见图 6.24。礁坪的浮游动物种类和数量昼夜变化非常显著，白天浮游动物种类和数量都很贫乏，21:00 时显著增加，1:00 时均达最高峰，5:00 急剧下降，夜间的浮游动物密度可比白天高几十倍。礁坪浮游动物的昼夜变化与浮游动物的昼夜垂直移动习性有关，大多数浮游动物呈白天下降、夜晚上升的移动节律，一些底栖动物如糠虾类和锄虫夜间改营浮游生活从海底上升至水层。Alldredge 和 King

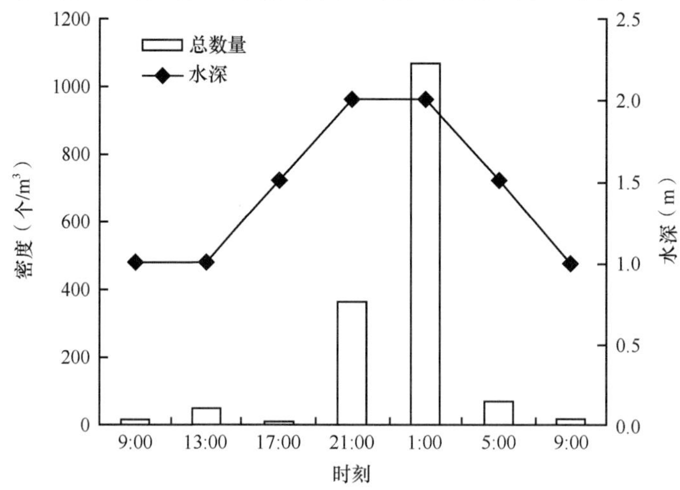

图 6.24　礁坪浮游动物总数量的昼夜变化及其与水深的关系

（1977）也曾报道珊瑚礁潟湖夜间的浮游动物密度为白天的 10 多倍，糠虾类和锄虫仅在夜晚采集到，这与本次的研究结果十分相似。礁坪浮游动物的昼夜变化也与潮汐变化有关，采样期间高潮出现在夜间，连续站水深从白天的 1m 上升至 2m，在浮游动物样品中出现了一些环礁内白天没有采集到的种类，如针刺真浮萤、细长真浮萤、微刺哲水蚤，甚至个别深水种如黄角光水蚤，表明涨潮可为环礁带入丰富的浮游动物，从而为珊瑚虫和礁栖生物提供了食料，对提高珊瑚礁的生产力有利。

由浮游动物主要类群数量的昼夜变化可看出（图 6.25），被囊类的数量昼夜变化不明显，而介形类、糠虾类、桡足类、毛颚类、浮游浮虫均呈白天减少、夜晚增加的昼夜变化规律，尤其以桡足类最显著，夜间数量最高时可为白天的 100 多倍。幼体的昼夜波动也比较大。连续站的优势种与礁坪的大面站调查相同，以小拟哲水蚤和简长腹剑水蚤占主导地位，其白天减少、夜晚增加的昼夜变化规律十分明显。

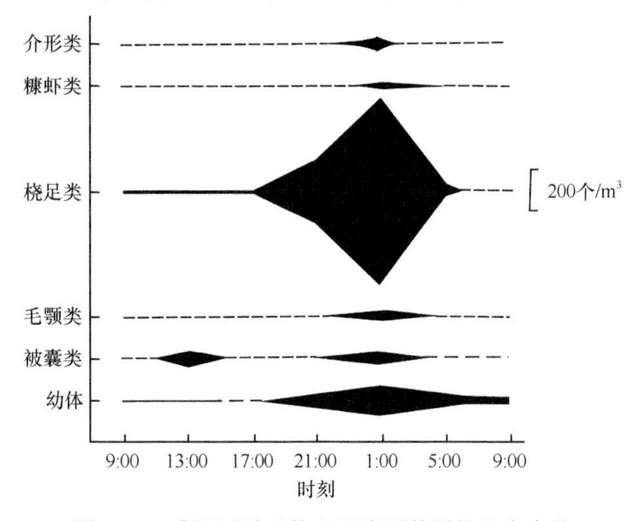

图 6.25　礁坪浮游动物主要类群数量的昼夜变化

2004 年 5 月渚碧礁连续站的浮游动物种数和丰度的昼夜差异非常显著，日间出现的浮游动物种数为 16 种，而夜间出现的浮游动物种数为 73 种，是日间的 4.6 倍；日间的浮游动物平均丰度仅为 8.79 个 /m^3±12.80 个 /m^3，而夜间则高达 405.67 个 /m^3±239.9 个 /m^3，是日间的 46.2 倍。白天浮游动物种数和丰度都非常稀少，正午至 14:00 时甚至为零；在日落后 1 个小时，即 20:00 时显著上升；在日落后 3 个小时，即 22:00 时达到最高峰，浮游动物的种数和丰度分别高达 41 种和 737.4 个 /m^3；0:00 时开始逐渐下降，至上午 10:00 时种类和数量变得相当稀少（图 6.26）。浮游动物各主要类群均呈显著的白天下降、夜晚上升的昼夜垂直变化，但夜晚上升的时间有差异，底栖动物和游泳动物的幼体最先上升，其次是桡足类，再次是毛颚类和介形类（图 6.26）。

（三）渚碧礁浮游动物昼夜变化特征及其影响因素

渚碧礁潟湖区域浮游动物数量比较丰富。由于浮游动物是珊瑚虫的主要食物，表明浮游动物在珊瑚礁生态系统中的地位十分重要。以往有关珊瑚礁浮游动物的调查研究结果差异很大，使用疏网（浅水 I 型浮游生物网，网目孔径 0.505mm）采样得出的研究结果是浮游动物种类和数量都很贫乏（陈清潮和尹健强，1982；陈清潮等，1989），而使用密网（浅水II型浮游生物网，网目孔径 0.160mm）采样得出的研究结果是浮游动物丰度很大（章淑珍和李纯厚，1997）。本次调查的优势种都是中小型种类，奥氏胸刺水蚤体长 1.40～1.65mm，纺锤水蚤体长约 1.50mm，小拟哲水蚤体长 0.70～1.10mm，简长腹剑水蚤体长 0.37～0.44mm。另外，本次调查采到比较多的长腹剑水蚤、大眼剑水蚤、隆剑水蚤等种类，均是小型桡足类，体长多在 1.50mm 以下。上述种类的体宽都在 0.5mm 以下，如采用疏网采集，相当数量的小型浮游生物在拖网过程中会被漏掉，特别是它们的幼体，从而得出的数据是大大偏低的。Hamner 和 Carleton（1979）报道几种小型桡足类在珊瑚礁会聚集成群，单个种的密度可高达 500 000～1 500 000 个 /m^3。这些种类与本次调查的优势种相似。综上所述，可以认为珊瑚礁浮游动物群落以中小型浮游动物为主，而且数量比较丰富。中小型浮游动物虽然重量轻，但生命周期短，繁殖快，数量大，且活动能力弱，更易被珊瑚虫和礁栖动物所摄食，其在珊瑚礁生态系统中的作用应被重视。

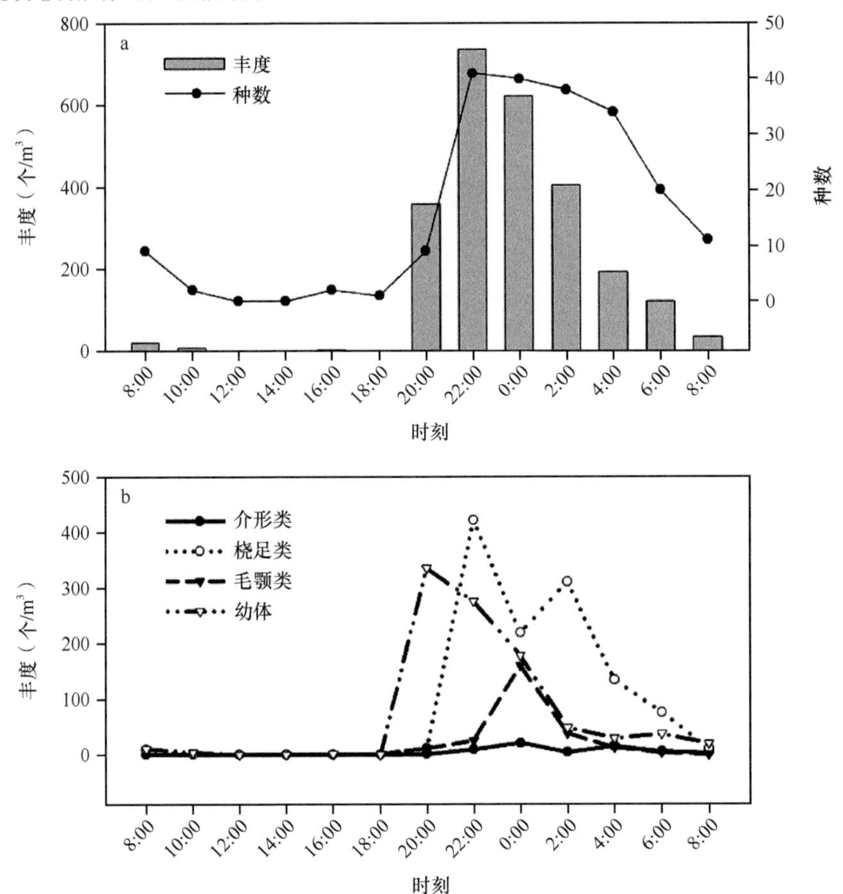

图 6.26　2004 年 5 月渚碧礁浮游动物种数、总丰度（a）和主要类群丰度（b）的昼夜变化

渚碧礁浮游动物的食性可被分为 3 种类型：①植食滤食性类型，种类不多，有隆哲水蚤、微刺哲水蚤、小拟哲水蚤、波水蚤等，这一类群的数量不占优势；②肉食类型，种类较多，有水母类、毛颚类、长足水蚤、幼平头水蚤、剑水蚤类等，这一类群的数量也不占优势；③杂食滤食性类型，可摄食浮游植物，也摄食有机碎屑，种类有奥氏胸刺水蚤、纺锤水蚤、真宽水蚤、住囊虫等，这一类群种类不多，但数量相当丰富，占浮游

动物总数量的近70%。南沙群岛珊瑚礁水体中的营养盐贫乏（吴林兴等，2001），浮游植物密度和叶绿素 *a* 含量虽然比礁外开阔海区高几倍，但其数量仍较低（吴成业等，2001；宋星宇等，2002），而珊瑚虫黏液、底栖藻类碎片、动物粪便等有机碎屑则比较丰富。在渚碧礁5:00～13:00连续采集的浮游动物样品中发现大量的礁栖动物的粪粒。蔡艳雅等（1997）也报道南沙群岛珊瑚礁潟湖的颗粒有机碳（POC）含量较高，与受人类活动影响较大、生产力较高的大亚湾海水相似，并且主要由动植物碎屑碳组成。珊瑚礁的植食性浮游动物不占优势。而以摄食有机碎屑的种类占优势，并且有机碎屑较为丰富，表明有机碎屑是浮游动物群落的主要营养来源。浮游动物的数量分布与环境因子及自身生态习性密切相关，礁坪的浮游动物密度明显低于潟湖的原因主要有以下几方面：礁坪环境因子变化大，特别是昼夜温差大（吴林兴等，2001），浮游动物更适于生活在潟湖较稳定的环境中；浮游动物主要分布于5m以深水层，而在礁坪的测站水深均小于2m；珊瑚虫及礁栖动物主要栖息于礁坪，由于其对浮游动物的摄食，浮游动物数量必然大量减少。

许多浮游动物具有昼伏夜出与垂直移动行为，浮游动物具有明显的昼夜变化是珊瑚礁浮游动物群落一个显著特征。本次调查中，渚碧礁礁坪白天的浮游动物种类和数量稀少，而夜晚明显增加，符合珊瑚礁浮游动物群落昼夜变化的一般规律，与在南海和东南亚（Porter and Porter，1977；尹健强等，2003；Nakajima et al.，2008，2009）、红海（Yahel et al.，2005a，2005b）、印度洋（Goswami and Goswami，1990；Madhupratap et al.，1991）、太平洋（Alldredge and King，2009）、大堡礁（Alldredge and King，1977；Hamner and Carleton，1979）、墨西哥湾和加勒比海（Emery，1968；Ohlhorst，1982；Heidelberg et al.，2010）等世界上不同海区的珊瑚礁的研究结果一致。由此表明，光照强度的昼夜变化是影响珊瑚礁浮游动物垂直变化的主要因素，浮游动物白天下沉到较深水层，也可能是要躲避强烈的太阳辐射和高温。一些浮游动物的昼夜垂直移动与食物有关，毛颚类是凶猛的肉食性动物，主要捕食桡足类和其他小型甲壳动物，毛颚类紧随幼体和桡足类之后上升，在毛颚类丰度显著增加的同时，桡足类和幼体丰度明显降低，表明毛颚类的上升与追逐食物有关。而浮游动物的垂直移动与叶绿素 *a* 含量的昼夜变化没有明显的关系。

有些研究（Yahel et al.，2005a；Nakajima et al.，2008，2009）报道，浮游动物大型种类（＞200μm或＞350μm）的数量昼夜变化明显，而小型种类变化不显著。而在渚碧礁浮游动物的昼夜变化与个体大小无关，不管小型种类如微刺哲水蚤、奥氏胸刺水蚤、弓角基齿哲水蚤、驼背羽刺大眼水蚤、中隆水蚤、矮拟哲水蚤，还是大型种类如凶形箭虫、正形滨箭虫、短尾类幼体、长尾类幼体、多毛类幼体等昼夜变化均非常显著。珊瑚礁浮游动物的昼夜变化对物种多样性和群落结构有相当大的影响：一是一些终生浮游动物白天下降到较深水水层，夜晚上升到表层，可以随水流进入珊瑚礁，如幼平头水蚤、弓角基齿哲水蚤、印度真刺水蚤、异尾宽水蚤、孟加蛮蝛、粗壮猛箭虫、太平洋撬虫等多种终生浮游生物仅出现在夜晚的样品中；二是一些底栖性浮游动物白天栖息于底部，夜晚上升到水柱中，如星萤、针尾涟虫和文昌鱼等。可见，珊瑚礁浮游动物群落的种类组成和丰度空间分布格局是随着浮游动物的昼夜垂直移动的变化过程而改变的。

2002年5月连续站调查时的涨落潮时间与2004年5月调查相反，即高潮出现于夜晚，低潮出现于白天，但两次调查的浮游动物种类和数量白天减少、夜晚增加的规律没有改变，表明潮汐变化不会改变浮游动物的昼夜垂直移动节律。

三、南沙群岛海区浮游动物垂直移动

本节主要根据《南沙群岛及其邻近海区综合调查研究报告（一）》专著中“浮游动物”的内容整理（陈清潮等，1989）。南沙群岛海区浮游动物昼夜垂直移动的研究较少。南沙群岛海区昼夜垂直移动观测的站位信息：1985 年 5 月 29～30 日和 1987 年 5 月 16～17 日连续两次在 14 号站（北纬 6°02′、东经 109°28′，水深 142m）和 1985 年 5 月 30～31 日在 20 号站（北纬 5°00′、东经 109°59′，水深 116m）进行浮游动物昼夜连续分层采集，均使用大型浮游生物网（内径 80cm、网长 270cm、网目孔径 505μm）。采样层次一般分为 0～20m、20～40m、40～60m、60～90m、90～110m 或 90～140m。这两个站均位于南海南部大陆架区，调查船采用船尾抛锚定点进行连续观测。每隔 3～4h 进行一次分层采样，采集的样品立即用中性福尔马林固定，然后在解剖镜下计数，统计各垂直层次全部浮游动物的丰度，然后求出百分组成及单位体积中各个类群和优势种丰度在垂直层次上的变化。

南沙群岛海区浮游动物昼夜垂直移动可被归为以下几个类型：①移动不明显类型。主要停留在表层的种以普通波水蚤、扭歪管水母和半口壮丽水母为代表，不论昼夜都停留在表层，个别时刻出现幅度很小的短暂移动；主要停留在中层的种以微箭虫和狭额次真哲水蚤为代表，不论昼夜都停留在同一层次，仅个别时刻出现幅度很小的移动；主要停留在底层的种以瘦乳点水蚤为代表。②移动较明显类型。限于中层以上的种以芽笔帽螺、微刺哲水蚤和亚强次真哲水蚤为代表，主要密集于表层，但随昼夜变化，稍向上或向下移动，但一般限于中层以上的水层；限于中层以下的种以小突麦壳水蚤、柔弱磷虾为代表，主要密集于底层，但随昼夜变化，稍向上或向下移动，但一般限于中层以下的层次。③移动明显类型。这些种类分布在整个水层，随着昼夜的变化，密集的层次发生相应变化，如细角新哲水蚤、等刺隆剑水蚤和宽额假磷虾等种类。浮游动物的昼夜垂直移动是一个错综复杂的问题，必须根据实际情况或者具体类群或种类分析其昼夜移动的变化规律。

（一）毛颚类昼夜垂直移动

张谷贤和尹健强（2002）对 1997 年 11 月和 1999 年 4 月、7 月在南沙群岛海区 3 个昼夜连续测站采集的毛颚动物样品进行了研究。结果表明，这些水域毛颚动物的昼夜垂直移动可以被划分为 3 个类型：种类作显著移动、不作显著移动和仅在夜晚移动。昼夜垂直移动显著的种类又可被划分为：①种类在整个水柱移动；②种类在上层（0～60m）移动；③种类在中层（60～100m）移动。昼夜垂直移动不明显的种类又可被分为：①种类分布于上层（0～60m）；②种类分布于底层（100～200m）。还有的种类在白天下降或附着在海底物体上，仅在夜晚移动。光照、水温、食物和种类特征是影响南沙群岛海区毛颚动物昼夜垂直移动的重要因素。

1. 采样方法

中国科学院南沙综合科学考察队“实验 3”号调查船于 1997 年和 1999 年在南沙群岛海区进行了 3 次浮游动物昼夜连续垂直采集，本节对其所采集样品进行了分析研究。春季航次（1999 年 4 月）在渚碧礁直升机场旁边的观测站（水深小于 1.5m），使用我国沿岸水域海洋调查通用的浅水 I 型圆锥网（网口径 50cm、网目孔径 505μm、网总长 145cm）每隔 3h 从底至表进行垂直采集。夏季航次（1999 年 7 月）在南沙群岛海区西南部陆架水域调查站进行船尾抛锚作业，使用大型闭锁圆锥网（网口径 80cm、网目孔径 505μm、网总长 270cm）每隔 4h 进行一次垂直分层采集，采集层次为：0～30m、30～60m、60～100m、100～150m 和 150～200m。秋季航次（1997 年 11 月）与夏季同一水域进行船尾抛锚作业，也使用大型闭锁圆锥网每隔 3h 进行一次垂直分层采集，采集层次为：0～20m、20～40m、40～60m、60～90m、90～140m 和 140～200m。采得的样品立即用中性福尔马林固定保存，带回实验室在解剖镜下计数，统计各层次毛颚动物的单位水体个体数量，再求出其百分组成及总数量大于 30% 的密集层次，以探讨类群和各种类的昼夜垂直移动情况。

2. 毛颚动物总数量昼夜垂直移动

夏季毛颚动物总个体数量在黄昏前和午夜后一段时间分布于表层（0～30m），其余时间主要密集于次表层（30～60m），有时（如 20:00）也可达 60～100m 较深水层，可见 0～100m 水层是本类群的主要生活层次。在这一水体中，它的昼夜垂直移动呈双峰双谷型变化。这与以往春季（5 月）的调查结果，即白天下降、夜晚上升的单峰单谷型变化节律有明显差异。而 100m 以深水体，其数量通常占总水体数量的 15% 以下，个体密度随深度的增加而急剧减少；此外，这种比例和分布形式不随时间的改变而变化，昼夜垂直变化不显著。秋季毛颚动物个体总数量主要密集于 0～60m 水层，尤以 40～60m 水层分布数量较多，占总数量的 30% 以上（正午除外）。总体来看，60m 以浅水体的数量变化呈白天略上升、夜晚下降的趋势，昼夜垂直移动限于 0～60m 水层，与夏季限于 0～100m 水层差异较大。而 60m 以深水层的数量较少，所占比例不大（正午在 140～200m 层的比例偏大），这与夏季的情况有一定差异。与以往附近水域冬季 12 月的资料进行对比发现，昼夜垂直分布和变化差异明显。虽然在年度、月份、水深和采集层次等方面存在差异，但毛颚动物的昼夜垂直移动仍有许多相似之处。由此看出，这一水域毛颚动物总数量垂直分布总趋势大体相同，它们主要密集于 100m 以浅水层，昼夜垂直移动也主要在这一水体，尤其在 60m 以浅水体中移动；而 100m 以深各水层的数量则随深度的增加而急剧减少。此为这一水域毛颚动物总数量的垂直移动规律。

3. 毛颚动物昼夜垂直移动类型

夏、秋两季毛颚动物优势种仅有肥胖箭虫一个种，这与以前本海域的调查结果相同。肥胖箭虫不但数量多（常占本类群总个体数量的 50% 以上），而且分布广，在 0～100m 水体中的出现频率几乎是 100%。因此，它是本海域浮游动物的重要优势种之一。其他毛颚动物种类的数量一般较少，出现频率也较低。毛颚动物昼夜垂直移动类型可根据其昼夜垂直分布变化特点归纳为以下几个类型。

（1）移动显著型

移动显著型毛颚动物根据其昼夜垂直移动幅度大小及垂直分布位置，又可被分为以下 3 个类型：宽幅移动型、限于上层移动型和限于中层移动型。宽幅移动型的种数几乎分布于整个垂直水体中，其密集层次可随昼夜变化发生相应的变化。属于这一类型的种仅有夏季的太平洋箭虫。它在清晨后密集于60～100m水层，正午下降到次底层甚至底层，而在傍晚前开始迅速上升至次表层（30～60m），午夜后达到表层（0～30m），并在那里停留至凌晨才开始下降。昼夜垂直移动总趋势呈白天下降、夜晚上升的单峰单谷型变化。而在秋季，它的移动节律与夏季迥然不同，呈傍晚和清晨下降、正午和深夜上升的双峰双谷型变化节律。这与1975年春季（4月）本种在中沙群岛西门暗沙（水深40m）的昼夜垂直移动呈傍晚黎明上升、午夜白天下降的双峰型节律相比差异较显著，这反映了太平洋箭虫的昼夜垂直移动节律依季节、海区、水深等海洋环境因素而变化。限于上层移动型的种群数量主要密集于0～60m水层，在这一水层昼夜垂直移动较明显（个别时刻可向下一水层延续）。代表种有夏季的肥胖箭虫，它在傍晚前和午夜后密集于表层（0～30m），其余时间出现于次表层（30～60m），昼夜垂直移动呈双峰双谷型变化，与毛颚动物总数量的昼夜垂直变化保持一致。秋季虽然缺少0:00～9:00时的资料，但也可以看出肥胖箭虫在傍晚向下移动，并在40～60m水层形成高密度。这与1985年、1986年和1987年春季（5月）相近海域的情况差异明显。1985年它主要停留于0～20m水层，尤其是在清晨和深夜一段时刻最为显著；1986年它主要密集于0～50m水层；而1987年它却活跃于0～75m水层，昼夜垂直移动分别为白天上升、夜晚下降和白天下降、夜晚上升，均呈单峰单谷型变化，但后者的昼夜垂直移动强度较前者要显著得多。属于这一类型的种还有凶形箭虫及夏季的小型箭虫和秋季的六翼箭虫等。限于中层移动型以60～100m水层为主要密集中心，昼夜可向上或向下一水层移动。代表种有夏季的微箭虫，它主要生活于中层，清晨或黄昏后可移动至次表层，或在下午（秋季）移动到表层，无论夏季还是秋季，其移动均呈单峰单谷型变化。这种移动和分布变化形式，与1986年春季仅停留于50～100m水层相比差异较小，而与1985年5月仅停留在40～60m水层和1987年春季移动幅度很大（0～140m）差异相当显著。属于这一类型的种类还有太平洋撬虫和纤细撬虫，它们在夏季均为白天向下、夜晚向上一水层移动。

（2）昼伏夜出型

这一类型的种类白天附着在海底物体上，夜晚营浮游生活。属于这一类型的种类仅有锄虫属，它们仅见于1999年4月在渚碧礁浅滩水域的昼夜连续采集的夜晚样品中，其他水域和以往的南沙群岛调查海区均未发现。

（3）移动不明显型

这一类型的种类无论昼夜都停留于某一水层，仅个别时刻出现幅度很小的短暂移动。根据它们的分布特点，其又可被分为以下2个类型：停留于上层型和停留于下层型。停留于上层（0～60m）型的种有飞龙翼箭虫、规则箭虫和箭虫属幼体及秋季的小型箭虫等。前者在秋季主要数量出现于20～60m水层，尤其是40～60m层最常见；后三者主要分布于0～30m水层。值得一提的是，一些暖水性箭虫属幼体和年幼的个体常聚集于这一水体，尤其是0～30m水层，昼夜垂直移动不明显。停留于下层（100～200m）型的代表种有夏季的多变箭虫和秋季的琴形箭虫。它们主要生活于较深水层，有时也可向上一水层移动，尤其是它们较年幼的个体。

4. 南沙群岛海区毛颚动物昼夜垂直移动的影响因素

浮游动物的昼夜垂直移动是一个相当复杂的生态现象。它不但随海区、水深、水温、盐度、季节、天气、光照强度、食物及海洋理化环境条件而变化，而且这些因素也通过种类特性表现出昼夜垂直移动的多样性。昼夜垂直移动不但有利于浮游动物的生存和繁衍，还能促进海洋中不同层次物质和能量的转移。根据1997年和1999年南沙群岛海区0～100m水层浮游动物个体数量资料统计，桡足类占37.69%～47.30%，居首位；毛颚类占20.50%～25.38%，居第二位（尹健强等，2006）。可见毛颚动物的种类虽少，但其数量却很多，是本海区浮游动物的重要类群之一。此外，毛颚动物在海洋食物链中属第三级生产者，同时也是许多海洋经济鱼类的重要饵料之一。因此，研究其昼夜垂直移动无论在理论上还是实践上都有重要意义。根据本次调查结果，可归纳出影响毛颚动物昼夜垂直移动的因素，主要有光照强度、水温、食物和自身生态习性等方面。

光照强度是影响毛颚动物昼夜垂直移动的一个重要因素。本调查海域位于热带外海陆架边缘，受湄公河冲淡水、泰国湾和爪哇近海水的影响较小，海水清澈，透明度较高，光照强度大。调查结果表明，本类群总个体数量的昼夜垂直分布节律与光照强度的变化较为相似。尤其是昼夜移动呈白天下降、夜晚上升或黎明傍晚上升、白天下降的种类，与光照强度昼夜变化关系更为密切。例如，肥胖箭虫、太平洋箭虫、微箭虫、锄虫属和撬虫属的种类等，都属于这一类型。值得一提的是，锄虫属种类与光照强度的昼夜变化关系特别显著。从它们主要密集水层的昼夜变化和移动幅度来看，不同种类的背光性或趋弱光性强度存在一定差异。在一定条件下，不同种类的最适光照强度各不相同，这也是长期自然选择的结果。

水温对毛颚动物昼夜垂直移动也会产生一定的影响。现场水温资料显示，无论夏季还是秋季，上均匀层为0～30m，水温变化在28.9～29.4℃。30～150m水层为厚度较大的温跃层，水温变化在15.4～28.9℃。强温跃层位置及强度在夏、秋两季差异较大，秋季它出现在30～75m水层，强度大于0.17℃/m；而夏季出现在30～150m水层，强度较小，为0.9℃/m，其中在30～50m层次强度最大，达0.15℃/m。本调查结果表明，夏、秋两季毛颚动物总数量密集于0～60m水层，通常不超越强温跃层的下限（仅夏季午夜时刻出现超越）。而60m水深以下水体，它们的数量随深度的增加而大幅减少。值得一提的是，在0～60m水层常聚集着大量毛颚动物幼体和第一、第二期较年幼的个体，如肥胖箭虫第一期个体夏季主要密集于0～30m水层，秋季采集时由于天气和海况突变而向40～60m水层转移。显然，温暖的水体有利于暖水性种类如肥胖箭虫、规则箭虫和小型箭虫等种类及其年幼个体的生存发展。而温跃层的存在对这些种类的昼夜垂直移动起着一定的阻碍作用，这与一些学者的研究结果相似（陈清潮等，1978b，1989；陈清潮和张谷贤，1987）。与此相反，一些个体较大、肌肉相对发达、游泳能力较强的种类或个体，如太平洋箭虫等，适应较大幅度的温度变化，可轻易地穿过温跃层，从表至底进行大幅度昼夜垂直移动。遗憾的是，以上研究的垂直移动只限于0～200m水层，尽管这个海域的水深可以达到1000m以深。

毛颚动物类群以浮游动物如桡足类、介形类、磷虾幼体、鱼卵、仔稚鱼和它们的同类为食物，尤其是以桡足类为主要摄食对象（陈亚瞿和朱启琴，1983；郑重等，1984）。在采集样品过程中，常可见到毛颚动物类群肠胃内尚未消化完全或完整的小、中型桡足类。例如，肥胖箭虫吞食红纺锤水蚤、拟哲水蚤和亚强次真哲水蚤等优势种。研究浮游动物数量分布和变化可知，毛颚动物数量密集层次与桡足类的密集水层较为相似。例如，1987年5月，肥胖箭虫主要密集于0～75m水层，进行白天下降、夜晚上升的昼夜垂直移动，与当时出现的优势种普通波水蚤和达氏筛哲波水蚤等的昼夜垂直变化较相似。显然，最佳食物源的分布是决定毛颚类昼夜垂直移动的重要因素之一。

不同种类的毛颚动物对昼夜及其他外部环境因素变化的反应存在一定的差异。例如，锄虫属种类习惯于半底栖半浮游生活，营昼伏夜出的移动节律。许多暖水性种类，如规则箭虫、小型箭虫、飞龙翼箭虫和肥胖箭虫第一期年幼个体等，个体较为短小，游泳能力较差，常聚集于水温较高、盐度较低和光照强度较大的上层水体，随昼夜进行不同幅度的垂直移动。而一些习惯生活于较深水层的种类，如琴形箭虫和多变箭虫等，适应于较黑暗、较低水温及较高盐度的环境，昼夜垂直移动表现不明显。以上结果反映了不同种类和不同发育期个体对生存环境的选择既有同一性，也有更多的特殊性和多样性。

珊瑚礁为许多鱼类尤其是珊瑚礁鱼类提供良好的栖息和繁衍场所。南沙群岛珊瑚礁浅水栖息着形态各异、生活习性多样的海洋生物，其中捕食性和滤食性动物十分丰富。由潮汐和海流带来的浮游动物因珊瑚礁浅水动物尤其是鱼类的捕食“过滤”作用，数量大幅减少尤，其在白天最为显著，其中饵料浮游动物几乎“全军覆没”。这是造成渚碧礁浅水白天毛颚类种类及其数量降为全天最低的主要原因之一；夜晚由于捕食者难于在黑暗的环境中觉察到它们，而保留较多的细小个体如箭虫属幼体。昼伏夜出的锄虫属种类个体更为短小，体长仅在 2.3mm 左右，捕食者较难发现，因此得以在不利的环境中生存发展。

综上所述，南沙群岛海域毛颚动物的昼夜垂直移动主要是由光照强度、水温、食物、种类习性、种类的年龄和个体大小、捕食者及天气等多种内外限制因素综合效应的结果。不同性质的种类或同一种类的不同发育期对这些限制因子的反应有相似的一面，但更多的是有明显差异。这些差异有利于它们的生存和世代交替，也是物种长期自然选择的结果。毛颚动物种类昼夜垂直移动的多样性，对海洋食物链和热带海洋生物的多样性有着极其重要的贡献。毛颚动物的昼夜垂直移动机理过程相当复杂，这要通过大量生理生态实验和实践观察加以研究。

（二）其他浮游动物类群昼夜垂直移动

磷虾类的昼夜垂直移动是一个十分普遍又相当复杂的行为，这种行为是多种因素综合影响的结果。它不但随海区、深度、季节、天气、食物及其他环境条件如温度、盐度、内波、含氧量等外因而变化，同时这些外因也通过种类的内因，如年龄、性别、生理等各种特性而反映出昼夜垂直移动的变化。磷虾类的昼夜垂直移动，不但改变周围生物环境，也会引起其他摄食浮游生物鱼类进行相应移动，而这些鱼类如带鱼、鲱鱼、鲐鱼等均系捕捞的重要对象。了解南沙群岛海区磷虾类数量分布和昼夜变化规律，在理论和实践上都有重要意义。南沙群岛海区磷虾各种类的昼夜垂直移动形式出现多样化，与种类的特性、年龄、光照强度、温度、盐度、食物、敌害有密切关系。磷虾类垂直移动幅度还与其食性有关，杂食性种类如柔弱磷虾的上下活动范围要比植食性种类如隆柱螯磷虾等大（张谷贤和陈清潮，1991）。

南沙群岛海区调查深水站浮游介形类垂直分布资料表明，介形类的丰度一般随深度的增加而递减，而种数不随深度的增加而减少，介形类的昼夜垂直移动也可被分为移动显著、移动微弱和移动不显著三个类型。移动显著者可在整个水柱移动；移动微弱者仅限于上均匀层以下水柱移动，移动幅度较小；移动不显著者依种类不同而栖息于不同水层，在南沙群岛海区浮游介形类中以移动微弱和不显著的种类占多数，这可能与调查区内水深较浅有关。此外，温度变化与介形类体型大小的内在因素也是影响介形类昼夜垂移动的重要因素。据现场观测，水温随深度的变化剧烈，在水深30～100m有明显的温跃层存在，温跃层的出现阻碍了介形类的昼夜垂直移动，多数种因个体较小（一般少于2mm），行动能力微弱，上升时不能穿越温跃层的上界而到达表层，这可能是多数种在40m以下水层移动或栖息，不上升到表层的主要原因，个别种如蓬松椭萤个体较大（2.6～3.8mm），行动能力较强，可以穿越温跃层的上界而上升至表层，个别表层种如细长真浮萤不能穿越温跃层的下界而下降到较深水层。介形类的昼夜垂直移动是对周围环境如光照、温度和水深等外界调节综合反应的结果，不同种类表现出不同的移动方式（尹健强和陈清潮，1991）。

南沙海区糠虾类在夜间无论数量或种数均较白天高，糠虾类总数量昼夜垂直移动表现为夜晚上升、白天下降的形式，在表层晚上数量显著高于白天，在次表层及中层白天数量高于晚上，在底层无论白天还是夜晚的数量均很低。南沙群岛海区浮游动物物种多样性高，种类组成复杂，今后对南沙群岛海区浮游动物的垂直分布和昼夜垂直移动的研究需要不断拓展和深入。

主要参考文献

毕洪生，孙松，高尚武，等．2001a. 渤海浮游动物群落生态特征 II: 数量分布及变动．生态学报，21(2): 177-185.

毕洪生，孙松，高尚武，等．2001b. 渤海浮游动物群落生态特征 III: 部分浮游动物数量分布和季节变动．生态学报，21(4): 510-518.

蔡秉及，郑 重．1965. 中国东南沿海莹虾类的分类研究．厦门大学学报，12(2): 111-122.

蔡秉及．1990. 大亚湾枝角类的丰度 // 国家海洋局第三海洋研究所．大亚湾海洋生态文集 (II). 北京：海洋出版社：367-373.

蔡尚湛，宣莉莉，邱云，等．2013. 夏季琼东、粤西沿岸上升流研究．海洋学报，35(4): 11-18.

蔡艳雅，韩舞鹰，吴林兴．1997. 南沙群岛珊瑚礁潟湖的有机碳研究 // 中国科学院南沙综合科学考察队．南沙群岛珊瑚礁潟湖化学与生物学研究．北京：海洋出版社：33-37.

曹文清，林元烧，杨青，等．2006. 我国中华哲水蚤生物学研究进展．厦门大学学报 (自然科学版), 45(A02): 54-61.

陈畅，傅亮，毕乃双，等．2018. 南海西沙永乐龙洞浮游动物的群落组成及昼夜垂直分布特征．海洋与湖沼，49(3): 594-603.

陈洪举．2010. 黄、东海浮游动物群落结构和多样性研究．中国海洋大学博士学位论文．

陈峻峰，左涛，王秀霞．2013. 南黄海浮游动物主要种数量分布年间比较．海洋学报，35(6): 195-203.

陈清潮，沈嘉瑞．1974. 南海的浮游桡足类 II．海洋科学集刊，9: 125-137.

陈清潮，尹健强．1982. 黄岩环礁的浮游动物 // 中国科学院南海海洋研究所．南海海区综合调查研究报告 (一). 北京：科学出版社：273-277.

陈清潮，张谷贤，陈柏云．1978a. 西沙、中沙群岛周围海域浮游动物的平面分布和垂直分布 // 中国科学院南海海洋研究所．我国西沙、中沙群岛海域海洋生物调查研究报告集．北京：科学出版社：63-74.

陈清潮，张谷贤，陈柏云．1978b. 西沙、中沙群岛浅滩浮游动物的昼夜垂直移动 // 中国科学院南海海洋研究所．我国西沙、中沙群岛海域海洋生物调查研究报告集．北京：科学出版社：75-80.

陈清潮，张谷贤，陈柏云．1978c. 西沙、中沙群岛周围海域主要浮游动物群落特征 // 中国科学院南海海洋研究所．我国西沙、中沙群岛海域海洋生物调查研究报告集．北京：科学出版社：81-84.

陈清潮，张谷贤，尹健强．1989. 浮游动物 // 中国科学院南沙综合科学考察队．南沙群岛及其邻近海区综合调查研究报告 (一). 上卷．北京：科学出版社：659-707.

陈清潮，张谷贤．1985. 珠江口海区浮游动物的含碳量 // 广东省海岸带和海涂资源综合调查领导小组办公室．珠江口海岸带和海涂资源综合调查研究文集 (三). 广州：广东科技出版社：6-8.

陈清潮，张谷贤．1987. 曾母暗沙海区的海洋生物：浮游动物的昼夜垂直移动 // 中国科学院南海海洋研究所．曾母暗沙：中国南疆综合调查研究报告．北京：科学出版社：146-155.

陈清潮，章淑珍，朱长寿．1974. 黄海和东海的浮游桡足类 II．剑水蚤目和猛水蚤目．海洋科学集刊，9: 27-76.

陈清潮，章淑珍．1965. 黄海和东海的浮游桡足类 I. 哲水蚤目．海洋科学集刊，7: 20-131.

陈清潮，章淑珍．1974. 南海浮游桡足类 I. 海洋科学集刊，9: 101-116.

陈清潮．1964. 中华哲水蚤的繁殖、性比率和个体大小的研究．海洋与湖沼，6(3): 272-288.

陈清潮．1982. 南海中部海域浮游生物的初步研究 // 中国科学院南海海洋研究所．南海海区综合调查研

究报告 (一). 北京 : 科学出版社 : 199-216.
陈清潮 . 1983. 南海的浮游桡足类 III// 中国科学院南海海洋研究所 . 南海海洋生物研究论文集 (一). 北京 : 海洋出版社 : 133-138.
陈清潮 . 1991. 南沙群岛及其邻近海区浮游介形类的种类、动物区系和动物地理 // 中国科学院南沙综合科学考察队 . 南沙群岛海区海洋动物区系和动物地理研究专集 . 北京 : 海洋出版社 : 64-139.
陈清潮 . 1992. 南沙群岛海区综合科学考察取得一批重要成果 . 中国科学院院刊 , 7(3): 251-253.
陈清潮 . 2003. 南沙群岛海区生物多样性名典 . 北京 : 科学出版社 .
陈清潮 . 2008. 桡足亚纲 // 刘瑞玉 . 中国海洋生物名录 . 北京 : 科学出版社 : 608-635.
陈清潮 . 2011. 南海生物多样性的保护 . 生物多样性 , 19(6): 834.
陈清潮 . 2012. 南海特定生境的生物海洋学特征 // 孙松 . 中国区域海洋学 : 生物海洋学 . 北京 : 海洋出版社 .
陈瑞祥 , 蔡秉及 , 林茂 , 等 . 1988. 南海中部海域浮游动物的垂直分布 . 海洋学报 , 10(3): 337-341.
陈瑞祥 , 林景宏 . 1993. 南海中部海域浮游介形类的生态研究 . 海洋学报 , 15(6): 91-98.
陈亚瞿 , 徐兆礼 , 王云龙 , 等 . 1995. 长江口河口锋区浮游动物生态研究 I: 生物量及优势种的平面分布 . 中国水产科学 , 2(1): 49-58.
陈亚瞿 , 徐兆礼 , 杨元利 . 2003a. 黄海南部及东海中小型浮游桡足类生态学研究 II: 种类组成及群落特征 . 水产学报 , 27(B09): 9-15.
陈亚瞿 , 徐兆礼 , 赵文武 . 2003b. 黄海南部及东海中小型浮游桡足类生态学研究 III: 优势种 . 水产学报 , 27(B09): 16-22.
陈亚瞿 , 朱启琴 . 1983. 东海西部 (夏季) 几种浮游动物的昼夜垂直移动 // 中国海洋湖沼学会 . 第二次中国海洋湖沼科学会议论文集 . 北京 : 科学出版社 : 374.
程旭华 , 齐义泉 , 王卫强 . 2005. 南海中尺度涡的季节和年际变化特征分析 . 热带海洋学报 , 24(4): 51-59.
代鲁平 . 2016. 基于图像分析技术的浮游动物群落结构研究 : 从中国近海到邻近西太平洋 . 中国科学院大学博士学位论文 .
戴燕玉 . 1995. 南海中部翼足类和异足类生态的初步研究 . 海洋学报 , 17(6): 111-116.
戴燕玉 . 1996. 南海中部毛颚类的生态研究 . 海洋学报 , 18(4): 131-136.
杜飞雁 , 李纯厚 , 廖秀丽 , 等 . 2006. 大亚湾海域浮游动物生物量变化特征 . 海洋环境科学 , 25(A01): 37-39.
杜飞雁 , 王雪辉 , 谷阳光 , 等 . 2014. 南沙群岛西南大陆斜坡海域浮游动物的垂直分布 . 海洋学报 , 36(6): 94-103.
杜飞雁 , 王雪辉 , 贾晓平 , 等 . 2013. 大亚湾海域浮游动物种类组成和优势种的季节变化 . 水产学报 , 37(8): 1213-1219.
杜飞雁 , 王雪辉 , 林昭进 . 2015. 南沙群岛美济礁海域夏季浮游动物群落特征 . 生态学报 , 35(4): 1014-1021.
方文东 , 郭忠信 , 黄羽庭 . 1997. 南海南部海区的环流观测研究 . 科学通报 , 42(21): 2264-2271.
龚玉艳 , 杨玉滔 , 范江涛 , 等 . 2017. 南海北部陆架斜坡海域夏季浮游动物群落的空间分布 . 南方水产科学 , 13(5): 8-15.
龚玉艳 , 杨玉滔 , 孔啸兰 , 等 . 2018. 南海北部陆坡海域瓦氏眶灯鱼的渔业生物学特征 . 中国水产科学 , 25(5): 1091-1101.
管秉贤 , 袁耀初 . 2006. 中国近海及其附近海域若干涡旋研究综述 I. 南海和台湾以东海域 . 海洋学报 , 28(3): 1-16.
管秉贤 . 1978. 南海暖流 : 广东外海一支冬季逆风流动的海流 . 海洋与湖沼 , 9(2): 117-127.

管秉贤 . 1998. 南海暖流研究回顾 . 海洋与湖沼 , 29(3): 323-329.
郭沛涌 , 沈焕庭 , 刘阿成 , 等 . 2003. 长江河口浮游动物的种类组成、群落结构及多样性 . 生态学报 , 23(5): 892-900.
郭忠信 , 方文东 , 陈福培 , 等 . 2000. 南沙群岛海域的环流及主要海流 : 1993-1994 年南沙综合科学考察的一个结果 . 北京 : 科学出版社 : 1-24.
国家海洋局 . 1988. 南海中部海域环境资源综合调查报告 . 北京 : 海洋出版社 .
国家海洋局第三海洋研究所 . 1984. 西太平洋热带水域浮游生物论文集 . 北京 : 海洋出版社 .
国家海洋局第三海洋研究所 . 1990. 大亚湾海洋生态文集 (II). 北京 : 海洋出版社 : 719-729.
国家技术监督局 . 1991. 海洋调查规范 第 6 部分 : 海洋生物调查 (GB/T 12763). 北京 : 中国标准出版社 : 6-91.
韩舞鹰 , 王明彪 , 马克美 . 1990. 我国夏季最低表层水温海区 : 琼东上升流区的研究 . 海洋与湖沼 , 21(3): 267-275.
郝彦菊 , 唐丹玲 , 2010. 大亚湾浮游植物群落结构变化及其对水温上升的相应 . 生态环境学报 , 19(8): 1794-1800.
洪华生 , 丘书院 , 阮五崎 , 等 . 1987. 闽南 - 台湾浅滩渔场上升流区生态系研究 (下). 北京 : 科学出版社 : 432-618.
洪华生 , 商少凌 , 张彩云 , 等 . 2005. 台湾海峡生态系统对海洋环境年际变动的响应分析 . 海洋学报 , 27(2): 63-69.
洪旭光 , 张锡烈 , 俞建銮 , 等 . 2001. 东海北部黑潮区浮游动物的多样性研究 . 海洋学报 , 1: 139-142.
黄邦钦 , 洪华生 , 柯林 , 等 . 2007. 珠江口分粒级叶绿素 *a* 和初级生产力研究 . 海洋学报 , 27(6): 180-186.
黄邦钦 , 柳欣 . 2015. 边缘海浮游生态系统对生物泵的调控作用 . 地球科学进展 , 30(3): 385-395.
黄创俭 , 陈清潮 , 黄良民 . 1991. 珠江口哲水蚤桡足类肠含物荧光分析 . 海洋科学 , 3: 60-64.
黄德练 . 2017. 南海东北部鱼类浮游生物组成和分布及其对黑潮入侵的响应 . 中国科学院大学博士学位论文 .
黄洪辉 , 林钦 , 王文质 , 等 . 2005. 大亚湾海水鱼类网箱养殖对水环境的影响 . 南方水产 , 1(3): 9-17.
黄晖 , 尤丰 , 练健生 , 等 . 2011. 西沙群岛海域造礁石珊瑚物种多样性与分布特点 . 生物多样性 , 19(6): 710.
黄加祺 , 李少菁 , 陈钢 . 2002. 台湾海峡及其邻近海域中华哲水蚤的分布和繁殖 . 海洋科学集刊 , 44: 95-100
黄加祺 , 郑重 . 1986. 温度和盐度对厦门港几种桡足类存活率的影响 . 海洋与湖沼 , 17(2): 161-167.
黄加祺 . 1983. 九龙江口大、中型浮游动物的种类组成和分布 . 厦门大学学报 (自然科学版), 22(1): 88-95.
黄金森 . 1980. 南海黄岩岛的一些地质特征 . 海洋学报 , 2(2): 112-123.
黄良民 , 陈清潮 , 陈东娇 , 等 . 1995a. 珠江虎门附近水域基础生物量与环境关系初步研究 // 黄创俭 , 朱嘉濠 , 陈清潮 , 等 . 珠江及沿岸环境研究 . 广州 : 广东省高等教育出版社 : 5-12.
黄良民 , 陈清潮 , 黄创俭 , 等 . 1995b. 珠江口内初级与次级生产的关系初探 // 黄创俭 , 朱嘉濠 , 陈清潮 , 等 . 珠江及沿岸环境研究 . 广州 : 广东省高等教育出版社 : 13-24.
黄良民 , 陈清潮 , 尹健强 , 等 . 1997a. 珠江口及邻近海域环境动态与基础生物结构初探 . 海洋环境科学 , 16(3): 1-7.
黄良民 , 沈萍萍 , 刘春杉 , 等 . 2017. 广东省近海海洋综合调查与评价总报告 . 北京 : 海洋出版社 .
黄良民 , 谭烨辉 , 宋星宇 , 等 . 2020. 南沙群岛海区生态过程研究 . 北京 : 科学出版社 .
黄良民 , 尹建强 , 陈清潮 . 1997b. 南沙群岛海区初级生产力和浮游动物研究 10 年 // 中国科学院南沙综合科学考察队 . 南沙群岛海区生态过程研究 (一). 北京 : 科学出版社 : 143-149.

黄良民，张偲，王汉奎，等 . 2007. 三亚湾生态环境与生物资源 . 北京：科学出版社 .
黄良民 . 1997. 南沙群岛海区生态过程研究 (一). 北京：科学出版社 .
黄企洲，方文东，陈荣裕 . 2001. 南沙群岛海区西南季风变化与表层流结构和演变关系的探讨 . 热带海洋学报，20(1): 18-26.
黄企洲，王文质，李毓湘，等 . 1992. 南海海流和涡旋概况 . 地球科学进展，7(5): 1-9.
黄小平，黄良民，宋金明，等 . 2019. 营养物质对海湾生态环境影响的过程与机理 . 北京：科学出版社 .
金德祥 . 1935. 厦门浮游动物 - 鱼类的食物 - 分布的概况 . 岭南农刊，1(2): 92-106.
雷铭泰，刘承松，林铁军 . 1985. 珠江河口区浮游甲壳类资源的研究 // 广东省海岸带和海涂资源综合调查领导小组办公室 . 珠江口海岸带和海涂资源综合调查研究文集 (三). 广州：广东科技出版社 : 9-16.
李斌，陈国宝，郭禹，等 . 2016. 南海中部海域渔业资源时空分布和资源量的水声学评估 . 南方水产科学，12(4): 28-37.
李超伦，王荣，王克 . 2000. 潍河口浮游动物优势种的肠道色素含量分析及其对浮游植物的摄食压力 . 海洋水产研究，21(2): 27-33.
李超伦，王荣 . 2000. 莱州湾夏季浮游桡足类的摄食研究 . 海洋与湖沼，31(1): 15-2.
李纯厚，贾晓平，蔡文贵 . 2004. 南海北部浮游动物多样性研究 . 中国水产科学，11(2): 139-146.
李纯厚，徐姗楠，杜飞雁，等 . 2015. 大亚湾生态系统对人类活动的响应及健康评价 . 中国渔业质量与标准，5(1): 1-10.
李开枝，柯志新，王军星，等 . 2022. 西沙群岛珊瑚礁海域浮游动物群落结构初步分析 . 热带海洋学报，41(2): 121-131.
李开枝，任玉正，柯志新，等 . 2021. 南海东北部陆坡区中上层浮游动物的垂直分布 . 热带海洋学报，40(2): 61-73.
李开枝，谭烨辉，黄良民，等 . 2013. 珠江口浮游桡足类摄食研究 . 热带海洋学报，31(6): 90-96.
李开枝，尹健强，黄良民，等 . 2005. 珠江口浮游动物的群落动态及数量变化 . 热带海洋学报，24(5): 60-68.
李开枝，尹健强，黄良民，等 . 2010. 琼东海域住筒虫属 (*Fritillaria*) 的种类描述及其数量分布 . 海洋学报，32(5): 76-86.
李开枝，尹健强，黄良民，等 . 2012. 珠江口伶仃洋海域底层游泳动物的季节变化 . 生态科学，31(1): 1-7.
李新正，李宝泉，王洪法，等 . 2007. 南沙群岛渚碧礁大型底栖动物群落特征 . 动物学报，53(1): 83-94.
李亚芳，杜飞雁，王亮根，等 . 2016. 南海中沙西沙海域海樽类群落结构特征研究 . 南方水产科学，12(4): 64-70.
连光山，林玉辉，蔡秉及，等 . 1990. 大亚湾浮游动物群落的特征 // 国家海洋局第三海洋研究所 . 大亚湾海洋生态文集 (II). 北京：海洋出版社 : 274-281.
连光山，钱宏林，1984. 西太平洋热带水域浮游生物论文集 . 北京：海洋出版社 : 118-205.
连喜平，谭烨辉，黄良民，等 . 2011. 大亚湾大中型浮游动物的时空变化及其影响因素 . 海洋环境科学，30(5): 640-645.
连喜平，谭烨辉，刘永宏，等 . 2013a. 两种浮游生物网对南海北部浮游动物捕获效率的比较 . 热带海洋学报，32(3): 33-39.
连喜平，谭烨辉，刘永宏，等 . 2013b. 吕宋海峡浮游动物群落结构的初步研究 . 生物学杂志，30(1): 31-35+42.
连喜平 . 2012. 南海北部浮游动物群落结构及其中长期变化研究 . 中国科学院大学博士学位论文 .
廖彤晨，尹健强，李开枝，等 . 2020. 南海西北部夏冬季浮游介形类的分布及其影响因素 . 热带海洋学报，39(2): 77-87.
林景宏，陈明达，陈瑞祥 . 1996. 东海浮游介形类对海流、水团的指示作用 . 海洋学报，(3): 86-91.

林景宏，陈瑞祥，1994. 南海中部浮游端足类的分布. 海洋学报，16(4): 113-119.
林茂，张金标. 1987. 南海中部深水域两种深水浅室水母的记述. 海洋通报，6(2): 105-106.
林茂. 1990. 大亚湾海樽类的生态研究 // 国家海洋局第三海洋研究所. 大亚湾海洋生态文集 (II). 北京：海洋出版社：390-396.
林茂. 1992. 南海中部管水母类生态的初步研究. 海洋学报，14(2): 99-105.
林锡贵，张庆荣. 1990. 南沙及其邻近海区的天气气候特征. 热带海洋. 9(1): 9-16.
林玉辉，连光山. 1989. 大亚湾核电站出水口水域浮游桡足类的昼夜垂直移动 // 国家海洋局第三海洋研究所. 大亚湾海洋生态文集. 北京：海洋出版社：123-129.
林元烧，李松. 1984. 厦门港中华哲水蚤生活周期的初步研究. 厦门大学学报 (自然科学版), 23(1): 111-117.
刘承松，林铁军，陈婉颜，等. 1985. 珠江口海洋甲壳动物的生化成分 // 广东省海岸带和海涂资源综合调查领导小组办公室. 珠江口海岸带和海涂资源综合调查研究文集 (三). 广州：广东科技出版社：16-23.
刘岱，应轲臻，蔡中华，等. 2021. 大亚湾西南海域尖笔帽螺 2020 年 7 月暴发期内的分布特征. 52(6): 1438-1447.
刘明东. 2022. 基于声散射的南海北部浮游动物生物量时变特征研究. 青岛：自然资源部第一海洋研究所硕士学位论文.
刘瑞玉. 2008. 中国海洋生物名录. 北京：科学出版社.
刘长建，庄伟，夏华永，等. 2012. 2009-2010 年冬季南海东北部中尺度过程观测. 海洋学报，34(1): 8-16.
陆健健. 2003. 河口生态学. 北京：海洋出版社.
马应良. 1989. 珠江口海域环境质量和保护对策. 海洋环境科学，8(4): 65-69.
齐占会，史荣君，戴明，等. 2021. 尖笔帽螺 (*Creseis acicula*) 研究进展及其在大亚湾暴发机制初探. 热带海洋学报，40(5): 147-152.
钱宏林，黄亚如，欧强，等. 1990. 黄岩岛及邻近海域浮游动物. 暨南大学研究生学报，6(2): 81-84.
邱章，黄企洲. 1989. 温盐度分布及水团的初步分析 // 中国科学院南沙综合科学考察队. 南沙群岛及其邻近海区综合调查研究报告 (一). 下卷. 北京：科学出版社：334-352.
沈国英，黄凌风，郭丰，等. 2010. 海洋生态学 (第三版). 北京：科学出版社：233-238.
沈国英，施并章. 2002. 海洋生态学. 北京：科学出版社：37-46.
沈寿彭，陈雪梅，李楚璞，等.1999. 大亚湾西南部浮游动物的分布特点. 大亚湾生态系统研究 (一). 北京：气象出版社：73-95.
沈寿彭. 1982. 黄岩岛珊瑚礁生态 // 中国科学院南海海洋研究所. 南海海区综合调查研究报告 (一). 北京：科学出版社：301-308.
施玉珍，赵辉，王喜达，等. 2019. 珠江口海域营养盐和叶绿素 *a* 的时空分布特征. 广东海洋大学学报，39(1): 56-65.
时翔，王汉奎，谭烨辉，等. 2007. 三亚湾浮游动物数量分布及群落特征的季节变化. 海洋通报，26(4): 42-49.
时永强，孙松，李超伦，等. 2016. 初夏南黄海浮游动物功能群丰度年际变化. 海洋与湖沼，(1): 1-8.
舒业强，王强，俎婷婷. 2018. 南海北部陆架陆坡流系研究进展. 中国科学：地球科学，48(3): 276-287.
宋盛宪. 1991. 珠江口浮游生物的初步研究. 海洋渔业，13(1): 24-27.
宋星宇，黄良民，钱树本，等. 2002. 南沙群岛邻近海区春夏季浮游植物多样性研究. 生物多样性，10(3): 258-268.
苏纪兰. 2005. 南海环流动力机制研究综述. 海洋学报，27(6): 1-8.

孙栋，王春生. 2017. 深远海浮游动物生态学研究进展. 生态学报, 37(10): 3219-3231.
孙鸿烈. 2005. 中国生态系统(上册). 北京：科学出版社: 831-846.
孙剑，侯立培，谢巨伦. 2006. 吕宋海峡黑潮季节变化初步分析. 海洋预报, 23: 60-63.
孙军，刘东艳，冯士筰. 2003. 近海生态系统动力学研究中浮游植物采样及分析策略. 海洋与湖沼, 34(2): 224-232.
孙松，李超伦，张光涛，等. 2011. 胶州湾浮游动物群落长期变化. 海洋与湖沼, 42(5): 625-631.
孙松，王荣，张光涛，等. 2002. 黄海中华哲水蚤度夏机制初探. 海洋与湖沼, 33(浮游动物研究专辑): 92-99.
孙晓霞，孙松. 2014. 海洋浮游生物图像观测技术及其应用. 地球科学进展, 29(6): 748-755.
谭烨辉，黄良民，董俊德，等. 2004. 三亚湾秋季桡足类分布与种类组成及对浮游植物现存量的摄食压力. 热带海洋学报, 23(5): 17-24.
田向平. 1986. 珠江口伶仃洋最大浑浊带研究. 热带海洋, 5(2): 27-35.
王翠，郭晓峰，方婧，等. 2018. 闽浙沿岸流扩展范围的季节特征及其对典型海湾的影响. 应用海洋学学报, 37(1): 1-8.
王东晓，王强，蔡树群，等. 2019. 南海中深层动力格局与演变机制研究进展. 中国科学D辑：地球科学, 49(12): 1919-1932.
王军星. 2015. 南海微微型浮游植物时空分布及主要影响因素研究. 中国科学院大学博士学位论文.
王克，王荣，高尚武. 2001. 东海浮游动物昼夜垂直移动的初步研究. 海洋与湖沼, 32(5): 534-540.
王崚力，胡思敏，郭明兰，等. 2020. 三亚湾肥胖软箭虫成体与幼体现场摄食差异研究. 热带海洋学报, 39(3): 57-65.
王荣，范春雷. 1997. 东海浮游桡足类的摄食活动及其对垂直碳通量的贡献. 海洋与湖沼, 27(4): 579-587.
王荣，王克. 2003. 两种浮游生物网捕获性能的现场测试. 水产学报, 27(B09): 98-102.
王友绍，王肇鼎，黄良民. 2004. 近20年来大亚湾生态环境的变化及其发展趋势. 热带海洋学报, 23(5): 85-95.
王友绍. 2014. 大亚湾生态环境与生物资源. 北京：科学出版社.
王云龙，沈新强，李纯厚，等. 2005. 中国大陆架及邻近海域浮游生物. 上海：上海科学技术出版社: 172-316.
魏晓，高红芳. 2015. 南海中部海域夏季水团温盐分布特征. 海洋地质前沿, 31(8): 25-40.
吴成业，张建林，黄良民. 2001. 南沙群岛珊瑚礁潟湖及附近海区春季初级生产力. 热带海洋学报, 20(3): 59-67.
吴林兴，王汉奎，林洪瑛，等. 2001. 南沙群岛渚碧礁理化环境特征. 热带海洋学报, 20(3): 1-7.
吴日升，李立. 2003. 南海上升流研究概述. 台湾海峡, 22(2): 269-277.
谢福武，宋星宇，谭烨辉，等. 2019. 模拟升温和营养盐加富对大亚湾浮游生物群落代谢的影响. 热带海洋学报, 38(2): 48-57.
徐恭昭. 1989. 大亚湾环境与资源. 合肥：安徽科学技术出版社.
徐锡祯. 1982. 南海中部的温、盐、密度分布及其水团分析特征 // 中国科学院南海海洋研究所. 南海海区综合调查研究报告(一). 北京：科学出版社: 119-127.
徐兆礼. 2006. 中国海洋浮游动物研究的新进展. 厦门大学学报(自然科学版), 45(A02): 16-23.
徐兆礼. 2011. 中国近海浮游动物多样性研究的过去和未来. 生物多样性, 19(6): 635-645.
徐兆礼，陈亚瞿. 1989. 东黄海秋季浮游动物优势种聚集强度与鲐鲹渔场的关系. 生态学杂志, 8(4): 13-15.

许红，史国宁，廖宝林，等 . 2021. 中国海洋的珊瑚 - 珊瑚礁：南海中央区珊瑚 - 珊瑚礁生物多样性特征 . 古地理学报，23(4): 771-788.
许金电，蔡尚湛，宣莉莉，等 . 2014. 粤东至闽南沿岸海域夏季上升流的调查研究 . 热带海洋学报，33(2): 1-9.
许振祖，黄加棋，王文樵 . 1985. 厦门港水母类昼夜垂直移动的初步研究，24(4): 501-507.
许振祖，张金标 . 1964. 福建沿海水母类的调查研究：II . 南部沿海水螅水母，管水母和栉水母类的分类 . 厦门大学学报 (自然科学版)，26(2): 120-149.
杨干然 . 1986. 珠江河口的动力特征与河口发展趋势 // 广东省海岸带和海涂资源综合调查领导小组办公室 . 珠江口海岸带和海涂资源综合调查研究文集 (四). 广州：广东科技出版社：101-115.
杨关铭，何德华，王春生，等 . 1999a. 台湾以北海域浮游桡足类生物海洋学特征的研究 I: 数量分布 . 海洋学报，21(4): 78-86.
杨关铭，何德华，王春生，等 . 1999b. 台湾以北海域浮游桡足类生物海洋学特征的研究 II: 群落特征 . 海洋学报，21(6): 72-80.
杨关铭，何德华，王春生，等 . 2000. 台湾以北海域浮游桡足类生物海洋学特征的研究III . 指示性种类 . 海洋学报，22(1): 93-101.
杨海军，刘秦玉 . 1998. 南海海洋环流研究综述 . 地球科学进展，13(4): 364-368.
杨璐，刘捷，张健，等 . 2018. 渤海湾浮游动物群落变化及其与环境因子的关系 . 海洋学研究，36(1): 93-101.
杨仕瑛，鲍献文，陈长胜，等 . 2003. 夏季粤西沿岸流特征及其产生机制，海洋学报，25(6): 1-8.
杨位迪，郑连明，李伟巍，等 . 2018. 长江口邻近海域夏季大中型浮游动物物种多样性、年际变化及其影响因素 . 厦门大学学报 (自然科学版)，57(4): 517-525.
杨潇霄，曹海锦，经志友 . 2021. 南海上层海洋次中尺度过程空间差异和季节变化特征 . 热带海洋学报，40(5): 10-24.
杨阳，李锐祥，朱鹏利，等 . 2014. 珠江冲淡水季节变化及动力成因 . 海洋学报，33: 36-44.
杨宇峰，王庆，陈菊芳，等 . 2006. 河口浮游动物生态学研究进展 . 生态学报，26(2): 576-585.
业治铮，何起祥，张明书，等 . 1985. 西沙群岛岛屿类型划分及其特征的研究 . 海洋地质与第四纪地质，5(1): 1-13.
尹健强，陈清潮，谭烨辉，等 . 2003. 南沙群岛渚碧礁春季浮游动物群落特征 . 热带海洋学报，22(6): 1-8.
尹健强，陈清潮，张谷贤，等 . 2006. 南沙群岛海区上层浮游动物种类组成与数量的时空变化 . 科学通报，51(S3): 129-138.
尹健强，陈清潮 . 1991. 南沙群岛海区的浮游介形类 (1984-1988)// 中国科学院南沙综合科学考察队 . 南沙群岛及其邻近海区海洋生物研究论文集 (二). 北京：海洋出版社：134-154.
尹健强，黄晖，黄良民，等 . 2008. 雷州半岛灯楼角珊瑚礁海区夏季的浮游动物 . 海洋与湖沼，39(2): 131-138.
尹健强，黄良民，陈清潮，等 . 1995. 珠江口某些浮游动物的食性研究 // 黄创俭，朱嘉濠，陈清潮，等 . 珠江及沿岸环境研究 . 广州：广东高等教育出版社：34-45.
尹健强，黄良民，李开枝，等 . 2011. 南沙群岛珊瑚礁浮游动物多样性与群落结构 . 生物多样性，19(6): 685-695.
尹健强，黄良民，李开枝，等 . 2013. 南海西北部陆架区沿岸流和上升流对中华哲水蚤分布的影响 . 海洋学报，35(2): 143-153.
尹健强，李开枝，谭烨辉 . 2022. 南海南部海域浮游介形类新种：南沙深海浮萤 . 热带海洋学报，41(2): 193-197.

尹健强，张谷贤，黄良民，等．2004a. 三亚湾浮游动物的昼夜垂直移动．热带海洋学报，23(5): 25-33.
尹健强，张谷贤，谭烨辉，等．2004b. 三亚湾浮游动物的种类组成与数量分布．热带海洋学报，23(5): 1-9.
尹洁慧，张光涛，李超伦，等．2017. 北黄海獐子岛海域浮游动物群落年际变化．海洋学报，39(8): 78-88.
应秩甫，陈世光．1983. 珠江口伶仃洋咸淡水混合特征．海洋学报，5(1): 1-10.
于君，邱永松．2017. 黑潮入侵对南海东北部初级生产力的影响．南方水产科学，12(4): 17-27.
袁梦，陈作志，张俊，等．2018. 南海北部陆坡海域中层渔业生物群落结构特征．南方水产科学，14(1): 85-91.
张博，曾丽丽，陈举，等．2018. 基于南海北部开放航次观测的 2004-2005 年次表层盐度异常特征与形成机制．海洋与湖沼，49(1): 9-16.
张达娟，闫启仑，王真良．2008. 典型河口浮游动物种数及生物量变化趋势的研究．海洋与湖沼，39(5): 536-540.
张福绥．1964. 中国近海的浮游软体动物．I. 翼足类、异足类及海蜗牛类的分类研究．海洋科学集刊，5(1): 125-226.
张谷贤，陈清潮．1991. 南海及其邻近海区的磷虾类 // 中国科学院南沙综合科学考察队．南沙群岛海区海洋动物区系和动物地理研究专集．北京：海洋出版社：140-270.
张谷贤，尹健强．2002. 南沙群岛海区毛颚动物的昼夜垂直移动．热带海洋学报，21(1): 48-55.
张金标，林茂．1987. 南海中部深水域浅室水母一新种．海洋通报．16(2): 105-106.
张培军．2004. 海洋生物学．济南：山东教育出版社：186-209.
张武昌，高尚武，孙军，等．2010a. 南海北部冬季和夏季浮游哲水蚤类群落．海洋与湖沼，41(3): 448-458.
张武昌，陶振铖，孙军，等．2007. 南海北部浮游桡足类对浮游植物的摄食压力．生态学报，27(10): 4242-4348.
张武昌，王克．2001. 浮游动物连续采集或计数工具的简介．海洋科学，25(5): 14-17.
张武昌，张翠霞，肖天．2009. 海洋浮游生态系统中小型浮游动物的生态功能．地球科学进展，24(11): 1195.
张武昌，赵楠，陶振铖，等．2010b. 中国海洋浮游桡足类图谱．北京：科学出版社：1-468.
张燕，夏华永，钱立兵，等．2011. 2006 年夏、冬季珠江口附近海域水文特征调查分析．热带海洋学报，30: 20-28.
章淑珍，李纯厚．1997. 南沙群岛珊瑚礁潟湖生态系小型浮游动物的营养作用 // 中国科学院南沙综合科学考察队．南沙群岛珊瑚礁潟湖化学与生物学研究．北京：海洋出版社：64-69
章淑珍．1993. 浮游动物 // 广东省海岛资源综合调查大队．珠江口海岛资源综合调查报告．广州：广东科技出版社：193-198.
赵焕庭．1996. 西沙群岛考察史．地理研究，15(4): 55-65.
赵伟．2007. 吕宋海峡水交换的季节性变化研究．中国科学院海洋研究所博士学位论文．
郑重，1982. 河口浮游生物研究．自然杂志，5(3): 218-221.
郑重，李少菁，许振祖．1984. 海洋浮游生物学．北京：海洋出版社．
郑重．1965. 中国海洋浮游桡足类（上卷）. 上海：上海科技出版社．
中国科学院南海海洋研究所．1978. 我国西沙、中沙群岛海域海洋生物调查研究报告集．北京：科学出版社．
中国科学院南海海洋研究所．1982. 南海海区综合调查报告（一）. 北京：科学出版社．
中国科学院南海海洋研究所．1983. 南海海洋生物研究论文集．北京：海洋出版社．
中国科学院南海海洋研究所．1985. 南海海区综合调查报告（二）. 北京：科学出版社．
中国科学院南海海洋研究所．1987. 曾母暗沙：中国南疆综合调查研究报告．北京：科学出版社．

中国科学院南沙综合科学考察队 . 1989a. 南沙群岛及其邻近海区综合调查研究报告 (一): 上卷 . 北京 : 科学出版社 .

中国科学院南沙综合科学考察队 . 1989b. 南沙群岛及其邻近海区综合调查研究报告 (一): 下卷 . 北京 : 科学出版社 .

中国科学院南沙综合科学考察队 . 1991a. 南沙群岛海区海洋动物区系和动物地理研究专集 . 北京 : 海洋出版社 .

中国科学院南沙综合科学考察队 . 1991b. 南沙群岛及其邻近海区海洋生物研究论文集 (二). 北京 : 海洋出版社 .

中国科学院南沙综合科学考察队 . 1994. 南沙群岛及其邻近海区海洋生物多样性研究I. 北京 : 海洋出版社 .

中国科学院南沙综合科学考察队 . 1996. 南沙群岛及其邻近海区海洋生物多样性研究 II. 北京 : 海洋出版社 .

周红 , 张志南 . 2003. 大型多元统计软件 PRIMER 的方法原理及其在底栖群落生态学中的应用 . 青岛海洋大学学报 (自然科学版), 33(1): 58-64.

周林滨 . 2012. 南海典型海域浮游生物粒径谱及微型浮游动物摄食研究 . 中国科学院大学博士学位论文 .

周巧菊 . 2007. 大亚湾热污染研究 . 华东师范大学硕士学位论文 .

左涛 , 王荣 , 陈亚瞿 , 等 . 2005. 春季和秋季东、黄海陆架区大型网采浮游动物群落划分 . 生态学报 , 35(7): 1531-1540.

左涛 , 王荣 . 2003. 海洋浮游动物生物量测定方法概述 . 生态学杂志 , 22(3): 79-83.

左涛 . 2003. 东、黄海浮游动物群落结构研究 . 中国科学院海洋研究所博士学位论文 .

Abramova E, Tuschling K. 2005. A 12-year study of the seasonal and interannual dynamics of mesozooplankton in the Laptev Sea: Significance of salinity regime and life cycle patterns. Global and Planetary Change, 48(1-3): 141-164.

Alajmi F, Zeng C S. 2015. Evaluation of microalgal diets for the intensive cultivation of the tropical calanoid copepod, *Parvocalanus crassirostris*. Aquaculture Research, 46(5): 1025-1038.

Alajmi F, Zeng C S, Jerry D R. 2015. Domestication as a novel approach for improving the cultivation of calanoid copepods: A case study with *Parvocalanus crassirostris*. PLoS One, 10(7): e0133269.

Alheit J, Niquen M. 2004. Regime shifts in the Humboldt current ecosystem. Progress in Oceanography, 60(2-4): 201-222.

Alldredge A L, King J M. 1977. Distribution, abundance, and substrate preferences of demersal reef zooplankton at Lizard Island Lagoon, Great Barrier Reef. Marine Biology, 41: 317-333.

Alldredge A L, King J M. 1980. Effects of moonlight on the vertical migration patterns of demersal zooplankton. Journal of Experimental Marine Biology and Ecology, 44(2): 133-156.

Alldredge A L, King J M. 2009. Near-surface enrichment of zooplankton over a shallow back reef: implications for coral reef food webs. Coral Reefs, 28: 895-905.

Angel M V. 1972. Planktonic oceanic ostracods: historical, present and future. Proceedings of the Royal Society of Edinburgh, Section B: Biological Sciences, 73: 213-228.

Atienza D, Saiz E, Calbet A. 2006. Feeding ecology of the marine cladoceran *Penilia avirostris*: natural diet, prey selectivity and daily ration. Marine Ecology Progress Series, 315: 211-220.

Atkinson A, Siegel V, Pakhomov E, et al. 2004. Long-term decline in krill stock and increase in salps within the Southern Ocean. Nature, 432(7013): 100-103.

Baars M A, Oosterhuis S S. 1984. Diurnal feeding rhythms in North Sea copepods measured by gut fluorescence, digestive enzyme activity and grazing on labeled food. Netherlands Journal of Sea Research,

18(1-2): 97-119.

Bashmanov A G, Chavtur V G. 2009. Structure and distribution of pelagic ostracods (Ostracoda: Myodocopa) in the Arctic Ocean. Russian Journal of Marine Biology, 35(5): 359-373.

Beaugrand G, Brander K M, Lindley J, et al. 2003. Plankton effect on cod recruitment in the North Sea. Nature, 426(6967): 661-664.

Beaugrand G, Reid P C, Ibanez F, et al. 2002. Reorganization of North Atlantic marine copepod biodiversity and climate. Science, 296(5573): 1692-1694.

Besiktepe S, Svetlichny L, Yuneva T, et al. 2005. Diurnal gut pigment rhythm and metabolic rate of *Calanus euxinus* in the Black Sea. Marine Biology, 146: 1189-1198.

Biancalana F, Torres A I. 2011. Variations of mesozooplankton composition in a eutrophicated semi-enclosed system (Encerrada Bay, Tierra Del Fuego, Argentina). Brazilian Journal of Oceanography, 59(2): 195-199.

Boesch, D F. 2019. Barriers and bridges in abating coastal eutrophication. Frontiers in Marine Science, 6: 123.

Boltovskoy D. 1999. South Atlantic Zooplankton. Leiden: Backhuys Publishers: 869-1098.

Boyd C M, Smith S L, Cpwles T J. 1980. Grazing patterns of copepods in the upwelling system off Peru. Limnology and Oceanography, 25: 583-596.

Brodeur R D, Mills C E, Overland J E, et al. 1999. Evidence for a substantial increase in gelatinous zooplankton in the Bering Sea, with possible links to climate change. Fisheries Oceanography, 8(4): 296-306.

Calbet A. 2001. Mesozooplankton grazing effect on primary production: A global comparative analysis in marine ecosystem. Limnology and Oceanography, 46(7): 1824-1830.

Calbet X, Mahoney T, Hammersley P L, et al. 1996. A Dust Lane Leading the Galactic Bar at Negative Galactic Longitudes. The Astrophysical Journal, 457(1): L27.

Carleton J H, Doherty P J. 1998. Tropical zooplankton in the highly-enclosed lagoon of Taiaro Atoll (Tuamotu Archipelago, French Polynesia). Coral Reefs, 17: 29-35.

Chang K H, Nishibe Y, Obayashi Y, et al. 2009. Spatial and temporal distribution of zooplankton communities of coastal marine waters receiving different human activities (fish and pearl oyster farmings). The Open Marine Biology Journal, 3(1): 83-88.

Chavtur V G, Bashmanov A G. 2015. The composition and distribution of pelagic ostracods (Ostracoda: Myodocopa) in the Sea of Japan. Russian Journal of Marine Biology, 41: 250-259.

Chen L, Li C L, Tao Z C, et al. 2018. Comparative study of trophic and elemental characteristics of zooplankton in deep(500-3500 m)and shallow(0-200 m)layers. Deep Sea Research Part I, 142: 107-115.

Chen Q C, Hwang J S, Yin J J .2004. A new species *Tortanus* (Copepoda, Calanoida) from the Nansha Archipelago in the South China Sea. Crustaceana, 77: 129-135.

Chen Q C, Wong C K, Tam P F, et al. 2003. Variations in the abundance and structure of the planktonic copepod community in the Pearl River Estuary, China//Ya H G, Chang P C, Yang L I. Perspectives on Marine Environment Change in Hong Kong and Southern China, 1997-2001. Hong Kong: Hong Kong University Press: 389-400.

Chen Q C. 1992. Zooplankton of China Seas(1). Beijing: Science Press.

Clarke K R, Gorley R N. 2001. PRIMER v5: User manual/Tutorial. plymouth: Primer-E.

Cloern J E, Schraga T S, Nejad E, et al. 2020. Nutrient status of San Francisco Bay and its management implications. Estuaries and Coasts. 43: 1299-1317.

Coma R, Ribes M, Orejas C, et al. 1999. Prey capture by a benthic coral reef hydrozoan. Coral Reefs, 18:

141-145.

Cornel G E, Whoriskey F G. 1993. The effects of rainbow trout (*Oncorhynchus mykiss*) cage culture on the water quality, zooplankton, benthos and sediments of Lac du Passage, Quebec. Aquaculture, 109: 101-117.

Cuvier G. 1817. Le règne animal. Paris: Masson.

Dagg M J, Wyman K D. 1983. Natural ingestion rates of the copepods *Neocalanus plumchrus* and *N. cristatus* calculated from gut contents. Marine Ecology Progress Series, 13: 37-46.

Dai L P, Li C L, Tao Z C, et al. 2017. Zooplankton abundance, biovolume and size spectra down to 3000m depth in the western tropical North Pacific during autumn 2014. Deep Sea Research Part I: Oceanographic Research Papers, 121: 1-13.

Davis C S, Gallager S M, Marra M, et al. 1996. Rapid visualization of plankton abundance and taxonomic composition using the Video Plankton Recorder. Deep Sea Research Part II: Topical Studies in Oceanography, 43(7-8): 1947-1970.

Davis C S, Gallager S M, Solow A R. 1992. Microaggregations of oceanic plankton observed by towed video microscopy. Science, 257(5067): 230-232.

Deborah K S, Joseph S C, Stephanie E W, et al. 2008. A comparison of mesopelagic mesozooplankton community structure in the subtropical and subarctic North Pacific Ocean. Deep Sea Research Part II: Topical Studies in Oceanography, 55(14-15): 1615-1635.

Edwards M, Richardson A J. 2004. Impact of climate change on marine pelagic phenology and trophic mismatch. Nature, 430(7002): 881-884.

Emery A R. 1968. Preliminary observations on coral reef plankton. Limnology and Oceanography, 13(2): 293-303.

Fasham M, Angel M. 2009. The relationship of the zoogeographic distributions of the planktonic ostracods in the north-east Atlantic to the water masses. Journal of the Marine Biological Association of the United Kingdom, 55(3): 739-757.

Fernandes V, Ramaiah N. 2013. Mesozooplankton community structure in the upper 1,000m along the western Bay of Bengal during the 2002 fall intermonsoon. Zoological Studies, 52: 1-16.

Ferreira J G, Andersen J H, Borja A, et al. 2011. Overview of eutrophication indicators to assess environmental status within the European Marine Strategy Framework Directive. Estuarine, Coastal and Shelf Science, 93(2): 117-131.

Flagg C N, Smith S L. 1989. On the use of the acoustic Doppler current profiler to measure zooplankton abundance. Deep Sea Research Part A: Oceanographic Research Papers, 36(3): 455-474.

Flood P, Deibel D. 1998. The Appendicularian House. Oxford: Oxford University Press.

Froneman P W. 2002. Response of the plankton to three different hydrological phases of the temporarily open/closed Kasouga estuary, South Africa. Estuarine, Coastal and Shelf Science, 55(4): 535-546.

Fu Y Y, Yin J Q, Chen Q C, et al. 1995. Distribution and Seasonality of Marine Zooplankton in the Pearl River Estuary. Environmental Research in Pearl River and Coastal Areas. Guangzhou: Guangdong Higher Education Press: 25-33.

Fulton R S. 1983. Interactive effects of temperature and predation on an estuarine zooplankton community. Journal of Experimental Marine Biology and Ecology, 72(1): 67-81.

Gan J P, Cheung A, Guo X G, et al. 2009. Intensified upwelling over a widened shelf in the northeastern South China Sea. Journal of Geophysical Research: Oceans, 114(C9): C09019.

Gaughan D J, Potter I C. 1995. Composition, distribution and seasonal abundance of zooplankton in a shallow, seasonally closed estuary in temperate Australia. Estuarine, Coastal and Shelf Science, 41(2): 117-135.

Gerber R P, Marshall N. 1982. Characterization of the suspended particulate organic matter and feeding by the lagoon zooplankton at Enewetak Atoll. Bulletin of Marine Science, 32(1): 290-300.

Gerber R P. 1981. Species composition and abundance of lagoon zooplankton at Eniwetak Atoll, Marshall Islands. Atoll Research Bulletin, 247: 1-22.

Gore M A. 1980. Feeding experiments on *Penilia avirostris* Dana (Cladocera: Crustacea). Journal of Experimental Marine Biology and Ecology, 44: 263-260.

Goswami S C, Goswami U. 1990. Diel variation in zooplankton in Minicoy lagoon and Kavaratti atoll (Lakshadweep Islands). Indian Journal of Marine Sciences, 19: 120-124.

Goswami S C. 1983. Production and zooplankton community structure in the lagoon and surrounding sea at Kavaratti Atoll(Lakshadweep). Indian Journal of Marine Sciences, 12: 31-35.

Gottfried M, Roman M R. 1983. Ingestion and incorporation of coral-mucus detritus by reef zooplankton. Marine Biology, 72: 211-218.

Grahame J. 1976. Zooplankton of a tropical harbour: The numbers, composition, and response to physical factors of zooplankton in Kingston Harbour, Jamaica. Journal of Experimental Marine Biology and Ecology, 25: 219-237.

Guan B X, Fang G H. 2006. Winter counter-wind currents off the southeastern China coast: A review. Journal of Oceanography, 62: 1-24.

Guo D H, Huang J Q, Li S J. 2011. Planktonic copepod compositions and their relationships with water masses in the southern Taiwan Strait during the summer upwelling period. Continental Shelf Research, 31(6): S67-S76.

Hamner W M, Carleton J H. 1979. Copepod swarms: Attributes and role in coral reef ecosystems. Limnology and Oceanography, 24(1): 1-14.

Harris R P, Wiebe P H, Lenz J, et al. 2000. Zooplankton Methodology Manual. San Diego: Academic Press.

Hatcher B G. 1997. Coral reef ecosystems: how much greater is the whole than the sum of the parts? Coral Reefs, 16(S1): S77-S91.

Hays G C, Richardson A J, Robinson C. 2005. Climate change and marine plankton. Trends in Ecology & Evolution, 20(6): 337-344.

He D H, Yang G M, Liu H B. 1998. Study of zooplankton ecology in Zhejiang coastal upwelling system: Species distribution and diversity of zooplankton. Acta Oceanologic Sinica, 7(2): 304-313.

Heidelberg K B, O’neil K L, Bythell J G, et al. 2010. Vertical distribution and diel patterns of zooplankton abundance and biomass at Conch Reef, Florida Keys (USA). Journal of Plankton Research, 32(1): 75-91.

Heidelberg K B, Sebens K P, Purcell J E. 2004. Composition and sources of reef zooplankton on a Jamaican forereef along with implications for coral feeding. Coral Reefs, 23: 263-276.

Hooff R C, Peterson W T. 2006. Copepod biodiversity as an indicator of changes in ocean and climate conditions of the northern California current ecosystem. Limnology and Oceanography, 51(6): 2607-2620.

Hopcroft R R, Kosobokova K N, Pinchuk A I. 2010. Zooplankton community patterns in the Chukchi Sea during summer 2004. Deep Sea Research Part II: Topical Studies in Oceanography, 57(1-2): 27-39.

Hopcroft R R, Roff J C, Chavez F P. 2001. Size paradigms in copepod communities: A re-examination. Hydrobiologia, 453: 133-141.

Howarth R W, Sharpley A, Walker D. 2002. Sources of nutrient pollution to coastal waters in the United States: Implications for achieving coastal water quality goals. Estuaries, 25: 656-676.

Hsiao S H, Fang T H, Shih C T, et al. 2011. Effects of the Kuroshio Current on copepod assemblages in Taiwan. Zoological Studies, 50(4): 475-490.

Hsieh C H, Chiu T S, Shih C T. 2004. Copepod diversity and composition as indicators of intrusion of the Kuroshio Branch Current into the Northern Taiwan Strait in Spring 2000. Zoological Studies, 43(2): 393-403.

Hu S M, Guo Z L, Li T, et al. 2015. Molecular analysis of in situ diets of coral reef copepods: Evidence of terrestrial plant detritus as a food source in Sanya Bay, China. Journal of Plankton Research, 37(2): 363-371.

Huang B Q, Hu J, Xu H Z, et al. 2010. Phytoplankton community at warm eddies in the northern South China Sea in winter 2003/2004. Deep Sea Research Part II: Topical Studies in Oceanography, 57(19-20): 1792-1798.

Huang C, Uye S, Onbe T. 1993. Ontogenetic diel vertical migration of the planktonic copepod *Calanus sinicus* in the Inland Sea of Japan: III. Early summer and overall seasonal pattern. Marine Biology, 117: 289-299.

Huang D L, Zhang X, Jiang Z J, et al. 2017. Seasonal fluctuations of ichthyoplankton assemblage in the northeastern South China Sea influenced by the Kuroshio intrusion. Journal of Geophysical Research: Oceans, 122(9): 7253-7266.

Huang L M, Jian W J, Song X Y, et al. 2004. Species diversity and distribution for phytoplankton of the Pearl River estuary during rainy and dry seasons. Marine Pollution Bulletin, 49(7-8): 588-596.

Hulsenann K. 1994. *Calanus sinicus* Brodsky and *C. jashnivi*, nom. nov. (Copepoda: Calanoida) of the North-West Pacific Ocean: A comparison, with notes on the integumental pore pattern in *Calanus* s. str. Invertebrate Systematics, 8: 1461-1482.

Hwang J S, Dahms H U, Tseng L C, et al. 2007. Intrusions of the Kuroshio Current in the northern South China Sea affect copepod assemblages of the Luzon Strait. Journal of Experimental Marine Biology and Ecology, 352(2007): 12-27.

Hwang J S, Wong C K. 2005. The China Coastal Current as a driving force transporting *Calanus sinicus* (Copepoda: Calanoida) from its population centers to waters off Taiwan and Hong Kong during the winter northeast monsoon period. Journal of Plankton Research, 27(2): 205-210.

Ibon U, Fernando V. 2004. Effects of pollution on zooplankton abundance and distribution in two estuaries of the Basque coast (Bay of Biscay). Marine Pollution Bulletin, 49(3): 220-228.

Itoh K. 1970. A consideration on feeding habits of planktonic copepods in relation to the structure of their oral parts. Bulletin of Plankton Society of Japan, 17: 1-10.

Jagadeesan L, Jyothibabu R, Arunpandi N, et al. 2017. Copepod grazing and their impact on phytoplankton standing stock and production in a tropical coastal water during the different seasons. Environment Monitoring and Assessment, 189: 105.

Jemi J N, Hatha A A M. 2019. Copepod community structure during upwelling and non-upwelling seasons in coastal waters off Cochin, southwest coast of India. Acta Oceanologica Sinica, 38(12): 111-117.

Jiang X, Li J J, Ke Z X, et al. 2017. Characteristics of picoplankton abundances during a *Thalassiosira diporocyclus* bloom in the Taiwan Bank in late winter. Marine Pollution Bulletin, 117(1-2): 66-74.

Jiang Z B, Zeng J N, Chen Q Z, et al. 2009. Potential impact of rising seawater temperature on copepods due to coastal power plants in subtropical areas. Journal of Experimental Marine Biology and Ecology, 368(2): 196-201.

Jickells T D. 1998. Nutrient biogeochemistry of the coastal zone. Science, 281: 217-222.

Jilan S. 2004. Overview of the South China Sea circulation and its influence on the coastal physical oceanography outside the Pearl River Estuary. Continental Shelf Research, 24(16): 1745-1760.

Jing Z Y, Qi Y Q, Du Y, et al. 2015. Summer upwelling and thermal fronts in the northwestern South China Sea: Observational analysis of two mesoscale mapping surveys. Journal of Geophysical Research: Oceans, 120(3): 1993-2006.

Jing Z Y, Qi Y Q, Du Y. 2011. Upwelling in the continental shelf of northern South China Sea associated with 1997-1998 El Niño. Journal of Geophysical Research: Oceans, 116: C02033.

Jing Z Y, Qi Y Q, Hua Z l, et al. 2009. Numerical study on the summer upwelling system in the northern continental shelf of the South China Sea. Continental Shelf Research, 29(2): 467-478.

Johannes R E, Coles S L, Kuenzel N T. 1970. The role of zooplankton in the nutrition of some scleractinian corals. Limnology and Oceanography, 15(4): 579-586.

Johannes R E. 1967. Ecology of organic aggregates in the vicinity of a coral reef. Limnology and Oceanography, 12(2): 189-195.

Johns D G, Edwards M, Greve W, et al. 2005. Increasing prevalence of the marine cladoceran *Penilia avirostris* (Dana, 1852)in the North Sea. Helgoland Marine Research, 59: 214-218.

Katechakis A, Stibor H. 2004. Feeding selectivities of the marine cladocerans *Penilia avirostris*, *Podon intermedius* and *Evadne nordmanni*. Marine Biology, 145: 529-539.

Ke Z X, Liu H J, Wang J X, et al. 2016. Abnormally high phytoplankton biomass near the lagoon mouth in the Huangyan Atoll, South China Sea. Marine Pollution Bulletin, 112(1-2): 123-133.

Ke Z X, Tan Y H, Huang L M, et al. 2017. Spatial distributions of $\delta^{13}C$, $\delta^{15}N$ and C/N ratios in suspended particulate organic matter of a bay under serious anthropogenic influences: Daya Bay, China. Marine Pollution Bulletin, 114(1): 183-191.

Ke Z X, Tan Y H, Huang L M, et al. 2018. Spatial distribution patterns of phytoplankton biomass and primary productivity in six coral atolls in the central South China Sea. Coral Reefs, 37: 919-927.

Kideys A E, Kovalev A V, Shulman G, et al. 2000. A review of zooplankton investigations of the Black Sea over the last decade. Journal of Marine Systems, 24(3-4): 355-371.

Kim S W, Onbé T, Yoon Y H. 1989. Feeding habits of marine cladocerans in the Inland Sea of Japan. Marine Biology, 100: 313-318.

Kiørboe T. 2013. Zooplankton body composition. Limnology and Oceanography, 58(5): 1843-1850.

Koehl M A R. 1981. Feeding at low Reynolds number by copepods. Lectures in Mathematics in the Life Sciences, 14: 89-117.

Kosobokova K N, Hopcroft R R. 2010. Diversity and vertical distribution of mesozooplankton in the Arctic’ s Canada Basin. Deep Sea Research Part II, 57(1-2): 96-110.

Kwon Y O, Alexander M A, Bond N A, et al. 2010. Role of the Gulf Stream and Kuroshio-Oyashio systems in large-scale atmosphere-ocean interaction: A review. Journal of Climate, 23(12): 3249-3281.

Lampitt R S, Wishner K F, Turley C M, et al. 1993. Marine snow studies in the northeast Atlantic Ocean: Distribution, composition and role as a food source for migrating plankton. Marine Biology, 116(4): 689-702.

Landry M R, Calbet A. 2004. Microzooplankton production in the oceans. Journal of Marine Science, 61: 501-507.

Landry M R, Hassett R P. 1982. Estimating the grazing impact of marine microzooplankton. Marine Biology, 67: 283-288.

Larson C. 2015. China’s island building is destroying reefs. Science, 349(6255): 1434.

Lavaniegos B E, Ohman M D. 2003. Long-term changes in pelagic tunicates of the California Current. Deep Sea Research Part II: Topical Studies in Oceanography, 50(14-16): 2473-2498.

Le Borgne R, Blanchot J, Charpy L. 1989. Zooplankton of Tikehau atoll (Tuamotu Archipelago) and its relationship to particulate matter. Marine Biology, 102(3): 341-353.

Lebrato M, Pahlow M, Forst J R, et al. 2019. Sinking of gelatinous zooplankton biomass increases deep carbon transfer efficiency globally. Global Biogeochemical Cycles, 33(12): 1764-1783.

Lenz J. 2000. Introduction//Harris R, Wiebe P, Lenz J. ICES Zooplankton Methodology Manual. London: Academic Press: 1-32.

Lewis J B, Boers J J. 1991. Patchiness and composition of coral reef demersal zooplankton. Journal of Plankton Research, 13(6): 1273-1289.

Li C L, Sun S, Wang R, et al. 2004. Feeding and respiration rates of a planktonic copepod (*Calanus sinicus*) oversummering in Yellow Sea Cold Bottom Waters. Marine Biology, 145: 149-157.

LI C L, WANG R, SUN S. 2003. Grazing impact of copepods on phytoplankton in the Bohai Sea. Estuarine, Coastal and Shelf Science, 58: 487-498.

Li F Q, Li L, Wang X Q, et al. 2002. Water masses in the South China Sea and water exchange between the Pacific and the South China Sea. Journal of Ocean University of Qingdao, 1(1): 19-24.

Li J J, Jiang X, Li G, et al. 2017. Distribution of picoplankton in the northeastern South China Sea with special reference to the effects of the Kuroshio intrusion and the associated mesoscale eddies. Science of the Total Environment, 589: 1-10.

Li K Z, Ke Z X, Tan Y H, 2018. Zooplankton in the Huangyan Atoll, South China Sea: A comparison of community structure between the lagoon and seaward reef slope. Chinese Journal of Oceanology and Limnology, 36(5): 1671-1680.

Li K Z, Ma J, Huang L M, et al. 2021. Environmental drivers of temporal and spatial fluctuations of mesozooplankton community in Daya Bay, northern South China Sea. Journal of Ocean University of China, 20(4): 1013-1026.

Li K Z, Wu X J, Tan Y H, et al. 2016a. Spatial and temporal variability of copepod assemblages in Sanya Bay, northern South China Sea. Regional Studies in Marine Science, 7: 168-176.

Li K Z, Yan Y, Yin J Q, et al. 2016b. Seasonal occurrence of *Calanus sinicus* in the northern South China Sea: A case study in Daya Bay. Journal of Marine Systems, 159: 132-141.

Li K Z, Yin J Q, Huang L M, et al. 2006. Spatial and temporal variations of mesozooplankton in the Pearl River estuary, China. Estuarine, Coastal and Shelf Science, 67(4): 543-552.

Li K Z, Yin J Q, Huang L M, et al. 2010. Monsoon-forced distribution and assemblages of appendicularians in the northwestern coastal waters of South China Sea. Estuarine, Coastal and Shelf Science, 89(2): 145-153.

Li K Z, Yin J Q, Huang L M, et al. 2011a. Distribution and abundance of thaliaceans in the northwest continental shelf of South China Sea, with response to environmental factors driven by monsoon. Continental Shelf Research, 31(9): 979-989.

Li K Z, Yin J Q, Huang L M, et al. 2012. Comparison of siphonophore distributions during the southwest and northeast monsoons on the northwest continental shelf of the South China Sea. Journal of Plankton Research, 34(7): 636-641.

Li K Z, Yin J Q, Huang L M, et al. 2013. Spatio-temporal variations in the siphonophore community of the northern South China Sea. Chinese Journal of Oceanology and Limnology, 31(2): 312-326.

Li K Z, Yin J Q, Tan Y H, et al. 2014. Short-term variation in zooplankton community from Daya Bay with outbreaks of *Penilia avirostris*. Oceanologia, 56(3): 583-602.

Li T, Liu S, Huang L M, et al. 2011b. Diatom to dinoflagellate shift in the summer phytoplankton community in a bay impacted by nuclear power plant thermal effluent. Marine Ecology Progress Series, 424: 75-85.

Lian X P, Tan Y H, Huang L M, et al. 2017. Striking taxonomic differences in summer zooplankton in the northern South China Sea: implication of an extreme cold anomaly. Acta Oceanologica Sinica, 36(10): 87-96.

Liang W D, Yang Y J, Tang T Y, et al. 2008. Kuroshio in the Luzon strait. Journal of Geophysical Research Oceans, 113(C8).

Liao T C, Tan Y H, Liu H, et al. 2022. Vertical distribution of planktonic ostracods (Halocyprididae) in the northeastern and central South China Sea: Significance of large-sized species in deep waters. Fisheries Oceanography, 31(5): 497-509.

Ling J, Zhang Y Y, Dong J D, et al. 2011. Spatial variation of bacterial community composition near the Luzon Strait assessed by polymerase chain reaction-denaturing gradient gel electrophoresis (PCR-DGGE) and multivariate analyses. African Journal of Biotechnology, 10(74): 16897-16908.

Lipej L, Mozetic P, Turk V, et al. 1997. The trophic role of the marine cladoceran *Penilia avirostris* in the Gulf of Trieste. Hydrobiologia, 360: 197-203.

Liu H J, Zhu M L, Guo S J, et al. 2020. Effects of an anticyclonic eddy on the distribution and community structure of zooplankton in the South China Sea northern slope. Journal of Marine Systems, 205: 103311.

Liu Q Y, Huang R X, Wang D X, et al. 2006. Interplay between the Indonesian Throughflow and the South China Sea Throughflow. Chinese Science Bulletin, 51: 50-58.

Liu Q Y, Huang R X, Wang D X. 2012. Implication of the South China Sea throughflow for the interannual variability of the regional upper-ocean heat content. Advances in Atmospheric Sciences, 29: 54-62.

Lo W T, Dahms H U, Hwang J S. 2014. Water mass transport through the northern Bashi Channel in the northeastern South China Sea affects copepod assemblages of the Luzon Strait. Zoological Studies, 53(1): 66.

Mackas D L, Thomson R E, Galbraith M. 2001. Changes in the zooplankton community of the British Columbia continental margin, 1985-1999, and their covariation with oceanographic conditions. Canadian Journal of Fisheries and Aquatic Sciences, 58(4): 685-702.

Madhupratap M, Achuthankutty C T, Nair S R S. 1991. Zooplankton of the lagoons of the Laccadives: Diel patterns and emergence. Journal of Plankton Research, 13(5): 947-958.

Madhupratap M, Wafar M V M, Haridas P, et al. 1977. Comparative studies on the abundance of zooplankton in the surrounding sea and lagoons in the Lakshadweep. Indian Journal of Marine Sciences, 6: 138-141.

Marazzo A, Valentin J L. 2001. Spatial and temporal variations of *Penilia avirostris* and *Evadne tergestina* (Crustacea, Branchiopoda) in a tropical Bay, Brazil. Hydrobiologia, 445: 133-139.

Marazzo A, Valentin J L. 2004. Reproductive aspects of marine cladocerans *Penilia avirostris* and *Pseudevadne tergestina* (Crustacea, Branchiopoda) in the outer part of Guanabara Bay, Brazil. Brazil Journal of Biology, 64(3A): 543-549.

McGillicuddy D J, Robinson A R, Siegel D A, et al. 1998. Influence of mesoscale eddies on new production in the Sargasso Sea. Nature, 394: 263-266.

McManus J W. 2010. Coral Reefs // Steele J H. Marine Ecological Processes, 2nd edn. London, Burlington, San Diego: Academic Press.

Miyashita L K, Pompeu M, Gaeta S A, et al. 2010. Seasonal contrasts in abundance and reproductive parameters of *Penilia avirostris* (Cladocera, Ctenopoda) in a coastal subtropical area. Marine Biology, 157: 2511-2519.

Mouny P, Dauvin J C. 2002. Environmental control of mesozooplankton community structure in the Seine estuary (English Channel). Oceanologica Acta, 25(1): 13-22.

Mumm N. 1991. On the summerly distribution of mesozooplankton in the Nansen Basin, arctic ocean. Reports on Polar Research, 92: 1-173.

Nakajima R, Yoshida T, Othman B H R, et al. 2008. Diel variation in abundance, biomass and size composition of zooplankton community over a coral-reef in Redang Island, Malaysia. Plankton & Benthos Research, 3(4): 216-226.

Nakajima R, Yoshida T, Othman B H R, et al. 2009. Diel variation of zooplankton in the tropical coral-reef water of Tioman Island, Malaysia. Aquatic Ecology: 43: 965-975.

Nan F, Xue H J, Chai F, et al. 2011. Identification of different types of Kuroshio intrusion into the South China Sea. Ocean Dynamics, 61: 1291-1304.

Nan F, Xue H J, Yu F. 2015. Kuroshio intrusion into the South China Sea: A review. Progress in Oceanography, 137: 314-333.

Ning X, Lin C, Hao Q, et al. 2008. Long term changes in the ecosystem in the northern South China Sea during 1976-2004. Biogeosciences , 5(5): 3737-3779.

Nonomura T, Machida R J, Nishida S. 2008. Stage-V copepodites of *Calanus sinicus* and *Calanus jashnovi* (Copepoda: Calanoida) in mesopelagic zone of Sagami Bay as identified with genetic markers, with special reference to their vertical distribution. Progress in Oceanography, 77: 45-55.

Ohlhorst S L. 1982. Diel migration patterns of demersal reef zooplankton. Journal of Experimental Marine Biology and Ecology, 60(1): 1-15.

Ortner, P B, Wiebe P H, Cox J L. 1980. Relationships between oceanic epizooplankton distributions and the seasonal deep Chlorophyll maximum in the northwestern Atlantic Ocean. Journal of Marine Research, 38(3): 507-531.

Oschlies A, Garçon V. 1998. Eddy-induced enhancement of primary production in a model of the North Atlantic Ocean. Nature, 394: 266-269.

Oviatt C, Lane P, French III F, et al. 1989. Phytoplankton species and abundance in response to eutrophication in coastal marine mesocosms. Journal of Plankton Research, 11(6): 1223-1244.

Pagano M, Sagarra P B, Champalbert G, et al. 2012. Metazooplankton communities in the Ahe atoll lagoon (Tuamotu Archipelago, French Polynesia): Spatiotemporal variations and trophic relationships. Marine Pollution Bulletin, 65(10-12): 538-548.

Park G S, Marshall H G. 2000. Estuarine relationships between zooplankton community structure and trophic gradients. Journal of Plankton Research, 22: 121-135.

Parsons T R, Maita Y, Lalli C M. 1984. A Manual of Chemical and Biological Methods for Seawater Analyses. Oxford: Pergamon Press.

Porter J W, Porter K G. 1977. Quantitative sampling of demersal plankton migrating from different coral reef substrates. Limnology and Oceanography, 22(3): 553-555.

Pu X M, Sun S, Yang B, et al. 2004. The combined effects of temperature and food supply on *Calanus sinicus* in the southern Yellow Sea in summer. Journal of Plankton Research, 26(9): 1049-1057.

Purcell J E, Uye S, Lo W T. 2007. Anthropogenic causes of jellyfish blooms and their direct consequences for humans: A review. Marine Ecology Progress Series, 350: 153-174.

Purcell J E. 2005. Climate effects on formation of jellyfish and ctenophore blooms: a review. Journal of the Marine Biological Association of the United Kingdom, 85(3): 461-476.

Qiu D J, Huang L M, Zhang J L, et al. 2010. Phytoplankton dynamics in and near the highly eutrophic Pearl River Estuary, South China Sea. Continental Shelf Research, 30(2): 177-186.

Ratnarajah L, Abu-Alhaija R, Atkinson A, et al. 2023. Monitoring and modelling marine zooplankton in a changing climate. Nature Communications, 14: 564.

Reid J L. 1962. On circulation, phosphate-phosphorus content, and zooplankton volumes in the upper part of the Pacific Ocean. Limnology & Oceanography, 7(3): 287-306.

Renon J P. 1977. Zooplancton du lagon de l'atoll de Takapoto (Polynésie Française). Annls Instition Océanography, 53: 217-236.

Ressler K J, Paschall G, Zhou X, et al. 2002. Regulation of synaptic plasticity genes during consolidation of fear conditioning. Journal of Neuroscience, 22(18): 7892-7902.

Richardson A J, Bakun A, Hays G C, et al. 2009. The jellyfish joyride: Causes, consequences and management responses to a more gelatinous future. Trends Ecological Evolution, 24(6): 312-322.

Richman S, Loya Y, Slobodkin L B. 1975. The rate of mucus production by corals and its assimilation by the coral reef copepod *Acartia negligens*. Limnology and Oceanography, 20(6): 918-923.

Riley G A. 1971. Particulate organic matter in sea water. Advances in Marine Biology, 8(1): 1-118.

Robinson C, Steinberg D K, Anderson T R, et al. 2010. Mesopelagic zone ecology and biogeochemistry–a synthesis. Deep Sea Research Part II: Topical Studies in Oceanography, 57(16): 1504-1518.

Roemmich D, McGowan J. 1995. Climatic warming and the decline of zooplankton in the California Current. Science, 267(5202): 1324-1326.

Rombouts I, Beaugrand G, Ibañez F, et al. 2009. Global latitudinal variations in marine copepod diversity and environmental factors. Proceedings of the Royal Society B: Biological Sciences, 276(1670): 3053-3062.

Rose K, Roff J C, Horcroft R R. 2004. Production of *Penilia avirostris* in Kingston Harbour, Jamaica. Journal of Plankton Research, 26(6): 605-615.

Russell F S. 1926. The vertical distribution of marine macroplankton IV. The apparent importance of light intensity as a controlling factor in the behaviour of certain species in the Plymouth area. Journal of the Marine Biological Association of the United Kingdom, 14(2): 415-440.

Sabu P, Devi C R A, Lathika C T, et al. 2015. Characteristics of a cyclonic eddy and its influence on mesozooplankton community in the northern Bay of Bengal during early winter monsoon. Environmental Monitoring and Assessment, 187(330).

Sale P F, Mcwilliam P S, Anderson D T. 1978. Faunal relationships among the near-reef zooplankton at three locations on Heron Reef, Great Barrier Reef, and seasonal changes in this fauna. Marine Biology, 49: 133-145.

Sameoto D, Wiebe P, Runge J, et al. 2000. Collecting zooplankton//Harris R, Wiebe P, Lenz J, et al. ICES zooplankton methodology Manual. London: Academic Press: 55-81.

Sardessai S, Ramaiah N, Prasanna K S, et al. 2007. Influence of environmental forcings on the seasonality of dissolved oxygen and nutrients in the Bay of Bengal. Journal of Marine Research, 65(2): 301-316.

Schmoker C, Russo F, Drillet G, et al. 2016. Effects of eutrophication on the planktonic food web dynamics of marine coastal ecosystems: The case study of two tropical inlets. Marine Environmental Research, 119: 176-188.

Sebens K P, Vandersall K S, Savina L A. 1996. Zooplankton capture by two scleractinian corals, *Madracis mirabilis* and *Montastrea cavernosa*, in a field enclosure. Marine Biology, 127: 303-317.

Shannon C E. 1948. A mathematical theory of communication. The Bell system technical journal, 27(3): 379-423.

Shen P P, Tan Y H, Huang LM, et al. 2010. Occurrence of brackish water phytoplankton species at a closed coral reef in Nansha Islands, South China Sea. Marine Pollution Bulletin, 60(10): 1718-1725.

Shiah F K, Wu T H, Li K Y, et al. 2006. Thermal effects on heterotrophic processes in a coastal ecosystem adjacent to a nuclear power plant. Marine Ecology Progress Series, 309: 55-65.

Sieburth J M N, Smetacek V, Lenz J. 1978. Pelagic ecosystem structure: Heterotrophic compartments of the plankton and their relationship to plankton size fractions 1. Limnology and oceanography, 23(6): 1256-1263.

Smith K J L, Kaufmann R S, Baldwin R J, et al. 2001. Pelagic-benthic coupling in the abyssal eastern North Pacific: An 8-year time-series study of food supply and demand. Limnology and Oceanography, 46(3): 543-556.

Song X Y, Huang L M, Zhang J L, et al. 2004. Variation of phytoplankton biomass and primary production in Daya Bay during spring and summer. Marine Pollution Bulletin, 49: 1036-1044.

Song X Y, Lai Z G, Ji R B, et al. 2012. Summertime primary production in northwest South China Sea: Interaction of coastal eddy, upwelling and biological processes. Continental Shelf Research, 48(1): 110-121.

Spatharis S, Tsirtsis G, Danielidis D B, et al. 2007. Effects of pulsed nutrient inputs on phytoplankton assemblage structure and blooms in an enclosed coastal area, Estuarine. Coastal and Shelf Science, 73: 807-815.

Steinberg D K, Cope J S, Wilson S E, et al. 2008. A comparison of mesopelagic mesozooplankton community structure in the subtropical and subarctic North Pacific Ocean. Deep Sea Research Part Ⅱ : Topical Studies in Oceanography, 55(14-15): 1615-1635.

Steinberg D K, Landry M R. 2017. Zooplankton and the ocean carbon cycle. Annual review of marine science, 9(1): 413-444.

Steinberg D K. 1995. Diet of copepods (*Scopalatum vorax*) associated with mesopelagic detritus(giant larvacean houses)in Monterey Bay, California. Marine Biology, 122(4): 571-584.

Su J L. 2004. Overview of the South China Sea circulation and its influence on the coastal physical oceanography outside the Pearl River Estuary. Continental Shelf Research, 24(16): 1745-1760.

Su J, Pohlmann T. 2009. Wind and topography influence on an upwelling system at the eastern Hainan coast. Journal of Geophysical Research: Oceans, 114: C06017.

Sutton T T. 2013. Vertical ecology of the pelagic ocean: Classical patterns and new perspectives. Journal of Fish Biology, 83(6): 1508-1527.

Suwanrumpha W. 1977. The vertical distribution and diurnal migration of planktonic copepods in the Gulf of Thailand. Mar. Fish. Lab, (9): 20.

Tan Y H, Huang L M, Chen Q C, et al. 2004. Seasonal variation in zooplankton composition and grazing impact on phytoplankton standing stock in the Pearl River Estuary, China. Continental Shelf Research, 24(16): 1949-1968.

Tang D L, Kester D R, Wang Z, et al. 2003. AVHRR satellite remote sensing and shipboard measurements of the thermal plume from the Daya Bay, nuclear power station, China. Remote Sensing of Environment, 84: 506-515.

Telesh I V. 2004. Plankton of Baltic estuarine ecosystems with emphasis on Neva estuary: A review of present knowledge and research perspectives. Marine Pollution Bulletin, 49: 206-219

Thompson B, Adelsbach T, Brown C, et al. 2007. Biological effects of anthropogenic contaminants in the San Francisco Estuary. Environmental Research, 105(1): 156-174.

Timonin A G, Arashkevich E G, Drits A V. 1992. Zooplankton dynamics in the northern Benguela ecosystem, with special reference to the copepod *Calanoides carinatus*. South African Journal of Marine Science, 12(1): 545-560.

Troedsson C, Bouquet J M, Lobon C M, et al. 2013. Effects of ocean acidification, temperature and nutrient regimes on the appendicularian *Oikopleura dioica*: A mesocosm study. Marine Biology, 160(8): 2175-2187.

Tseng L C, Dahms H U, Chen Q C, et al. 2008c. Copepod assemblages of the northern South China Sea.

Crustaceana, 81(1): 1-22.

Tseng L C, Dahms H U, Hung J J, et al. 2011. Can different mesh sizes affect the results of copepod community studies? Journal of Experimental Marine Biology and Ecology, 398(1-2): 47-55.

Tseng L C, Hung J J, Chen Q C, et al. 2013. Seasonality of the copepod assemblages associated with interplay waters off northeastern Taiwan. Helgoland Marine Research, 67: 507-520.

Tseng L C, Kuma R, Dahms H U, et al. 2008a. Monsoon-driven succession of copepod assemblages in coastal waters of the northeastern Taiwan strait. Zoological Studies, 47(1): 46-60.

Tseng L C, Souissi S, Dahms H U, et al. 2008b. Copepod communities related to water masses in the southwest East China Sea. Helgoland Marine Research, 62(2): 153.

Uye S. 1982. Length-weight relationships of important zooplankton from the Inland Sea of Japan. Journal of the Oceanographical Society of Japan, 38: 149-158.

Uye S. 1988. Temperature-dependent development and growth of *Calanus sinicus* (Copepoda: Calanoida) in the Laboratory. Hydrobiologia, 167/168: 285-293.

Uye S. 1994. Replacement of large copepods by small ones with eutrophication of embayments: Cause and consequence. Hydrobiologia, 292/293: 513-519.

Uye S. 2000. Why does *Calanus sinicus* prosper in the shelf ecosystem of the Northwest Pacific Ocean? ICES Journal of Marine Science, 57: 1850-1855.

Uye S, Huang C, Onbe T. 1990. Ontogenetic diel vertical migration of the planktonic copepod Calanus sinicus in the Inland Sea of Japan. Marine Biology, 104: 389-396.

Uye S, Nagano N, Shimazu T. 1998. Biomass, production and trophic roles of micro- and net-zooplankton in Dokai inlet, a heavily eutrophic inlet, in summer. Plankton Biology & Ecology, 45(2): 171-182.

Viñas M D, Blanco-Bercial L, Bucklin A, et al. 2015. Phylogeography of the copepod *Calanoides carinatus s.l.* (Krøyer) reveals cryptic species and delimits *C. carinatus s.s.* distribution in SW Atlantic Ocean. Journal of experimental marine biology and ecology, 468: 97-104.

Viñas M D, Negri R M, Ramírez F C, et al. 2002. Zooplankton assemblages and hydrography in the spawning area of anchovy (*Engraulis anchoita*) off Rio de la Plata estuary (Argentina–Uruguay). Marine and Freshwater Research, 53(6): 1031-1043.

Vinogradov M E. 1997. Some problems of vertical distribution of meso- and macroplankton in the ocean. Advances in Marine Biology, 32(32): 1-92.

Waite A M, Raes E, Beckley L E, et al. 2019. Production and ecosystem structure in cold - core vs. warm-core eddies: Implications for the zooplankton isoscape and rock lobster larvae. Limnology and Oceanography, 64(6): 2405-2423.

Wang D X, Hong B, Gan J P, et al. 2010. Numerical investigation on propulsion of the counter-wind current in the northern South China Sea in winter. Deep Sea Research Part I: Oceanographic Research Papers, 57(10): 1206-1221.

Wang D X, Shu Y Q, Xue H J, et al. 2014. Relative contributions of local wind and topography to the coastal upwelling intensity in the northern South China Sea. Journal of Geophysical Research: Oceans, 119(4): 2550-2567.

Wang L G, Ning J J, Li Y F, et al. 2020. Responses of hyperiid (Amphipoda) communities to monsoon reversal in the central South China Sea. Progress in Oceanography, 189: 102440.

Wang R, Zuo T, Wang K. 2003. The Yellow Sea Cold Bottom Water–an oversummering site for *Calanus sinicus* (Copepoda, Crustacea). Journal of Plankton Research, 25(2): 169-183.

Wang Y S, Lou Z P, Sun C C, et al. 2008. Ecological environmental changes in Daya Bay, from 1982 to 2004. Marine Pollution Bulletin, 56: 1871-1879.

Wang Y S, Lou Z P, Sun C C, et al. 2012. Identification of water quality and zooplankton characteristics in Daya Bay, China, from 2001 to 2004. Environmental Earth Sciences, 66: 655-671.

Wang Z H, Zhao J G, Zhang Y J, et al. 2009. Phytoplankton community structure and environmental parameters in aquaculture areas of Daya Bay, South China Sea. Journal of Environmental Sciences, 21: 1268-1275.

Wiafe G, Yaqub H B, Mensah M A, et al. 2008. Impact of climate change on long-term zooplankton biomass in the upwelling region of the Gulf of Guinea. ICES Journal of Marine Science, 65(3): 318-324.

Wong C K, Chan A L C, Tang K W. 1992. Natural ingestion rates and grazing impact of the marine cladoceran *Penilia avirostris* Dana in Tolo Harbour, Hong Kong. Journal of Plankton Research, 14: 1757-1765.

Wooldridge T. 1999. Estuarine zooplankton community structure and dynamics//Allanson B R, Baird D. Estuaries of South Africa. Cambridge: Cambridge University Press: 141-166.

Wu M L, Wang Y S, Sun C C, et al. 2010. Identification of coastal water quality by statistical analysis methods in Daya Bay, South China Sea. Marine Pollution Bulletin, 60: 852–860.

Wu M L, Wang Y S, Wang Y T, et al. 2017. Scenarios of nutrient alterations and responses of phytoplankton in a changing Daya Bay, South China Sea. Journal of Marine System, 165: 1-12.

Wu M L, Wang Y S. 2007. Using chemometrics to evaluate anthropogenic effects in Daya Bay, China. Estuarine, Coastal and Shelf Science, 72: 732-742.

Wyrtki K. 1961. Scientific results of marine investigations of the South China Sea and the Gulf of Thailand 1959-1961. Naga Reports, 2: 1-195.

Xiang C H, Ke Z X, Li K Z, et al. 2021. Effects of terrestrial inputs and seawater intrusion on zooplankton community structure in Daya Bay, South China Sea. Marine Pollution Bulletin, 167: 112331.

Xiu P, Chai F, Shi L, et al. 2010. A census of eddy activities in the South China Sea during 1993-2007. Journal of Geophysical Research, 115: C03012.

Xu Z L, Chen B J. 2007. Seasonal distribution of *Calanus sinicus* (Copepoda, Crustacea) in the East China Sea. Acta Oceanologica sinica, 26(3): 150-159.

Xu Z L, Ma Z L, Wu Y M. 2011. Peaked abundance of *Calanus sinicus* earlier shifted in the Changjiang River (Yangtze River) Estuary: A comparable study between 1959, 2002 and 2005. Acta Oceanologica Sinica, 30(3): 84-91.

Yahel R, Yahel G, Berman T, et al. 2005a. Diel pattern with abrupt crepuscular changes of zooplankton over a coral reef. Limnology and Oceanography, 50(3): 930-944.

Yahel R, Yahel G, Genin A. 2005b. Near-bottom depletion of zooplankton over coral reefs: I: diurnal dynamics and size distribution. Coral reefs, 24: 75-85.

Yang Q, Liu H, Liu G Z, et al. 2018. Spatio-temporal distribution pattern of *Calanus sinicus* and its relationship with climate variability in the northern Yellow Sea. ICES Journal of Marine Science, 75(2): 764-772.

Yang W F, Huang Y P, Chen M, et al. 2011. Carbon and nitrogen cycling in the Zhubi coral reef lagoon of the South China Sea as revealed by ^{210}Po and ^{210}Pb. Marine Pollution Bulletin, 62(5): 905-911.

Yin J Q, Chen Q C, Li K Z. 2014. *Bathyconchoecia liui* n. sp., a new species of ostracod (Myodocopa, Halocyprididae) from the South China Sea. Crustaceana, 87(8-9): 1027-1035.

Yin J Q, Huang L M, Li K Z, et al. 2011. Abundance distribution and seasonal variations of *Calanus sinicus*

(Copepoda: Calanoida) in the northwest continental shelf of South China Sea. Continental Shelf Research, 31(14): 1447-1456.

Yin J Q, Li K Z, Tan Y H. 2017. *Bathyconchoecia incisa* sp. nov. (Myodocopa, Halocyprididae), a new species of ostracod from the neritic zone of the South China Sea. Crustaceana, 90(1): 35-48.

Yu K F. 2012. Coral reefs in the South China Sea: Their response to and records on past environmental changes. Science China Earth Sciences, 55(8): 1217-1229.

Zeng L L, Wang Q, Xie Q, et al. 2015. Hydrographic field investigations in the Northern South China Sea by open cruises during 2004-2013. Science bulletin, 60(6): 607-615.

Zhang G T, Sun S, Yang B. 2007. Summer reproduction of the planktonic copepod *Calanus sinicus* in the Yellow Sea: Influences of high surface temperature and cold bottom water. Journal of Plankton Research, 29(2): 179-186.

Zhang G T, Sun S, Zhang F. 2005. Seasonal variation of reproduction rates and body size of *Calanus sinicus* in the Southern Yellow Sea, China. Journal of Plankton Research, 27(2): 135-143.

Zhang H C, Zhou L B, Li K Z, et al. 2021. Decreasing biological production and carbon export due to the barrier layer: A case study in the Bay of Bengal. Frontiers in Marine Science, 8: 710051.

Zhang W C, Tang D L, Yang B, et al. 2009. Onshore-offshore variations of copepod community in northern South China Sea. Hydrobiologia, 636: 257-269.

Zhang Z W, Tian J W, Qiu B, et al. 2016. Observed 3D structure, generation, and dissipation of oceanic mesoscale eddies in the South China Sea. Scientific Reports, 6(1): 24349.

Zhao M X, Yu K F, Shi Q, et al. 2013. Coral communities of the remote atoll reefs in the Nansha Islands, southern South China Sea. Environmental Monitoring and Assessment, 185(9): 7381-7392.

Zhao M X, Yu K F, Zhang Q M, et al. 2012. Long-term decline of a fringing coral reef in the northern South China Sea. Journal of Coastal Research, 28(5): 1088-1099.

Zhou L B, Tan Y H, Huang L M, et al. 2013. Size-based analysis for the state and heterogeneity of pelagic ecosystems in the northern South China Sea. Journal of Oceanography 69: 379-393.

Zhou L B, Tan Y H, Huang L M, et al. 2015. Seasonal and size-dependent variations in the phytoplankton growth and microzooplankton grazing in the southern South China Sea under the influence of the East Asian monsoon. Biogeosciences, 12: 6809-6822.

Zhou L B, Tan Y H, Huang L M. 2023. Coral reef ecological pump for gathering and retaining nutrients and exporting carbon: a review and perspectives. 42(6): 1-15.

Zhou L B, Yang X, Li K Z, et al., 2024. Regime shift in a coastal pelagic ecosystem with increasing human-induced nutrient inputs over decades. Water Research: 122147.

附表　南海浮游动物种类名录

序号	类群	种名（中文名）	种名（拉丁学名）	春季	夏季	秋季	冬季
1	水螅水母类	四手筐水母	*Aegina citrea*	+			
2	水螅水母类	八手筐水母	*Aeginura grimaldii*	+	+	+	+
3	水螅水母类	澳洲多管水母	*Aequorea australis*	+	+		
4	水螅水母类	锥状多管水母	*Aequorea conica*			+	
5	水螅水母类	球型多管水母	*Aequorea globosa*		+		
6	水螅水母类	细小多管水母	*Aequorea parva*	+	+		+
7	水螅水母类	多管水母	*Aequorea* spp.			+	
8	水螅水母类	半口壮丽水母	*Aglaura hemistoma*	+	+	+	+
9	水螅水母类	双手水母	*Amphinema dinema*	+	+		+
10	水螅水母类	皱口双手水母	*Amphinema rugosum*				+
11	水螅水母类	异腺瓮水母	*Amphogona apsteini*		+		
12	水螅水母类	微小瓮水母	*Amphogona pusilla*		+		
13	水螅水母类	双高手水母	*Bougainvillia bitentaculata*		+		+
14	水螅水母类	拟扁胃高手水母	*Bougainvillia paraplatygaster*	+			
15	水螅水母类	扁胃高手水母	*Bougainvillia platygaster*			+	
16	水螅水母类	束状高手水母	*Bougainvillia ramose*		+	+	+
17	水螅水母类	横高手水母	*Bougainvilla aurantiaca*	+	+	+	+
18	水螅水母类	长柄高手水母	*Bougainvillia longistyla*	+	+	+	+
19	水螅水母类	鳞茎高手水母	*Bougainvillia muscus*	+	+	+	+
20	水螅水母类	缩口深帽水母	*Bythotiara depressa*				+
21	水螅水母类	盘形美螅水母	*Clytia discoida*		+	+	+
22	水螅水母类	单囊美螅水母	*Clytia folleata*	+			
23	水螅水母类	马来美螅水母	*Clytia malayense*	+	+		
24	水螅水母类	美螅水母	*Clytia* spp.				+
25	水螅水母类	八囊摇篮水母	*Cunina octonaria*	+			
26	水螅水母类	异摇篮水母	*Cunina peregrina*	+	+	+	+
27	水螅水母类	四针刺胞水母	*Cytaeis tetrastyla*		+		
28	水螅水母类	双球水母	*Dicodonium jeffersoni*		+		
29	水螅水母类	外肋水母	*Ectopleura dumortieri*		+		+
30	水螅水母类	短柄和平水母	*Eirene brevistyla*				
31	水螅水母类	锡兰和平水母	*Eirene ceylonensis*	+	+	+	
32	水螅水母类	六辐和平水母	*Eirene hexanemalis*	+		+	+
33	水螅水母类	细颈和平水母	*Eirene menoni*		+	+	
34	水螅水母类	细腺和平水母	*Eirene tenuis*				+
35	水螅水母类	蟹形和平水母	*Eirene kambara*	+	+	+	+

续表

序号	类群	种名（中文名）	种名（拉丁学名）	春季	夏季	秋季	冬季
36	水螅水母类	塔形和平水母	*Eirene pyramidalis*	+	+	+	+
37	水螅水母类	十二囊真唇水母	*Eucheilota diademada*		+		
38	水螅水母类	黑球真唇水母	*Eucheilota menoni*		+		
39	水螅水母类	热带真唇水母	*Eucheilota tropica*			+	
40	水螅水母类	心形真唇水母	*Eucheilota ventricularis*				+
41	水螅水母类	大腺真唇水母	*Eucheilota macrogona*	+	+	+	+
42	水螅水母类	多丝真唇水母	*Eucheilota multicirris*	+	+	+	+
43	水螅水母类	奇异真唇水母	*Eucheilota paradoxia*	+	+	+	+
44	水螅水母类	耳状囊水母	*Euphysa aurata*		+	+	+
45	水螅水母类	贝氏真囊水母	*Euphysora bigelowi*	+	+	+	+
46	水螅水母类	褐色真囊水母	*Euphysora brunnescentis*			+	
47	水螅水母类	粗管真囊水母	*Euphysora crassocanalis*	+			
48	水螅水母类	间腺真囊水母	*Euphysora interogona*	+			
49	水螅水母类	刺胞真囊水母	*Euphysora knides*	+			
50	水螅水母类	疣真囊水母	*Euphysora verrucosa*	+			
51	水螅水母类	指头真瘤水母	*Eutima curva*		+		
52	水螅水母类	真瘤水母	*Eutima levuka*		+	+	+
53	水螅水母类	新卡里多真瘤水母	*Eutima neucaledonia*		+		
54	水螅水母类	叶水母	*Forskalia edwardsi*			+	
55	水螅水母类	枝管怪水母	*Geryonia proboscidalis*			+	
56	水螅水母类	美丽海帽水母	*Halitiara formosa*	+	+	+	
57	水螅水母类	芽侧丝水母	*Helgicirrha gemmifera*	+	+	+	+
58	水螅水母类	马来侧丝水母	*Helgicirrha malayensis*	+	+	+	+
59	水螅水母类	小异形水母	*Heterotiara minor*	+	+	+	
60	水螅水母类	掌状风球水母	*Hormiphora palnata*	+			
61	水螅水母类	富氏斜球水母	*Hybocodon forbesi*	+	+		+
62	水螅水母类	顶突介穗水母	*Hydractinia apicata*	+	+		
63	水螅水母类	肉质介穗水母	*Hydractinia carnea*		+		+
64	水螅水母类	小介穗水母	*Hydractinia minima*	+	+	+	+
65	水螅水母类	简单介穗水母	*Hydractinia simplex*		+		
66	水螅水母类	大洋堪拿水母	*Kanaka pelagica*		+		+
67	水螅水母类	缢八束水母	*Koellikerina constricta*	+	+		+
68	水螅水母类	八手八束水母	*Koellikerina octonemalis*		+	+	+
69	水螅水母类	波状感棒水母	*Laodicea undulate*	+	+		+
70	水螅水母类	印度感棒水母	*Laodicea indica*	+	+	+	+
71	水螅水母类	东方宽帽水母	*Latitiara orientalis*			+	
72	水螅水母类	八瓣隔膜水母	*Leuckartiara octona*	+			
73	水螅水母类	四叶小舌水母	*Liriope tetraphylla*	+	+	+	+
74	水螅水母类	四手触丝水母	*Lovenella assimilis*	+	+	+	+
75	水螅水母类	海沧触丝水母	*Lovenella haichangensis*	+	+	+	+

续表

序号	类群	种名（中文名）	种名（拉丁学名）	春季	夏季	秋季	冬季
76	水螅水母类	两手拟触丝水母	*Paralovenia bitentaculata*	+	+	+	+
77	水螅水母类	卡玛拉水母	*Malagazzia carolinae*	+	+	+	+
78	水螅水母类	厚伞玛拉水母	*Malagazzia condensum*	+	+	+	+
79	水螅水母类	弯管玛拉水母	*Malagazzia curviductum*	+	+	+	+
80	水螅水母类	顶实潜水母	*Merga tergestina*				+
81	水螅水母类	单枝水母	*Nubiella mitra*	+	+	+	+
82	水螅水母类	尖塔水母	*Neoturris fontuta*				+
83	水螅水母类	顶突尖塔水母	*Neoturris papua*		+		
84	水螅水母类	薮枝水母	*Obelia* spp.	+			+
85	水螅水母类	囊海洋水母	*Oceania armata*	+	+	+	+
86	水螅水母类	宽八拟杯水母	*Octophialucium funerarium*		+		
87	水螅水母类	薇八拟杯水母	*Octophialucium huangweice*			+	
88	水螅水母类	印度八拟杯水母	*Octophialucium indicum*	+		+	+
89	水螅水母类	拟杯水母	*Octophialucium* sp.			+	+
90	水螅水母类	拟面具水母	*Pandeopsis ikarii*		+		+
91	水螅水母类	两手拟触丝水母	*Paralovenia bitentaculata*	+			
92	水螅水母类	异距小帽水母	*Petasiela asymetrica*	+		+	
93	水螅水母类	半球美螅水母	*Phialidium hemisphaerica*	+	+	+	
94	水螅水母类	马来杯水母	*Phialidium malayense*			+	
95	水螅水母类	杯水母	*Phialidium* spp.			+	
96	水螅水母类	拟杯水母	*Phialucium carolinae*			+	
97	水螅水母类	厚伞拟杯水母	*Phialucium condensum*			+	
98	水螅水母类	真拟杯水母	*Phialucium mbenga*		+		+
99	水螅水母类	南海扁胃水母	*Platysoma nanhainense*		+		
100	水螅水母类	热带伪帽水母	*Pseudotiara tropica*	+	+	+	+
101	水螅水母类	墓形棍形水母	*Rhopalonema funerarium*	+	+	+	+
102	水螅水母类	膜棍殖水母	*Rhopalonema velatum*	+	+	+	+
103	水螅水母类	日本长管水母	*Sarsia nipponica*		+	+	+
104	水螅水母类	真胃穴水母	*Smithes eurygaster*		+		
105	水螅水母类	白针太阳水母	*Solmaris leucostyla*		+	+	+
106	水螅水母类	两手筐水母	*Solmundella bitentaculata*	+	+	+	+
107	水螅水母类	细球水母	*Sphaeronectes gracilis*	+		+	
108	水螅水母类	芽体镰螅水母	*Teissiera medusifera*	+			
109	水螅水母类	弯皱袋囊水母	*Tottonia contorta*	+			
110	水螅水母类	短柄灯塔水母	*Turritopsis lata*	+	+	+	+
111	水螅水母类	嵴状镰螅水母	*Zanclea costata*		+	+	+
112	水螅水母类	东方镰螅水母	*Zanclea orientalis*		+		
113	水螅水母类	舟状玫瑰水母	*Rosacea cymbiformis*	+			

续表

序号	类群	种名（中文名）	种名（拉丁学名）	春季	夏季	秋季	冬季
114	水螅水母类	顶突潜水母	*Merga tergatina*				
115	水螅水母类	澳洲拟镰螅水母	*Teissiera australe*	+			
116	水螅水母类	玫瑰太阳水母	*Solmaris rhodoloma*	+			
117	管水母类	拟突多面水母	*Abyla carina*		+		
118	管水母类	横棱多面水母	*Abyla haeckeli*		+		
119	管水母类	顶大多面水母	*Abyla schmidti*		+		
120	管水母类	多面水母	*Abyla* spp.			+	
121	管水母类	三角多面水母	*Abyla trigona*	+	+		
122	管水母类	短深杯水母	*Abylopsis eschscholtzi*	+	+	+	
123	管水母类	方深杯水母	*Abylopsis tetragona*	+	+	+	+
124	管水母类	美装水母	*Agalma elegans*	+	+		+
125	管水母类	盛装水母	*Agalma okeni*	+	+		+
126	管水母类	尖双钟水母	*Amphicaryon acaule*	+	+	+	+
127	管水母类	盾状双钟水母	*Amphicaryon peltifera*		+		
128	管水母类	巴斯水母	*Bassia bassensis*	+	+	+	+
129	管水母类	角杯水母	*Ceratocymba leuckarti*		+	+	+
130	管水母类	爪室水母	*Chelophyes appendiculata*		+	+	+
131	管水母类	扭形爪室水母	*Chelophyes contorta*	+	+	+	+
132	管水母类	北极单板水母	*Dimophyes arctica*	+	+	+	+
133	管水母类	拟双生水母	*Diphyes bojani*	+	+	+	+
134	管水母类	双生水母	*Diphyes chamissonis*	+	+	+	+
135	管水母类	异双生水母	*Diphyes dispar*	+	+	+	+
136	管水母类	晶九角水母	*Enneagonum hyalinum*		+	+	
137	管水母类	长棱九角水母	*Enneagonum searsae*		+		
138	管水母类	螺旋尖角水母	*Eudoxiodex spiralis*	+	+	+	+
139	管水母类	尖角水母	*Eudoxoides mitra*	+	+	+	
140	管水母类	海冠水母	*Halistemma rubrum*	+	+		+
141	管水母类	马蹄水母	*Hippopodius hippopus*	+	+	+	+
142	管水母类	钟浅室水母	*Lensia campanella*	+	+	+	+
143	管水母类	锥形浅室水母	*Lensia conoides*		+		
144	管水母类	微脊浅室水母	*Lensia cossack*	+	+	+	
145	管水母类	圆囊浅室水母	*Lensia fowleri*	+	+		+
146	管水母类	小体浅室水母	*Lensia hotspur*	+	+	+	+
147	管水母类	细条浅室水母	*Lensia leloupi*	+			
148	管水母类	高悬浅室水母	*Lensia meteori*	+	+		
149	管水母类	七棱浅室水母	*Lensia multicristata*		+		
150	管水母类	拟浅室水母	*Lensia subtilis*	+	+	+	+
151	管水母类	拟细浅室水母	*Lensia subtiloides*	+	+		+
152	管水母类	浅室水母	*Lensia* spp.			+	

续表

序号	类群	种名（中文名）	种名（拉丁学名）	春季	夏季	秋季	冬季
153	管水母类	短体浅室水母	*Lensia tottoni*	+			
154	管水母类	粗管浅室水母	*Lensia canopusi*	+			
155	管水母类	五角水母	*Muggiaea atlantica*	+	+		+
156	管水母类	短五角水母	*Muggiaea delsmani*			+	
157	管水母类	双小水母	*Nanomia bijuga*	+	+	+	+
158	管水母类	小水母	*Nanomia cara*			+	
159	管水母类	气囊水母	*Physophora hydrostatica*	+	+		+
160	管水母类	银币水母	*Porpita porpita*	+			
161	管水母类	膨大无棱水母	*Sulculeolaria turgida*				+
162	管水母类	球水母	*Sphaeronectes gracilis*			+	
163	管水母类	狭无棱水母	*Sulculeolaria angust*			+	
164	管水母类	长无棱水母	*Sulculeolaria chuni*	+	+		+
165	管水母类	五齿无棱水母	*Sulculeolaria monoica*				+
166	管水母类	四齿无棱水母	*Sulculeolaria quadrivalvis*	+	+	+	+
167	管水母类	西沙无棱水母	*Sulculeolaria xishanensis*				
168	管水母类	光滑拟蹄水母	*Vogtia glabra*	+	+	+	+
169	管水母类	多疣拟蹄水母	*Vogtia spinosa*		+		
170	管水母类	九角水母	*Enneagonum hyalinum*	+			
171	钵水母类	卵型瓜水母	*Beroe avata*	+			
172	钵水母类	紫色霞水母	*Cyanea purpurea*	+			
173	钵水母类	平罩水母	*Linuche draco*				
174	钵水母类	红斑游船水母	*Nausithoe punctata*	+	+		+
175	钵水母类	夜光游水母	*Pelagia noctiluca*		+	+	
176	钵水母类	灯罩水母	*Linuche* sp.	+			
177	栉水母类	瓜水母	*Beroe cucumis*	+		+	+
178	栉水母类	刺胞栉水母	*Euchlora rubra*			+	
179	栉水母类	球栉水母	*Hormiphora* sp.		+		
180	栉水母类	球型侧腕水母	*Pleurobrachia globosa*	+	+	+	+
181	栉水母类	带栉水母	*Cestum veneris*	+			
182	浮游多毛类	锥片盘首蚕	*Lopadorhynchus krohnii*	+	+		+
183	浮游多毛类	矮指蚕	*Pedinosoma curtum*				+
184	浮游多毛类	长须游蚕	*Pelagobia longicirrata*	+	+		
185	浮游多毛类	游须蚕	*Pontodora pelagica*	+	+		
186	浮游多毛类	西沙鼻蚕	*Rhynchoevella xishaensis*		+		
187	浮游多毛类	鼻蚕	*Rhynchonerella gracilis*		+		
188	浮游多毛类	箭蚕	*Sagitella kowalevskii*	+			
189	浮游多毛类	长尾浮蚕	*Tomopteris apsteini*	+			
190	浮游多毛类	秀丽浮蚕	*Tomopteris elegans*	+	+		+
191	浮游多毛类	生殖浮蚕	*Tomopteris helgolandica*	+	+		
192	浮游多毛类	玫腺浮蚕	*Tomopteris nationalis*		+		

续表

序号	类群	种名（中文名）	种名（拉丁学名）	春季	夏季	秋季	冬季
193	浮游多毛类	太平浮蚕	*Tomopteris pacifica*		+		
194	浮游多毛类	无针浮蚕	*Tomopteris rolasi*	+	+		
195	浮游多毛类	无瘤蚕	*Travsiopsis dubia*	+			
196	浮游多毛类	圆瘤蚕	*Travsiopsis lobifera*	+			
197	浮游多毛类	盲蚕	*Typhloscolex muelleri*	+			
198	浮游多毛类	囊明蚕	*Vanadis fuspunctata*		+		
199	浮游多毛类	小明蚕	*Vanadis minuta*	+	+		+
200	浮游软体动物	凸强卷螺	*Agadina* sp.		+		+
201	浮游软体动物	强卷螺	*Agadina stimpsoni*	+	+		+
202	浮游软体动物	角长吻龟螺	*Diacavolinia angulata*				+
203	浮游软体动物	球龟螺	*Cavolinia globulosa*		+		+
204	浮游软体动物	长吻龟螺	*Diacavolinia longirostris*		+		+
205	浮游软体动物	钩龟螺	*Cavolinia uncinata*				+
206	浮游软体动物	冕螺	*Corolla ovata*	+	+		+
207	浮游软体动物	尖笔帽螺	*Creseis acicula*	+	+	+	+
208	浮游软体动物	环箍笔帽螺	*Creseis chierchiae*				+
209	浮游软体动物	棒笔帽螺	*Creseis clava*	+	+		+
210	浮游软体动物	笔帽螺	*Creseis* spp.	+			
211	浮游软体动物	锥笔帽螺	*Creseis virgula*	+	+		+
212	浮游软体动物	芽笔帽螺	*Creseis conica*	+	+	+	+
213	浮游软体动物	蛆状螺	*Cuvierina columnella*		+		+
214	浮游软体动物	舴艋螺	*Cymbulia peroni*	+			
215	浮游软体动物	蝴蝶螺	*Desmopterus papilio*	+	+		+
216	浮游软体动物	蝴蝶螺	*Desmopterus* sp.		+		+
217	浮游软体动物	四齿厚唇螺	*Diacria quadridentata*	+	+	+	+
218	浮游软体动物	厚唇螺	*Diacria trispinosa*	+	+		
219	浮游软体动物	小尾长角螺	*Euclio pyramidata microcaudata*		+		
220	浮游软体动物	矛头长角螺	*Eudio pyramidata* var. *lanceolata*		+		+
221	浮游软体动物	玻杯螺	*Hyalocylis striata*		+		+
222	浮游软体动物	泡蜓螺	*Limacina bulimoides*	+	+		+
223	浮游软体动物	胖蜓螺	*Limacina inflate*	+	+		+
224	浮游软体动物	马蹄蜓螺	*Limacina trochiformis*	+	+		+
225	浮游软体动物	拟海若螺	*Paraclione longicaudata*	+	+		
226	浮游软体动物	长轴螺	*Peraclis reticulata*				+
227	浮游软体动物	皮鳃螺	*Pneumoderma atlanticum*	+	+		
228	浮游软体动物	皮鳃螺	*Pneumoderma* sp.				+
229	浮游软体动物	锥棒螺	*Styliola subula*	+	+		+
230	浮游软体动物	透明扁齿螺	*Thliptodon diaphanous*	+	+		
231	浮游软体动物	长海蜗牛	*Janthina prolongata*	+			
232	浮游软体动物	扁明螺	*Atlanta depressa*	+	+		+

续表

序号	类群	种名（中文名）	种名（拉丁学名）	春季	夏季	秋季	冬季
233	浮游软体动物	褐明螺	*Atlanta fusca*		+		+
234	浮游软体动物	蜗牛明螺	*Atlanta helicinoides*	+	+		+
235	浮游软体动物	歪轴明螺	*Atlanta inclinata*	+	+		
236	浮游软体动物	胖明螺	*Atlanta inflate*				+
237	浮游软体动物	大口明螺	*Atlanta lesueuri*		+		+
238	浮游软体动物	明螺	*Atlanta perori*	+	+		+
239	浮游软体动物	玫瑰明螺	*Atlanta rosea*				+
240	浮游软体动物	明螺	*Atlanta* spp.	+	+	+	+
241	浮游软体动物	塔明螺	*Atlanta turriculata*	+	+		+
242	浮游软体动物	盔龙骨螺	*Carinaria galea*		+		
243	浮游软体动物	日本龙骨螺	*Carinaria japonica*	+	+		+
244	浮游软体动物	拟翼管螺	*Firolorida desmaresti*	+	+		+
245	浮游软体动物	原明螺	*Protatlanta souleyeti*		+		
246	浮游软体动物	翼体螺	*Pterosoma planum*	+	+		
247	浮游软体动物	翼管螺	*Pterotrachea coronata*	+			
248	浮游软体动物	海马翼管螺	*Pterotrachea hippocampus*	+			
249	浮游软体动物	小翼管螺	*Pterotrachea minuta*		+		
250	浮游软体动物	楯翼管螺	*Pterotrachea scutata*		+		+
251	枝角类	肥胖三角溞	*Pseudevadne tergestina*	+	+	+	
252	枝角类	鸟喙尖头溞	*Penilia avirostris*	+	+		
253	枝角类	史氏圆囊溞	*Podon schmackeri*	+	+		
254	介形类	锯状翼萤	*Alacia valdiviae*			+	
255	介形类	舟型双管萤	*Amphisiphomostra naviformis*	+			
256	介形类	弱小铃萤	*Codonocera pusilla*	+			
257	介形类	尖细浮萤	*Conchoecetta acuminata*	+	+	+	+
258	介形类	秀丽浮萤	*Conchoecia elegans*			+	
259	介形类	捷细浮萤	*Conchoecetta giesbrechti*	+	+	+	+
260	介形类	束腺浮萤	*Conchoecia lophoura*		+		
261	介形类	大弯浮萤	*Conchoecia magna*	+	+	+	+
262	介形类	细齿浮萤	*Conchoecia parvidentata*	+	+	+	
263	介形类	亚弓浮萤	*Conchoecia subarcuata*	+	+	+	
264	介形类	尖额齿浮萤	*Conchoecilla daphnoides*	+			
265	介形类	尖突海萤	*Cypridina acuminate*	+	+	+	+
266	介形类	齿形海萤	*Cypridina dentate*	+	+		+
267	介形类	纳米海萤	*Cypridina nami*		+		
268	介形类	非对称拟海萤	*Cypridinodes asymmetrica*				
269	介形类	秀丽双浮萤	*Disconchoecia elegans*	+	+	+	+
270	介形类	膨大双浮萤	*Disconchoecia tamensis*	+	+		+
271	介形类	针刺真浮萤	*Euconchoecia aculeate*	+	+	+	+
272	介形类	短棒真浮萤	*Euconchoecia chierchiae*		+		

续表

序号	类群	种名（中文名）	种名（拉丁学名）	春季	夏季	秋季	冬季
273	介形类	细长真浮萤	*Euconchoecia elongate*	+	+	+	+
274	介形类	后圆真浮萤	*Euconchoecia maimai*	+	+	+	+
275	介形类	小齿弯萤	*Gaussicia edentata*			+	
276	介形类	球形海介萤	*Halocypris globosa*	+			
277	介形类	胖海腺萤	*Halocypris inflate*	+	+	+	+
278	介形类	肥胖吸海萤	*Halocypis brevirostris*	+			
279	介形类	圆形后浮萤	*Metaconchoecia rotundata*	+	+	+	
280	介形类	宽短小浮萤	*Mikroconchoecia curta*	+	+	+	+
281	介形类	黄色单萤	*Monopia flaveola*	+			
282	介形类	隆状直浮萤	*Orthoconchoecia atlantica*	+			+
283	介形类	双刺直浮萤	*Orthoconchoecia bispinosa*	+	+	+	+
284	介形类	等刺拟浮萤	*Paraconchoecia aequiseta*			+	
285	介形类	多变拟浮萤	*Paraconchoecia decipiens*	+	+	+	+
286	介形类	棘状拟浮萤	*Paraconchoecia echinata*	+	+	+	+
287	介形类	长方拟浮萤	*Paraconchoecia oblonga*	+	+		+
288	介形类	长形拟海萤	*Paraconchoecia procera*	+	+	+	+
289	介形类	小刺拟浮萤	*Paraconchoecia spinifera*	+			
290	介形类	嘴拟软萤	*Paramollicia rhynchena*			+	
291	介形类	蓬松椭萤	*Paravargula hirsuta*	+			
292	介形类	喜萤	*Philomedes* sp.	+	+		+
293	介形类	小葱萤	*Porroecia porrecta*	+	+	+	+
294	介形类	刺额葱萤	*Porroecia spinirostris*	+	+	+	+
295	介形类	双牙喜萤	*Philomedes eugeniae*		+		
296	介形类	同心假浮萤	*Pseudoconchoecia concentrica*	+	+	+	+
297	介形类	贞洁浮萤	*Spinoecia parthenoda*	+	+		+
298	介形类	伪贞洁浮萤	*Spinoecia pseudoparthenoda*	+			
299	介形类	刘氏深海浮萤	*Bathyconchoecia liui*	+	+		
300	介形类	缺刻深海浮萤	*Bathyconchoecia incisa*	+	+		
301	介形类	南沙深海浮萤	*Bathyconchoecia nanshaensis*	+	+		
302	涟虫类	针尾涟虫	*Diastylis* sp.	+			
303	桡足类	丹氏纺锤水蚤	*Acartia danae*			+	
304	桡足类	红纺锤水蚤	*Acartia erythraea*	+	+	+	+
305	桡足类	小纺锤水蚤	*Acartia negligens*	+	+	+	+
306	桡足类	太平洋纺锤水蚤	*Acartia pacifica*		+	+	+
307	桡足类	刺尾纺锤水蚤	*Acartia spinicauda*	+	+		+
308	桡足类	安氏隆哲水蚤	*Acrocalanus andersoni*	+	+		
309	桡足类	驼背隆哲水蚤	*Acrocalanus gibber*	+	+	+	+
310	桡足类	微驼隆哲水蚤	*Acrocalanus gracilis*	+	+	+	+
311	桡足类	长角隆哲水蚤	*Acrocalanus longicornis*	+	+	+	+

续表

序号	类群	种名（中文名）	种名（拉丁学名）	春季	夏季	秋季	冬季
312	桡足类	单隆哲水蚤	*Acrocalanus monachus*	+	+		+
313	桡足类	武装鹰嘴水蚤	*Aetideus armatus*		+	+	
314	桡足类	伯氏鹰嘴水蚤	*Aetideus bradyi*	+	+		+
315	桡足类	纪氏真鹰嘴水蚤	*Aetideus giesbrechti*			+	
316	桡足类	隆线似哲水蚤	*Calanoifes carinatus*	+	+	+	+
317	桡足类	椭形长足水蚤	*Calanopia elliptica*	+	+		+
318	桡足类	小长足水蚤	*Calanopia minor*	+	+	+	+
319	桡足类	汤氏长足水蚤	*Calanopia thompsoni*	+	+		
320	桡足类	中华哲水蚤	*Calanus sinicus*	+	+	+	
321	桡足类	狭丽哲水蚤	*Calocalanus contractus*			+	
322	桡足类	单刺丽哲水蚤	*Calocalanus monospinus*	+			
323	桡足类	孔雀丽哲水蚤	*Calocalanus pavo*	+	+	+	+
324	桡足类	锦丽哲水蚤	*Calocalanus pavoninnus*	+	+	+	+
325	桡足类	羽丽哲水蚤	*Calocalanus plumulosus*	+			
326	桡足类	针丽哲水蚤	*Calocalanus styliremis*		+		
327	桡足类	黑斑平头水蚤	*Candacia aethiopica*			+	
328	桡足类	双刺平头水蚤	*Candacia bipinnata*	+	+	+	+
329	桡足类	长刺平头水蚤	*Candacia bispinosa*	+	+	+	
330	桡足类	伯氏平头水蚤	*Candacia bradyi*	+	+	+	+
331	桡足类	幼平头水蚤	*Candacia catula*	+	+	+	+
332	桡足类	短平头水蚤	*Candacia curta*	+	+	+	+
333	桡足类	异尾平头水蚤	*Candacia discaudata*		+	+	+
334	桡足类	耳突平头水蚤	*Candacia guggenheimi*	+			
335	桡足类	长突平头水蚤	*Candacia longimana*	+			
336	桡足类	厚指平头水蚤	*Candacia pathydactyla*	+	+	+	+
337	桡足类	易平头水蚤	*Candacia simplex*			+	
338	桡足类	平头水蚤	*Candacia* spp.		+	+	
339	桡足类	截平头水蚤	*Candacia truncata*	+	+	+	+
340	桡足类	腹突平头水蚤	*Candacia varicus*	+	+	+	
341	桡足类	微刺哲水蚤	*Canthocalanus pauper*	+	+	+	+
342	桡足类	哲胸刺水蚤	*Centropages calanius*	+	+	+	+
343	桡足类	背针胸刺水蚤	*Centropages dorsipinatus*	+		+	+
344	桡足类	长胸刺水蚤	*Centropages elongates*	+		+	
345	桡足类	叉胸刺水蚤	*Centropages furcatus*	+	+	+	+
346	桡足类	瘦胸刺水蚤	*Centropages gracilis*	+		+	+
347	桡足类	长角胸刺水蚤	*Centropages longicornis*			+	
348	桡足类	奥氏胸刺水蚤	*Centropages orsinii*	+	+	+	
349	桡足类	瘦尾胸刺水蚤	*Centropages tenuiremis*	+			
350	桡足类	波氏袖水蚤	*Chiridius poppei*	+	+	+	
351	桡足类	波氏袖水蚤幼体	Cirripedita larvae			+	

续表

序号	类群	种名（中文名）	种名（拉丁学名）	春季	夏季	秋季	冬季
352	桡足类	弓角基齿哲水蚤	*Clausocalanus arcuicornis*	+	+		+
353	桡足类	长尾基齿哲水蚤	*Clausocalanus furcatus*	+	+	+	+
354	桡足类	短尾基齿哲水蚤	*Clausocalanus pergens*	+	+	+	+
355	桡足类	桡足幼体	Copepodite larvae	+	+	+	+
356	桡足类	大桨剑水蚤	*Copilia lata*			+	
357	桡足类	奇桨剑水蚤	*Copilia mirabilis*	+	+	+	
358	桡足类	方形剑水蚤	*Copilia quadrata*			+	
359	桡足类	晶桨剑水蚤	*Copilia vitrea*	+			
360	桡足类	近缘大眼剑水蚤	*Corycaeus affinis*	+	+	+	+
361	桡足类	活泼大眼剑水蚤	*Corycaeus agilis*	+			
362	桡足类	亮大眼剑水蚤	*Corycaeus andrewsi*	+	+	+	+
363	桡足类	东亚大眼剑水蚤	*Corycaeus asiaticus*	+	+	+	+
364	桡足类	隆脊大眼剑水蚤	*Corycaeus carinata*		+	+	
365	桡足类	灵巧大眼剑水蚤	*Corycaeus catus*	+	+	+	+
366	桡足类	精致大眼剑水蚤	*Corycaeus concinnus*				+
367	桡足类	微胖大眼剑水蚤	*Corycaeus crassiusculus*	+	+	+	+
368	桡足类	平大眼剑水蚤	*Corycaeus dahli*	+	+	+	
369	桡足类	红大眼剑水蚤	*Corycaeus erythraeus*			+	
370	桡足类	柔大眼剑水蚤	*Corycaeus flaccus*	+	+	+	+
371	桡足类	叉大眼剑水蚤	*Corycaeus furcifer*	+	+	+	
372	桡足类	驼背大眼剑水蚤	*Corycaeus gibbulus*	+	+	+	+
373	桡足类	短大眼剑水蚤	*Corycaeus giesbrechti*		+	+	
374	桡足类	伶俐大眼剑水蚤	*Corycaeus lautus*	+	+	+	+
375	桡足类	菱形大眼剑水蚤	*Corycaeus limbatus*	+	+	+	
376	桡足类	长尾大眼剑水蚤	*Corycaeus longicaudis*	+			+
377	桡足类	长刺大眼剑水蚤	*Corycaeus longistylis*	+	+	+	+
378	桡足类	小突大眼剑水蚤	*Corycaeus lubbocki*	+	+	+	
379	桡足类	太平洋大眼剑水蚤	*Corycaeus pacifica*	+	+	+	+
380	桡足类	小型大眼剑水蚤	*Corycaeus pumilus*			+	
381	桡足类	粗大眼剑水蚤	*Corycaeus robusta*	+	+	+	
382	桡足类	拟额大眼剑水蚤	*Corycaeus rostratus*		+	+	
383	桡足类	美丽大眼剑水蚤	*Corycaeus speciosus*	+	+	+	+
384	桡足类	大眼剑水蚤	*Corycaeus* spp.	+			
385	桡足类	细大眼剑水蚤	*Corycaeus subtilis*	+		+	+
386	桡足类	典型大眼剑水蚤	*Corycaeus typicus*	+		+	+
387	桡足类	绿大眼剑水蚤	*Corycaeus viretus*	+	+	+	+
388	桡足类	尖真鹰嘴水蚤	*Euaetidens acutus*	+	+	+	+
389	桡足类	纪氏真鹰嘴水蚤	*Euaetideus giesbrecht*	+	+	+	+
390	桡足类	细真哲水蚤	*Eucalanus attenuatus*	+	+	+	+
391	桡足类	瘦长真哲水蚤	*Eucalanus elongatus*	+	+	+	+

续表

序号	类群	种名（中文名）	种名（拉丁学名）	春季	夏季	秋季	冬季
392	桡足类	精致真刺水蚤	Euchaeta *concinnae*	+	+	+	+
393	桡足类	真刺水蚤幼体	Euchaeta larvae	+	+	+	+
394	桡足类	长角真刺水蚤	*Euchaeta longcornis*	+	+	+	+
395	桡足类	海洋真刺水蚤	*Euchaeta marina*	+	+	+	+
396	桡足类	中型真刺水蚤	*Euchaeta media*	+	+		+
397	桡足类	平滑真刺水蚤	*Euchaeta plana*	+	+	+	+
398	桡足类	瘦弱真刺水蚤	*Euchaeta tenuis*				+
399	桡足类	吴氏真刺水蚤	*Euchaeta wolfendeni*	+	+	+	+
400	桡足类	尖刺真胖水蚤	*Euchirella acuta*	+			
401	桡足类	粗壮真胖水蚤	*Euchirella amoena*	+	+	+	+
402	桡足类	袤真胖水蚤	*Euchirella areata*			+	
403	桡足类	秀丽真胖水蚤	*Euchirella bella*	+	+		+
404	桡足类	印度真胖水蚤	*Euchirella indica*	+			
405	桡足类	锦丽真胖水蚤	*Euchirella pulohra*	+			
406	桡足类	美丽真胖水蚤	*Euchirella venusta*	+			
407	桡足类	尖额真猛水蚤	*Euterpina acutifrons*	+			
408	桡足类	细枪水蚤	*Gaetanus miles*		+		
409	桡足类	小枪水蚤	*Gaetanus minor*	+		+	
410	桡足类	粗刺盾水蚤	*Gaidius pungens*	+		+	
411	桡足类	海羽水蚤	*Haloplilus* sp.			+	
412	桡足类	奥氏全羽水蚤	*Haloptilus austini*	+	+	+	+
413	桡足类	长角海羽水蚤	*Haloptilus longicornis*			+	
414	桡足类	饰全羽水蚤	*Haloptilus ornatus*	+	+	+	+
415	桡足类	尖头全羽水蚤	*Haloptilus oxycephalus*	+	+	+	+
416	桡足类	刺全羽水蚤	*Haloptilus spiniceps*	+	+	+	+
417	桡足类	乳状异肢水蚤	*Heterohabdus papilliger*	+	+	+	+
418	桡足类	克氏异肢水蚤	*Heterorhabdus clausi*	+	+	+	+
419	桡足类	淡异肢水蚤	*Heterorhabdus insukae*	+	+	+	+
420	桡足类	住囊异肢水蚤	*Heterorhabdus oikoumenikis*	+	+	+	+
421	桡足类	乳突异肢水蚤	*Heterorhabdus papilliger*	+	+	+	+
422	桡足类	异肢水蚤	*Heterorhabdus* sp.	+	+	+	+
423	桡足类	刺额异肢水蚤	*Heterorhabdus spinifrons*	+			
424	桡足类	小刺异肢水蚤	*Heterorhabdus spinosus*	+	+	+	+
425	桡足类	亚刺异肢水蚤	*Heterorhabdus subspinifrons*	+	+	+	+
426	桡足类	长角异针水蚤	*Heterostylites longicornis*	+	+	+	+
427	桡足类	尖刺唇角水蚤	*Labidocera acuta*	+	+	+	+
428	桡足类	双刺唇角水蚤	*Labidocera bispinnata*				
429	桡足类	后截唇角水蚤	*Labidocera detruncate*	+	+	+	+

续表

序号	类群	种名（中文名）	种名（拉丁学名）	春季	夏季	秋季	冬季
430	桡足类	真刺唇角水蚤	*Labidocera euchaeta*			+	
431	桡足类	克氏唇角水蚤	*Labidocera kroyeri*	+		+	
432	桡足类	小唇角水蚤	*Labidocera minuta*	+	+	+	+
433	桡足类	孔雀唇角水蚤	*Labidocera pavo*			+	
434	桡足类	左突唇角水蚤	*Labidocera sinilobata*			+	
435	桡足类	唇角水蚤属	*Labidocera* spp.			+	
436	桡足类	额脊水蚤	*Lophothrix frontalis*	+	+	+	+
437	桡足类	宽脊水蚤	*Lophothrix latipes*	+	+	+	+
438	桡足类	针刺梭剑水蚤	*Lubbockia aculeata*	+	+	+	+
439	桡足类	马鲁梭剑水蚤	*Lubbockia marukawai*		+		
440	桡足类	掌刺梭剑水蚤	*Lubbockia squillimana*	+			
441	桡足类	克氏光水蚤	*Lucicutia clause*		+		
442	桡足类	黄角光水蚤	*Lucicutia flavicornis*	+	+	+	+
443	桡足类	双光水蚤	*Lucicutia gemina*	+	+	+	+
444	桡足类	长棘光水蚤	*Lucicutia longiserrata*	+	+	+	+
445	桡足类	卵形光水蚤	*Lucicutia ovalis*	+	+	+	+
446	桡足类	瘦长毛猛水蚤	*Macrosetella gracilis*	+	+	+	+
447	桡足类	克氏长角哲水蚤	*Mecynocera clausi*	+	+	+	
448	桡足类	长角巨哲水蚤	*Megacalanus longicornis*	+	+	+	+
449	桡足类	窄半肢水蚤	*Mesorhabdus angustus*	+	+	+	+
450	桡足类	显半肢水蚤	*Mesorhabdus poriphorus*	+	+	+	+
451	桡足类	欧氏后哲水蚤	*Metacalanus aurivillii*			+	
452	桡足类	短尾长腹水蚤	*Metridia brevicauda*	+	+	+	+
453	桡足类	前长腹水蚤	*Metridia princeps*	+	+	+	+
454	桡足类	美丽长腹水蚤	*Metridia venusta*	+	+	+	+
455	桡足类	小微哲水蚤	*Microcalanus pusillus*	+	+	+	+
456	桡足类	挪威小毛猛水蚤	*Microsetella norvegica*		+	+	+
457	桡足类	红小毛猛水蚤	*Microsetella rosea*	+	+	+	
458	桡足类	刀仿哲水蚤	*Mimocalanus cultrifer*	+	+	+	+
459	桡足类	变杂哲水蚤	*Mixtocalanus alter*	+	+	+	+
460	桡足类	瘦异足水蚤	*Monacilla gracilis*	+	+	+	+
461	桡足类	异足水蚤	*Monacilla* sp.	+	+	+	+
462	桡足类	巨大怪水蚤	*Monstrilla grandis*		+		
463	桡足类	小哲水蚤	*Nannocalanus minor*	+	+	+	+
464	桡足类	瘦新哲水蚤	*Neocalanus gracilis*	+	+	+	+
465	桡足类	粗新哲水蚤	*Neocalanus robustior*	+	+	+	
466	桡足类	细角新哲水蚤	*Neocalanus tenuicornis*	+	+	+	
467	桡足类	短角长腹剑水蚤	*Oithona brevicornis*		+		+
468	桡足类	隐长腹剑水蚤	*Oithona decipiens*			+	+
469	桡足类	小长腹剑水蚤	*Oithona nana*			+	

续表

序号	类群	种名（中文名）	种名（拉丁学名）	春季	夏季	秋季	冬季
470	桡足类	羽长腹剑水蚤	*Oithona plumifera*	+	+	+	+
471	桡足类	刺长腹剑水蚤	*Oithona setigera*	+	+	+	+
472	桡足类	简长腹剑水蚤	*Oithona simplex*			+	+
473	桡足类	长腹剑水蚤	*Oithona* spp.	+			
474	桡足类	瘦长腹剑水蚤	*Oithona tenuis*	+	+	+	+
475	桡足类	敏长腹剑水蚤	*Oithona vivida*	+	+		
476	桡足类	背突隆剑水蚤	*Oncaea clevei*	+			
477	桡足类	角突隆剑水蚤	*Oncaea conifera*	+	+	+	+
478	桡足类	齿隆剑水蚤	*Oncaea dentipes*		+		+
479	桡足类	中隆剑水蚤	*Oncaea media*		+	+	
480	桡足类	等刺隆剑水蚤	*Oncaea mediterranea*	+	+	+	+
481	桡足类	丽隆剑水蚤	*Oncaea venusta*	+	+	+	+
482	桡足类	齿厚剑水蚤	*Pachysoma dentatum*		+		
483	桡足类	斑点厚剑水蚤	*Pachysoma punctatum*	+	+	+	+
484	桡足类	针刺拟哲水蚤	*Paracalanus aculeatus*	+	+	+	+
485	桡足类	瘦拟哲水蚤	*Paracalanus gracilis*	+	+	+	+
486	桡足类	矮拟哲水蚤	*Paracalanus nanus*		+		+
487	桡足类	小拟哲水蚤	*Paracalanus parvus*	+	+	+	+
488	桡足类	隆拟平头水蚤	*Paracandacia worthingtoni*			+	
489	桡足类	芦氏拟真刺水蚤	*Pareuchaeta russelli*	+	+	+	+
490	桡足类	强额孔雀水蚤	*Parvocalanus crassirostris*			+	
491	桡足类	刺褐水蚤	*Phaenna spinifera*	+	+		+
492	桡足类	腹突乳点水蚤	*Pleuromamma abdominalis*	+	+	+	+
493	桡足类	北方乳点水蚤	*Pleuromamma borealis*	+	+	+	+
494	桡足类	瘦乳点水蚤	*Pleuromamma gracilis*	+	+	+	+
495	桡足类	粗乳点水蚤	*Pleuromamma robusta*	+	+	+	+
496	桡足类	剑乳点水蚤	*Pleuromamma xiphias*	+	+	+	+
497	桡足类	叉刺角水蚤	*Pontella chierchiae*	+	+	+	
498	桡足类	阔节角水蚤	*Pontella fera*	+	+	+	
499	桡足类	腹斧角水蚤	*Pontella securifer*	+			
500	桡足类	刺尾角水蚤	*Pontella spinicauda*			+	
501	桡足类	羽小角水蚤	*Pontellinna plumata*	+	+	+	+
502	桡足类	克氏简角水蚤	*Pontellopsis kvameri*		+		
503	桡足类	长指简角水蚤	*Pontellopsis macrony*		+		
504	桡足类	首领简角水蚤	*Pontellopsis regalis*	+	+	+	+
505	桡足类	勇简角水蚤	*Pontellopsis strenua*	+	+	+	
506	桡足类	瘦尾简角水蚤	*Pontellopsis tenuicauda*	+			
507	桡足类	粗毛简角水蚤	*Pontellopsis villosa*	+	+	+	
508	桡足类	钝简角水蚤	*Pontellopsis yamadae*		+		
509	桡足类	深角剑水蚤	*Pontoectella abyssicola*	+			

续表

序号	类群	种名（中文名）	种名（拉丁学名）	春季	夏季	秋季	冬季
510	桡足类	海洋伪镖水蚤	*Pseudodiaptomus marinus*			+	
511	桡足类	鼻锚哲水蚤	*Rhincalanus nasutus*	+	+	+	+
512	桡足类	彩额锚哲水蚤	*Rhincalanus rostrifrons*	+	+	+	+
513	桡足类	赤腰吻殊猛水蚤	*Rhynchothalestris rufocincta*				+
514	桡足类	狭叶剑水蚤	*Sapphirina angusta*	+	+	+	
515	桡足类	双齿叶剑水蚤	*Sapphirina bicuspidate*		+		
516	桡足类	叉长叶剑水蚤	*Sapphirina darwinii*	+	+	+	+
517	桡足类	胃叶剑水蚤	*Sapphirina gastrica*				+
518	桡足类	芽叶剑水蚤	*Sapphirina gemma*	+			
519	桡足类	肠叶剑水蚤	*Sapphirina intestinata*	+		+	
520	桡足类	虹叶剑水蚤	*Sapphirina iris*	+			
521	桡足类	金叶剑水蚤	*Sapphirina metallina*	+	+	+	+
522	桡足类	黑点叶剑水蚤	*Sapphirina nigromaculata*	+	+	+	+
523	桡足类	玛瑙叶剑水蚤	*Sapphirina opalina*	+	+	+	+
524	桡足类	圆矛叶剑水蚤	*Sapphirina ovatolanceolata*	+	+		+
525	桡足类	红叶剑水蚤	*Sapphirina scarlata*		+		+
526	桡足类	弯尾叶剑水蚤	*Sapphirina sinuicauda*	+	+	+	
527	桡足类	星叶剑水蚤	*Sapphirina stellata*	+	+	+	+
528	桡足类	舟哲水蚤	*Scaphocalanus* sp.		+		
529	桡足类	小型小厚壳水蚤	*Scolecithricella minor*	+	+	+	+
530	桡足类	深海小厚壳水蚤	*Scolecithricella abyssalis*	+	+		
531	桡足类	伯氏小厚壳水蚤	*Scolecithricella bradyi*	+	+	+	+
532	桡足类	栉小厚壳水蚤	*Scolecithricella ctenopus*	+		+	
533	桡足类	长刺小厚壳水蚤	*Scolecithricella longispinosa*			+	
534	桡足类	小厚壳水蚤	*Scolecithricella* spp.	+	+	+	
535	桡足类	细刺小厚壳水蚤	*Scolecithricella tenuirserrata*	+			
536	桡足类	带小厚壳水蚤	*Scolecithricella vittata*			+	
537	桡足类	丹氏厚壳水蚤	*Scolecithrix danae*	+	+	+	+
538	桡足类	缘齿厚壳水蚤	*Scolecithrix nicobarica*	+		+	+
539	桡足类	海伦暗哲水蚤	*Scottocalanus helenae*	+	+	+	
540	桡足类	叉角暗哲水蚤	*Scottocalanus persecans*	+	+	+	+
541	桡足类	斧暗哲水蚤	*Scottocalanus securifrons*	+			
542	桡足类	暗哲水蚤	*Scottocalanus* spp.		+		+
543	桡足类	强次真哲水蚤	*Subeucalanus crassus*	+	+	+	+
544	桡足类	尖额次真哲水蚤	*Subeucalanus mucronatus*	+	+	+	
545	桡足类	帽形次真哲水蚤	*Subeucalanus pileatus*	+	+		
546	桡足类	伪细真哲水蚤	*Subeucalanus pseudattenus*	+	+	+	+
547	桡足类	亚强次真哲水蚤	*Subeucalanus subcrassus*	+	+	+	+
548	桡足类	狭额次真哲水蚤	*Subeucalanus subtenuis*	+	+	+	+
549	桡足类	异尾宽水蚤	*Temora discaudata*	+	+	+	+

续表

序号	类群	种名（中文名）	种名（拉丁学名）	春季	夏季	秋季	冬季
550	桡足类	柱形宽水蚤	*Temora stylifera*	+	+	+	+
551	桡足类	锥形宽水蚤	*Temora turbinate*	+	+	+	+
552	桡足类	钳歪水蚤	*Tortanus forcipatus*			+	
553	桡足类	瘦歪水蚤	*Tortanus gracilis*			+	
554	桡足类	缺刻波刺水蚤	*Undeuchaeta incise*			+	
555	桡足类	羽波刺水蚤	*Undeuchaeta plumosa*	+			
556	桡足类	盔甲刺额水蚤	*Undinopsis armatus*		+		
557	桡足类	达氏玻水蚤	*Undinula darwinii*	+	+	+	+
558	桡足类	普通波水蚤	*Undinula vulgaris*	+	+	+	+
559	桡足类	活泼黄水蚤	*Xanthocalanus agilis*		+		
560	桡足类	双突黄水蚤	*Xanthocalanus dilatus*	+			
561	端足类	荆刺锥蛾	*Acanthoscina acanthodes*	+	+		
562	端足类	两刺双门蛾	*Amphithyrus bispinosus*	+	+		+
563	端足类	贫毛双门蛾	*Amphithyrus glaber*	+	+		+
564	端足类	墙双门蛾	*Amphithyrus muratus*	+			
565	端足类	布氏骨节蛾	*Anchylomera blossevillii*	+			
566	端足类	甲状短腿狼蛾	*Brachyscelus crusulum*	+	+		+
567	端足类	贪婪短腿狼蛾	*Brachyscelus rapax*	+	+		+
568	端足类	透明箭口蛾	*Calamorhynchus pellucidus*	+			+
569	端足类	武装真海精蛾	*Eupronoe armata*	+	+		+
570	端足类	中间真海精蛾	*Eupronoe intermedia*	+	+		+
571	端足类	斑点真海精蛾	*Eupronoe maculate*	+	+	+	+
572	端足类	微小真海精蛾	*Eupronoe minuta*	+	+	+	
573	端足类	麦氏舌头蛾	*Glossocephalus milnedwardsi*	+	+		+
574	端足类	佛氏小泉蛾	*Hyperietta vosseleri*	+	+		+
575	端足类	斯特丙小蛾	*Hyperietta stebbingi*	+			
576	端足类	吕宋小蛾	*Hyperietta luzoni*	+			
577	端足类	长足似泉蛾	*Hyperioide longipes*	+	+		+
578	端足类	巴西似泉蛾	*Hyperioide sibaginis*	+	+	+	+
579	端足类	水母近泉蛾	*Hyperoche medusarum*	+	+	+	+
580	端足类	小喙窄头蛾	*Leptocotis tenuirostris*	+	+		+
581	端足类	孟加拉蛮蛾	*Lestrigonus bengalensis*	+	+	+	+
582	端足类	苦足蛮蛾	*Lestrigonus crucipes*			+	
583	端足类	宽阔蛮蛾	*Lestrigonus latissimus*	+			+
584	端足类	大眼蛮蛾	*Lestrigonus macrophthalmus*	+			+
585	端足类	裂颚蛮蛾	*Lestrigonus schizogeneios*	+	+	+	+
586	端足类	苏氏蛮蛾	*Lestrigonus shoemaker*	+	+		+
587	端足类	蛮蛾	*Lestrigonus* spp.	+			
588	端足类	贝岛狼蛾	*Lycaea bajensis*	+	+		+
589	端足类	拟波氏狼蛾	*Lycaea bovalloides*	+	+	+	+

续表

序号	类群	种名（中文名）	种名（拉丁学名）	春季	夏季	秋季	冬季
590	端足类	蚤狼䗛	*Lycaea pulex*		+	+	+
591	端足类	维氏狼䗛	*Lycaea vincentii*		+		
592	端足类	近法拟狼䗛	*Lycaeopsis themistoides*	+	+	+	+
593	端足类	三宝拟狼䗛	*Lycaeopsis zamboangae*	+	+		+
594	端足类	克氏尖头䗛	*Oxycephalus clause*	+	+	+	+
595	端足类	阔喙尖头䗛	*Oxycephalus latirostris*			+	+
596	端足类	渔夫尖头䗛	*Oxycephalus piscator*	+			
597	端足类	优细近狼䗛	*Paralycaea gracilis*	+	+		+
598	端足类	后足近慎䗛	*Paraphronima crassipes*	+			
599	端足类	优细近慎䗛	*Paraphronima gracilis*	+	+	+	+
600	端足类	极小近海精䗛	*Parapronoe parva*		+		
601	端足类	斑点近忱䗛	*Paratyphis maculates*	+	+		+
602	端足类	大西洋慎䗛	*Phronima atlantica*		+	+	
603	端足类	太平洋慎䗛	*Phronima pacifica*	+			
604	端足类	定居慎䗛	*Phronima sedentaria*	+			
605	端足类	长形小慎䗛	*Phronimella elongate*	+	+	+	
606	端足类	刺拟慎䗛	*Phronimopsis spinifera*	+	+		+
607	端足类	半月喜䗛	*Phrosina semilanata*	+	+	+	+
608	端足类	小锯宽腿䗛	*Platyselus serratulus*	+	+	+	+
609	端足类	深层海神䗛	*Primno abyssalis*		+		
610	端足类	短密海神䗛	*Primno brevidens*	+	+		+
611	端足类	拉氏海神䗛	*Primno latreillei*		+		
612	端足类	厚足伪狼䗛	*Pseudolycaea pachypoda*		+		
613	端足类	武装棒体䗛	*Rhabdosoma armatum*		+		
614	端足类	短尾棒头䗛	*Rhabdosoma brevicaudatum*			+	
615	端足类	怀氏棒体䗛	*Rhabdosoma whitei*			+	+
616	端足类	装饰裂腿䗛	*Schizoscelus ornatus*				+
617	端足类	刺锥䗛	*Scina spinosa*	+			+
618	端足类	涂氏锥䗛	*Scina tullbergi*	+	+		
619	端足类	触角偏鼻䗛	*Simorhychotus antennarius*	+	+		+
620	端足类	挑战司氏䗛	*Streetsia challengeri*				
621	端足类	小猪司氏䗛	*Streestia porcella*	+	+		
622	端足类	司氏䗛	*Streestia* sp.	+			+
623	端足类	私氏司氏䗛	*Streetsia steenstrupi*	+		+	
624	端足类	阿海四门䗛	*Tetrathyrus arafurae*	+	+		+
625	端足类	钳形四门䗛	*Tetrathyrus forcipatus*	+	+	+	+
626	端足类	细长脚䗛	*Themisto gracilipes*			+	
627	端足类	爱氏门足䗛	*Thyropus edwardsi*		+		+
628	端足类	球形门足䗛	*Thyropus sphaeroma*		+		+
629	端足类	似忱门足䗛	*Thyropus typhoides*		+		

续表

序号	类群	种名（中文名）	种名（拉丁学名）	春季	夏季	秋季	冬季
630	端足类	细尖小涂氏蛾	*Tullbergella cuspidate*	+	+		+
631	端足类	武装路蛾	*Vibilia armata*	+			+
632	端足类	澳洲路蛾	*Vibilia australis*	+	+		
633	端足类	春氏路蛾	*Vibilia chuni*		+	+	+
634	端足类	弯片蛾	*Vibilia gibbosa*			+	
635	端足类	亲近路蛾	*Vibilia propinqua*		+		+
636	端足类	思氏路蛾	*Vibilia stebbingi*	+	+	+	+
637	端足类	钩虾	Gammaridea			+	
638	糠虾类	窄尾刺糠虾	*Acanthomysis leptura*	+			
639	糠虾类	强刺刺糠虾	*Acanthomysis crossispinosa*	+			
640	糠虾类	长额刺糠虾	*Acanthomysis longirostris*	+	+	+	+
641	糠虾类	宽尾刺糠虾	*Acanthomysis laticanda*	+	+		+
642	糠虾类	小近糠虾	*Anchialina parva*	+	+		
643	糠虾类	近糠虾	*Anchialina typical*	+	+		+
644	糠虾类	长尾端糠虾	*Doxomysis longiura*				+
645	糠虾类	四刺端糠虾	*Doxomysis quadrispnosa*	+	+		+
646	糠虾类	小红糠虾	*Erythrops minuta*	+			
647	糠虾类	圆凹囊糠虾	*Gastrosaccus hibii*	+			
648	糠虾类	儿岛囊糠虾	*Gastrosaccus kejimeansis*	+			
649	糠虾类	美丽拟节糠虾	*Hemisiriella pulchra*	+			
650	糠虾类	小拟节糠虾	*Hemisiriella parva*	+			
651	糠虾类	超红糠虾	*Hypererythrops spinifera*	+			
652	糠虾类	缺刻侧红糠虾	*Pleutetythrops inscita*	+			
653	糠虾类	日本新糠虾	*Neomysis japonica*	+			
654	糠虾类	四刺和糠虾	*Nipponomysis quadrispinosa*		+		
655	糠虾类	光背糠虾	*Paralophogaster glaber*	+			
656	糠虾类	东方原糠虾	*Promysis orientalis*	+			
657	糠虾类	极小假近糠虾	*Pseudanchialina pusilla*	+	+		+
658	糠虾类	节糠虾	*Siriella* sp.	+		+	+
659	糠虾类	和田节糠虾	*Siriella waolai*	+	+		+
660	糠虾类	糠虾幼体	Mysidacea larvae			+	
661	磷虾类	短小磷虾	*Euphausia brevis*				+
662	磷虾类	长额磷虾	*Euphausia diomedeae*	+	+	+	+
663	磷虾类	驼磷虾	*Euphausia gibba*	+	+		+
664	磷虾类	半驼磷虾	*Euphausia hemigibba*	+	+		+
665	磷虾类	鸟喙磷虾	*Euphausia mutica*	+	+		+
666	磷虾类	长额磷虾	*Euphausia diomedeae*			+	
667	磷虾类	太平洋磷虾	*Euphausia pacafica*			+	
668	磷虾类	拟驼磷虾	*Euphausia paragibba*		+		
669	磷虾类	假驼磷虾	*Euphausia pseudogibba*	+	+	+	

续表

序号	类群	种名（中文名）	种名（拉丁学名）	春季	夏季	秋季	冬季
670	磷虾类	短额磷虾	*Euphausia sibagae*		+		+
671	磷虾类	柔弱磷虾	*Euphausia tenera*	+	+		+
672	磷虾类	磷虾幼体	Euphausiacea larvae	+	+	+	+
673	磷虾类	长线足磷虾	*Nematoscelis atlantica*	+	+		+
674	磷虾类	瘦线足磷虾	*Nematoscelis gracilis*	+	+	+	+
675	磷虾类	小线足磷虾	*Nematoscelis microps*	+	+		+
676	磷虾类	秀线足磷虾	*Nematoscelis tenella*	+	+	+	+
677	磷虾类	宽额假磷虾	*Pseudeuphausia latifrons*	+	+	+	+
678	磷虾类	中华假磷虾	*Pseudeuphausia sinica*			+	
679	磷虾类	短柱螯磷虾	*Stylocheiron abbreviatum*	+	+		+
680	磷虾类	近缘柱螯磷虾	*Stylocheiron affine*	+	+	+	+
681	磷虾类	隆柱螯磷虾	*Stylocheiron carinatum*	+	+	+	+
682	磷虾类	柱螯磷虾	*Stylocheiron elongatum*		+	+	
683	磷虾类	印度柱螯磷虾	*Stylocheiron indicus*	+	+		
684	磷虾类	长眼柱螯磷虾	*Stylocheiron longicorne*	+	+	+	+
685	磷虾类	二晶柱螯磷虾	*Stylocheiron microphthalma*		+	+	+
686	磷虾类	三晶柱螯磷虾	*Stylocheiron suhmii*		+	+	+
687	磷虾类	尖额燧磷虾	*Thysanopoda acutifrons*	+			
688	磷虾类	有刺燧磷虾	*Thysanopoda aequalis*	+			+
689	磷虾类	无刺燧磷虾	*Thysanopoda astylata*	+			
690	磷虾类	单刺燧磷虾	*Thysanopoda monacantha*	+		+	
691	磷虾类	东方燧磷虾	*Thysanopoda orientalis*	+			
692	磷虾类	三刺燧磷虾	*Thysanopoda tricuspidata*	+	+	+	+
693	十足类	中国毛虾	*Acetes chinensis*			+	
694	十足类	日本毛虾	*Acetes japonicus*			+	
695	十足类	锯齿毛虾	*Acetes serrulatus*	+	+	+	+
696	十足类	亨生莹虾	*Lucifer hanseni*		+	+	+
697	十足类	中型莹虾	*Lucifer intermedius*	+	+	+	+
698	十足类	莹虾幼体	Lucifer larvae		+	+	+
699	十足类	刷状莹虾	*Lucifer penicillifer*		+		+
700	十足类	正型莹虾	*Lucifer typus*	+	+	+	+
701	毛颚类	深海真虫	*Eukrohnia bathypelagica*				
702	毛颚类	节泡真虫	*Eukrohnia fowleri*			+	
703	毛颚类	钩状真虫	*Eukrohnia hamata*			+	
704	毛颚类	中华真虫	*Eukrohnia sinics*			+	
705	毛颚类	太平洋撬虫	*Krohnitta pacifica*	+	+	+	+
706	毛颚类	纤细撬虫	*Krohnitta subtilis*	+	+	+	+
707	毛颚类	飞龙翼箭虫	*Pterosagitta draco*	+	+	+	+
708	毛颚类	矮壮箭虫	*Sagitta bedfordii*	+		+	
709	毛颚类	百陶箭虫	*Sagitta bedoti*	+	+	+	+

续表

序号	类群	种名（中文名）	种名（拉丁学名）	春季	夏季	秋季	冬季
710	毛颚类	双斑箭虫	*Sagitta bipunctata*		+	+	+
711	毛颚类	强壮箭虫内海型	*Sagitta crassa* f. *naikaiensis*				+
712	毛颚类	多变箭虫	*Sagitta decipiens*	+	+	+	
713	毛颚类	柔弱箭虫	*Sagitta delicate*		+	+	
714	毛颚类	肥胖箭虫	*Sagitta enflata*	+	+	+	+
715	毛颚类	凶形箭虫	*Sagitta ferox*	+	+	+	+
716	毛颚类	六翼箭虫	*Sagitta hexaptera*	+	+	+	+
717	毛颚类	圆囊箭虫	*Sagitta johorensis*		+	+	+
718	毛颚类	箭虫幼体	Sagitta larvae	+		+	
719	毛颚类	琴形箭虫	*Sagitta lyra*		+		
720	毛颚类	大头箭虫	*Sagitta macrocephala*			+	
721	毛颚类	微箭虫	*Sagitta minima*	+	+	+	+
722	毛颚类	海龙箭虫	*Sagitta nagae*		+	+	
723	毛颚类	小型箭虫	*Sagitta neglecta*		+	+	+
724	毛颚类	太平洋箭虫	*Sagitta pacifica*	+	+	+	+
725	毛颚类	假锯齿箭虫	*Sagitta pseudoserratodentata*			+	
726	毛颚类	美丽箭虫	*Sagitta pulchra*	+	+	+	+
727	毛颚类	规则箭虫	*Sagitta regularis*	+	+	+	+
728	毛颚类	粗壮箭虫	*Sagitta robusta*	+	+	+	+
729	毛颚类	厚领箭虫	*Sagitta tokiokai*	+			
730	浮游被囊类	隆起住囊虫	*Althoffia tumida*	+	+		+
731	浮游被囊类	长吻纽鳃樽	*Brooksia rostrata*	+			
732	浮游被囊类	近缘环纽鳃樽	*Cyclosalpa affinis*	+	+	+	+
733	浮游被囊类	佛环纽鳃樽	*Cyclosalpa floridana*				
734	浮游被囊类	合环纽鳃樽	*Cyclosalpa pinnata*	+	+	+	+
735	浮游被囊类	长柄环纽鳃樽	*Cyclosalpa polae*		+		+
736	浮游被囊类	软拟海樽	*Dolioletta gegenbauri*	+	+	+	+
737	浮游被囊类	缪勒海樽	*Doliolina mulleri*		+		+
738	浮游被囊类	珍奇海樽	*Dolioloides rarum*		+		
739	浮游被囊类	小齿海樽	*Doliolum denticulatum*	+	+	+	+
740	浮游被囊类	邦海樽	*Doliolum nationalis*	+	+		
741	浮游被囊类	住筒虫	*Fritillaria aberrens*		+	+	
742	浮游被囊类	北方住筒虫	*Fritillaria borealis*		+		+
743	浮游被囊类	蚁住筒虫	*Fritillaria formica*	+	+		
744	浮游被囊类	单胃住筒虫	*Fritillaria haplostoma*	+	+		
745	浮游被囊类	巨住筒虫	*Fritillaria megachile*		+		
746	浮游被囊类	透明住筒虫	*Fritillaria pellucida*	+	+		+
747	浮游被囊类	住筒虫	*Fritillaria* sp.	+			
748	浮游被囊类	软住筒虫	*Fritillaria tenella*	+			
749	浮游被囊类	美丽住筒虫	*Fritillaria venusta*		+		

续表

序号	类群	种名（中文名）	种名（拉丁学名）	春季	夏季	秋季	冬季
750	浮游被囊类	宽肌纽鳃樽	*Iasia zonaria*	+			+
751	浮游被囊类	斑点纽鳃樽	*Ihlea punctata*		+		+
752	浮游被囊类	赫氏巨囊虫	*Megalocercus huxleyi*		+		+
753	浮游被囊类	白住囊虫	*Oikopleura albicans*	+	+		+
754	浮游被囊类	钝住囊虫	*Oikopleura cophocera*	+	+		+
755	浮游被囊类	角胃住囊虫	*Oikopleura cornutogastra*		+		
756	浮游被囊类	异尾住囊虫	*Oikopleura dioica*	+	+	+	+
757	浮游被囊类	梭形住囊虫	*Oikopleura fusiformis*	+	+		+
758	浮游被囊类	瘦住囊虫	*Oikopleura graciloides*		+		
759	浮游被囊类	中型住囊虫	*Oikopleura intermedia*		+		
760	浮游被囊类	住囊虫	*Oikopleura* sp.			+	
761	浮游被囊类	长尾住囊虫	*Oikopleura longicauda*	+	+		+
762	浮游被囊类	小型住囊虫	*Oikopleura parva*	+	+	+	+
763	浮游被囊类	红住囊虫	*Oikopleura rufescens*	+	+		+
764	浮游被囊类	双贫肌纽鳃樽	*Pegea confoederata*		+		
765	浮游被囊类	火体虫	*Pyrosoma atlanticum*		+	+	+
766	浮游被囊类	安培那纽鳃樽	*Ritteriella amboinensis*	+	+		+
767	浮游被囊类	多肌纽鳃樽	*Ritteriella picteti*				+
768	浮游被囊类	梭形纽鳃樽	*Salpa fusiformis*		+	+	
769	浮游被囊类	大纽鳃樽	*Salpa maxima*				+
770	浮游被囊类	殖包囊虫	*Stegosoma magnum*	+	+		+
771	浮游被囊类	多产住筒虫	*Tectillaria fertilis*		+		
772	浮游被囊类	萨利纽鳃樽	*Thalia democratica*	+	+	+	+
773	浮游被囊类	纽鳃樽	*Thalia rhomboides*		+		
774	浮游被囊类	双尾萨利纽鳃樽	*Thalia orientalis*		+		
775	浮游被囊类	大刺纽鳃樽	*Thetys vagina*		+		
776	浮游被囊类	多手纽鳃樽	*Traustedtia multitentaculata*		+		+
777	浮游被囊类	筒状纽鳃樽	*Weelia cylindrical*		+		
778	浮游幼体类	海葵幼体	Actiniidae larvae			+	
779	浮游幼体类	辐轮幼体	Actinotrocha larvae	+	+	+	+
780	浮游幼体类	阿利玛幼体	Alima larvae	+	+	+	+
781	浮游幼体类	文昌鱼幼体	Amphioxi larvae	+			
782	浮游幼体类	耳状幼体	Auricularia larvae		+		
783	浮游幼体类	蔓足类六肢幼体	Balanus larvae	+	+		+
784	浮游幼体类	海星羽腕幼体	Bipinnaria larvae	+	+	+	
785	浮游幼体类	双壳类面盘幼体	Bivalvia veliger	+	+		+
786	浮游幼体类	短尾类幼体	Brachyura zoea larvae	+	+	+	+
787	浮游幼体类	乌贼幼体	Cephalopoda larvae			+	
788	浮游幼体类	笔帽螺幼体	Creseis larvae			+	
789	浮游幼体类	双壳幼体	Cyphonutes larvae	+	+		

续表

序号	类群	种名（中文名）	种名（拉丁学名）	春季	夏季	秋季	冬季
790	浮游幼体类	腺介幼体	Cypris larvae	+	+	+	+
791	浮游幼体类	翼足类幼体	Desmopterus papilio			+	
792	浮游幼体类	海百合樽形幼体	Doliolaria larvae	+			
793	浮游幼体类	海胆长腕幼体	Echinopluteus larvae	+	+	+	+
794	浮游幼体类	伊雷奇幼体	Erichthus larvae		+		+
795	浮游幼体类	鱼卵	Fish egg	+	+	+	+
796	浮游幼体类	仔鱼	Fish larvae	+	+	+	+
797	浮游幼体类	腹足类面盘幼体	Gastropoda veliger	+	+	+	+
798	浮游幼体类	瓣腮类幼体	Lamellibranchiata larvae			+	
799	浮游幼体类	舌贝幼体	Lingula larvae		+		+
800	浮游幼体类	长尾类幼体	Macrura larvae	+	+	+	+
801	浮游幼体类	大眼幼体	Megalopa larvae	+	+	+	+
802	浮游幼体类	牟勒氏幼体	Muller’s larvae		+		
803	浮游幼体类	六肢幼体	Nauplius larvae	+	+	+	+
804	浮游幼体类	蛇尾类长腕幼体	Ophiopluteus larvae	+	+	+	+
805	浮游幼体类	叶状幼体	Phyllosoma larvae	+	+	+	+
806	浮游幼体类	帽状幼体	Pilidium larvae	+	+		
807	浮游幼体类	多毛类幼体	Polychaeta larvae	+	+	+	+
808	浮游幼体类	磁蟹幼体	Porcellana larvae	+	+	+	
809	浮游幼体类	海蜇幼体	Rhopilema larvae			+	
810	浮游幼体类	虾类幼体	Shrimp larvae	+	+	+	+
811	浮游幼体类	担轮幼体	Trochophora larvae	+	+		

注：“+” 代表该种在该季节出现，空白格代表该种在该季节不出现

附图　南海常见浮游动物种类

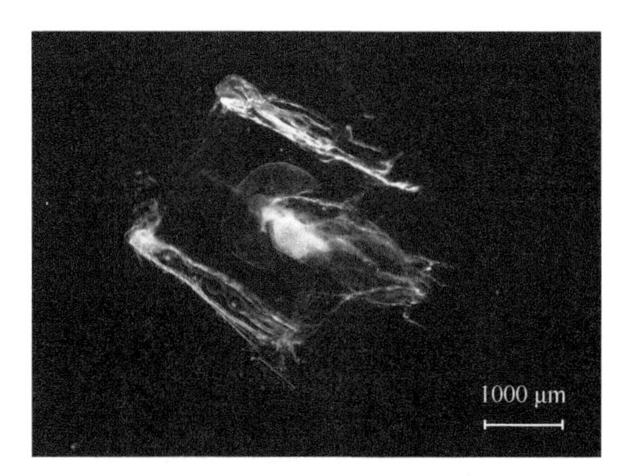

图 1　管水母类 巴斯水母 *Bassia bassensis*

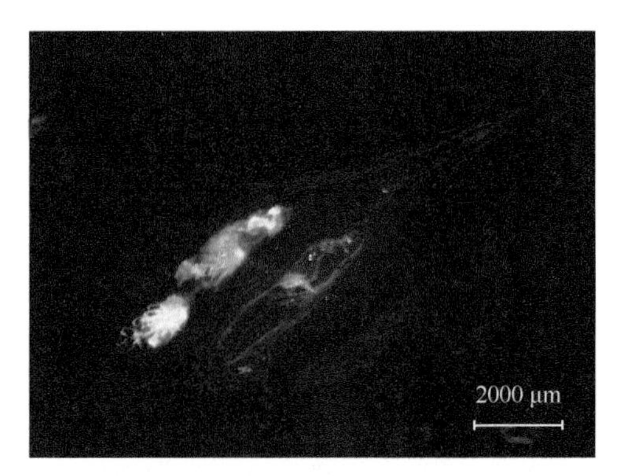

图 2　管水母类 拟双生水母 *Diphyes bojani*

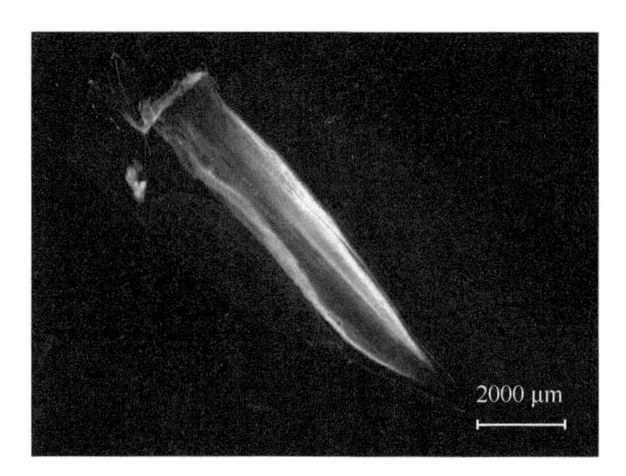

图3　管水母类 爪室水母 *Chelophyes appendiculata*

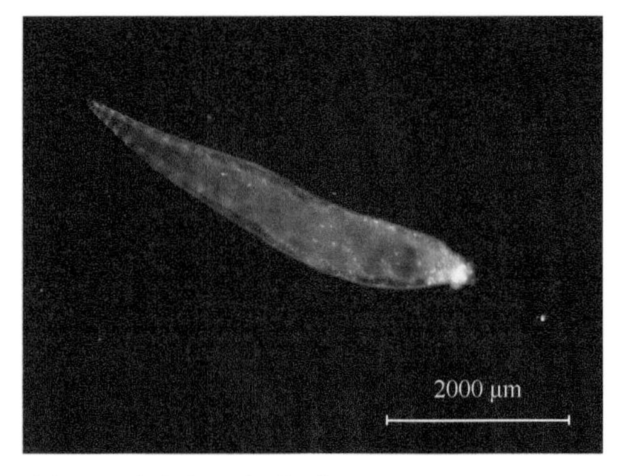

图 4　浮游多毛类 盲蚕 *Typhloscolex muelleri*

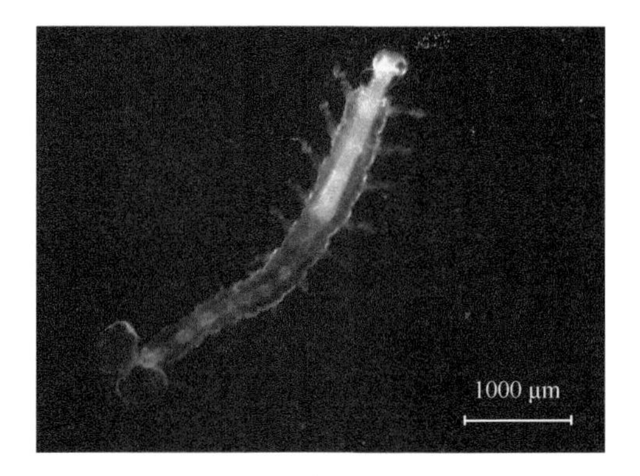

图 5　浮游多毛类 明蚕 *Vanadis* sp.

图 6　浮游多毛类 首蚕 *Lopadorhynchus* sp.

图 7　浮游多毛类 游须蚕 *Pontodora pelagica*

图 8　浮游多毛类 长须游蚕
Pelagobia longicirrata

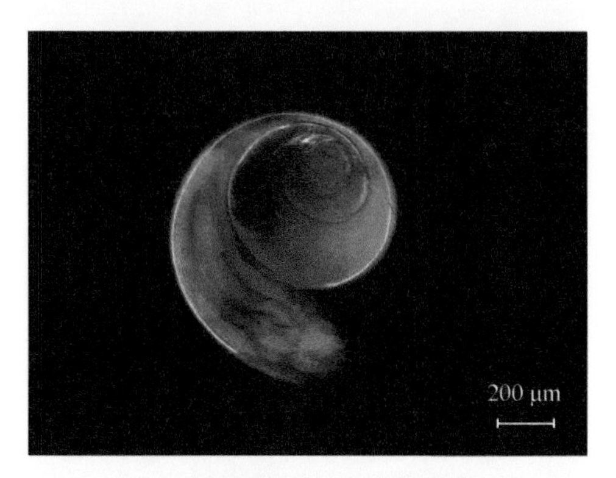

图 9　浮游软体动物 马蹄蝛螺
Limacina trochiformis

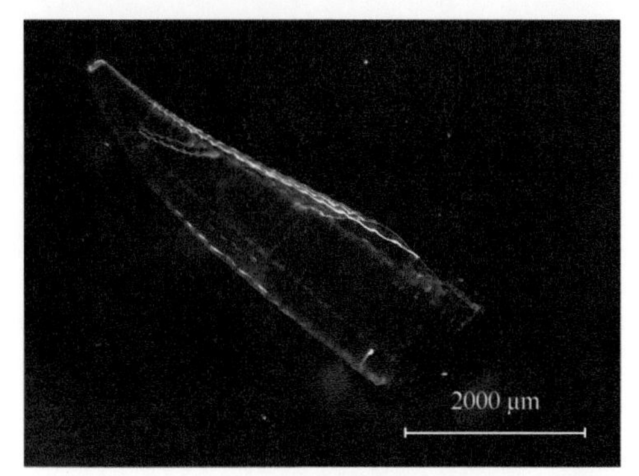

图 10　浮游软体动物 玻杯螺
Hyalocylis striata

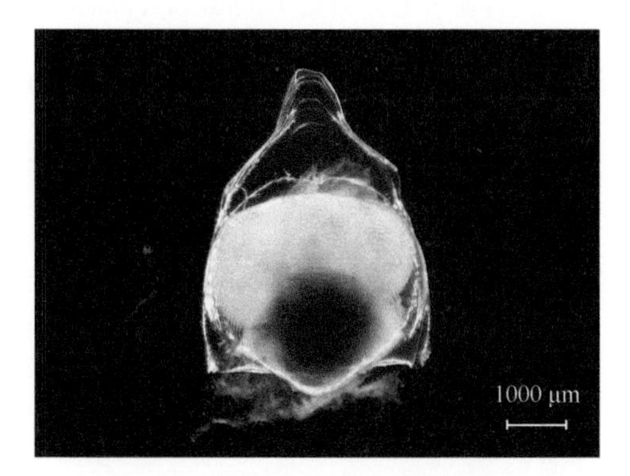

图 11　浮游软体动物 长吻龟螺
Diacavolinia longirostris

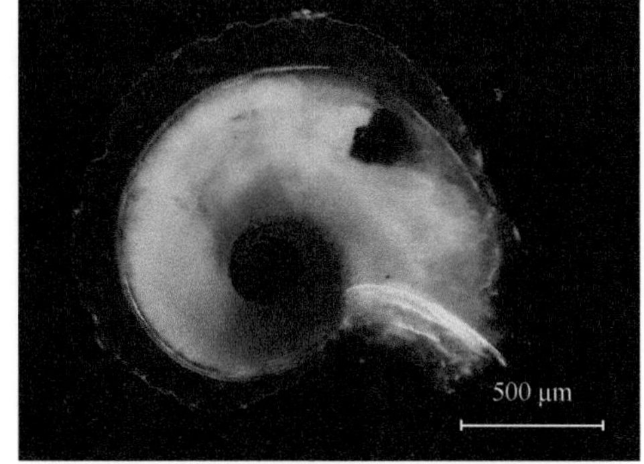

图 12　浮游软体动物 塔明螺
Atlanta turriculata

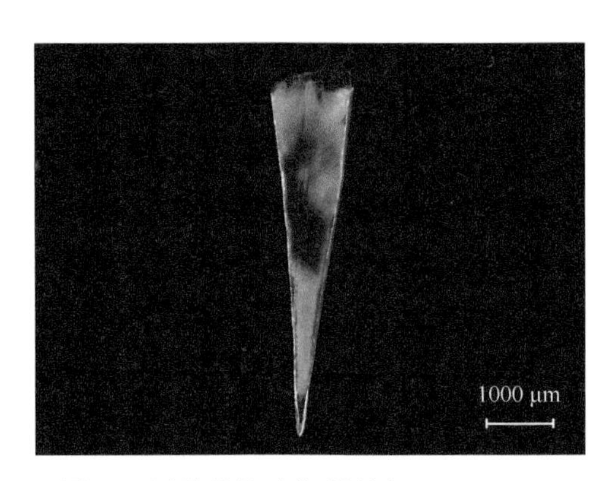

图 13 浮游软体动物 锥棒螺 *Stylia subula*

图 14 浮游软体动物 胖蛹螺 *Limacina inflata*

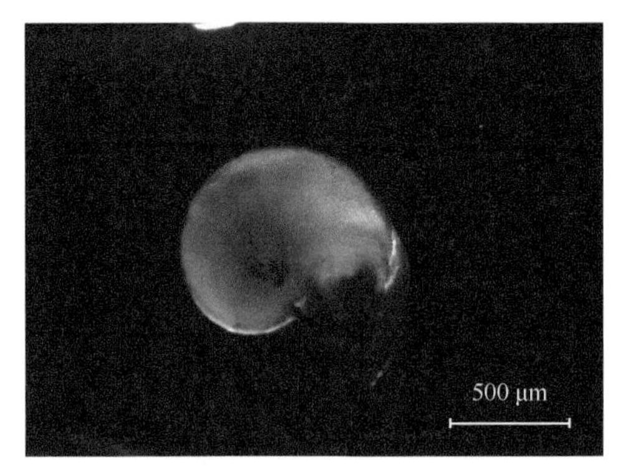

图 15 浮游软体动物 长轴螺
Peraclis reticulata

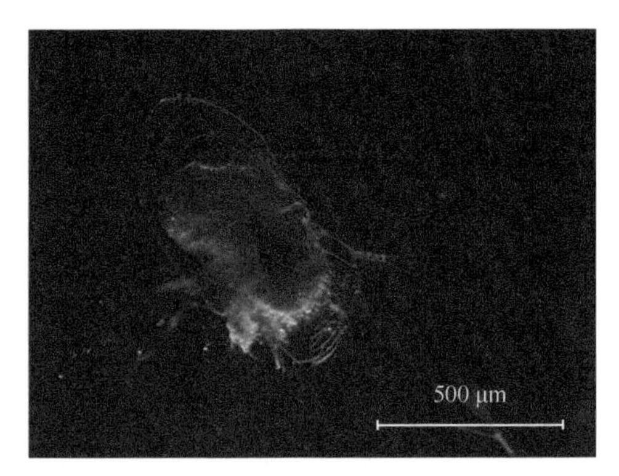

图 16 枝角类 肥胖三角溞
Pseudevadne tergestina

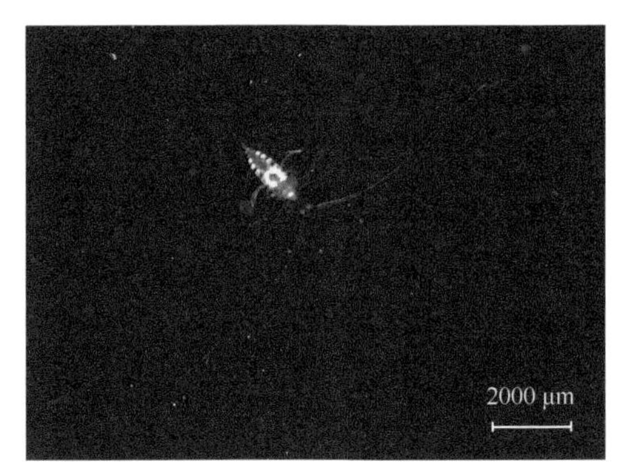

图 17 桡足类 奥氏全羽水蚤
Haloptilus austini

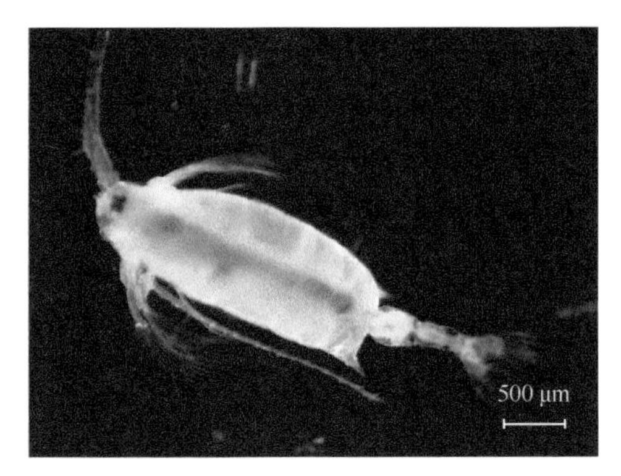

图 18 桡足类 真刺唇角水蚤
Labidocera acuta

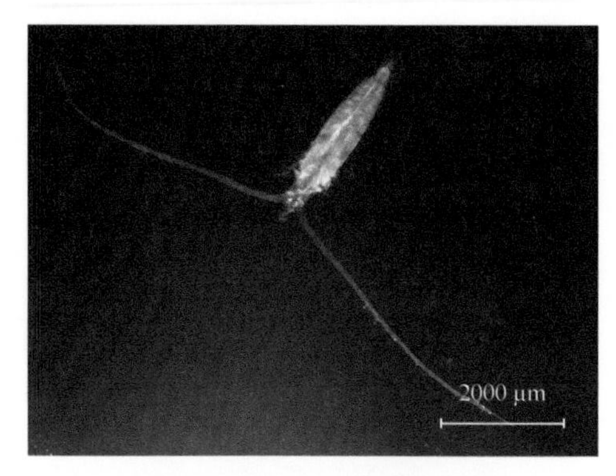

图 19　桡足类 彩额锚哲水蚤 *Rhincalanus rostrifrons*

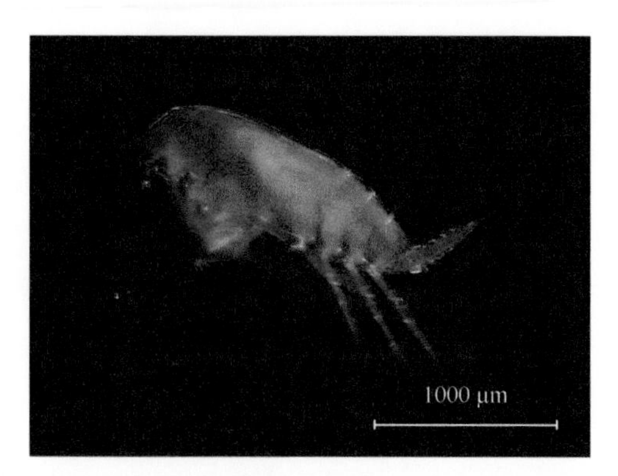

图 20　桡足类 藏哲水蚤 *Scottocalanus* sp.

图 21　桡足类 叉真刺水蚤 *Euchaeta rimana*

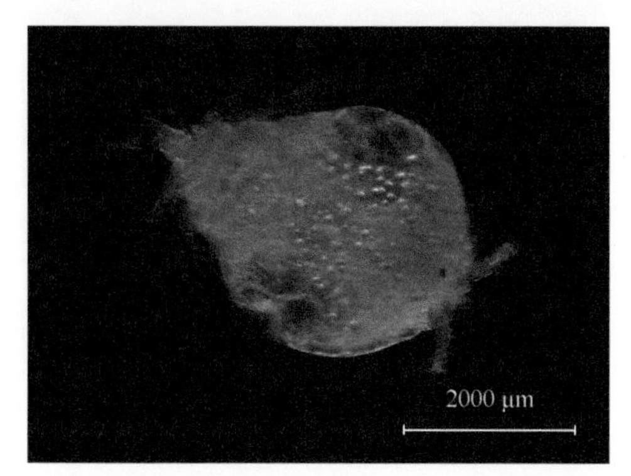

图 22　桡足类 齿厚水蚤 *Pachos dentatum*

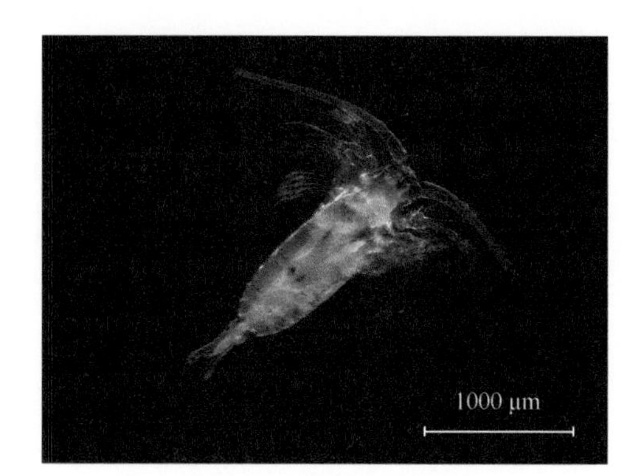

图 23　桡足类 刺额异肢水蚤 *Heterorhabdus spinifrons*

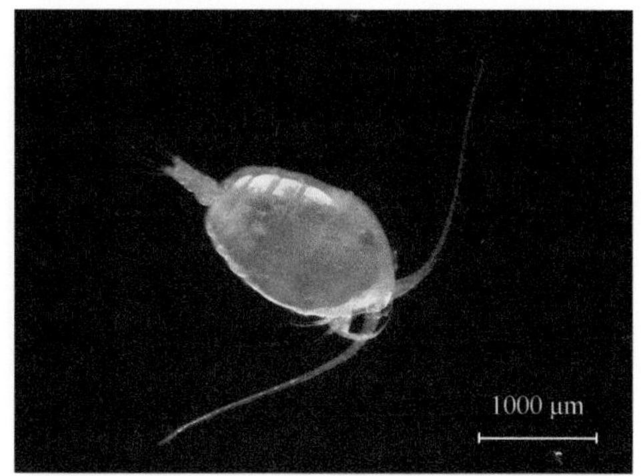

图 24　桡足类 刺褐水蚤 *Phaenna spinifera*

图 25 桡足类 粗新哲水蚤
Neocalanus robustior

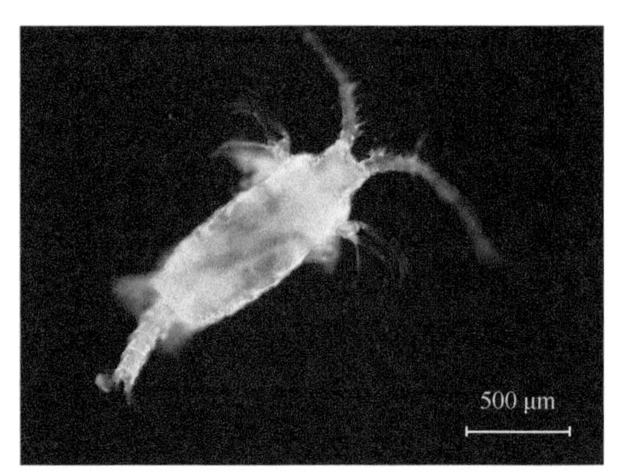

图 26 桡足类 伯氏平头水蚤 *Candacia bradyi*

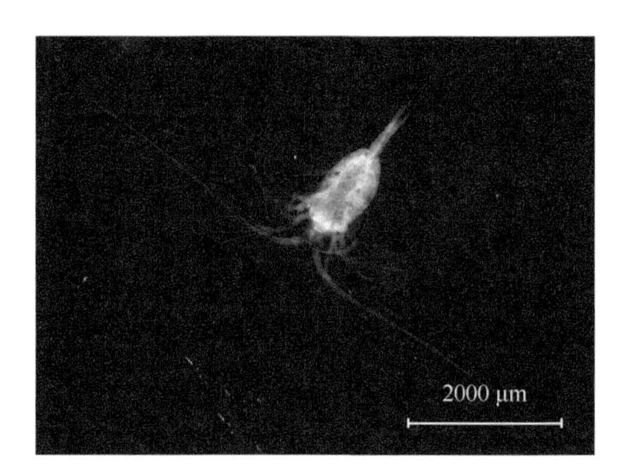

图 27 桡足类 光水蚤 *Lucicutia* sp.

图 28 桡足类 黑斑平头水蚤
Candacia ethiopica

图 29 桡足类 红纺锤水蚤 *Acartia erythraea*

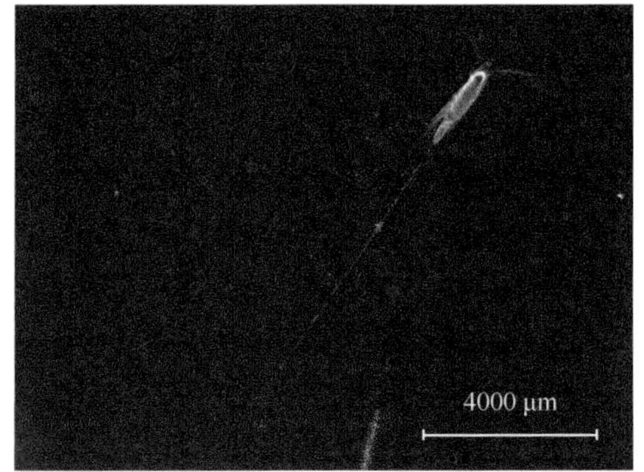

图 30 桡足类 红小毛猛水蚤
Microsetella rosea

图 31　桡足类 红叶水蚤 *Sapphirina scarlata*

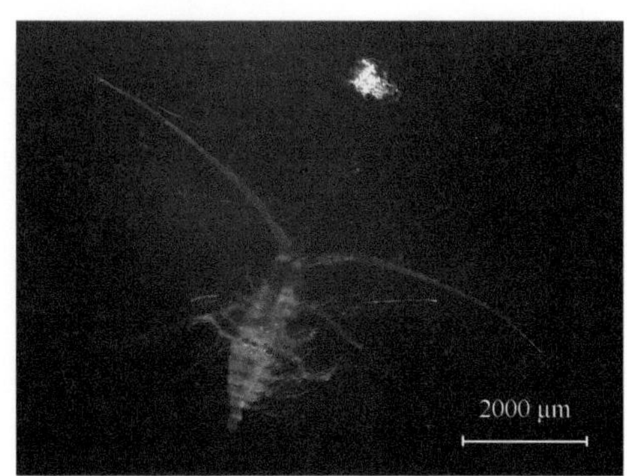

图 32　桡足类 尖额全羽水蚤
Haloptilus acutifrons

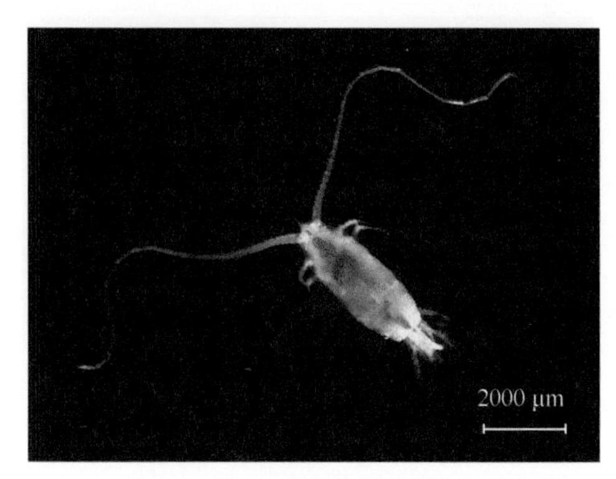

图 33　桡足类 细枪水蚤
Gaetanus miles

图 34　桡足类 剑乳点水蚤
Pleuromamma xiphias

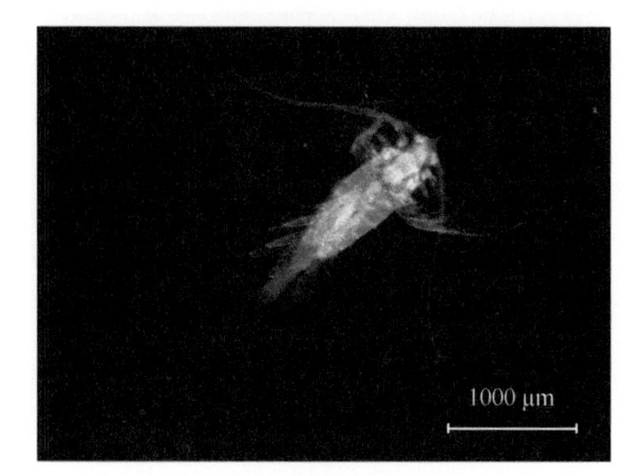

图 35　桡足类 精致真刺水蚤
Euchaeta concinna

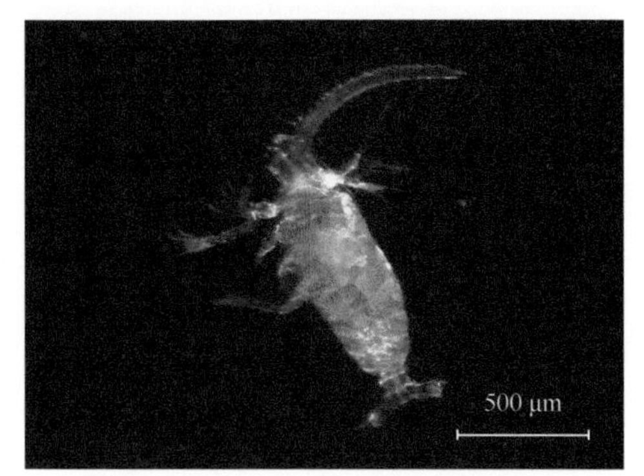

图 36　桡足类 孔雀丽哲水蚤
Calocalanus pavo

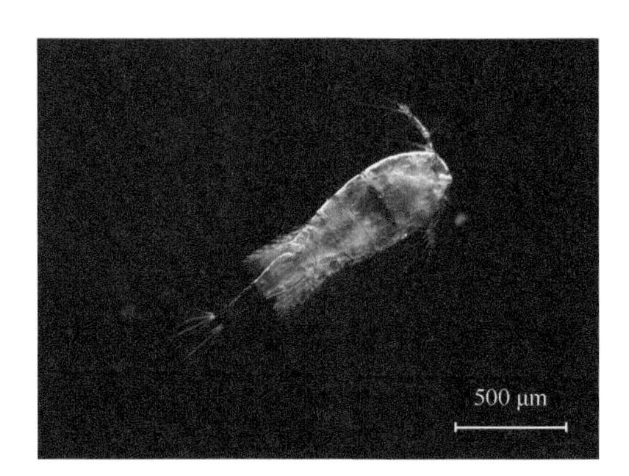

图 37 桡足类 隆水蚤 *Oncaea* sp.

图 38 桡足类 小长足水蚤 *Calanopia minor*（雌性）

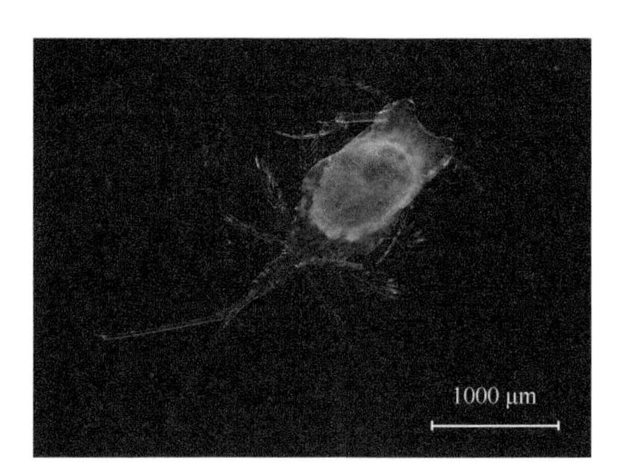

图 39 桡足类 奇桨剑水蚤 *Copilia mirabilis*（雌性）

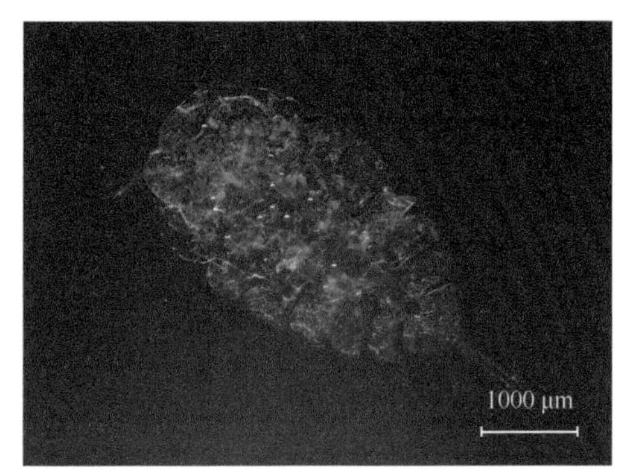

图 40 桡足类 奇桨剑水蚤 *Copilia mirabilis*（雄性）

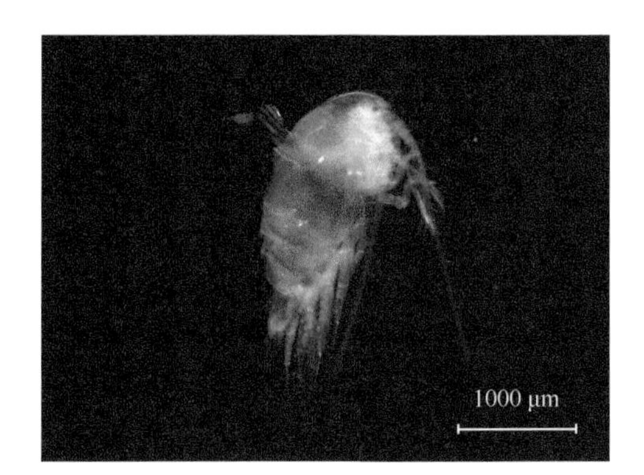

图 41 桡足类 驼背隆哲水蚤 *Acrocalanus gibber*

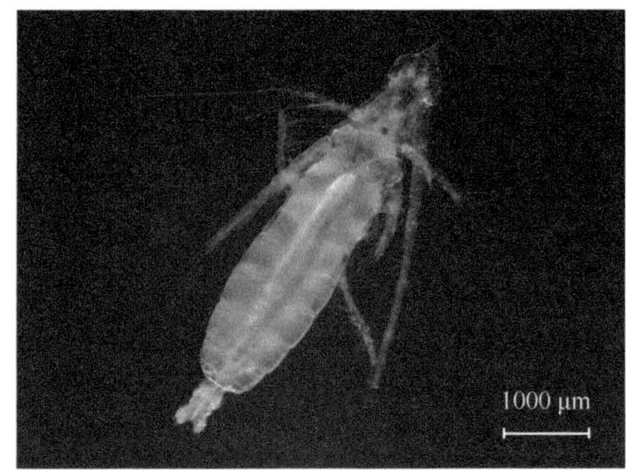

图 42 桡足类 细拟真哲水蚤 *Pareucalanus attenuatus*

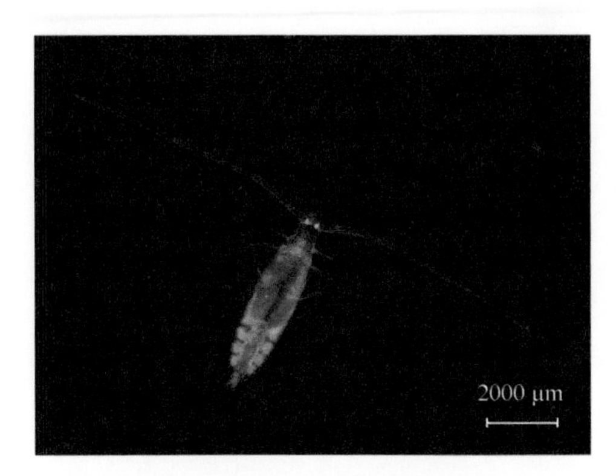

图 43　桡足类 狭额次真哲水蚤 *Suneucalanus subtenuis*

图 44　桡足类 小枪水蚤 *Gaetanus minor*

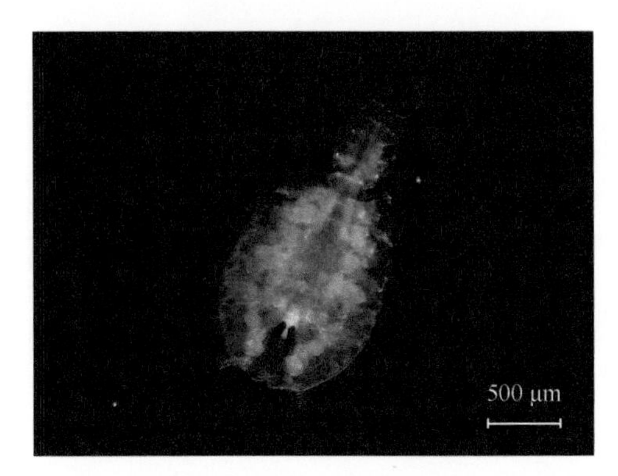

图 45　桡足类 星叶剑水蚤 *Sapphirina stellata*（蜕的外壳）

图 46　桡足类 星叶剑水蚤 *Sapphirina stellata*

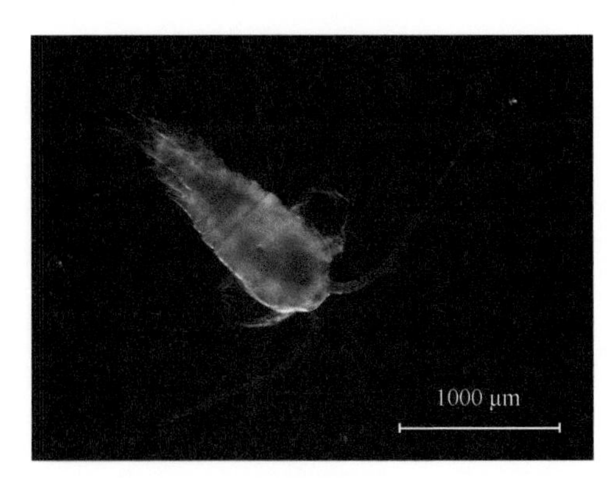

图 47　桡足类 异尾宽水蚤 *Temora discaudata*

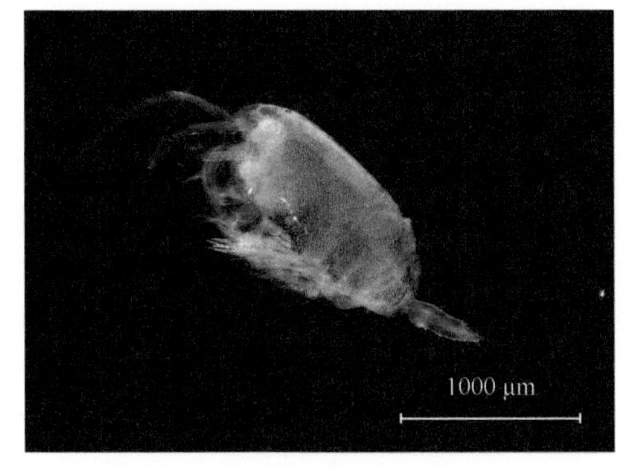

图 48　桡足类 长刺小厚壳水蚤 *Scolecithricella longispinosa*

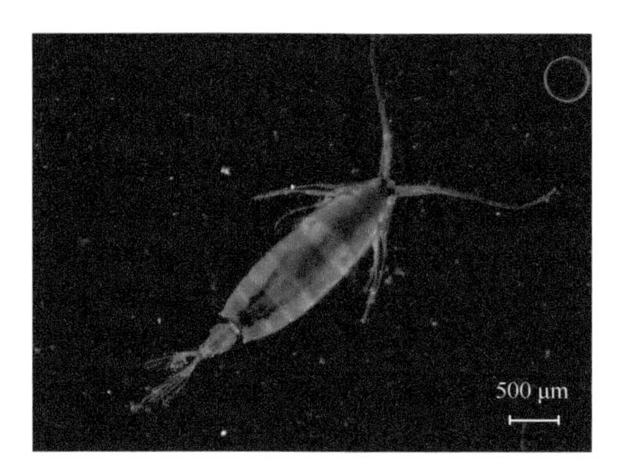

图 49　桡足类 阔节角水蚤 *Pontella fera*

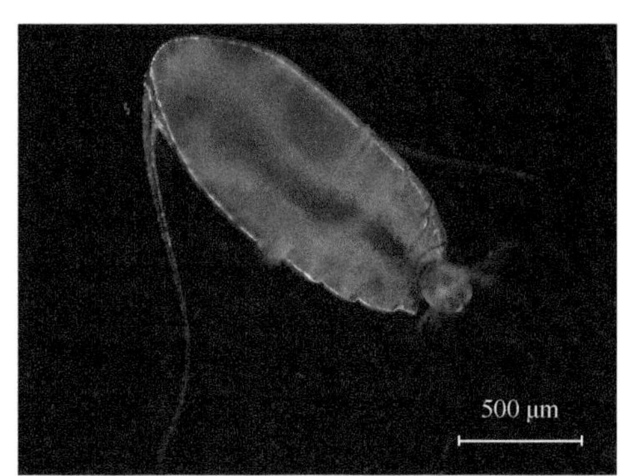

图 50　桡足类 伯氏后壳水蚤 *Scolecithrix bradyi*

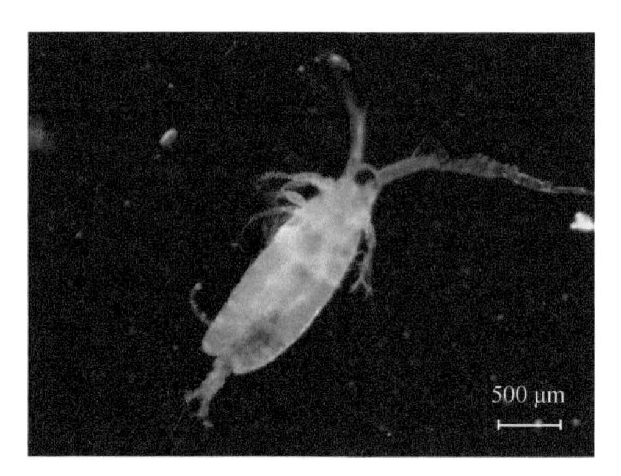

图 51　桡足类 孔雀唇角水蚤 *Labidocera pavo*

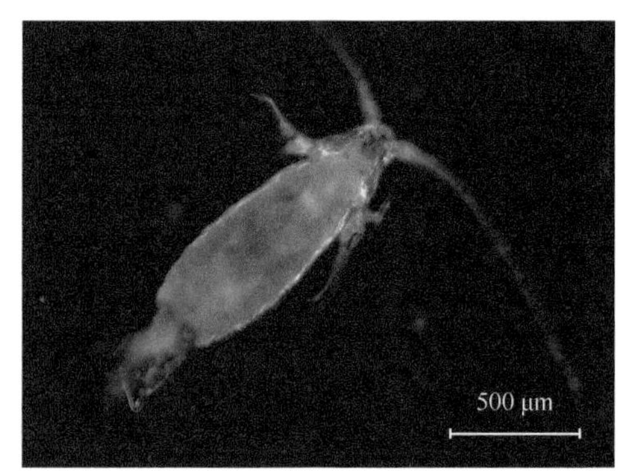

图 52　桡足类 哲胸刺水蚤 *Centropages calaninus*

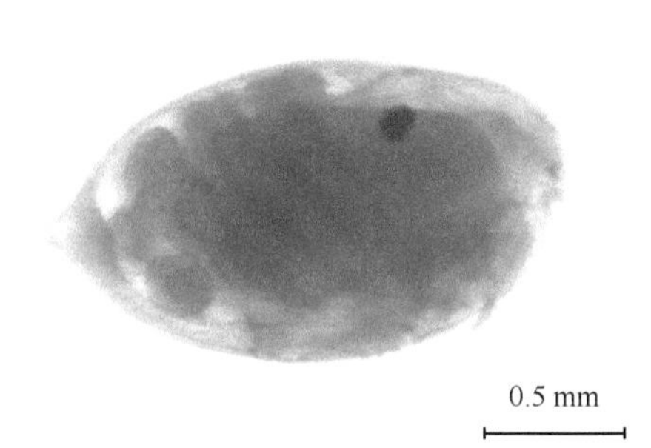

图 53　介形类 尾海萤 *Cypridina acuminate*

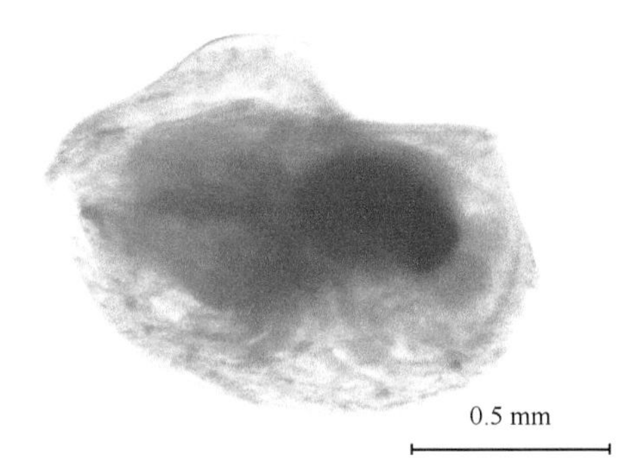

图 54　介形类 同心假浮萤 *Pseudoconchoecia concentrica*

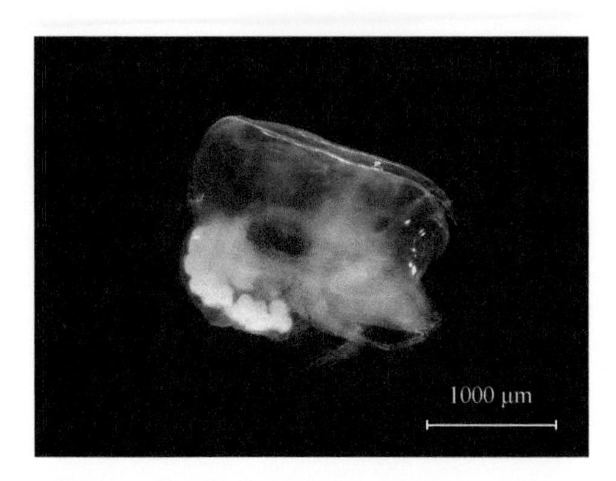

图 55　介形类 大弯浮萤 *Conchoecia magna*

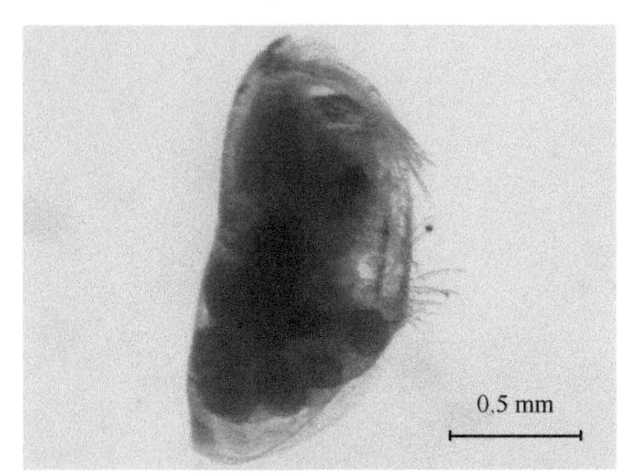

图 56　介形类 后圆真浮萤 *Euconchoecia maimai*

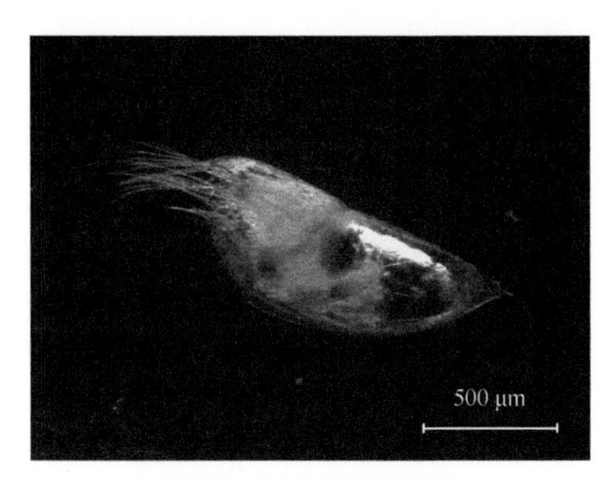

图 57　介形类 尖细浮萤 *Conchoecetta acuminata*

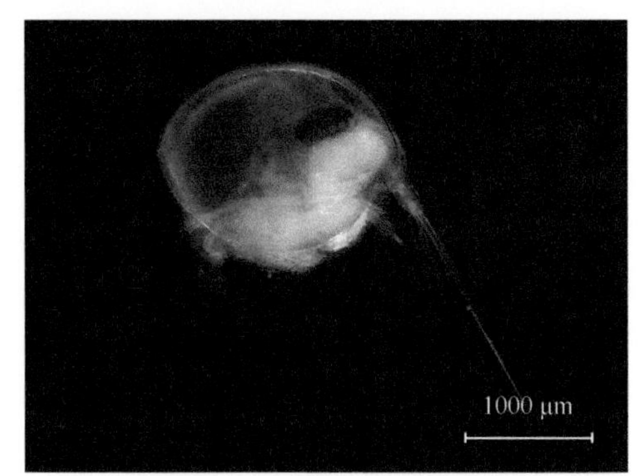

图 58　介形类 铠甲拟萤 *Cypridinodes galatheae*

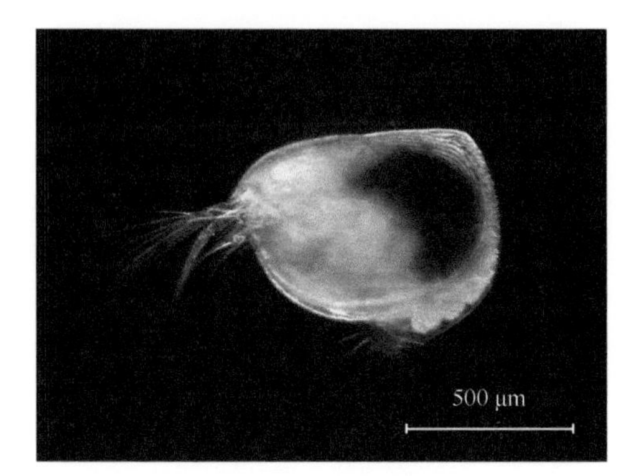

图 59　介形类 宽短小浮萤 *Mikroconchoecia curta*

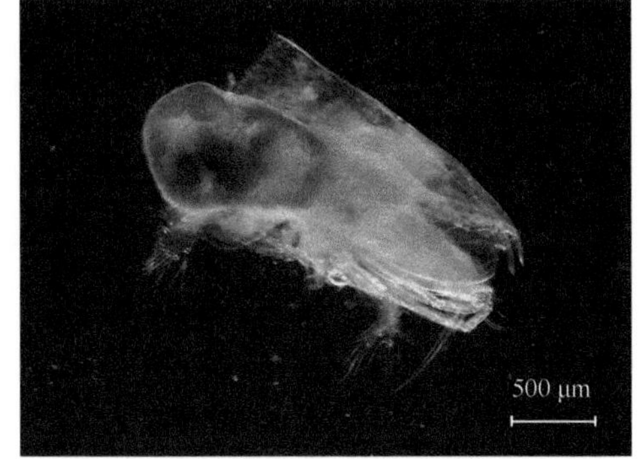

图 60　介形类 隆状直浮萤 *Orthoconchoecia atlantica*

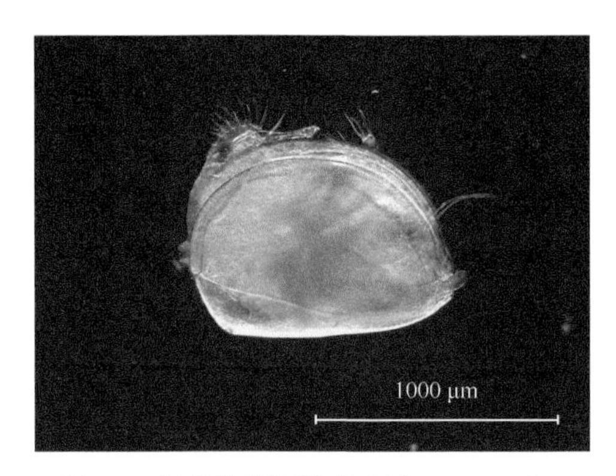

图 61　介形类 胖海腺萤 *Halocypris inflate*

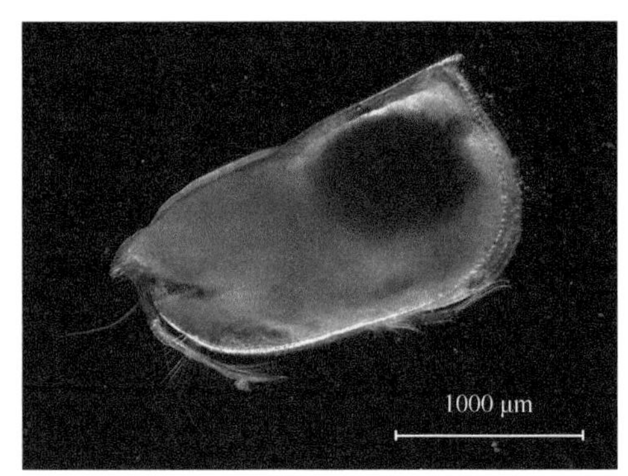

图 62　介形类 双刺直浮萤 *Orthoconchoecia bispinosa*

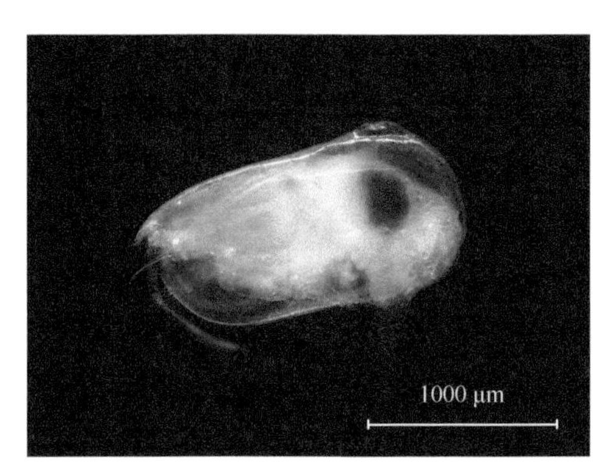

图63　介形类 栉兜甲萤 *Loricoecia ctenophore*

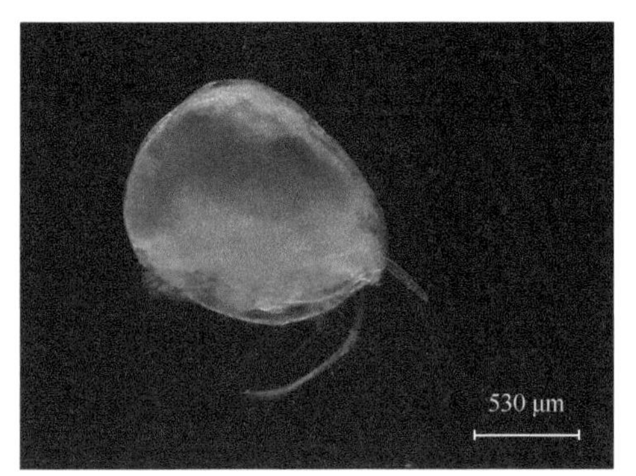

图 64　介形类 条状原萤 *Archiconchoecia striata*

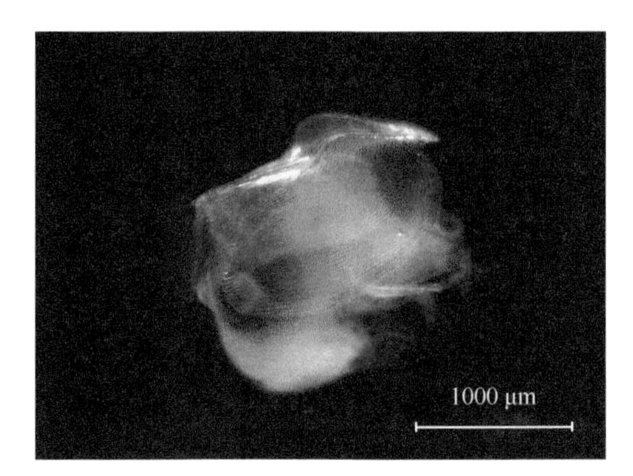

图 65　介形类 网状拟浮萤 *Paraconchoecia reticulate*

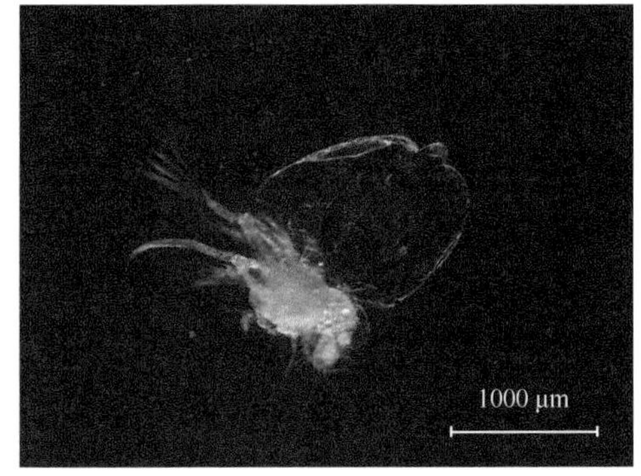

图 66　介形类 小葱萤 *Porroecia porrecta*

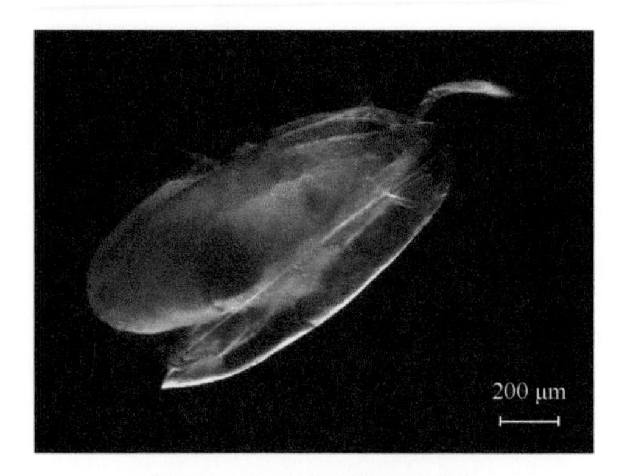

图 67 介形类 秀丽双浮萤
Disconchoecia elegans

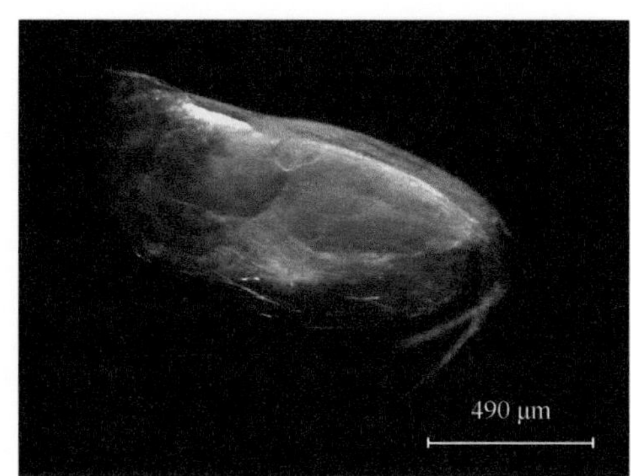

图 68 介形类 长方拟浮萤
Paraconchoecia oblonga

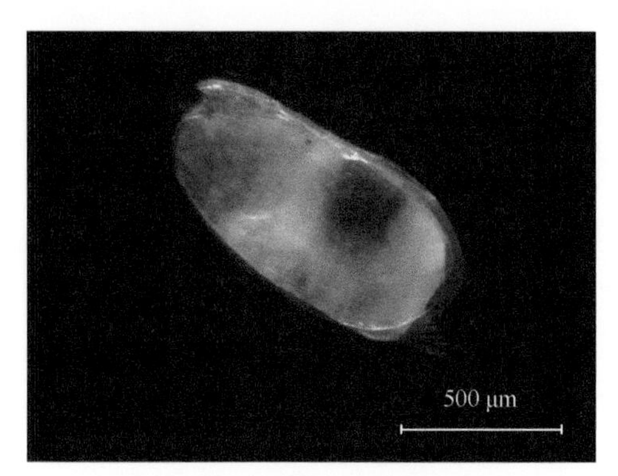

图 69 介形类 贞洁葱萤
Parthenoecia parthenoda

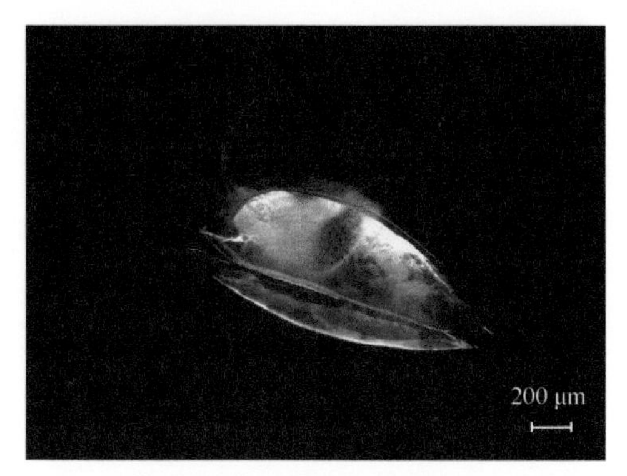

图 70 介形类 针刺真浮萤
Euconchoecia aculeata

图 71 等足类 浪漂水虱 *Cirolana* sp.

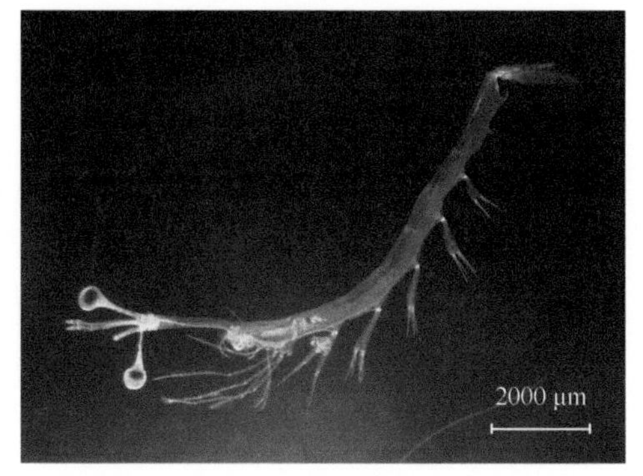

图 72 十足类 正型莹虾 *Lucifer typus*

图 73　磷虾类 深磷虾
Bentheuphausia amblyops

图 74　磷虾类 无刺燧磷虾
Thysanoplda astylata

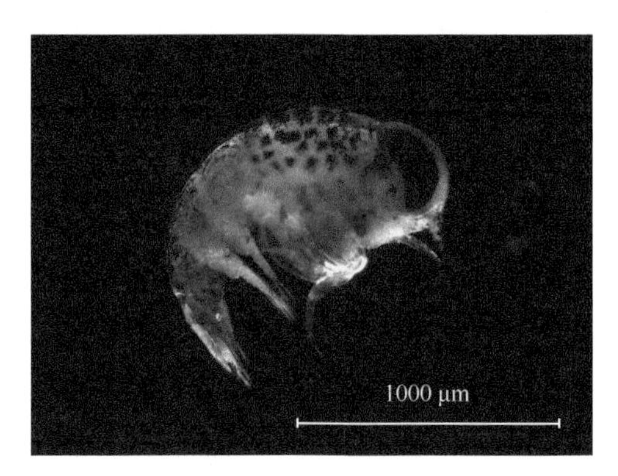

图 75　端足类 大眼蛮蜮 *Lestrigonus macrophthalmus*

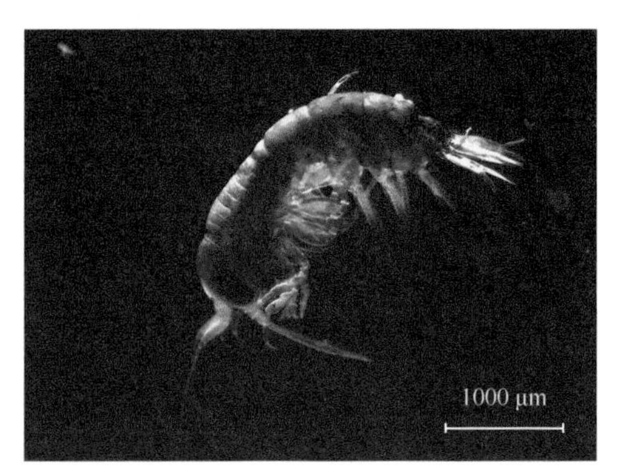

图 76　端足类 近泉蜮 *Hyperoche* sp.

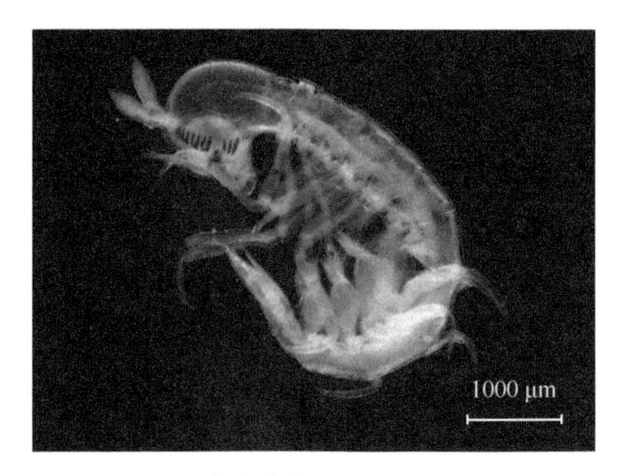

图 77　端足类亲近路蜮 *Vibilia* sp.

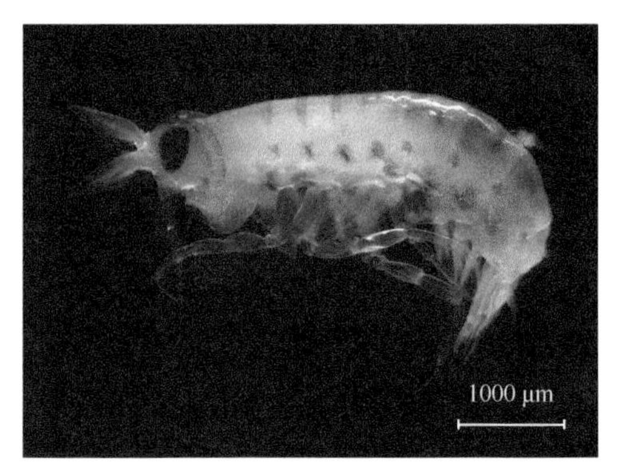

图 78　端足类武装路蜮 *Vibila armata*

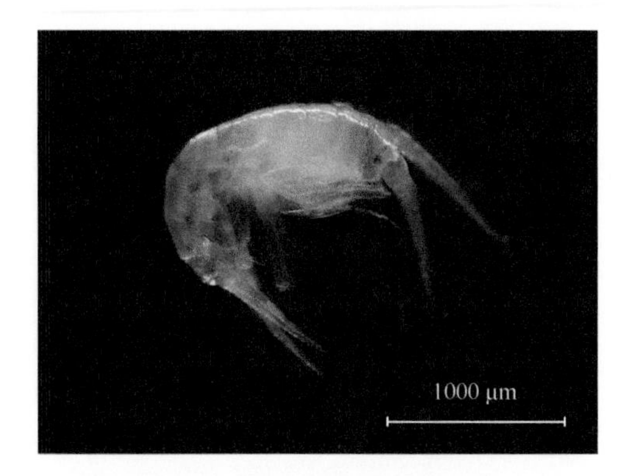

图 79　端足类 锥蛾 *Scina* sp.

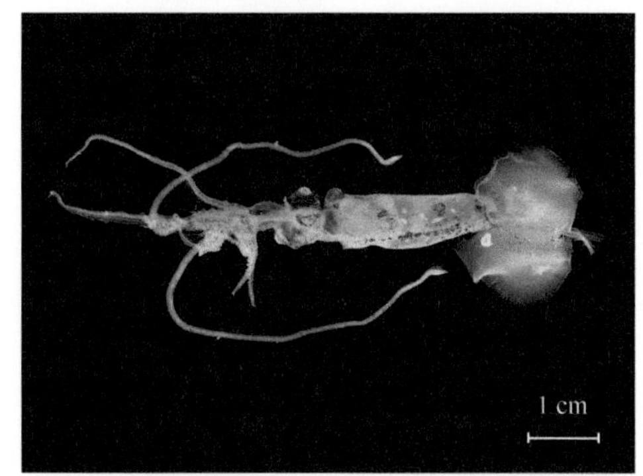

图 80　头足类 皮氏手乌贼 *Chiroteuthis picteti*

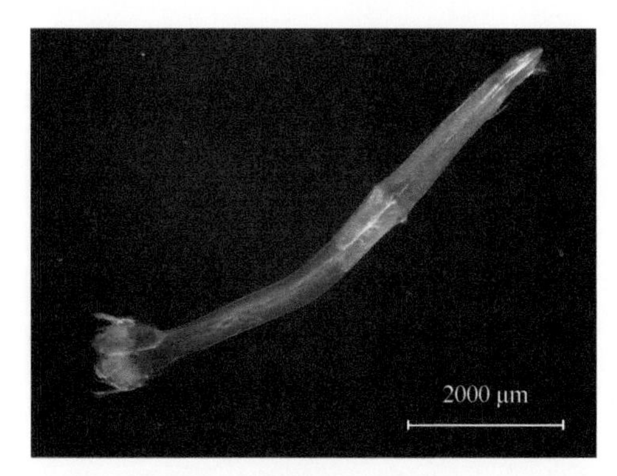

图 81　毛颚类 飞龙翼箭虫 *Pterosagitta draco*

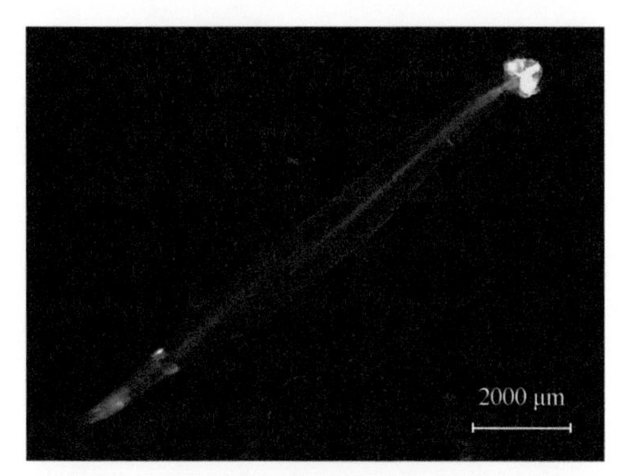

图 82　毛颚类 肥胖箭虫 *Sagitta enflata*

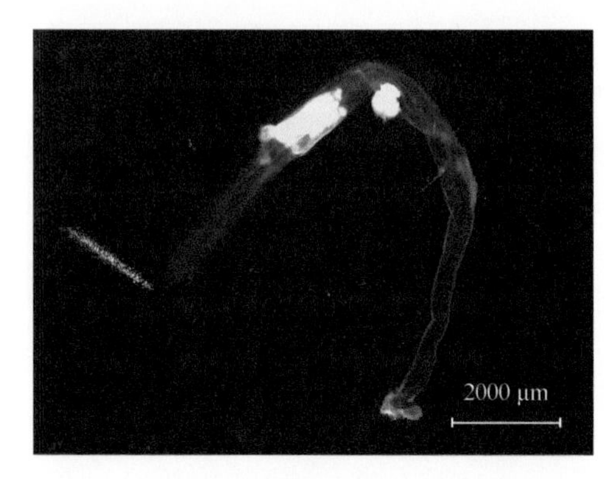

图 83　毛颚类 钩状真虫 *Eukrohnia hamata*

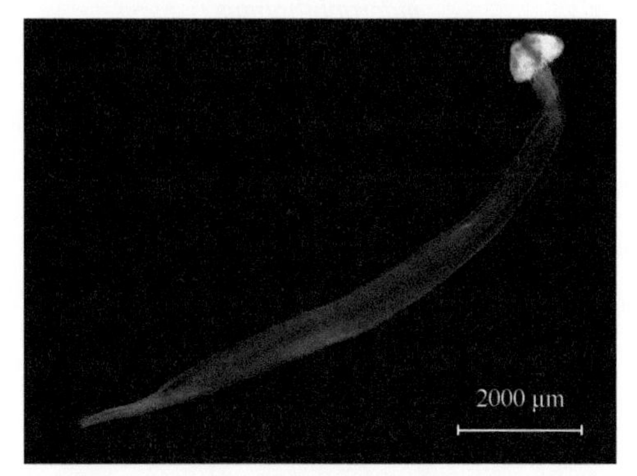

图 84　毛颚类 六翼箭虫 *Sagitta hexaptera*

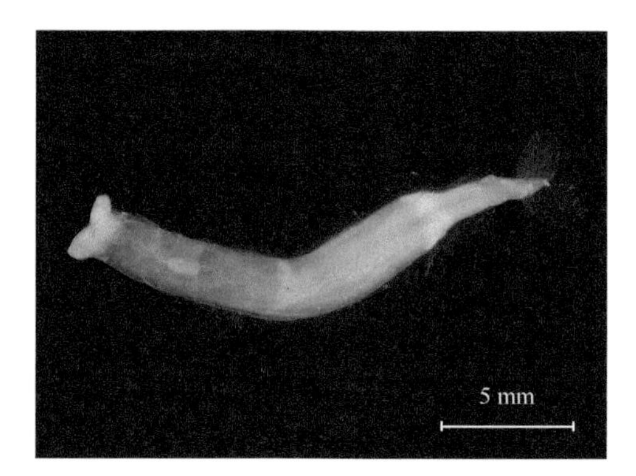

图 85　毛颚类 节泡真虫 *Eukrohnia fowleri*

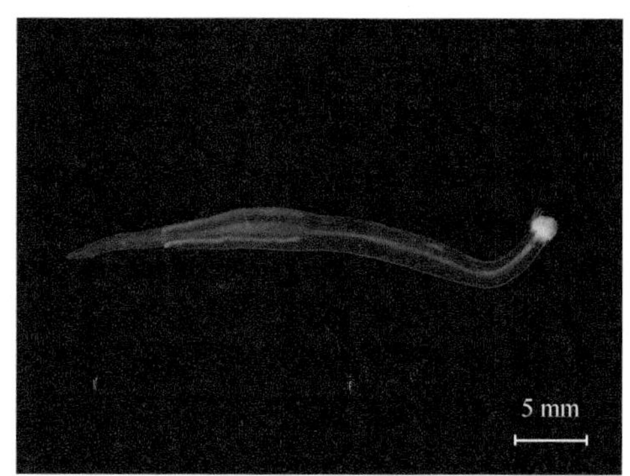

图 86　毛颚类 美丽箭虫 *Sagitta pulchra*

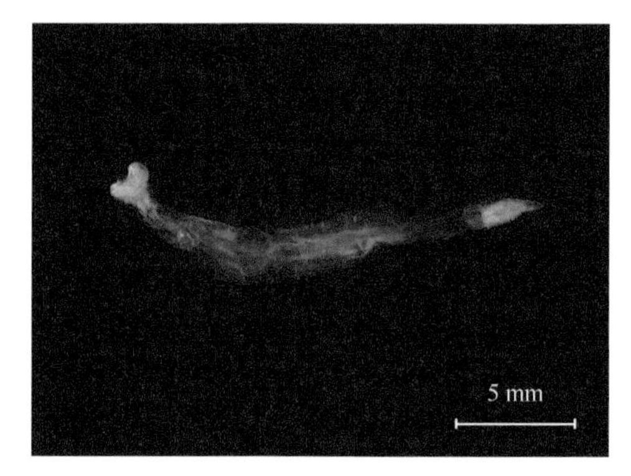

图 87　毛颚类 琴形箭虫 *Sagitta lyra*

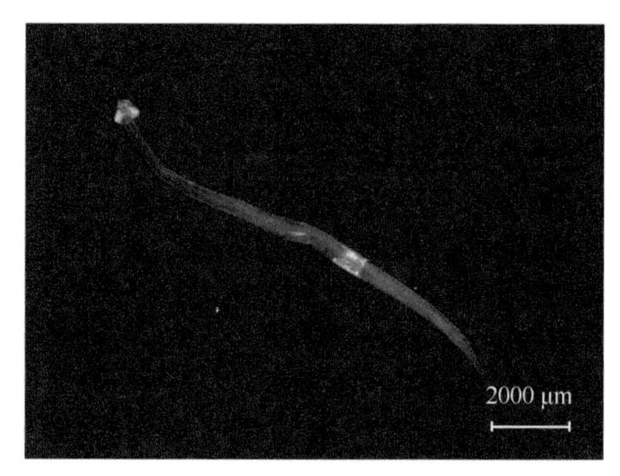

图 88　毛颚类 纤细撬虫 *Krohnitta subtilis*

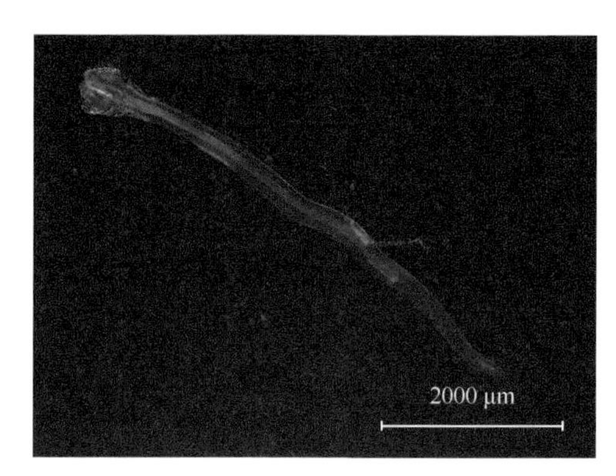

图 89　毛颚类 凶形箭虫 *Sagitta ferox*

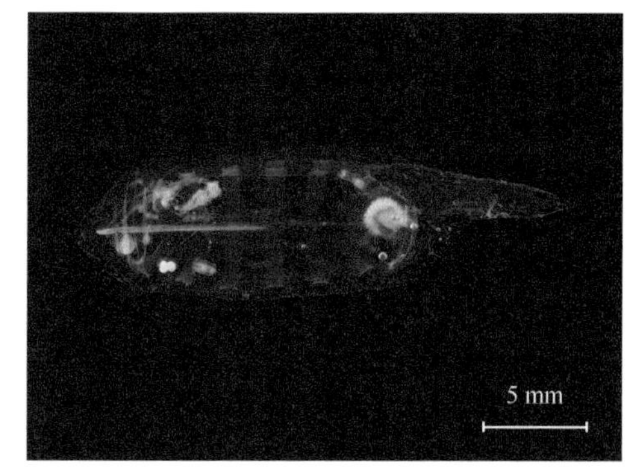

图 90　浮游被囊类 宽肌纽鳃樽 *Iasis zonaria*

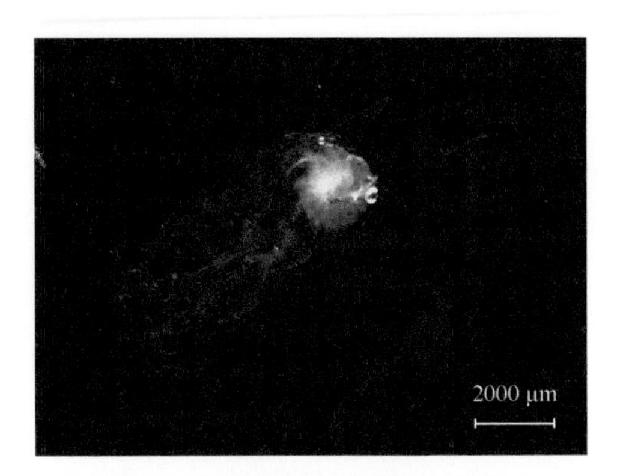

图 91　浮游被囊类 萨莉亚纽鳃樽
Thalia democratica

图 92　浮游被囊类 软拟海樽
Dolioletta gegenbauri

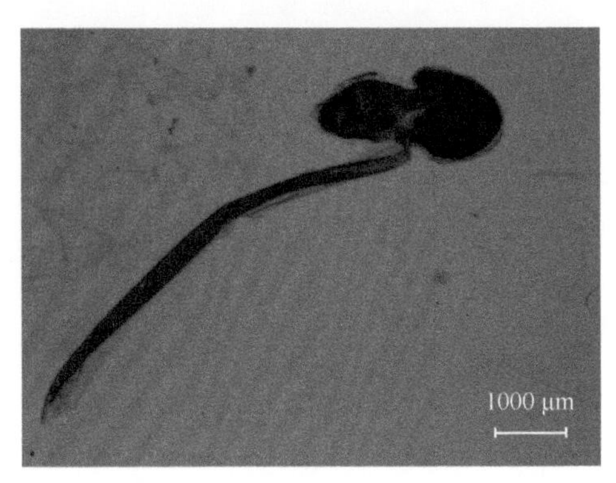

图 93　有尾类 白住囊虫 *Oikopleura albicans*

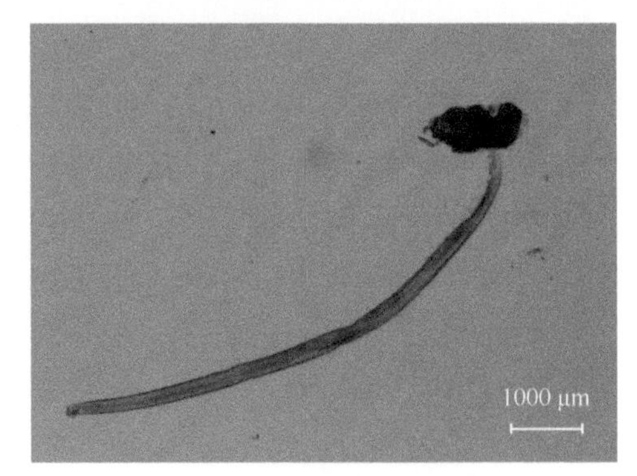

图 94　有尾类 角胃住囊虫
Oikopleura cornutogastra

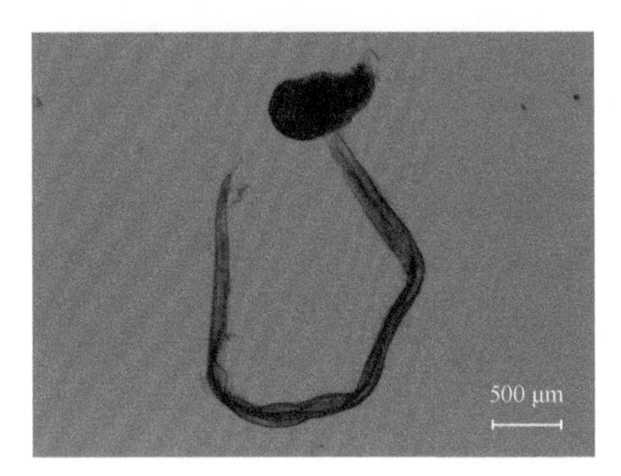

图 95　有尾类 异体住囊虫 *Oikopleura dioica*

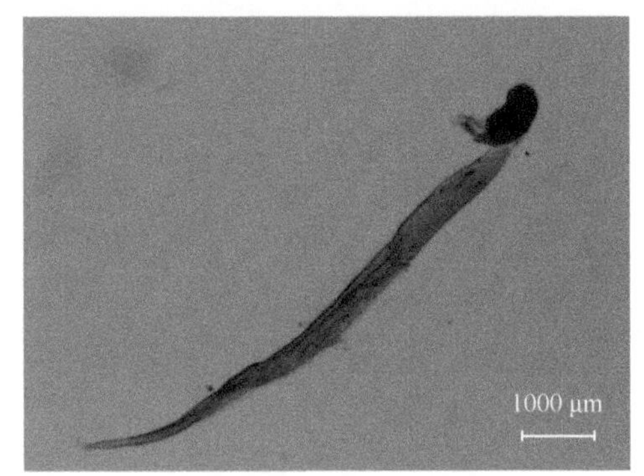

图 96　有尾类 梭形住囊虫
Oikopleura fusiformis

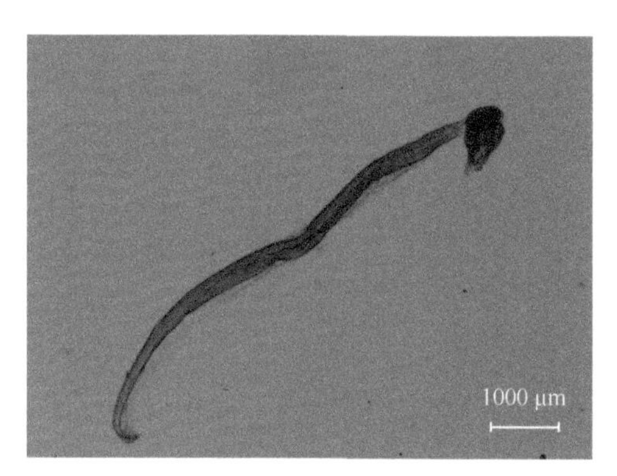

图 97　有尾类 瘦住囊虫
Oikopleura graciloides

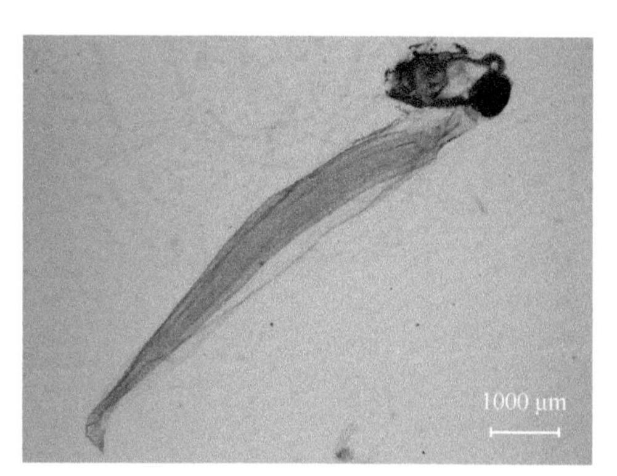

图 98 有尾类　赫氏巨囊虫
Megalocercu huxleyi

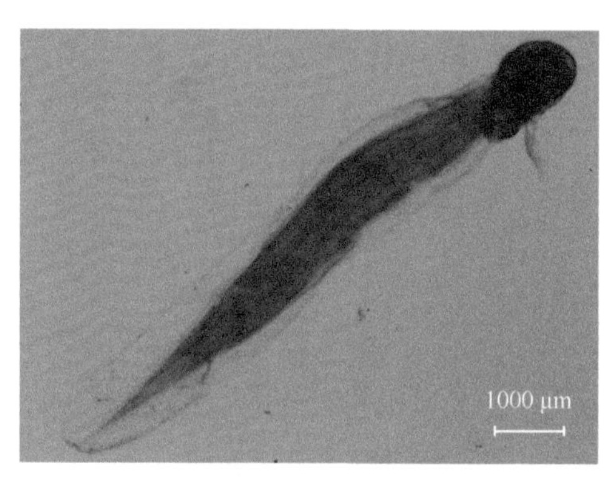

图 99　有尾类 长尾住囊虫
Oikopleura longicauda

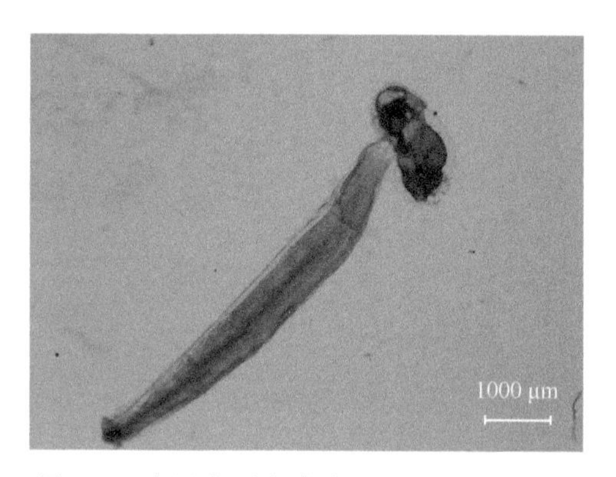

图 100　有尾类 殖包囊虫 *Stegosoma magnum*

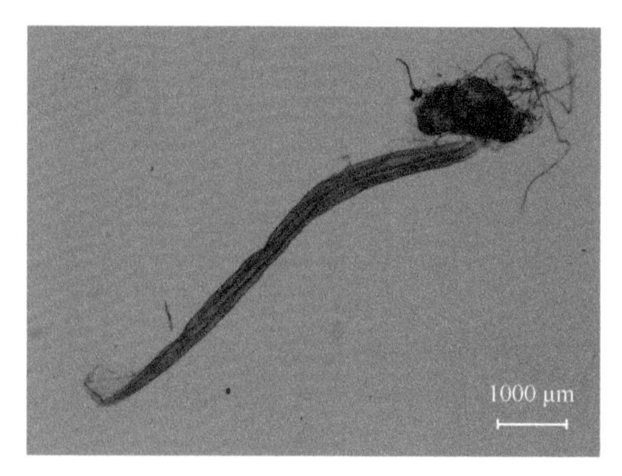

图 101　有尾类 小型住囊虫 *Oikopleura parva*

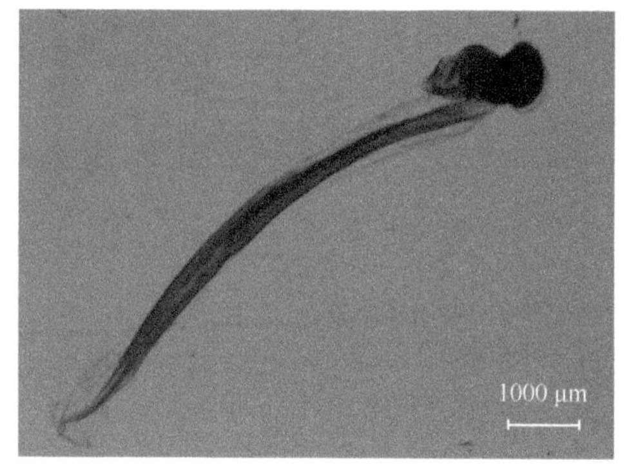

图 102　有尾类 红型住囊虫
Oikopleura rufesces

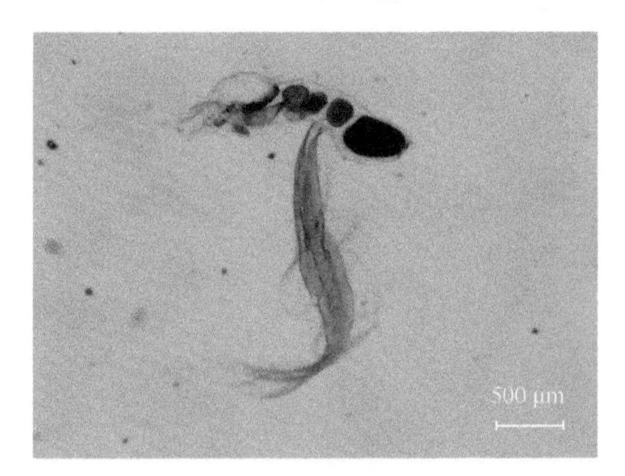

图 103　有尾类 蚁住筒虫 *Fritillaria formica*

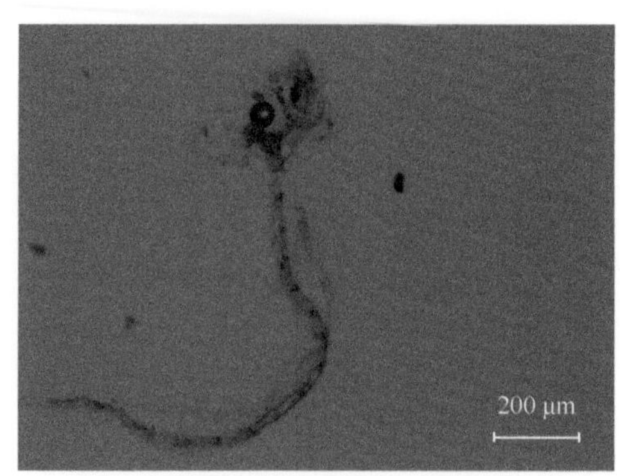

图 104　有尾类 瘦住筒虫 *Fritillaria gracilis*

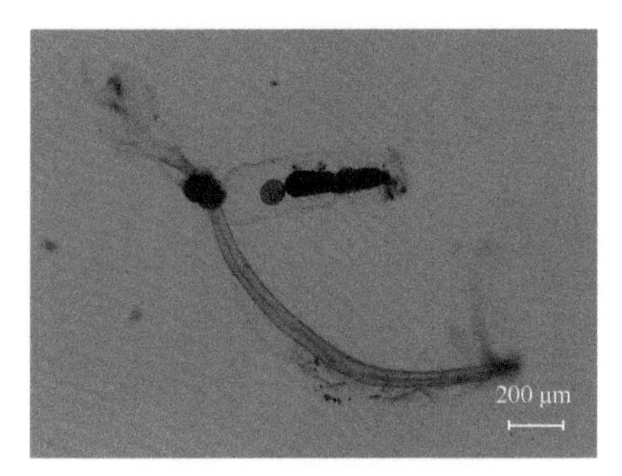

图 105　有尾类 单胃住筒虫
Fritillaria haplostoma

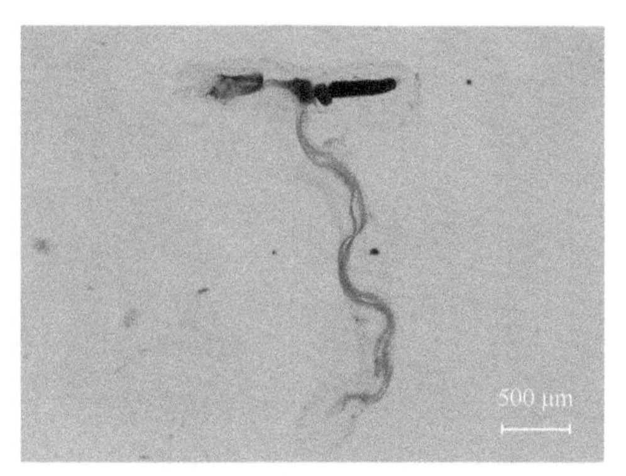

图 106　有尾类 巨住筒虫 *Fritillaria megachile*

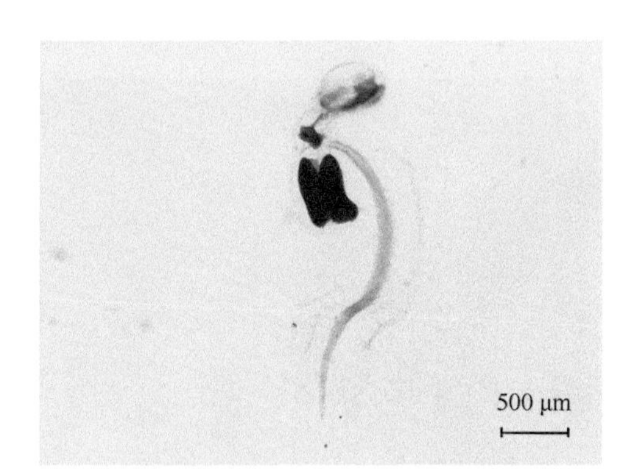

图 107　有尾类 太平洋住筒虫
Fritillaria pacifica

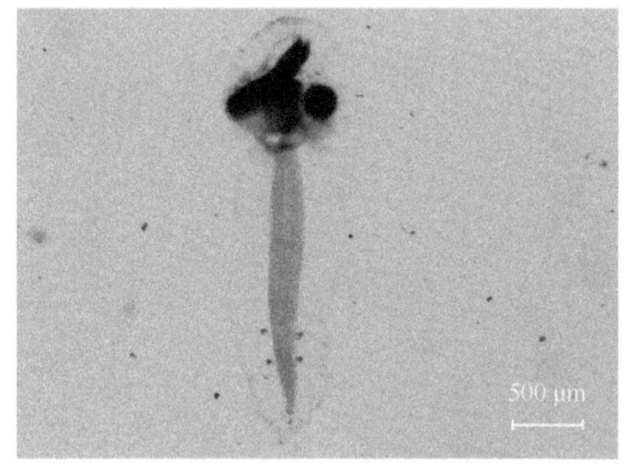

图 108　有尾类 透明住筒虫
Fritillaria pellucida

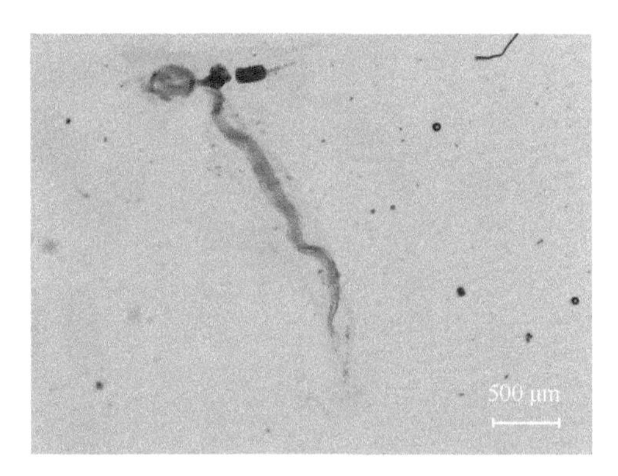

图 109　有尾类 软住筒虫 *Fritillaria tenella*

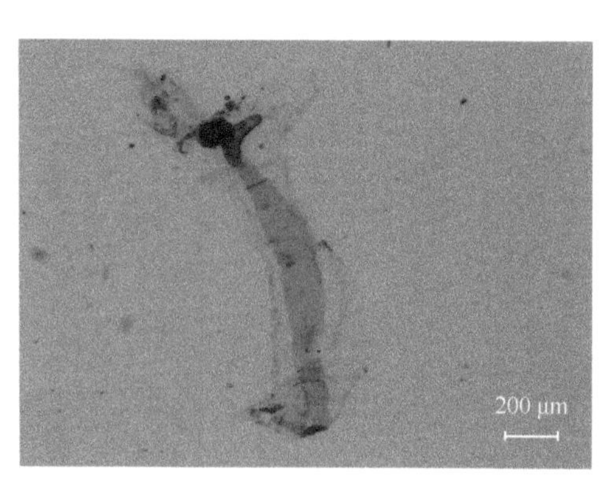

图 110　有尾类 美丽住筒虫 *Fritillaria venusta*

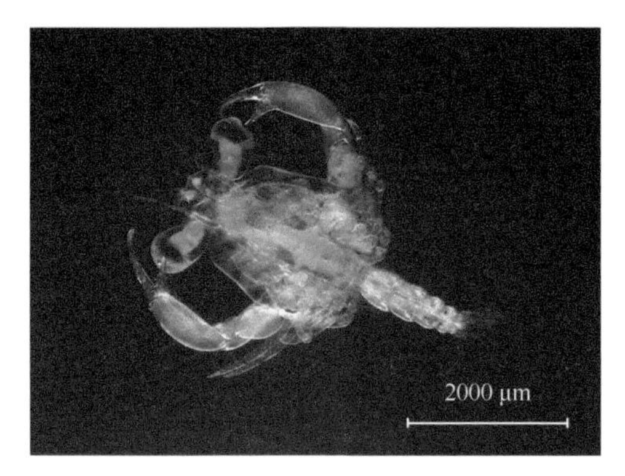

图 111　浮游幼体 短尾类的大眼幼体

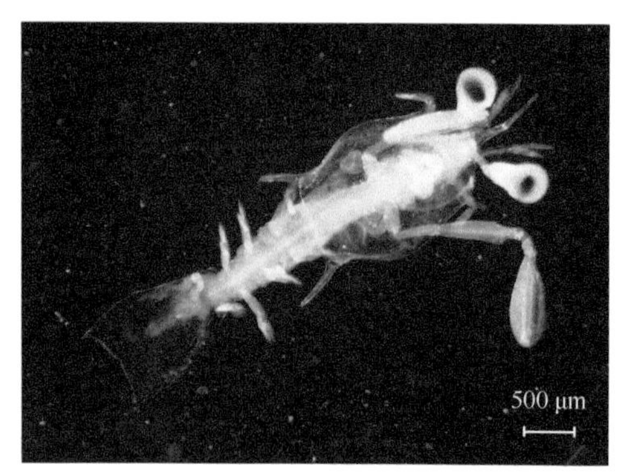

图 112　浮游幼体 口足类阿利玛幼体